新能源材料与应用

刘云建　苏明如　李晓伟　庞胜利　等 编著

U0387391

化学工业出版社

·北京·

内容简介

随着"双碳"战略的发展，新能源材料作为能量存储和转换的重要介质受到广泛重视，成为目前材料领域的研究热点，也是我国"十四五"规划重要发展领域之一。本书围绕新能源材料的基础和先进表征技术展开，介绍以电化学为基础的电化学能源材料的基本原理、内在规律、研究方法以及科技前沿。

本书适宜材料以及化学等领域技术人员和相关专业学生使用。

图书在版编目（CIP）数据

新能源材料与应用 / 刘云建等编著. -- 北京：化学工业出版社，2025. 3. -- ISBN 978-7-122-47127-7

Ⅰ. TK01

中国国家版本馆 CIP 数据核字第 20257HE858 号

责任编辑：邢　涛		文字编辑：林　丹　段曰超	
责任校对：王鹏飞		装帧设计：韩　飞	

出版发行：化学工业出版社
　　　　　（北京市东城区青年湖南街 13 号　邮政编码 100011）
印　　装：河北延风印务有限公司
787mm×1092mm　1/16　印张 18　字数 411 千字
2025 年 4 月北京第 1 版第 1 次印刷

购书咨询：010-64518888　　　售后服务：010-64518899
网　　址：http：//www.cip.com.cn
凡购买本书，如有缺损质量问题，本社销售中心负责调换。

定　价：98.00 元　　　　　版权所有　违者必究

随着"双碳"战略的推进，新能源材料作为能量存储与转换的重要介质得到了快速发展，并成为目前材料领域的研究热点，是我国"十四五"规划重要发展领域之一。了解新能源材料研究前沿问题及其研究手段，可以启发学生科学的思维和为其指明工作的方向。对于新能源材料工作者来说，深入了解新能源材料的本质、电化学基础知识，对他们选择研究方向和研究课题，有效地开展新能源材料研究及技术开发工作是非常重要的。

本书是基于基础理论和先进表征技术的学科前沿类教材，包括新能源材料，特别是以电化学反应为基础的电化学能源材料的基本原理、内在规律、研究方法以及最新研究动态和前沿发展，旨在帮助读者对新能源材料的内在本质和科学规律建立系统的认识，培养读者的新能源材料研究的创新思维，掌握新能源材料制备、表征的科学方法，提高新能源材料研究创新成果的分析能力，实现学科交叉大背景下的思维融合，为国家"双碳"战略计划培养高素质人才。在教学、科研、校企合作、实际生产的基础上，结合学科前沿、社会需求，以及"十四五规划""双碳计划"等最新材料发展的战略需求，对课程体系、重要知识点进行了系统规划。

本书各章由李晓伟、刘云建、张晓禹、姚山山、庞胜利、周海涛和苏明如等编著，全书由刘云建、苏明如、杨娟负责统稿。

书中不足之处，请读者指正。

刘云建

2024 年 12 月

第 7 章　固体材料表征技术 ——————————————————238

第 1 章

新能源材料的电化学基础

1.1 电化学基本概念及电解质溶液

1.1.1 电化学定义及研究对象

电化学主要是研究电现象和化学现象之间的关系,以及电能和化学能之间的相互转化及转化过程中有关规律的科学。转化关系包括两个方面:①当体系内自动发生一个化学变化时,体系产生电能,在这种变化中,化学能转变为电能,实现这种变化的装置称为原电池;②在外加电压作用下体系内发生化学变化,在这种变化中,电能转变为化学能,实现这种变化的装置称为电解池。电和化学反应相互作用可通过电池放电来完成,也可利用高压静电放电来实现,二者统称电化学,后者为电化学的一个分支,称放电化学。通常情况下,电化学专指"电池的科学"。

电化学研究的对象包括三个部分:第一类导体、第二类导体、两类导体的界面性质以及界面上所发生的一切变化。因此电化学也可定义为:研究出现在一个电子导体相和一个离子导体相界面上的各种效应的科学。因而电化学的研究内容包括两个方面:①电解质的研究,即电解质学(或离子学),包括电解质的导电性质、离子的传输特性、参与反应离子的平衡性质等;②电极的研究,即电极学,研究电化学界面的平衡性质和非平衡性质,包括电极界面(或"电子导体/离子导体"界面)和"离子导体/离子导体"界面。

电解质(溶液)是电化学系统的重要组成部分,承担着离子传输的任务,也是电化学反应进行的主要场所之一,同时其本身也是电化学反应原料的提供者。电解质溶液广泛存在于自然界和各种工业生产过程中,了解电解质溶液的导电特征是十分重要的。电解质学和电极学的研究都会涉及电化学热力学、电化学动力学和物质结构。电化学热力学研究电化学系统中没有电流通过时系统的性质，主要处理和解决电化学反应的方向和倾向问题，电化学动力学研究电化学系统中有电流通过时系统的性质，主要处理和解决电化学反应的速率和机理问题。

电化学研究带电界面的性质，凡是和带电界面有关的学科，都和电化学有关。作为一门跨学科、具有重要应用背景和前景的交叉学科，涉及电化学的领域十分广泛，除化学电源（电池）外，在电解电镀（有色金属和稀有金属的冶炼和精炼、电解法制备化工原料、电镀法保护和美化金属等）、金属腐蚀与防护、电化学分析与检测、生物电化学、光电化学等方面均有重要应用。

1.1.2 化学电池

1791 年，意大利解剖学教授 Luigi Galvani（路易吉·伽伐尼）发现当用铜手术刀触及挂在铁架上的已解剖青蛙上外露的神经时，青蛙剧烈抽搐。Galvani 认为青蛙神经中存在"生物电"，顺着导线在脊椎骨和腿神经之间流动，刺激蛙的肌肉，发生痉挛现象。随后 Volta（伏打）发现在两种金属片中间隔以盐水或碱水浸过的纸、麻布或海绵，并用金属线把两个金属片连接，即会有电流通过，并且材料的起电顺序遵循：

锌→铅→锡→铁→铜→银→金→石墨→木炭

当以上任两种材料相接触，序列中前一种带正电，后一种带负电，这就是伏打序列。伏打电池的出现使人们第一次获得了比较强的稳定而持续的电流，成为电化学研究甚至电气时代的开端。

发生电化学反应的装置称为电化学装置，通常可分为原电池和电解池两类，统称化学电池。两个电极和电解质是电池最重要的组成部分。

原电池中发生的电化学反应是自发进行的，在发生电化学反应的同时产生电流，原电池可将化学能转化为电能。以 Cu-Zn 原电池（丹尼尔电池，图 1-1）为例，Zn 电极（电极反应 Zn $\longrightarrow$ Zn^{2+}+2e$^-$）发生氧化反应，是阳极。电子由 Zn 极流向 Cu 极，Zn 极电势低，是负极。Cu 电极（电极反应 Cu^{2+}+2e$^-$ $\longrightarrow$ Cu）发生还原反应，是阴极。电流由 Cu 极流向 Zn 极，Cu 极电势高，是正极。

电解池中进行的电化学反应是不能自发进行的，需要添加外部电源，将电能转化为化学能。以电解 Cu 为例，与外电源负极相接的为负极，发生还原反应，因此也是阴极（电极反应 Cu^{2+}+2e$^-$ $\longrightarrow$ Cu）；与外电源正极相接的是正极，发生氧化反应，因此也是阳极（电极反应 Cu $\longrightarrow$ Cu^{2+}+2e$^-$）。电解池在氯碱工业、电解工业、湿法电解冶金、电镀以及电化学合成等领域均有应用。蓄电池（二次电池）在充电时也属于电解池。

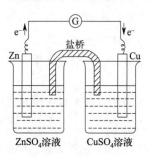

图 1-1 Cu-Zn 原电池（丹尼尔电池）

原电池和电解池的对比如表 1-1 所示。

表 1-1　原电池与电解池的对比

项目	原电池	电解池
能量转化	化学能→电能	电能→化学能
形成条件	活动性不同的两种电极； 电解质溶液； 闭合回路	两极； 电解质溶液； 直流电源
判断依据	无外电源	有外电源
电极名称	负极：电子流出； 正极：电子流入	阳极：与外电源正极相连； 阴极：与外电源负极相连
电极反应	负极：失电子，氧化反应； 正极：得电子，还原反应	阳极：失电子，氧化反应； 阴极：得电子，还原反应
电子流向	负极→外电路→正极	阳极→电源正极→电源负极→阴极
离子流向	阳离子流向正极， 阴离子流向负极	阳离子流向阴极， 阴离子流向阳极

化学电池的基本术语包括：

① 电极系统。电极系统由电子导体（电子导体相）和离子导体（离子导体相）两个相组成，且通过它们互相接触的界面上有电荷在这两个相之间转移。将一块金属（比如铜）浸在清除了氧的硫酸铜水溶液中，就构成了一个电极系统。在两相界面上会发生以下物质变化：

$$Cu \longrightarrow Cu^{2+}+2e^-$$

② 半电池。电池的一半，通常一个电极系统即构成一个半电池，连接两个半电池就构成了电池。

③ 电对。在原电池的每一个电极中，一定包含一个氧化态物质和一个还原态物质。一个电极中的这一对物质称为一个氧化还原电对，简称电对，表示为氧化态/还原态（Ox/Re），如 Zn^{2+}/Zn，Cu^{2+}/Cu，Fe^{3+}/Fe^{2+}，I_3^-/I^-，H^+/H_2 等。

④ 电极（electrode）。电对以及传导电子的导体，其作用为传递电荷，提供氧化或还原反应的地点。电极符号为 电子导电材料|电解质，如 $Zn|Zn^{2+}$，$(Pt)H_2|H^+$，$(C)|Fe^{2+}$，Fe^{3+} 等。

电极的概念，包括正极、负极以及阴极、阳极两组相对的概念。其中，正极指电势高的一极，相对的，电势低的一极称为负极。电流从正极流向负极，而电子从负极流向正极。阴极（cathode）指发生还原作用的电极，而发生氧化作用的电极称为阳极（anode）。在原电池中，正极对应于阴极，负极对应于阳极。而在电解池中，阴极为与直流电源负极相连的一极，而阳极为与直流电源正极相连的电极。对于离子的迁移方向，阴离子迁向阳极，而阳离子迁向阴极。

⑤ 电极反应。在电极上进行有电子得失的化学反应。电极产生的电势称为"电极电势"。两个电极反应合起来称为电池反应。

⑥ 充电与放电。充电为电能转化为化学能的过程，在电解池的两极反应中，氧化态物质得到电子或还原态物质给出电子的过程都为充电。而在原电池中，电池的使用为放电过程，亦即化学能转化为电能。

对于电极和电池的表示，一般规定：

①（−）左，（+）右，电解质在中间；按实际顺序，用化学式从左至右依次列出各相

的组成及相态。若电解质溶液中有几种不同的物质，则这些物质用"，"分开。

电池表达式：（−）电极 a| 溶液（a_1）|| 溶液（a_2）| 电极 b（+）

② 用实垂线"|"表示相与相之间的界面，用虚垂线"┆"表示可混液相之间的接界，用"||"或"┆┆"表示液体接界电势已用盐桥等方法消除。

③ 注明物质的存在形态［固态（s）、液态（l）等］、温度与压力（298.15 K，$p^{\ominus}$常可省略）、活度（a）；若不写明，则指 298.15 K 和 $p^{\ominus}$。

④ 气体电极必须写明载（导）体金属（惰性），如

（−）Pt，H_2（g，$p^{\ominus}$）| HCl（m）| Cl_2（g，$0.5p^{\ominus}$），Pt（+）

以 Cu-Zn 原电池（丹尼尔电池）为例：

半电池	Zn-ZnSO$_4$	Cu-CuSO$_4$
电对	Zn^{2+}/Zn	Cu^{2+}/Cu
电极反应	$Zn \longrightarrow Zn^{2+}+2e^-$	$Cu^{2+}+2e^- \longrightarrow Cu$
	氧化反应——阳极	还原反应——阴极
电池反应	$Zn+Cu^{2+} \longrightarrow Zn^{2+}+Cu$	
电池符号	（−）Zn	Zn^{2+}（m_1）|| Cu^{2+}（m_2）| Cu（+）	

1.1.3　法拉第定律

电极反应是一种特殊的氧化还原反应。通常氧化还原反应的氧化剂和还原剂之间进行的是直接电子传递反应。而电极反应的氧化与还原反应发生在不同地点，通过电极进行间接电子传递的反应。

对于电流通过电极引发电极反应的现象，Faraday（法拉第）于 1833 年总结出了两条基本规则，称为法拉第定律。法拉第定律的文字表示为：①在电极界面上发生电极反应的物质的量 n 与通入的电量 Q 成正比；②向若干个电解池串联的线路中通入一定的电量，当所取的基本粒子的荷电数相同时，在各个电极上发生反应的物质，其物质的量相同，析出物质的质量与其摩尔质量 M 成正比。

对于电极反应：

$$M^{z+}+ze^- \longrightarrow M \tag{1-1}$$
$$A^{z-}-ze^- \longrightarrow A \tag{1-2}$$

取电子的得失数为 z，通入的电量为 Q，则电极上发生反应的物质的量 n 为：

$$n=\frac{Q}{zF} \text{ 或 } Q=nzF \tag{1-3}$$

电极上发生反应的物质的质量 m 为：

$$m=nM=\frac{Q}{zF}M \tag{1-4}$$

式中，F 为法拉第常数，其在数值上等于 1 mol 元电荷的电量。元电荷电量为 1.6022×10^{-19} C，因此根据阿伏伽德罗常数（6.022×10^{23} mol^{-1}）可推算出法拉第常数为 96485 C·mol^{-1}，可近似为 96500 C·mol^{-1}。

根据法拉第定律，通电于若干串联电解池中，每个电极上析出物质的物质的量相同，这时，所选取的基本粒子的荷电绝对值必须相同。例如：

荷一价电的基本粒子——阴极：$1/2\ H_2$，$1/2\ Cu$，$1/3\ Au$；阳极：$1/4\ O_2$，$1/2\ Cl_2$。

荷二价电的基本粒子——阴极：H_2，Cu，$2/3\ Au$；阳极：$1/2\ O_2$，Cl_2。

荷三价电的基本粒子——阴极：$3/2\ H_2$，$3/2\ Cu$，Au；阳极：$3/4\ O_2$，$3/2\ Cl_2$。

法拉第定律是电化学上最早的定量基本定律，揭示了通入的电量与析出物质之间的定量关系。该定律在任何温度、任何压力下均可以使用，其使用没有限制条件。

在电化学体系中，由于电极上副反应或次级反应的发生，所消耗的电荷量比按照法拉第定律计算所需要的理论电荷量多，此两者之比为电流效率。副反应以及次级反应包括：溶剂的电极反应；溶解氧的作用；杂质在电极上的反应等。

$$电流效率 = \frac{理论计算耗电量}{实际消耗电量} \times 100\% \tag{1-5}$$

或

$$电流效率 = \frac{电极上产物的实际质量}{理论计算应得的产物质量} \times 100\% \tag{1-6}$$

1.1.4　两类导体

能导电的物质即称为导体。根据传导电流的电荷载体（载流子）的不同，可将其分为两类。第一类导体，又称电子导体，如金属、石墨等。第二类导体，又称离子导体，如电解质溶液、熔融电解质、固体电解质等。两类导体接触时，就组成电极。如有电流通过两类导体的界面，在界面上就发生电化学反应。

不同材料具有不同的电阻。金属导体的电阻最小，绝缘体的电阻最大，半导体的电阻介于两者之间。第二类导体的导电能力一般比第一类导体小得多。与第一类导体相反，第二类导体的电阻率随温度升高而变小。实验表明，温度每升高 1 ℃，第二类导体的电阻率大约减小 2%。这是由于温度升高时，溶液的黏度降低，离子运动速度加快，在水溶液中离子水化作用减弱等，导电能力增强。对于由一定材料制成的横截面均匀的导体，电阻 R 与长度 l 成正比，与横截面 A 成反比，即

$$R = \rho \frac{l}{A} \tag{1-7}$$

式中，ρ 为电阻率。

（1）第一类导体

由电子传导电流的导体称为第一类导体或电子导体，其特征包括：自由电子做定向移动而导电；导电过程中导体本身不发生变化；温度升高，电阻也升高，导电能力下降；导电总量全部由电子承担。第一类导体包括金属、合金、石墨、碳以及某些金属的氧化物（如 PbO_2、Fe_3O_4）和碳化物（如 WC）等。其中金属是最常见的一类导体。金属原子最外层的价电子很容易挣脱原子核的束缚，成为自由电子。金属中自由电子的浓度很大，金属

导体的电阻率约为 $10^{-8} \sim 10^{-6}\ \Omega \cdot m$。铜、铝、铁及某些合金是常用的导电材料。

导电聚合物（导电高分子）是指通过掺杂等手段，使原本绝缘的有机聚合物的电导率提高到半导体或导体的水平，通常指本征导电聚合物。此类聚合物主链上具有交替的单键和双键，从而形成大的共轭 π 体系，π 电子的流动使其具有导电能力。各种共轭聚合物经掺杂后都能变为具有不同导电性能的导电聚合物，代表性的共轭聚合物有聚乙炔、聚吡咯、聚苯胺、聚噻吩、聚对苯乙烯、聚对苯等。

某些材料的电阻率会因受到热、压力和光等的作用而发生显著变化，从而使这些材料具有特定的用途，如压敏电阻可用于测量微小应变；由铜、镍、钴、锰等金属氧化物制成的陶瓷热敏电阻可用于温度测量和补偿；硫化镉、硫化铅等半导体制成的光敏电阻可用于自动控制、红外遥感、电视和电影等设备中。

（2）第二类导体

依靠离子的定向移动来传导电流的导体称为第二类导体或离子导体。其特征包括：正、负离子做反向移动而导电；导电过程中电极相界面有化学反应发生；温度升高，电阻下降，导电能力增加；导电总量分别由正、负离子分担。

电解质溶液、熔融电解质和固体电解质都属于第二类导体。大部分纯液体虽也能离解，但离解度很小，所以不是导体。例如纯水（去离子水）电阻率高达 $10^{10}\ \Omega \cdot m$ 以上。如果在纯水中加入电解质，其离子浓度将显著增加，电阻率降至约 $10^{-1}\ \Omega \cdot m$，便成为导体。根据物质电离程度的大小，可将其分为强电解质和弱电解质两种。强电解质在溶液中完全电离，如 NaOH 等金属的氢氧化物，以及 NaCl 等盐类。弱电解质在溶液中仅部分电离，如水中的醋酸等。很多盐类，如 NaCl 熔融时虽没有任何溶剂存在，但也具有电解质的性质；还有一些盐如 AgI，即使在固态时也是电解质。

固体电解质是离子迁移速度较高的固态物质。实际晶体都有一定的缺陷，在固体电解质中，离子能够移动而导电的原因就是固体晶格内存在缺陷。为了增加离子导电性，需要增加固体中可移动离子的数目和离子的淌度，也就是增加晶格缺陷，例如加入某些添加剂（化合价不同的杂质）形成空位，如在 ZrO_2 中加入 CaO，由于 Zr 是 +4 价，而 Ca 是 +2 价，CaO 带到 ZrO_2 晶格中去的氧离子就少了一半，产生氧离子的空位（空穴），在电场的作用下，氧离子就会发生迁移，即为空穴导电。固体电解质的导电以离子导电为主，但也有极少部分电子参与导电，而电子电导率占总电导率的分数过大的固体电解质，不能用于精确的电化学测量和用于实用电池的电解质。

电离的气体也能导电，其中载流子是电子和正负离子。在通常情况下，气体是良好的绝缘体。但如果在加热或用 X 射线、γ 射线或紫外线照射等条件下，可使气体分子离解，因而电离的气体便成为导体。电离气体的导电性与外加电压有很大的关系，且常伴有发声、发光等物理过程。

离子化合物在常温下通常是固体。这是由于离子键是很强的化学键，而且没有方向性和饱和性，强大的离子键使阴、阳离子彼此靠拢，所有离子只能在原地振动或者角度有限地摆动，而不能移动。若带正电的阳离子和带负电的阴离子体积很大，而且其中之一结构极不对称，难以在微观空间做有效的紧密堆积，离子之间作用力将减小，从而使化合物的熔点下降，就有可能得到常温下呈液态的离子化合物，这就是离子液体。在离子液体中没有电中性的分子，完全由阴离子和阳离子组成。其主要特点是非挥发性、低熔点、宽液程、强的静电场、宽的电化学窗口、良好的导电与导热性、良好的透光性与高折射率、高热容、高稳定性、选择性溶解力与可设计性。这些特点使离子液体成为兼有液体与固体功能特性的"固态"液体，或称为"液体"分子筛。

1.1.5　离子的电迁移和迁移数

（1）离子的电迁移现象

在电场力作用下正、负离子分别做定向运动的现象称为电迁移。

设想在两个惰性电极之间有想象的平面 AA 和 BB，将溶液分为阳极部、中部及阴极部三个部分。假定未通电前，各部均含有正、负离子各 5 mol，分别用 +、– 号代替，如图 1-2（a）所示。设离子都是一价的，当通入 4 mol 电子的电量时，阳极上有 4 mol 负离子氧化，阴极上有 4 mol 正离子还原。两电极间正、负离子要共同承担 4 mol 电子电量的运输任务。离子都是一价时，离子运输电荷的数量只取决于离子迁移的速度。

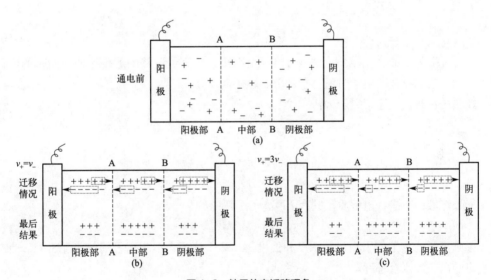

图 1-2　粒子的电迁移现象

（a）通电之前；（b）正、负离子的迁移速率相等时的迁移情况；（c）正离子迁移速率是负离子 3 倍时的迁移情况

① 设正、负离子的迁移速率相等，即 $v_+ = v_-$，则导电任务正负离子各分担 2 mol，在假想的 AA、BB 平面上各有 2 mol 正、负离子逆向通过。当通电结束时，阴、阳两极部溶液浓度相同，但比原溶液各少了 2 mol，而中部溶液浓度不变，如图 1-2（b）所示。

② 设正离子迁移速率是负离子的 3 倍，即 $v_+ = 3v_-$，则正离子导 3 mol 电量，负离子导

1 mol 电量。在假想的 AA、BB 平面上有 3 mol 正离子和 1 mol 负离子逆向通过。当通电结束时，阳极部正、负离子各少了 3 mol，阴极部只各少了 1 mol，而中部溶液浓度仍保持不变，如图 1-2（c）所示。

离子电迁移的规律可总结为：向阴、阳两极迁移的正、负离子物质的量总和恰好等于通入溶液的总电量，即

$$\frac{阳极部电解质物质的量的减少}{阴极部电解质物质的量的减少}=\frac{正离子所传导的电量（Q_+）}{负离子所传导的电量（Q_-）}=\frac{正离子的迁移速率（v_+）}{负离子的迁移速率（v_-）}$$

如果正、负离子荷电量不等，或电极本身也发生反应，情况就要复杂一些。

（2）电迁移率和迁移数

离子在电场中迁移的速率用公式表示为：

$$v_+=U_+(dE/dl) \tag{1-8}$$
$$v_-=U_-(dE/dl) \tag{1-9}$$

式中，dE/dl 为电位梯度；比例系数 U_+、U_- 分别为正、负离子的电迁移率，又称为离子淌度（ionic mobility），相当于单位电位梯度（$1\ V\cdot m^{-1}$）时离子迁移的速率，单位是 $m^2\cdot s^{-1}\cdot V^{-1}$。电迁移率的数值与离子本性、电位梯度、溶剂性质、温度等因素有关。

将离子 B 所运载的电流与总电流之比称为离子 B 的迁移数（transference number），用符号 t_B 表示。其定义式为：

$$t_B \overset{def}{=\!=} \frac{I_B}{I} \tag{1-10}$$

t_B 是量纲为 1 的量，数值上总小于 1。由于正、负离子迁移的速率不同，所带的电荷不等，因此它们在迁移电量时所分担的分数也不同。

迁移数在数值上还可表示为：

$$t_+=\frac{I_+}{I}=\frac{Q_+}{Q}=\frac{v_+}{v_++v_-}=\frac{U_+}{U_++U_-} \tag{1-11}$$

负离子应有类似的表示式。如果溶液中只有一种电解质，则：

$$t_++t_-=1 \tag{1-12}$$

如果溶液中有多种电解质，共有 i 种离子，则：

$$\sum t_i = \sum t_+ + \sum t_- =1 \tag{1-13}$$

影响离子迁移数的因素包括浓度和温度等。离子浓度会影响离子间的相互引力，而温度会影响离子的水合程度。

与其他离子相比，水溶液中 Li^+ 的电迁移率最小，是因为 Li^+ 的半径小，对极性水分子的作用较强，在其周围形成紧密的水化层，使 Li^+ 在水中的迁移阻力增大。而 H^+ 和 OH^- 的电迁移率比一般阳、阴离子大得多，是因为其导电机制不同。H^+ 是无电子的氢原子核，对电子有特殊的吸引作用，与水分子很容易结合形成三角锥形的 H_3O^+，并被三个水分子包围，以 $H_3O^+\cdot 3H_2O$ 形式存在。氢的迁移是一种链式传递，从一个水分子传递给具有一定方向的相邻的其他水分子。这种传递可在相当长距离内实现质子交换，称为质子跃迁机理。由于迁移实际上只是水分子的转向，所需能量很少，因此迁移速率快。根据现代质子

跳跃理论，它可以通过隧道效应进行跳跃，定向传递，其效果就如同 H^+ 以很高的速率迁移。OH^- 的迁移机理与 H_3O^+ 相似。

离子迁移数的测定主要有希托夫（Hittorf）法、界面移动法以及电动势法。

① 希托夫法。在希托夫迁移管（图 1-3）中装入已知浓度的电解质溶液，接通稳压直流电源，这时电极上有反应发生，阳、阴离子分别向阴、阳两极迁移。通电一段时间后，电极附近溶液浓度发生变化，中部基本不变。小心放出阴极部（或阳极部）溶液，称重并进行化学分析，根据输入的电量和电极部浓度的变化，就可计算离子的迁移数，其公式如下：

$$t_+ = \frac{\text{阳离子迁出阳极区的物质的量}}{\text{发生电极反应的物质的量}} \tag{1-14}$$

$$t_- = \frac{\text{阴离子迁出阴极区的物质的量}}{\text{发生电极反应的物质的量}} \tag{1-15}$$

② 界面移动法。如图 1-4 所示，左侧管中先放入 $CdCl_2$ 溶液至 aa′ 面，然后加入 HCl 溶液，使 aa′ 面清晰可见。通电后，H^+ 向上面负极移动，Cd^{2+} 淌度比 H^+ 小，随其后，aa′ 界面向上移动。通电一段时间后，移动到 bb′ 位置，停止通电。根据毛细管的内径、液面移动的距离、溶液的浓度及通入的电量，可以计算离子迁移数。界面移动法比较精确，也可用来测离子的淌度。

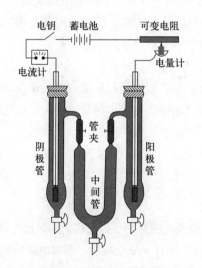

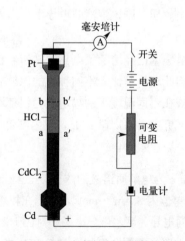

图 1-3　希托夫迁移管测定离子迁移数　　　图 1-4　界面移动法测定迁移数的装置

③ 电动势法。在电动势测定应用中，如果测得液接电势值，就可计算离子的迁移数。以溶液界面两边都是相同的 1-1 价电解质为例：

Pt，H_2（p）| HCl（m_1）| HCl（m_2）| H_2，Pt

由于 HCl 浓度不同所产生液接电势 E_j 的计算式为

$$E_j = (t_+ - t_-)\frac{RT}{F}\ln\frac{m_1}{m_2} = (2t_+ - 1)\frac{RT}{F}\ln\frac{m_1}{m_2} \tag{1-16}$$

已知 m_1 和 m_2，测定 E_j，就可得 t_+ 和 t_- 的值。

1.1.6　电导

（1）电导、电导率、摩尔电导率

离子导体（电解质溶液等）的导电能力通常采用电导 G 来表征，其为电阻 R 的倒数，单位是西门子（S），$1\ S = 1\ \Omega^{-1}$。电导 G 与导体的截面积成正比，与导体的长度成反比，即

$$G = \frac{1}{R} = \frac{I}{U} = \frac{1}{\rho} \times \frac{A}{l} = \kappa\frac{A}{l} \tag{1-17}$$

式中，R 为电阻，Ω；l 为导体长度，m；A 为导体的截面积，m^2；ρ 为电阻率，$\Omega \cdot m$；κ 为电导率，$S \cdot m^{-1}$。电导的数值除与电解质溶液中的离子本性有关外，还与离子浓度、电极大小、电极距离有关。

电导率 κ 是电阻率 ρ 的倒数

$$\kappa = \frac{1}{\rho} = G\frac{l}{A} \tag{1-18}$$

κ 的单位是 $S \cdot m^{-1}$ 或 $1/(\Omega \cdot m)$。κ 是电极距离为 1 m，且两极板面积均为 $1\ m^2$ 时电解质溶液的电导，也称为比电导。κ 的数值与电解质的种类、温度、浓度有关。若溶液中含有 B 种电解质，则该溶液的电导率应为 B 种电解质的电导率之和，即

$$\kappa(\text{溶液}) = \sum_B \kappa_B \tag{1-19}$$

虽然电导率已经消除了电导池几何结构的影响，但它仍与溶液浓度或单位体积的质点数有关。因此无论是比较不同种类的电解质溶液在指定温度下的导电能力，还是比较同一电解质溶液在不同温度下的导电能力，都需要固定被比较溶液所包含的质点数。这就引入了一个比 κ 更实用的物理量 Λ_m，称为摩尔电导率。

$$\Lambda_m = \frac{\kappa}{c} \tag{1-20}$$

式中，c 为电解质溶液的浓度，$mol \cdot m^{-3}$。

Λ_m 的单位为 $S \cdot m^2 \cdot mol^{-1}$，表示在相距单位长度的两个平行电极之间放置含有 1 mol 电解质溶液的电导。摩尔电导率必须对应于溶液中含有 1 mol 电解质，但对电解质基本质点的选取决定于研究需要。例如，对 $CuSO_4$ 溶液，基本质点可选为 $CuSO_4$ 或 $1/2\ CuSO_4$。显然，在浓度相同时，含有 1 mol $CuSO_4$ 溶液的摩尔电导率是含有 1 mol $1/2\ CuSO_4$ 溶液的 2 倍，即

$$\Lambda_m(CuSO_4) = 2\Lambda_m(1/2\ CuSO_4) \tag{1-21}$$

为了防止混淆，必要时在 Λ_m 后面注明所取的基本质点。

（2）电导率、摩尔电导率与浓度的关系

决定导电能力强弱的因素主要有两个：电荷的数量和电荷移动的快慢。

① 电导率与浓度的关系。强电解质溶液的电导率在低浓度时，随着浓度的增加而升

高。当浓度增加到一定程度后，解离度下降，离子运动速率降低，电导率也降低，如 H_2SO_4 和 KOH 溶液。

中性盐由于受饱和溶解度的限制，浓度不能太高，如 KCl。

弱电解质溶液电导率随浓度变化不显著，因浓度增加使其电离度下降，离子数目变化不大，如醋酸。

一些电解质电导率随浓度的变化见图 1-5。

② 摩尔电导率与浓度的关系。由于溶液中导电物质的量已给定，都为 1 mol，所以，当浓度降低时，粒子之间相互作用减弱，正、负离子迁移速率加快，溶液的摩尔电导率必定升高。但不同的电解质，摩尔电导率随浓度降低而升高的程度也大不相同。

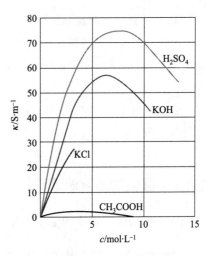

图 1-5　一些电解质电导率随浓度的变化

对于强电解质，随着浓度下降，Λ_m 升高，通常当浓度降至 0.001 mol·L^{-1} 以下时，Λ_m 与 $\sqrt{c}$ 之间呈线性关系。德国科学家柯尔劳施（Kohlrausch）总结的经验式为：

$$\Lambda_m = \Lambda_m^\infty \left(1 - \beta\sqrt{c}\right) \tag{1-22}$$

式中，β 为与电解质性质有关的常数。将直线外推至 $c \to 0$，得到无限稀释摩尔电导率 Λ_m^∞。

对于弱电解质，随着浓度下降，Λ_m 也缓慢升高，但变化不大。当溶液很稀时，Λ_m 与 c 不呈线性关系，等稀到一定程度，Λ_m 迅速升高，见 CH_3COOH 的 Λ_m 与 $\sqrt{c}$ 的关系曲线（图 1-6）。弱电解质的 Λ_m^∞ 不能用外推法得到。

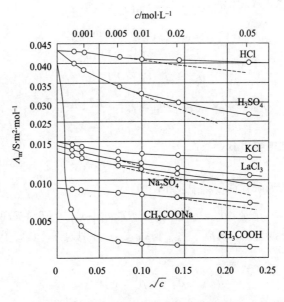

图 1-6　298 K 时一些电解质在水溶液中的摩尔电导率与浓度的关系

③ 离子独立移动定律。德国科学家柯尔劳施根据大量的实验数据，发现了一个规律：在无限稀释溶液中，每种离子独立移动，不受其他离子影响，电解质的无限稀释摩尔电导率可认为是两种离子无限稀释摩尔电导率之和：

$$\Lambda_{\mathrm{m}}^{\infty}=\Lambda_{\mathrm{m,+}}^{\infty}+\Lambda_{\mathrm{m,-}}^{\infty} \tag{1-23}$$

这称为柯尔劳施离子独立移动定律。这样，弱电解质的 $\Lambda_{\mathrm{m}}^{\infty}$ 可以通过强电解质的 $\Lambda_{\mathrm{m}}^{\infty}$ 或查离子的 $\Lambda_{\mathrm{m,+}}^{\infty}$ 和 $\Lambda_{\mathrm{m,-}}^{\infty}$ 求得。

1.1.7 强电解质溶液理论简介

（1）平均活度和平均活度系数

对于浓度为 m 的非电解质 B，其化学势表示式为：

$$\mu_{\mathrm{B}}=\mu_{\mathrm{B}}^{\ominus}\left(T\right)+RT\ln\gamma_{\mathrm{B,m}}\frac{m_{\mathrm{B}}}{m^{\ominus}}=\mu_{\mathrm{B}}^{\ominus}\left(T\right)+RT\ln a_{\mathrm{B,m}} \tag{1-24}$$

式中，$\gamma_{\mathrm{B,m}}$ 为电解质的活度系数，又称为活度因子。电解质的活度 $a_{\mathrm{B,m}}$ 即为

$$a_{\mathrm{B,m}}=\gamma_{\mathrm{B,m}}\frac{m_{\mathrm{B}}}{m^{\ominus}} \tag{1-25}$$

当溶液很稀时，可看作是理想溶液，$\gamma_{\mathrm{B,m}}\rightarrow 1$，则：

$$a_{\mathrm{B,m}}\approx\frac{m_{\mathrm{B}}}{m^{\ominus}} \tag{1-26}$$

在电解质溶液中，电解质离子为正负离子，其之间存在静电引力，溶液不遵循亨利定律和拉乌尔定律，这与理想稀溶液有偏差。因此其化学势采用真实溶液的化学势，引入活度和活度系数。

对于强电解质，其溶解后全部变成离子。为简单起见，先考虑 1-1 价电解质，如 HCl：

$$\mathrm{HCl}(a_{\mathrm{HCl}})\longrightarrow\mathrm{H}^{+}(a_{\mathrm{H}^{+}})+\mathrm{Cl}^{-}(a_{\mathrm{Cl}^{-}}) \tag{1-27}$$

$$\mu_{\mathrm{HCl}}=\mu_{\mathrm{HCl}}^{\ominus}\left(T\right)+RT\ln a_{\mathrm{HCl}} \tag{1-28}$$

$$\mu_{\mathrm{H}^{+}}=\mu_{\mathrm{H}^{+}}^{\ominus}\left(T\right)+RT\ln a_{\mathrm{H}^{+}} \tag{1-29}$$

$$\mu_{\mathrm{Cl}^{-}}=\mu_{\mathrm{Cl}^{-}}^{\ominus}\left(T\right)+RT\ln a_{\mathrm{Cl}^{-}} \tag{1-30}$$

$$\mu_{\mathrm{HCl}}=\mu_{\mathrm{H}^{+}}+\mu_{\mathrm{Cl}^{-}}=\mu_{\mathrm{H}^{+}}^{\ominus}+\mu_{\mathrm{Cl}^{-}}^{\ominus}+RT\left(\ln a_{\mathrm{H}^{+}}\ln a_{\mathrm{Cl}^{-}}\right) \tag{1-31}$$

$$a_{\mathrm{HCl}}=a_{\mathrm{H}^{+}}a_{\mathrm{Cl}^{-}} \tag{1-32}$$

对于任意价型强电解质 B（$\mathrm{M}_{v_{+}}\mathrm{A}_{v_{-}}$）：

$$\mathrm{M}_{v_{+}}\mathrm{A}_{v_{-}}\longrightarrow v_{+}\mathrm{M}^{z+}+v_{-}\mathrm{A}^{z-} \tag{1-33}$$

电解质的化学势为所有正负离子之和，即

$$\mu_{\mathrm{B}}=v_{+}\mu_{+}+v_{-}\mu_{-}=v_{+}\left[\mu_{+}^{\ominus}\left(T\right)+RT\ln a_{+}\right]+v_{-}\left[\mu_{-}^{\ominus}\left(T\right)+RT\ln a_{-}\right] \tag{1-34}$$

式中，μ_{+}、μ_{-} 分别为正、负离子化学势；a_{+}、a_{-} 分别为正、负离子活度。

由于标准态时

$$\mu_{\mathrm{B}}^{\ominus}=v_{+}\mu_{+}^{\ominus}+v_{-}\mu_{-}^{\ominus} \tag{1-35}$$

所以可以得到：

$$a_B = a_+^{v_+} a_-^{v_-} \tag{1-36}$$

或者

$$\mu_B = \mu_B^\ominus(T) + RT \ln a_B \tag{1-37}$$

$$\mu_+ = \mu_+^\ominus(T) + RT \ln a_+ \tag{1-38}$$

$$\mu_- = \mu_-^\ominus(T) + RT \ln a_- \tag{1-39}$$

$$\mu_B = v_+\mu_+ + v_-\mu_- = v_+\mu_+^\ominus + v_-\mu_-^\ominus + RT \ln(a_+^{v_+} a_-^{v_-})$$
$$= \mu_B^\ominus + RT \ln(a_+^{v_+} a_-^{v_-}) \tag{1-40}$$

同样可以得到:

$$a_B = a_+^{v_+} a_-^{v_-} \tag{1-41}$$

式中，μ_B、μ_+、μ_- 分别为整体电解质、正离子、负离子的化学势；a_B、a_+、a_- 分别为整体电解质、正离子、负离子的活度。

$$a_B = \gamma_B m_B / m^\ominus \tag{1-42}$$

$$a_+ = \gamma_+ m_+ / m^\ominus \tag{1-43}$$

$$a_- = \gamma_- m_- / m^\ominus \tag{1-44}$$

式中，γ_B、γ_+、γ_- 分别为整体电解质、正离子、负离子的活度系数。

由于电解质溶液中正负离子同时存在，不能单独测定个别离子的活度和活度系数，所以提出平均活度系数这个概念。强电解质 B 的离子平均活度 $a_\pm$、离子平均活度系数 $\gamma_\pm$ 和离子平均摩尔浓度 $m_\pm$ 分别定义如下:

$$a_\pm = (a_+^{v_+} a_-^{v_-})^{1/(v_+ + v_-)} \tag{1-45}$$

$$\gamma_\pm = (\gamma_+^{v_+} \gamma_-^{v_-})^{1/(v_+ + v_-)} \tag{1-46}$$

$$m_\pm = (m_+^{v_+} m_-^{v_-})^{1/(v_+ + v_-)} \tag{1-47}$$

也可令 $v = v_+ + v_-$。根据以上定义，对强电解质 B 有如下关系:

$$a_B = a_\pm^v \tag{1-48}$$

$$a_\pm = \gamma_\pm \frac{m_\pm}{m^\ominus} \tag{1-49}$$

之所以提出平均活度和平均活度系数的概念，是因为平均活度和平均活度系数是可以测定的。

（2）离子强度

从大量实验事实看出，影响离子平均活度系数 $\gamma_\pm$ 的主要因素是离子的浓度和价数，而且价数的影响更显著。

① 同一温度下，在稀溶液中，$\gamma_\pm$ 随离子浓度 m 的上升而下降。一般情况下 $\gamma_\pm$ 小于 1，无限稀释时达到极限值 1。当浓度增加到一定程度，$\gamma_\pm$ 可能随浓度增加而变大，甚至大于 1。这是由于离子的水化作用使浓溶液中的许多溶剂分子被束缚在离子周围的水化层中不能自由行动，相当于使溶剂量相对下降而造成的。

② 同一温度和浓度下，在稀溶液中，对于价型相同的强电解质，其 $\gamma_\pm$ 也相近；价型不同的电解质，$\gamma_\pm$ 不相同。

③ 对于各不同价型的电解质来说，当浓度相同时正、负离子价数的乘积越高，$\gamma_\pm$ 偏

离 1 的程度越大，即与理想溶液的偏差越大。

1921 年，Lewis 提出了离子强度的概念。当浓度用质量摩尔浓度表示时，离子强度 I 等于：

$$I_B = \frac{1}{2}\sum_B m_B Z_B^2 \tag{1-50}$$

式中，m_B 为 B 离子的真实质量摩尔浓度，若是弱电解质，应为弱电解质的浓度乘以电离度；Z_B 为离子的价数。I 的单位与 m 的单位相同，其大小反映了电解质溶液中离子的电荷所形成静电场的强度。

与平均活度系数 $\gamma_\pm$ 针对某一电解质不同，离子强度针对溶液中的所有电解质。在强电解质的稀溶液中，$\gamma_\pm$ 与离子强度遵循 Lewis 公式：

$$\lg\gamma_\pm = -Az_+|z_-|\sqrt{I} \tag{1-51}$$

式中，常数 A 与溶剂密度、介电常数、溶液的组成等有关。该公式表明价型相同的电解质在离子强度相同的溶液中具有相同的离子平均活度系数，而与离子本性无关。

（3）强电解质溶液的离子互吸理论

① Arrhenius 电离学说。最早的电解质溶液理论，该学说将水溶液中的溶质分为非电解质和电解质。电解质的分子在水中可以解离成带电离子。根据解离度将电解质分为强电解质和弱电解质等。但该学说存在以下局限：许多盐类在固态时已呈离子晶体，不存在分子、离子之间的电离平衡；未考虑溶液中离子之间、离子和溶剂之间的相互作用，溶剂本性对于溶液性质的影响等。

② 德拜 - 休克尔（Debye-Hükel）强电解质溶液中离子互吸理论。该理论认为，强电解质在水中完全电离，强电解质溶液对理想溶液的偏差是由离子间的库仑作用力引起的。对很稀的强电解质溶液，该理论提出五点基本假设和离子氛概念。

a. 任何浓度的非缔合式电解质溶液中，电解质都是完全离解的。

b. 离子是带电的小圆球，电荷不会极化，离子电场是球形对称的。

c. 在离子间的相互作用力中，只有库仑力起主要作用，其他分子间的力可忽略不计。

d. 离子间的相互吸引能小于热运动能。

e. 溶液的介电常数和纯溶剂的介电常数无区别。

离子氛是德拜 - 休克尔理论中的一个重要概念。该理论认为，在溶液中每一个离子都被反号离子所包围，由于正、负离子相互作用，离子的分布不均匀。若中心离子取正离子，周围有较多的负离子，部分电荷相互抵消，但余下的电荷在距中心离子 r 处形成一个球形的负离子氛；反之亦然。一个离子既可为中心离子，又是另一离子氛中的一员。

德拜 - 休克尔根据离子氛的概念，并引入若干假定，推导出强电解质稀溶液中离子活度系数 γ_i 的 Lewis 公式，也称为德拜 - 休克尔极限公式。

$$\lg\gamma_i = -Az_i^2\sqrt{I} \tag{1-52}$$

式中，z_i 为 i 离子的电荷；I 为离子强度；A 为与温度、溶剂有关的常数，水溶液的 A 值有表可查。由于单个离子的活度系数无法用实验测定来加以验证，这个公式用处不大。

德拜 - 休克尔极限定律的常用表示式为：

$$\lg \gamma_\pm = -A|z_+ z_-|\sqrt{I} \tag{1-53}$$

这个公式只适用于强电解质的稀溶液、离子可以作为点电荷处理的体系。式中，$\gamma_\pm$ 为离子平均活度系数，从这个公式得到的 $\gamma_\pm$ 为理论计算值。用电动势法可以测定 $\gamma_\pm$ 的实验值，用来检验理论计算值的适用范围。

对于离子半径较大，不能作为点电荷处理的体系，德拜 - 休克尔极限定律公式修正为：

$$\lg \gamma_\pm = \frac{-A|z_+ z_-|\sqrt{I}}{1 + aB\sqrt{I}} \tag{1-54}$$

式中，a 为离子的平均有效直径，约为 3.5×10^{-10} m；B 为与温度、溶剂有关的常数，在 298 K 的水溶液中，$B = 0.33 \times 10^{10} \, (\mathrm{mol \cdot kg^{-1}})^{\frac{1}{2}} \cdot \mathrm{m^{-1}}$，所以 $aB \approx 1 \, (\mathrm{mol \cdot kg^{-1}})^{-\frac{1}{2}}$。

则

$$\lg \gamma_\pm = \frac{-A|z_+ z_-|\sqrt{I}}{1 + \sqrt{I / m^\varnothing}} \tag{1-55}$$

③ 德拜 - 休克尔 - 昂萨格（Debye-Hückel-Onsager）电导理论。昂萨格将德拜 - 休克尔理论推广到不可逆过程（有外加电场作用）。

a. 弛豫效应。由于每个离子周围都有一个离子氛，在外电场作用下，正负离子做逆向迁移，原来的离子氛要拆散，新离子氛需建立，这里有一个时间差，称为弛豫时间。在弛豫时间里，离子氛会变得不对称，对中心离子的移动产生阻力，称为弛豫力。该力使离子迁移速率下降，从而使摩尔电导率降低。

b. 电泳效应。在溶液中，离子总是溶剂化的。在外加电场作用下，溶剂化的中心离子与溶剂化的离子氛中的离子向相反方向移动，增加了黏滞力，阻碍了离子的运动，使得离子的迁移速率和摩尔电导率下降，称为电泳效应。

c. 德拜 - 休克尔 - 昂萨格电导公式。考虑弛豫和电泳两种效应，推算出某一浓度时电解质的摩尔电导率与无限稀释时的摩尔电导率之间差值的定量计算公式，称为德拜 - 休克尔 - 昂萨格电导公式：

$$\Lambda_m = \Lambda_m^\infty - (p + q\Lambda_m^\infty)\sqrt{c} \tag{1-56}$$

式中，p、q 分别为电泳效应、弛豫效应引起的 Λ_m 的降低值。这个理论很好地解释了柯尔劳施（Kohlrausch）的经验式：

$$\Lambda_m = \Lambda_m^\infty - A\sqrt{c} \tag{1-57}$$

此外，关于电解质溶液的理论还包括离子缔合学说、可用于强电解质浓溶液的皮策理论等。从电解质溶液理论出发，可以准确地计算出各类电解质溶液的热力学性质。

1.2　可逆电池的电动势及其应用

1.2.1　可逆电池与可逆电极

可逆电池是指在化学能和电能相互转化时，始终处于热力学平衡状态的电池，也可定义为充、放电时进行的任何反应与过程均为可逆的电池。组成可逆电池的必要条件包括：①电池反应可逆，放电时发生的电池反应与充电时发生的电解反应正好互为逆反应；②能量变化可逆，电池在近平衡态下充、放电，要求工作电流无限小，或外加电势与电池电动势的电势差无限小；③电池中进行的其他过程也必须是可逆的。实际使用的电池一般不是处在平衡状态下充放电，因此为不可逆电池。

构成可逆电池的两个电极为可逆电极，需满足单一电极和反应可逆两个条件。单一电极指电极上只能发生一种电化学反应。反应可逆指充放电时发生同一反应，只是方向相反。

可逆电极可分为基于电子交换反应的电极和基于离子交换或扩散的电极，也可细分为：①第一类电极，只有一个相界面，包括金属电极［金属与其阳离子组成的电极，如 $Cu^{2+}(a)|Cu(s)$］、气体电极［氢电极 $Pt(s)$，$H_2(p)|H^+(a)$，氧电极］、配合物电极、卤素电极、汞齐电极等；②第二类电极，有两个相界面，包括金属-难溶盐及其阴离子组成的电极、金属-氧化物电极；③第三类电极，氧化-还原电极；④第四类电极，膜电极，利用隔膜对单种离子的透过性或膜表面与电解液的离子交换平衡所建立起来的电势，来测定电解液中特定离子活度的电极；⑤第五类电极，发生嵌入反应的嵌入电极，如锂离子电池的正负极。

1.2.2 电极电势产生的机理

（1）界面电势差

将金属插入纯水，由于水分子极性很大，其负端与金属表面晶格上的离子产生强烈的相互吸引力，部分表面离子与其他离子间的键力减弱，甚至离开金属进入水中，因此金属表面带负电荷，水溶液因金属离子的进入而带正电荷。同时，带负电的金属表面吸引金属离子紧密排在表面附近，且液相中的金属离子也会再沉积到金属表面。当金属溶解的速度等于离子沉积速度时，达到动态平衡，从而形成金属带负电、溶液带正电的双电层，产生电极电势。金属表面与溶液本体之间的电势差即为界面电势差。

若液体为组成电极的金属盐溶液，金属离子从溶液沉积到电极表面的速率加快。若金属离子较容易进入溶液，则金属电极带负电，电势数值比在纯水中更大。若金属离子不易进入溶液，则溶液中的金属离子向电极表面的沉积速率较大，使电极带正电。

金属晶格是由金属离子和自由电子构成的，要使金属离子脱离金属晶格，必须克服金属离子与晶格的结合力作用。金属表面带正电还是带负电，与金属的晶格能和水化能的相对大小有关。水化能大于晶格能，则金属表面带负电，如 Zn、Cd、Mg、Fe 等；反之，带正电，如 Cu、Au、Pt 等。

从化学势的角度，如果金属离子在电极相中与溶液相中的化学势不相等，则金属离子从化学势较高的相转移到化学势较低的相中，破坏了电极和溶液各相的电中性，使相间出现电势差。由于静电作用，金属离子的相间转移很快达到平衡状态，于是相间电势差趋于稳定。

影响电极电势的因素包括电极的本性、温度、介质、离子浓度等。金属活泼性越高，溶解成离子的倾向越大，离子沉积的倾向越小，达成平衡时，电极上积累的电子越多，因此电极电势越低；反之，电极电势越高。

电极电势代数值越小，金属离子脱离自由电子吸引而进入溶液的趋势越大；反之，金属离子越易沉积在金属表面。因此电对的电极电势数值越小，其还原态物质还原能力越强，氧化态物质氧化能力越弱。所以，电极电势是表示氧化还原电对中氧化态物质或还原态物质得失电子能力相对大小的一个物理量。

（2）接触电势

不同金属中自由电子逸出金属相的难易程度不同。电子离开金属逸入真空中所需要的最低能量称为电子逸出功（φ_e），以此来衡量电子逸出金属的难易程度。当两种不同金属接触时，在 φ_e 高的金属相一侧电子过剩，带负电；φ_e 低的金属相一侧电子缺少，带正电。这样在接触界面上形成双电层及接触电势差 $\varphi_{接触}$。例如，当金属 Cu 与金属 Zn 接触时，由于 Zn 的 φ_e 小于 Cu 的 φ_e，电子会从 Zn 相净转移至 Cu 相，Zn 相有正电荷过剩，Cu 有负电荷过剩。过剩的负电荷阻止电子的继续进入，达平衡时两相间建立的平衡电势差称为接触电势差。

（3）液体接界电势

两种不同溶液（电解质不同，或电解质相同而浓度不同）的界面上存在的电势差称为液体接界电势或扩散电势。它是由溶液中离子扩散速度不同引起的，一般较小（不超过 40 mV）。如在两种不同浓度的 HCl 溶液的界面上，HCl 从浓的一侧向稀的一侧扩散，由于 H^+ 运动速度比 Cl^- 快，所以在稀溶液一侧出现过剩的 H^+ 而带正电，在浓溶液的一侧出现过剩的 Cl^- 而带负电。这样在界面两边就产生了电势差。电势差一旦产生，就会对界面两边离子的扩散速度产生调节作用，使 H^+ 扩散速度变慢，Cl^- 扩散速度变快，最后达到稳态。在稳定的电势下，两种离子以相同速度通过界面，这个稳定电势即为液体接界电势。

液体接界电势由扩散引起，由于扩散过程是不可逆的，液体接界电势难以实验测定或准确计算，因此人们总是力图消除液体接界电势。消除方法包括：①采用单液电池；②在两溶液间连接一个"盐桥"，一般是在 U 形管中装有含3%琼脂的饱和KCl溶液形成的凝胶。盐桥可降低液接电势，但不能完全消除，一般仍可达 1 ～ 2 mV。

（4）外电位、表面电势和内电位

将试验电荷 ze 从无穷远处移入一个实物体相内，所做的功可分为三个部分：①从无穷远移到表面 10^{-4} cm（试验电荷与实物体相的化学短程力尚未发生作用的地方），所做的功为 $W_1 = ze\Psi$。②从表面移入体相内部，由于表面存在定向的偶极层，或电荷分布的不均匀性，所以要克服表面电势 χ 而做功 $W_2 = ze\chi$。③将试验电荷引入物相内部时除了克服表面电势做功外，还要克服粒子之间的短程作用的化学功，即化学势 μ。这三部分之和称为电化学势，即为化学势 μ 和电功之和，可用来量度电化学体系粒子的传递方向：

$$\bar{\mu} = ze\Psi + ze\chi + \mu$$

（1-58）

式中，Ψ 为外电位，即把单位正电荷在真空中从无穷远处移到离表面 10^{-4} cm 处所做的电功，可以测量；χ 为表面电势，是从 10^{-4} cm 处将单位正电荷通过界面移到物相内部所做的功，无法测量。

内电位 ϕ 又称伽伐尼电位，由外电位和表面电势两部分组成（图1-7），即 $\phi=\Psi+\chi$。

电池中单电极的电势（位），又称半电池电动势，是由电极体系中的电子导电相（如金属）相对于离子导电相（如电解质溶液）的内电势（位）差。单个电极的电势数值尚无法直接测量。

（5）电极与溶液间的电位差

两个物体的界面电位可表示为

$$\Delta\phi = \pm\, \varphi = \phi_I - \phi_{II}$$
$$= (\Psi_I + \chi_I) - (\Psi_{II} + \chi_{II})$$
$$= (\Psi_I - \Psi_{II}) + (\chi_I - \chi_{II})$$

式中，φ 为"金属/溶液"界面电位差。在电极反应中氧化态物质与其对应的还原态物质处于可逆平衡状态，且在整个电池中无电流通过的条件下测得的电极电势称为"可逆电势"或"平衡电势"。电极与电解质间的内电位差与外电位差见图1-8。

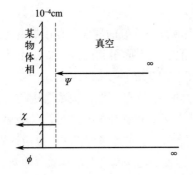

图1-7 物体相的内电位、外电位和表面电势

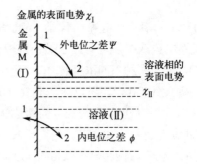

图1-8 电极与电解质间的内电位差与外电位差

1.2.3 电极电势和电池电动势

（1）标准氢电极

由于单个电极的电势尚无法测定，在实际使用中，只需知道电极电势的相对值。为此选择一相对标准电势作为零点，以此标准电极与任一待测电极组成电池，测量电池电动势，所得电动势即为待测电极的相对电势。因此通常所说的某电极的"电极电势"指相对电极电势。

国际规定标准氢电极（standard hydrogen electrode，SHE）作为标准电极，并规定在任何温度下，标准氢电极的（平衡）电极电势为零（即氢标）。电池"(Pt) H_2 (g, $p^{\ominus}$) | H^+ ($a=1$) ‖ 待定电极"的电动势 E 即为待测电极的电极电势 φ，也叫氢标还原电极电势。不

引起混淆的情况下，可用 E 表示电极电势，即将电极电势理解为半电池的电动势。

电极电势的符号规定：在测量时，若待测电极实际上进行的是还原反应，则 E（待测电极）为正值（电势高于标准氢电极）；若待测电极上进行的是氧化反应，则 E（待测电极）为负值（电势低于标准氢电极）。

标准氢电极为一级参比电极，但制备和使用均不方便，通常使用二级标准电极，称为参比电极，最常用的参比电极有甘汞电极和银-氯化银电极等。

（2）二级标准电极——甘汞电极

氢电极使用不方便，因此通常用有确定电极电势的甘汞电极作二级标准电极。

Pt，H_2（$p^\ominus$）$|H^+$（$a_{H^+}=1$）$\|Cl^-$（a_{Cl^-}），Hg_2Cl_2（s）$|Hg$（l）

$E=E$（$Cl^-|Hg_2Cl_2$（s）$|Hg$）

该电极电势随体系中 Cl^- 活度而变化：

a_{Cl^-}	E（$Cl^-|Hg_2Cl_2$（s）$|Hg$）/V
0.1	0.3337
1.0	0.2801
饱和	0.2412

（3）标准电极电势

电极体系处于热力学标准状态下的电极电势称为标准电极电势，用 $E^\ominus$ 或 $\varphi^\ominus$（电极）表示。标准状态指组成电极的离子浓度为 $1.0\ mol\cdot L^{-1}$，气体压力为 $1.01325\times10^5\ Pa$，测量温度为 298.15 K，液体和固体都是纯净物。用标准状态下的各种电极与标准氢电极组成原电池，测定其电动势，即得这些电极的标准电极电势。有些电极不能直接测定，则可通过热力学函数计算。一些常用电极以水为溶剂的标准电极电势按由小到大顺序排列于表 1-2 中。非标准状态下电极电势与物质浓度的关系可用能斯特公式求得。

表 1-2　标准电极电势

电极反应 氧化态 ⇌ 还原态	$E^\ominus$ / V
$Li^++e^-\rightleftharpoons Li$	−3.04
$K^++e^-\rightleftharpoons K$	−2.93
$Ca^{2+}+2e^-\rightleftharpoons Ca$	−2.87
$Na^++e^-\rightleftharpoons Na$	−2.71
$Mg^{2+}+2e^-\rightleftharpoons Mg$	−2.37
$Zn^{2+}+2e^-\rightleftharpoons Zn$	−0.76
$Fe^{2+}+2e^-\rightleftharpoons Fe$	−0.44
$Sn^{2+}+2e^-\rightleftharpoons Sn$	−0.14
$Pb^{2+}+2e^-\rightleftharpoons Pb$	−0.13
$2H^++2e^-\rightleftharpoons H_2$	0.00

续表

电极反应 氧化态 ⇌ 还原态	$E^{\ominus}/V$
$Sn^{4+}+2e^- \rightleftharpoons Sn^{2+}$	+0.14
$Cu^{2+}+2e^- \rightleftharpoons Cu$	+0.34
$O_2+2H_2O+4e^- \rightleftharpoons 4OH^-$	+0.401
$I_2+2e^- \rightleftharpoons 2I^-$	+0.54
$Fe^{3+}+e^- \rightleftharpoons Fe^{2+}$	+0.77
$Br_2+2e^- \rightleftharpoons 2Br^-$	+1.08
$Cr_2O_7^{2-}+14H^++6e^- \rightleftharpoons 2Cr^{3+}+7H_2O$	+1.33
$Cl_2+2e^- \rightleftharpoons 2Cl^-$	+1.36
$MnO_4^-+8H^++5e^- \rightleftharpoons Mn^{2+}+4H_2O$	+1.51
$F_2+2e^- \rightleftharpoons 2F^-$	+2.87

同一还原剂或氧化剂在不同介质中的产物和标准电极电势可能不同，与标准电极电势相对应的电极反应中，除非不会引起混淆，否则应标明反应式中各物质（包括氧化态、还原态物质及介质等）的状态（如 s、l、g、aq 等）。

标准电极电势表的说明：

a. 标准电极电势 $\varphi^{\ominus}$ 值是电极处于平衡状态时表现出的特征值，与平衡到达的快慢、反应速度无关。

b. $\varphi^{\ominus}$ 值的大小和符号与组成电极的物质种类（电子得失倾向）有关，与电极反应的写法、电极反应中物质的计量系数无关。表中电极反应都应写成还原反应形式：氧化态 + $ze^- \rightleftharpoons$ 还原态，而且一般用电对"氧化态/还原态"表示电极的组成。在表中所列的标准电极电势的正、负数值，不因电极反应进行的方向而改变。

c. 非标准状态、非水溶液体系，不能使用 $\varphi^{\ominus}$ 值比较物质的氧化还原能力。

d. 表中物质的还原态的还原能力自下而上依次增强，物质的氧化态的氧化能力自上而下依次增强，即电对的 $\varphi^{\ominus}$ 值越小，在表中的位置越高，物质的还原态的还原能力越强，其对应的氧化态的氧化能力越弱。

e. 对角线规则：只有电极电势数值较小的还原态物质与电极电势数值较大的氧化态物质之间才能发生氧化还原反应，两者电极电势的差别越大，反应就进行得越完全。

f. 判断氧化还原反应进行的方向：

电动势判据　$E=\varphi(+)-\varphi(-)=\varphi(氧化剂)-\varphi(还原剂)>0$，反应正向进行。

电极电势判据　$\varphi(氧化剂)>\varphi(还原剂)$，反应正向进行。

（4）电池电动势

对一个电池，连接正极的金属引线与连接负极的相同金属引线之间的电势差称为电池电势，在零电流下测出的电池电势称为电动势，用 E 表示。电动势也可用组成电池的各界面电势差的加和表示。

如图 1-1 所示的 Cu-Zn 原电池，其表达式为：

$$(-)\,Cu|Zn|ZnSO_4(a_1)\,|CuSO_4|Cu\,(+)$$

$$E = \Delta\phi_{接触} + \Delta\phi_{Cu/Cu^{2+}} + \Delta\phi_{液接} + \Delta\phi_{Zn^{2+}/Zn} \tag{1-59}$$

各项界面中，金属电极 / 溶液对应电极电势；金属电极 / 导线对应接触电势；溶液 / 溶液对应液体接界电势。

若用盐桥除去液体接界电势，且 $\Delta\phi_{Cu/Zn}$ 与 $\Delta\phi_{Zn/Zn^{2+}}$ 和 $\Delta\phi_{Cu^{2+}/Cu}$ 相比很小，则电池电动势仅取决于两个半电池的"电极 / 溶液"界面电势差，即

$$E \approx \Delta\phi_{Cu/Cu^{2+}} + \Delta\phi_{Zn^{2+}/Zn} = \varphi_+ - \varphi_- \tag{1-60}$$

（5）电动势的测定

电压表可以用来测量电路中两点的电位差以及电池正负极间的电势差（输出电压），但不能用来测量电池的电动势值。其原因为：①用电压表测量时必然有电流从正极流向负极，电极与溶液间发生氧化（负极）和还原（正极）反应，这是不可逆过程，电极电位会偏离可逆电极电位；②电池有内电阻，电流通过电池会损失电能，从而发生电势降。电池电动势 $E_{mf} = (R_0 + R_i)I$，其中，I 为电流强度，R_0、R_i 分别为外电阻、内电阻。电压表或万用电表测量的只是路端电压 $U = R_0 I$。当电压表的输入阻抗趋于无穷大，即 $R_0 \to \infty$ 时，有 $R_0 + R_i \to R_0$，此时 $E \approx U$，才能测得电池电动势。

电池电动势可采用对消法或韦斯顿（Weston）标准电池来测量。

韦斯顿（Weston）标准电池（图 1-9）中负极用镉汞齐，其优点主要是高度可逆、电动势稳定且随温度变化小。

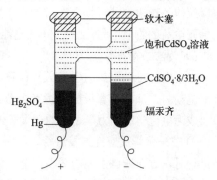

软木塞
饱和 $CdSO_4$ 溶液
$CdSO_4 \cdot 8/3H_2O$
Hg_2SO_4
镉汞齐
Hg
+　　－

图 1-9　韦斯顿标准电池简图

电池反应：

$$(-)\,Cd\,(Hg) \longrightarrow Cd^{2+} + Hg\,(1) + 2e^-$$

$$(+)\,Hg_2SO_4\,(s) + 2e^- \longrightarrow 2Hg\,(1) + SO_4^{2-}$$

净反应：

$$Hg_2SO_4\,(s) + Cd\,(Hg)\,(a) + 8/3H_2O \longrightarrow CdSO_4 \cdot 8/3H_2O\,(s) + 2Hg\,(1)$$

1.2.4　自由能与电池电动势

自发变化指能够自动发生的变化，自发变化的逆过程则不能自动进行。一切自发过程在适当条件下可以对外做功；借助于外力可以使一个自动变化逆向进行，但需要环境消耗功才能进行。

系统中物质的总能量分为束缚能和自由能。束缚能不能用于做有用功，而自由能是在恒温、恒压条件下能够做最大有用功（非膨胀功）的那部分能量。自由能具有加和性，一个体系的总自由能是其各组分自由能的总和。自由能的绝对值无法测定，只能知道系统在

变化前后的自由能变化 $\Delta G = G_2 - G_1$，其中，G_1、G_2 分别为系统变化前后的自由能。凡是满足恒温、恒压条件的变化过程都可以用 ΔG 来判断变化方向和限度。若 $\Delta G < 0$，表明自由能减小，属自动变化或自发变化；若 $\Delta G > 0$，则系统不可自动进行，需从外界获得能量才能进行；若 $\Delta G = 0$，表示系统处于动态平衡。

在等温、等压的可逆过程中，若不考虑由于体积改变而产生的机械功，原电池对环境所做的最大电功等于该电池反应的自由能的减少，即

$$\Delta G = -W_{电功} = -nFE \tag{1-61}$$

标准状态下有

$$\Delta G^{\ominus} = -nFE^{\ominus}$$

当电池反应为 1 mol 时，

$$\Delta_r G_m = -zFE$$

$$\Delta_r G_m^{\ominus} = -zFE^{\ominus} \tag{1-62}$$

式中，$\Delta_r G_m$ 为电池反应进度为 1 mol 时的吉布斯自由能变化；$\Delta_r G_m^{\ominus}$、$E^{\ominus}$ 分别为参加电池反应的各物质都处于标准态时的吉布斯自由能变化、电动势（标准电动势）；n 为电池输出单元电荷的物质的量；z 为 1 mol 电池反应中参与电极反应的电子物质的量；E 为电池电动势；F 为法拉第常数。

根据上式可以用热力学函数来计算原电池的标准电动势，反之，也可以通过实验测得标准电动势，从而计算反应的标准吉布斯自由能变化。由此建立起了电化学与热力学的联系，成为电化学和热力学之间的桥梁公式。

① 若一化学反应能自发进行，$\Delta_r G_m < 0$，则必有 $E > 0$，恒温恒压下，在原电池中可逆进行时，吉布斯自由能的减少完全转化为对环境所做的电功。

② 在等温、等压下，若 $E > 0$，则该电池可自发进行。

1.2.5 能斯特方程

能斯特（Nernst）方程是原电池电动势与反应物及产物活度的关系式，适用于达到电化学平衡的体系，即可逆电池。

对于反应 $a\mathrm{A}+d\mathrm{D} \rightleftharpoons x\mathrm{X}+y\mathrm{Y}$，由化学平衡原理得：

$$\Delta_r G_m = \Delta_r G_m^{\ominus} + RT\ln\frac{a_X^x a_Y^y}{a_A^a a_D^d} \tag{1-63}$$

若反应通过可逆电池完成，则有 $\Delta_r G_m = -zFE$ 和 $\Delta_r G_m^{\ominus} = -zFE^{\ominus}$，代入上式可得

$$E = E^{\ominus} - \frac{RT}{zF}\ln\frac{a_X^x a_Y^y}{a_A^a a_D^d} \tag{1-64}$$

即为电池反应的能斯特方程。由能斯特方程，只要知道反应组分的活度、标准电池电动势即可求出任一温度下的电池电动势。

在标准状态，$E > 0$，反应正向进行。若在非标准态时，降低产物浓度或增大反应物浓度，原电池电动势将减小，若 $E < 0$，则电池反应逆向进行。因此，离子浓度改变可能

影响氧化还原反应方向。但是只有当 $E^{\ominus}$ 较小时，浓度的改变才可以改变反应的方向，而当 $E^{\ominus}$ 较大时，浓度的改变要非常大才能改变反应的方向，所以浓度的改变一般不会改变反应的方向。综上，可以根据 $E^{\ominus}$ 值判断反应的方向。

对于以下电池：

$$Zn(s)|Zn^{2+}(a_{Zn^{2+}})\|Cu^{2+}(a_{Cu^{2+}})|Cu(s)$$

$$(-) \quad Zn(s) \longrightarrow Zn^{2+}(a_{Zn^{2+}})+2e^-$$

$$(+) \quad Cu^{2+}(a_{Cu^{2+}})+2e^- \longrightarrow Cu(s)$$

净反应：$Zn(s)+Cu^{2+}(a_{Cu^{2+}}) \longrightarrow Cu(s)+Zn^{2+}(a_{Zn^{2+}})$

方法一

$$E = E_{(Ox|Red)(+)} - E_{(Ox|Red)(-)} = \left[E^{\ominus}_{(Cu^{2+}|Cu)} - \frac{RT}{2F}\ln\frac{1}{a_{Cu^{2+}}}\right] - \left[E^{\ominus}_{(Zn^{2+}|Zn)} - \frac{RT}{2F}\ln\frac{1}{a_{Zn^{2+}}}\right] \quad (1-65)$$

方法二

化学反应等温式：

$$\Delta_r G_m = \Delta_r G_m^{\ominus} + RT\ln\frac{a_{Zn^{2+}}}{a_{Cu^{2+}}} \quad (1-66)$$

$$\Delta_r G_m = -2EF \quad \Delta_r G_m^{\ominus} = -2E^{\ominus}F \quad (1-67)$$

$$E = E^{\ominus} - \frac{RT}{2F}\ln\frac{a_{Zn^{2+}}}{a_{Cu^{2+}}} \quad (1-68)$$

$$E^{\ominus} = E^{\ominus}_{(Cu^{2+}|Cu)} - E^{\ominus}_{(Zn^{2+}|Zn)} \quad (1-69)$$

两种方法结果相同。

（1）电池电动势 E 与标准平衡常数的关系

由于

$$\Delta_r G_m^{\ominus} = -RT\ln K_a^{\ominus} \quad (1-70)$$

式中，$K_a^{\ominus}$ 为标准平衡常数，因此

$$E^{\ominus} = \frac{RT}{zF}\ln K_a^{\ominus} \quad (1-71)$$

由上式可知，若能求得原电池标准电动势 $E^{\ominus}$，即可求得该电池反应的标准平衡常数，反之亦然，由此可得反应方向的自由能、平衡常数、电动势判据。

$E^{\ominus}$ 与 $K^{\ominus}$ 所处的状态不同，$E^{\ominus}$ 处于标准态，$K^{\ominus}$ 处于平衡态，只是 $\Delta_r G_m^{\ominus}$ 将两者从数值上联系在一起。

例如：

① $H_2(p^{\ominus})+Cl_2(p^{\ominus}) \longrightarrow 2H^+(a_+)+2Cl^-(a_-)$

② $1/2\,H_2(p^{\ominus})+1/2\,Cl_2(p^{\ominus}) \longrightarrow H^+(a_+)+Cl^-(a_-)$

$E_1 = E^{\ominus} - \frac{RT}{2F}\ln a_+^2 a_-^2 \quad E_2 = E^{\ominus} - \frac{RT}{F}\ln a_+ a_- \quad E_1 = E_2$

$\Delta_r G_m(1) = -2EF \quad \Delta_r G_m(2) = -EF \quad \Delta_r G_m(1) = 2\Delta_r G_m(2)$

$$E_1^{\ominus} = \frac{RT}{2F}\ln K_1^{\ominus} \quad E_2^{\ominus} = \frac{RT}{F}\ln K_2^{\ominus} \quad K_1^{\ominus} = (K_2^{\ominus})^2$$

（2）电池电动势 E 与活度 a 的关系

以下面电池为例：

Pt，$H_2(p_1)\,|\,HCl\,(0.1\ mol\cdot kg^{-1})\,|\,Cl_2(p_2)$，Pt

$(-)\ H_2(p_1)\longrightarrow 2H^+(a_{H^+})+2e^-$

$(+)\ Cl_2(p_2)+2e^-\longrightarrow 2Cl^-(a_{Cl^-})$

净反应：

$H_2(p_1)+Cl_2(p_2)\longrightarrow 2H^+(a_{H^+})+2Cl^-(a_{Cl^-})\longrightarrow 2HCl(a)$

$$\Delta_r G_{m,1} = \Delta_r G_m^{\ominus} + RT\ln\frac{a_{H^+}^2 a_{Cl^-}^2}{a_{H_2}a_{Cl_2}} \tag{1-72}$$

$$E_1 = E^{\ominus} - \frac{RT}{zF}\ln\frac{a_{H^+}^2 a_{Cl^-}^2}{a_{H_2}a_{Cl_2}} \tag{1-73}$$

$$a_{H_2} = \frac{\gamma_{H_2}p_{H_2}}{p^{\ominus}} \quad a_{Cl_2} = \frac{\gamma_{Cl_2}p_{Cl_2}}{p^{\ominus}} \tag{1-74}$$

$$a_{H^+}^2 a_{Cl^-}^2 = \left(\gamma_+\frac{m_+}{m^{\ominus}}\right)^2\left(\gamma_-\frac{m_-}{m^{\ominus}}\right)^2 = \left(\gamma_\pm\frac{m}{m^{\ominus}}\right)^4 \approx 0.1^4 \quad (\gamma_\pm=1) \tag{1-75}$$

$$E_2 = E^{\ominus} - \frac{RT}{zF}\ln\frac{a_{HCl}^2}{a_{H_2}a_{Cl_2}} \tag{1-76}$$

$$a_{HCl}^2 = (a_\pm^2)^2 = \left(\gamma_\pm\frac{m}{m^{\ominus}}\right)^4 \approx 0.1^4 \quad (\gamma_\pm=1) \tag{1-77}$$

两种写法，结果相同。其中：$a_{HCl} = a_\pm^2$。

（3）从电池电动势 E 及其温度系数求反应的摩尔熵变 $\Delta_r S_m$ 和摩尔焓变 $\Delta_r H_m$

$$dG = -SdT + Vdp \rightarrow \left(\frac{\partial G}{\partial T}\right)_p = -S \rightarrow \left[\frac{\partial(\Delta G)}{\partial T}\right]_p = -\Delta S \rightarrow \left[\frac{\partial(-zEF)}{\partial T}\right]_p$$

$$= -\Delta_r S_m \rightarrow \Delta_r S_m = zF\left(\frac{\partial E}{\partial T}\right)_p$$

式中，$\left(\frac{\partial E}{\partial T}\right)_p$ 为电动势的温度系数，其值可由测定不同温度下的电动势得到。大多数电池电动势的温度系数为负值。

电池反应热效应：

$$Q_R = T\Delta_r S_m = zFT\left(\frac{\partial E}{\partial T}\right)_p \tag{1-78}$$

因此反应的摩尔焓变

$$\Delta_r H_m = \Delta_r G_m + T\Delta_r S_m = -zEF + zFT\left(\frac{\partial E}{\partial T}\right)_p \tag{1-79}$$

式中，$\Delta_r H_m$ 为在没有非体积功情况下的恒温恒压反应热。

当 $\left(\dfrac{\partial E}{\partial T}\right)_p < 0$ 时，$Q_R < 0$，则电池放热。化学能＞电能，一部分化学能转化为电能，另一部分化学能以热的形式放出。

当 $\left(\dfrac{\partial E}{\partial T}\right)_p > 0$ 时，$Q_R > 0$，则电池吸热。化学能＜电能，电池反应中，电池从环境吸热，与化学能一起转化为电能。

当 $\left(\dfrac{\partial E}{\partial T}\right)_p = 0$ 时，$Q_R = 0$，表示原电池在恒温下可逆放电时与环境无热的交换，化学能全部转化为电能。

（4）电极电势的能斯特方程

能斯特方程也可以应用于单个可逆电极反应，对于电极反应：

$$氧化态 +ze^- \longrightarrow 还原态$$
$$a\text{Ox}+ze^- \longrightarrow d\text{Red}$$

$$\varphi_{(\text{Ox}|\text{Red})} = \varphi_{(\text{Ox}|\text{Red})}^{\ominus} - \frac{RT}{zF}\ln\frac{a_{\text{Red}}^d}{a_{\text{Ox}}^a} \qquad (1\text{-}80)$$

$$\varphi_{(\text{Ox}|\text{Red})} = \varphi_{(\text{Ox}|\text{Red})}^{\ominus} - \frac{RT}{zF}\ln\prod_B a_B^{\nu_B} \qquad (1\text{-}81)$$

当电极反应中的物质活度都是一个单位时，$\varphi = \varphi^{\ominus}$，其物理意义是相应电极反应中的物质浓度为 1 个单位时的电极电位，即为标准电极电位。

1.2.6 浓差电池和液体接界电势

（1）浓差电池

浓差电池是指工作时电池净反应不是化学反应，仅仅是某物质从高压到低压或从高浓度向低浓度的迁移，且其电池电动势只与该物质的浓度有关的电池。浓差电池的标准电动势 $E^{\ominus} = 0$。

对于电极浓差电池，其电极材料相同，但浓度不同，插入同一电解质溶液，也称单液浓差电池，例如：

① K（Hg）(a_1)|KCl（aq）|K（Hg）(a_2)

K（Hg）$(a_1) \longrightarrow$ K（Hg）(a_2)

电池电动势 $E = \dfrac{RT}{zF}\ln\dfrac{a_1}{a_2}$

② Pt|H$_2$$(p_1)$|HCl（aq）|H$_2$$(p_2)$Pt

H$_2$$(p_1) \longrightarrow$ H$_2$$(p_2)$

电池电动势 $E = \dfrac{RT}{zF}\ln\dfrac{p_1}{p_2}$

对于电极材料和电解质种类相同而电解质活度不同的电解质浓差电池，也称双液浓差电池，例如：

① 阳离子转移。

$Ag(s)|Ag^+(a_1)\|Ag^+(a_2)|Ag(s)$

$Ag^+(a_2)\longrightarrow Ag^+(a_1)$

电池电动势 $E=\dfrac{RT}{zF}\ln\dfrac{a_2}{a_1}$

② 阴离子转移。

$Ag|AgCl(s)|Cl^-(a_1)\|Cl^-(a_2)|AgCl(s)|Ag$

$Cl^-(a_1)\longrightarrow Cl^-(a_2)$

电池电动势 $E=\dfrac{RT}{zF}\ln\dfrac{a_1}{a_2}$

（2）液体接界电势 E_j

液体接界电势是热力学不可逆的。

① 液体界面间的电迁移（设通过 1 mol 电量）。

$Pt|H_2(p)|HCl(m)|HCl(m')|H_2(p)|Pt$

$t_+H^+(a_{H^+})\longrightarrow t_+H^+(a'_{H^+})$

$t_-Cl^-(a_{Cl^-})\longleftarrow t_-Cl^-(a'_{Cl^-})$

吉布斯自由能的变化为

$$\Delta G_j=t_+RT\ln\frac{a'_{H^+}}{a_{H^+}}+t_-RT\ln\frac{a_{Cl^-}}{a'_{Cl^-}} \tag{1-82}$$

② 液接电势的计算。

$$\Delta G_j=-zE_jF$$

$$E_j=\frac{t_+RT}{zF}\ln\frac{a_{H^+}}{a'_{H^+}}-\frac{t_-RT}{zF}\ln\frac{a_{Cl^-}}{a'_{Cl^-}} \tag{1-83}$$

$$a_{H^+}=a_{Cl^-}=\frac{m}{m^\ominus}\quad a'_{H^+}=a'_{Cl^-}=\frac{m'}{m^\ominus} \tag{1-84}$$

对 1-1 价电解质，设：

$$E_j=(t_+-t_-)\frac{RT}{F}\ln\frac{m}{m'} \tag{1-85}$$

$$t_+-t_-=2t_+-1 \tag{1-86}$$

测定液接电势，可由此计算出离子迁移数。

1.3 电极反应动力学

应用能斯特方程处理电化学体系的前提是该体系处于热力学平衡态，而现实的电化学

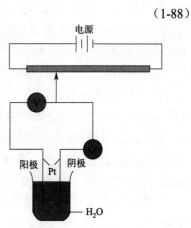

过程均为不可逆过程。要使电化学反应以一定速度进行，无论原电池的放电或是电解池的充电过程，体系中总是有显著的电流通过。此外，热力学研究并没有解决有关反应进行的速度问题。因此，对于不可逆电极过程的研究具有重要的现实意义。

电池反应动力学重点是在电极表面发生的过程，即电极过程，包括电极上的电化学过程、电极表面附近薄液层的传质及化学过程。电极过程分为阴极过程和阳极过程。

1.3.1　电解与极化作用

（1）分解电压

分解电压是电解时在两电极上显著析出电解产物所需的最低外加电压，可用 E-I 曲线求得。

理论分解电压也称为可逆分解电压，是使某电解质溶液能连续不断发生电解时所必须外加的最小电压，在数值上等于该电解池作为可逆电池时的可逆电动势，即

$$E_{理论分解} = E_{可逆}$$

实际分解电压均高于理论分解电压，原因是：①导线、接触点以及电解质溶液都有一定的电阻；②实际电解时，电极过程不可逆，电极电势偏离平衡电极电势。

电极发生可逆电极反应时所具有的电势称为可逆电势或平衡电极电势，此时电极上没有外电流通过。而当有电流通过电极时，电极发生不可逆电极反应，此时电极电势偏离平衡电极电势，这种现象称为电极的极化。偏差的大小即为过电势（或超电势）η。影响过电势的因素包括电极材料、电极表面状态、电流密度、温度、电解质的性质与浓度、溶液中的杂质等。

要使电解池顺利进行连续反应，除了克服作为原电池时的可逆电动势外，还要克服由于极化在阴、阳极上产生的超电势 $\eta_阴$ 和 $\eta_阳$，以及克服电池电阻所产生的电位降 IR。这三者的加和为实际分解电压。

$$E_{分解} = E_{可逆} + \Delta E_{不可逆} + IR \tag{1-87}$$

$$\Delta E_{不可逆} = \eta_阳 + \eta_阴 \tag{1-88}$$

因此，分解电压的数值会随着通入电流强度的增加而增大。

分解电压的测定如图 1-10 所示。

使用 Pt 电极电解 H_2O，加入中性盐用来导电，逐渐增加外加电压，由安培计 G 和伏特计 V 分别测定线路中的电流强度 I 和电压 E，画出 I-E 曲线（图 1-11）。

外加电压很小时，几乎无电流通过，阴、阳极上无氢气和氧气放出。

随着 E 的增大，电极表面产生少量氢气和氧气，但压力低于大气压，无法逸出。所产生的氢气和氧

图 1-10　分解电压的测定

气构成了原电池，外加电压必须克服该反电动势，继续增加电压，I 有少许增加，如图中 1-2 段。

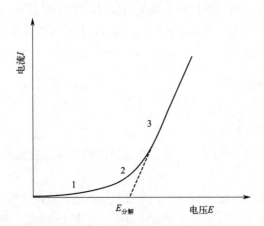

图 1-11　测定分解电压时的电流－电压曲线

当外压增至 2-3 段，氢气和氧气的压力等于大气压力，呈气泡逸出，反电动势达极大值 $E_{b, max}$。

再增加电压，使 I 迅速增加。将直线外延至 $I=0$ 处，得 $E_{分解}$ 值，这是使电解池不断工作所必须外加的最小电压，称为分解电压。

（2）极化作用的类型

根据极化产生的不同原因，通常把极化分为浓差极化、电化学极化和电阻极化，与之相应的超电势分别称为浓差超电势、电化学超电势和电阻超电势。

① 浓差极化。在电解过程中，电极附近（电极与溶液之间的界面区域，在通常搅拌情况下厚度不大于 $10^{-3} \sim 10^{-2}$ cm）某离子浓度由于电极反应而发生变化，本体溶液中离子扩散的速度又来不及弥补这个变化，就导致电极附近溶液的浓度与本体溶液间有一个浓度梯度，这种浓度差别引起的电极电势的改变称为浓差极化。

浓差极化的大小取决于扩散层两侧的浓度差大小。

浓差极化还可以理解为：电解作用开始后，阳离子在阴极上还原，使电极表面附近溶液阳离子减少，浓度低于内部溶液。这种浓度差别的出现是由于阳离子从溶液内部向阴极输送的速度，赶不上阳离子在阴极上还原析出的速度，在阴极上还原的阳离子减少，必然引起阴极电流的下降。为了维持原来的电流，需要额外的电压（推动力），即要使阴极电位比可逆电位更负一些。阳极反应也可以做相似理解。

用搅拌和升温的方法可以减少浓差极化。滴汞电极上的浓差极化也可以用来进行极谱分析。

② 电化学极化。电极反应总是分若干步进行，若其中一步反应速度较慢，需要较高的

活化能，为了使电极反应顺利进行所额外施加的电压称为电化学超电势（或活化超电势），这种极化现象称为电化学极化。

③ 电阻极化。电流通过电极时，在电极表面或电极与溶液的界面往往形成一薄层的高电阻氧化膜或其他物质膜，从而产生表面电阻电位降。

当仅考虑上述三种极化时，阴极电势总是向负移，电极电势变小，而阳极电势总是向正移，电极电势变大。因此阴极超电势为负值，阳极超电势为正值。为了使超电势都是正值，把阴极超电势 $\eta_{阴}$ 和阳极超电势 $\eta_{阳}$ 分别定义为：

$$\eta_{阴}=E_{阴,平}-E_{阴,不可逆} \tag{1-89}$$

$$\eta_{阳}=E_{阳,不可逆}-E_{阳,平} \tag{1-90}$$

（3）极化曲线

超电势或电极电势与电流密度之间的关系曲线称为极化曲线，极化曲线的形状和变化规律反映了电化学过程的动力学特征。

① 电解池中两电极的极化曲线。随着电流密度的增大，两电极上的超电势也增大，阳极析出电势变大，阴极析出电势变小，使外加的电压增加，额外消耗了电能（图 1-12）。

② 原电池中两电极的极化曲线。原电池中，负极是阳极，正极是阴极。随着电流密度的增加，阳极析出电势变大，阴极析出电势变小。由于极化，原电池的端电压小于平衡电池电动势，做功能力下降。但可以利用这种极化降低金属的电化学腐蚀速度（图 1-13）。

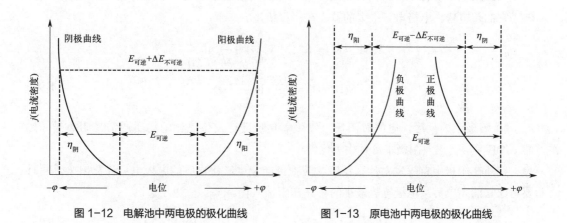

图 1-12　电解池中两电极的极化曲线　　　　图 1-13　原电池中两电极的极化曲线

（4）氢超电势

电解质溶液通常用水作溶剂，在电解过程中，H^+ 在阴极会与金属离子竞争还原。利用氢在电极上的超电势，可以使比氢活泼的金属先在阴极析出，这在电镀工业上是很重要的。例如，只有控制溶液的 pH 值，利用氢气的析出超电势，才使得镀 Zn、Sn、Ni、Cr 等工艺成为现实。

金属在电极上析出时超电势很小，通常可忽略不计，而气体，特别是氢气和氧气，超

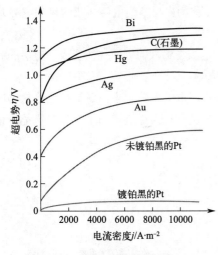

图 1-14　氢在几种电极上的超电势

电势较大。

氢气在几种电极上的超电势如图 1-14 所示，可见在石墨和汞等材料上，超电势很大，而在金属 Pt，特别是镀了铂黑的铂电极上，超电势很小，所以标准氢电极中的铂电极要镀上铂黑。

（5）Tafel 公式

早在 1905 年，Tafel 发现，对于一些常见的电极反应，超电势 η 与电流密度 j 之间在一定范围内存在如下的定量关系：

$$\eta=a+b\ln j \tag{1-91}$$

即为 Tafel 公式。式中，a 为单位电流密度时的超电势，与电极材料、表面状态、溶液组成和温度等因素有关；b 为超电势的决定因素，在常温下一般等于 0.050 V。

（6）电解时电极上的反应

① 阴极上的反应。电解时阴极上发生还原反应。发生还原的物质通常为金属离子和氢离子（中性水溶液中 $a_{H^+}=10^{-7}$）。

判断在阴极上首先析出何种物质，应把可能发生还原物质的电极电势计算出来，同时考虑它的超电势。电极电势最大的首先在阴极析出。

$$E(M^{z+}|M) = E^{\ominus}(M^{z+}|M) - \frac{RT}{zF}\ln\frac{1}{a_{M^{z+}}} \tag{1-92}$$

$$E(H^+|H) = -\frac{RT}{F}\ln\frac{1}{a_{H^+}} - \eta_{H_2} \tag{1-93}$$

② 阳极上的反应。电解时阳极上发生氧化反应。发生氧化的物质通常为阴离子（如 Cl^-、OH^- 等），以及阳极本身发生氧化。

判断在阳极上首先发生什么反应，应把可能发生氧化物质的电极电势计算出来，同时要考虑它的超电势。电极电势最小的首先在阳极氧化。

$$E(A|A^{z-}) = E^{\ominus}(A|A^{z-}) - \frac{RT}{zF}\ln a_{A^{z-}} + \eta_{阳} \tag{1-94}$$

③ 分解电压。确定了阳极、阴极析出的物质后，将两者的析出电势相减，就得到了实际分解电压。因为电解池中阳极是正极，电极电势较高，所以用阳极析出电势减去阴极析出电势。

$$分解电压 = E_{阳极,析出} - E_{阴极,析出}$$

电解水溶液时，由于 H_2 或 O_2 的析出，会改变 H^+ 或 OH^- 的浓度，计算电极电势时应把这个因素考虑进去。

④ 金属离子的分离。如果溶液中含有多个析出电势不同的金属离子，可以控制外加电

压的大小，使金属离子分步析出而达到分离的目的。

为了使分离效果较好，后一种离子反应时，前一种离子的活度应减少到 10^{-7} 以下，这样要求两种离子的析出电势相差一定的数值。

$$\Delta E = \frac{RT}{zF}\ln 10^{-7}$$

当 $z = 1$ 时，$\Delta E > 0.41\ \text{V}$；

当 $z = 2$ 时，$\Delta E > 0.21\ \text{V}$；

当 $z = 3$ 时，$\Delta E > 0.14\ \text{V}$。

⑤ 电解的应用。

电解在金属材料的加工和表面处理、化工原料生产等工业领域应用广泛。按产品所处的电极可分为：阴极产品，包括电镀，金属提纯、保护，产品的美化（包括金属、塑料），制备氢气及有机物的还原产物等；阳极产品，包括铝合金的氧化和着色，制备氧气、双氧水、氯气，以及有机物的氧化产物等。

常见的电解制备产品有氯碱工业制取氢气、氯气和烧碱，由丙烯腈制乙二腈，用硝基苯制苯胺等。

1.3.2　电极反应

（1）电极反应的特点

电极反应通常发生在"电极/电解质"界面。电极本身既是传递电子的介质，又是电化学反应的基体。电极反应是一种有电子参加的特殊的异相氧化还原反应，其特殊性在于电极表面上存在的双电层，且电极表面电场的强度和方向可以在一定范围内自由地和连续地改变。电极反应的特点主要体现在表面电场对电极反应速度的影响：

① 反应在两相界面上发生，反应速度与界面面积及界面特性有关；

② 反应速度很大程度上受电极表面附近液层中反应物或产物传质过程的影响，特别是反应物浓度较小或产物浓度较大时；

③ 多数电极反应与新相的生成过程密切相关；

④ 界面电场对电极反应速度有很大影响；

⑤ 反应速度易控制，改变电极电位即可使通过电极的电流维持在任何数值上，也可以方便地使正在激烈进行的反应立即停止，甚至可使电极反应立即反方向进行；

⑥ 电极反应一般在常温常压下进行；

⑦ 反应所用氧化剂或还原剂为电子，环境污染小。

（2）电极反应速度的表示方法

电极反应速度可用单位表面上、单位时间内发生反应的电子的量，即通过电极的电流密度来表示。

若参加反应的粒子在电极上的反应速度为 $r = -1/s \times \text{d}n/\text{d}t$，单位为 $\text{mol} \cdot \text{cm}^{-2} \cdot \text{s}^{-1}$，

则相应的电流密度（$A \cdot cm^{-2}$）为

$$i = -\frac{1}{s} \times \frac{dQ}{dt} = -\frac{1}{s} \times \frac{zF dn}{v_i dt} = -\frac{zF}{v_i} \times \frac{dn}{s dt} = \frac{zF}{v_i} r \tag{1-95}$$

式中，F 为法拉第常数；n 为物质的量；s 为电极面积；v_i 为该粒子的反应数，反应数的符号，对于还原反应的粒子为正号，对于氧化反应的粒子为负号；z 为电子的反应数（正值）。

电极反应的净电流密度为阴极还原反应和阳极氧化反应的电流密度之和，因而净电流也有正负之分，一般以阴极电流为正电流，阳极电流为负电流。

当净电流密度为 0 时，反应处于动态平衡，此时电极的氧化和还原反应仍在不断进行，只是速度相等而宏观上观察不到变化，即没有净反应发生。此时单向电流密度的绝对值叫作交换电流密度 i^0。在电极材料、电极表面状态、溶液浓度和温度一定时，其为常数。当电极上有净的还原或氧化反应发生时，外加电势要比平衡电势更负或更正，其偏差程度可由超电势来度量。一般情况下，电势增加，电流密度增大。但在特定条件下，电势增加，电流密度不再增加，这时的电流密度为极限电流密度 i_d。

（3）电极反应的基本历程

电极动力学过程由下列基元步骤串联组成：

① 反应粒子向电极表面的传递——液相传质步骤；

② 反应粒子在电极表面的吸附或在界面附近发生前置化学反应——前置表面转化步骤；

③ 反应物质在电极上得失电子生成产物——电化学步骤；

④ 产物在电极表面发生可能的后续化学反应或自电极表面的脱附——后置表面转化步骤；

⑤ 产物形成新相，例如生成气泡或固相沉积层——新相形成步骤，或产物粒子自电极表面向液相中扩散或向电极内层扩散——扩散传质步骤。

（4）电极过程的控制步骤

一个电极过程可能包含若干种不同的步骤。当电极反应稳态进行时，每个串联步骤进行的净速度是相同的，但这些步骤进行的难易程度不同。

对于一个串联进行的反应，整个反应的速率往往取决于其中速率最慢的一步，称为速率控制步骤。电极反应的总体动力学规律总是与控制步骤相一致：

① 当电极上消耗的物质不能及时补充或生成物质不能及时扩散开时，将出现浓差过电压；

② 当电荷转移成为控制步骤时，则表现为活化过电压；

③ 化学反应成为控制步骤时，表现出反应过电压；

④ 当析出产物呈固态时，出现结晶过电压。

可以通过改变传质条件或电极电位来改变电极的控制步骤。如液相的传质步骤往往比较慢，常形成控制整个电极反应速度的限制性步骤，则可用加强搅拌的方法提高液相传质速度及电极反应速度。如果其他表面步骤进行得不够快，当液相传质速度提高到一定程度后就会出现新的控制步骤。

1.3.3　"电极／溶液"界面附近液相中的传质过程

（1）扩散、电迁移、对流

液相中的传质方式包括扩散、电迁移、对流。

溶液中某一组分存在浓度梯度时，即使在静止液体中也会发生该组分自高浓度处向低浓度处转移的现象，称为扩散现象。在稳态扩散的条件下，由于扩散引起的流量可由菲克（Fick）第一定律描述，即单位时间内通过垂直于扩散方向的单位面积的扩散物质量（通称扩散通量）与该截面处的浓度梯度成正比。

$$J = -D\frac{\mathrm{d}c}{\mathrm{d}x} \tag{1-96}$$

式中，J 为扩散通量，$\mathrm{mol \cdot m^{-2} \cdot s^{-1}}$ 或 $\mathrm{kg \cdot m^{-2} \cdot s^{-1}}$；$D$ 为扩散系数，单位浓度梯度作用下该粒子的扩散传质速度，$\mathrm{m^2 \cdot s^{-1}}$。

对流传质指物质的粒子随着流动的液体而移动。引起对流的原因主要包括自然对流（溶液中存在密度差和温度差）和人为搅拌（强制对流）。

如果 i 粒子带有电荷，则在电场中，粒子受静电吸引而运动，因此：

传质总流量＝扩散流量＋电迁流量＋对流流量

在远离电极表面的液体中，传质过程主要依靠对流作用实现，而在电极表面附近薄层液体中，起主要作用的是扩散传质过程。

（2）浓差极化曲线

假定某一纯粹由液相传质步骤控制的阴极反应的净反应为 O+ze^- $\longrightarrow$ R。式中，O 表示"氧化态"（反应粒子）；R 表示"还原态"（反应产物）。假设反应开始前已有 a_R^S［电极表面还原态（反应产物）的活度］= 1，或是通过电流后很快达到 $a_\mathrm{R}^\mathrm{S} = 1$，即反应产物生成独立相，例如金属离子的还原 $\mathrm{Me}^{z+}+ze^- \longrightarrow \mathrm{Me}$，$c_\mathrm{s}$（电极附近金属离子的浓度）＜$c_\mathrm{o}$（溶液本体中金属离子的浓度）。可得浓差极化方程：

$$\eta_{\text{浓差}} = \frac{RT}{zF} \ln \frac{i_{\text{极限}}}{i_{\text{极限}} - i_{\text{扩散}}} = -\frac{RT}{zF} \ln\left(1 - \frac{i_{\text{扩散}}}{i_{\text{极限}}}\right) \tag{1-97}$$

即 $\eta_{\text{浓差}}$ 与 $\ln\left(1 - \dfrac{i_{\text{扩散}}}{i_{\text{极限}}}\right)$ 呈线性关系，作图得直线，斜率＝$-(RT/zF)$，可求得 z。

当 $i_{\text{扩散}}$ 很小时，$\eta_{\text{浓差}}$ 与 $i_{\text{扩散}}$ 呈线性关系，作图由斜率可求出 $i_{\text{极限}}$。

（3）稳态扩散与非稳态扩散

在稳态扩散中，单位时间内通过垂直于给定方向的单位面积的净原子数（通量）不随时间变化，即任一点的浓度不随时间变化，$\mathrm{d}c/\mathrm{d}t = 0$。

在非稳态扩散中，通量随时间而变化，反应粒子的浓度同时是空间位置与时间的函数，在扩散过程中扩散物质的浓度随时间而变化。非稳态扩散时，在一维情况下，菲克第二定律的表达式为

$$\frac{\partial c}{\partial t} = D \frac{\partial^2 c}{\partial x^2} \qquad\qquad (1\text{-}98)$$

式中，c 为体积浓度；t 为扩散时间；x 为扩散距离；D 为扩散系数。菲克第二定律可从菲克第一定律导出。若移入某一体积单元的 i 粒子的总量不同于移出的总量，则该单元中将发生 i 粒子的浓度变化。

当"电极/溶液"界面发生电化学反应时，由于反应粒子不断在电极上消耗，反应产物不断生成，因此在电极表面附近的液层中会出现浓度极化。同时，在电极表面液层中也往往出现导致浓度变化减缓的扩散传质和对流传质过程。在电极反应起始阶段，由于反应粒子浓度变化的幅度与范围比较小，指向电极表面的液相传质过程不足以完全补偿由电极反应所引起的消耗，因此电极表面液层中浓度变化的幅度与范围越来越大。此时浓度极化处于发展阶段，或者说传质过程处于"非稳态阶段"或"暂态阶段"。随着浓度极化的发展，扩散传质和对流传质的作用增强，使浓度极化的发展越来越慢。当浓度极化的范围延伸到对流传质较强的区域时，就出现了"稳态"过程。这时表面液层中浓度极化仍然存在，但不再继续发展。

严格地说，大多数液相传质过程都具有一些非稳态性质。若溶液中反应粒子不能通过另一电极反应或外面加入而得到连续补充，那么由于反应粒子不断在电极上消耗，其整体浓度将逐渐减小。只有当通过的电量比较少，可以忽略反应粒子整体浓度的变化时，才能近似地认为存在稳态扩散过程。

（4）静止液体中平面电极上的非稳态扩散过程

由于非稳态扩散过程通常局限在电极表面的薄层液体中，因此只要电极的尺寸或电极表面曲率半径不太小，大都可以近似地当作平面电极。处理电极表面上的非稳态扩散过程时，一般从菲克第二定律出发。首先求出各处粒子浓度随时间的变化式 [$c_i(x, t)$]，然后求得各点流量和瞬间扩散电流的值。由于菲克第二定律是一个二阶偏微分方程，因此只有在确定了初始条件及两个边界条件后才有具体的解。一般求解时常做下列假定。

① $D_i =$ 常数，即扩散系数不随扩散粒子的浓度改变而变化。

② $c_i(x, 0) = c_i^0$，其中，c_i^0 为 i 粒子的初始浓度，时间由接通极化电路的一瞬间开始计算，即开始电解前扩散粒子完全均匀地分布在液相中。

③ $c_i(\infty, t) = c_i^0$，即距离电极表面无穷远处总不出现浓度极化。

④ 电解时在电极表面上所维持的具体极化条件。

一种常见极化方式为"浓度阶跃法"，往往通过极化电势的阶跃来实现，又称为"电势阶跃法"。若开始极化后在电极表面上通过的极化电流密度保持不变，称为"恒电流极化"或"电流阶跃法"。

（5）双电层充放电对暂态电极过程的影响

在暂态过程中，当电极电势变化时，外电路输入的电流一部分用于电极反应，另一部分消耗在双电层的充放电过程——电容电流。例如，当采用电势阶跃法时，理论上电极电势应在开始极化的一瞬间突跃至设定的数值，而实际上电极电势必须经历一段"过渡时间"（一般不少于几微秒）才能到达设定值，而在这段时间里，由于电极电势并未达到预设值，反应粒子的表面浓度也不可能恒定。

1.3.4　电化学步骤的动力学

电极电势可通过两种方式影响电极反应速度：

① 非控制步骤，按能斯特方程改变反应粒子 i 在电极表面的浓度 c_i^s，热力学方式间接影响；

② 控制步骤，改变 $\Delta_r G$，动力学方式直接影响。

（1）改变电极电势对电化学步骤活化能的影响

对于氧化反应，电位变正时，金属晶格中的原子具有更高的能量，容易离开金属表面进入溶液。也就是说，电位变正可使氧化反应的活化能下降，氧化反应速度加快。相反，由于阴极反应的活化能增大，阴极反应将受到阻化。

若电极表面负电荷增加，电极电势下降，有利于还原反应，相当于还原反应活化能下降，氧化反应活化能升高。

（2）电化学步骤的基本动力学参数

对于电极反应

$$M^{z+}+ze^- \rightleftharpoons M$$

处于平衡电极电势，即 $\varphi = \varphi_平$ 时，单位电极表面上的阳极反应、阴极反应速度 v_a^0、v_c^0 及相应的阳、阴极电流密度 i_a、i_c 分别为：

$$v_a^0 = k_a c_R \exp\left(-\frac{E_a^0}{RT}\right) = K_a^0 c_R \tag{1-99}$$

$$v_c^0 = k_c c_O \exp\left(-\frac{E_c^0}{RT}\right) = K_c^0 c_O \tag{1-100}$$

$$i_a = zFK_a^0 c_R \tag{1-101}$$

$$i_c = zFK_c^0 c_O \tag{1-102}$$

式中，k_a、k_c 为指前因子；c_R、c_O 分别为还原态、氧化态的浓度；E_a^0、E_c^0 分别为阳极、阴极反应的活化能；K_a^0、K_c^0 为反应速度常数。

当电极处于平衡状态（可逆）时，$i_a^0 = i_c^0 = i^0$。

考虑到电位变化对反应活化能的影响，氧化和还原反应的电流密度表达如下：

$$i_a = zFk_a c_R \exp\left(-\frac{E_a^0 - \beta zF\Delta\varphi}{RT}\right) = zFK_a^0 c_R \exp\left(\frac{\beta zF\Delta\varphi}{RT}\right) = i^0 \exp\left(\frac{\beta zF\Delta\varphi}{RT}\right) \tag{1-103}$$

$$i_c = zFk_c c_O \exp\left(-\frac{E_c^0 - \alpha zF\Delta\varphi}{RT}\right) = zFK_c^0 c_O \exp\left(\frac{\alpha zF\Delta\varphi}{RT}\right) = i^0 \exp\left(\frac{\alpha zF\Delta\varphi}{RT}\right) \quad (1\text{-}104)$$

其中，α 与 β 为传递系数，分别表示电位变化时还原反应与氧化反应活化能的影响程度。因此，对于阳极反应

$$\Delta\varphi = \varphi - \varphi_{\text{平}} = \eta_a = -\frac{RT}{\beta zF}\ln i^0 + \frac{RT}{\beta zF}\ln i_a = \frac{RT}{\beta zF}\ln\frac{i_a}{i^0} \quad (1\text{-}105)$$

对于阴极反应

$$-\Delta\varphi = \varphi_{\text{平}} - \varphi = \eta_c = -\frac{RT}{\alpha zF}\ln i^0 + \frac{RT}{\alpha zF}\ln i_c = \frac{RT}{\alpha zF}\ln\frac{i_c}{i^0} \quad (1\text{-}106)$$

根据以上表达式，可通过传递系数和平衡电势 $\varphi_{\text{平}}$ 下的交换电流密度 i^0 计算出任一电势下的绝对电流密度。

（3）电化学极化对净反应速率的影响

当电极上无净电流通过时，超电势为零。当电极上有净电流通过时，流过电极表面的净电流密度为 $i = i_c - i_a$。其中，阴极上 $i > 0$，阳极上 $i < 0$。净阴极电流密度和净阳极电流密度用 Butler-Volmer 方程（电流 - 超电势方程）表示，分别为：

$$i = i^0\left[\exp\left(\frac{\alpha zF}{RT}\eta_c\right) - \exp\left(-\frac{\beta zF}{RT}\eta_c\right)\right] \quad (1\text{-}107)$$

$$-i = i^0\left[\exp\left(\frac{\beta zF}{RT}\eta_a\right) - \exp\left(-\frac{\alpha zF}{RT}\eta_a\right)\right] \quad (1\text{-}108)$$

超电势相同的条件下，电极材料的性质及表面状态对电极反应速率有较大影响。决定电化学极化大小的主要因素是 i/i^0 的大小。

① $|i| \ll i^0$。此时净电流 i 很小，极化也很小，电极反应处于"近乎可逆"或"弱极化"状态。低电流密度（极化小）下，超电势与 i 成直线关系。

② $|i| \gg i^0$。此时电极反应"完全不可逆"或处于"强极化"状态。超电势与 i 之间存在"半对数关系"。

③ i 与 i^0 接近，此时极化曲线具有比较复杂的形式，此时电极反应为"部分可逆"或"中等极化"。

（4）电化学极化与 i/i^0 的关系

电化学极化的大小与 i 和 i^0 的相对大小（i/i^0）相关。

① 若 i^0 很大，则即使 i 较大，超电势仍较小，电极难极化，称为"极化容量大"，或电极反应的"可逆性大"。若 $i^0 \to \infty$，无论净电流 i 多大也不会引起电化学极化。这种电极称为"理想不极化"电极或"理想可逆"电极。

② 当 i^0 很小时，超电势很大，这种电极称为"极化容量小"或"易极化"电极。若 $i^0 = 0$，则不需要通过电解电流也能改变电极电势，称为"理想极化"电极。

i^0 反映了电极的可逆性（或极化）大小，并可用 $|i|$ 与 i^0 的比值来判别电极反应的可逆性是否受到严重破坏。

（5）浓度极化对电化学步骤反应速度和极化曲线的影响

当超电势增大时，除了弱极化区和中等极化区外，通过电极体系的净电流密度 i 随超电势呈指数增长，当其数值接近极限扩散电流密度 i_d 的数值时必须考虑浓度极化的影响。

考虑了浓差极化后的电流 - 超电势方程：

$$i = i^0\left[\frac{c_O^s}{c_O^o}\exp\left(-\frac{\alpha zF\Delta\varphi}{RT}\right) - \frac{c_R^s}{c_R^o}\exp\left(\frac{\beta zF\Delta\varphi}{RT}\right)\right] \qquad (1\text{-}109)$$

式中，c_O^s，c_R^s 分别为电极表面氧化态和还原态物质的浓度；c_O^o，c_R^o 分别为氧化态和还原态物质的整体浓度。若 $i_c \gg i^0$

$$\eta_c = \frac{RT}{\alpha zF}\ln\frac{i}{i^0} + \frac{RT}{\alpha zF}\ln\frac{i_d}{i_d - i} = \eta_{\text{电化学}} + \eta_{\text{浓差}} \qquad (1\text{-}110)$$

此时超电势由电化学极化和浓差极化两项组成。$\eta_{\text{电化学}}$的数值取决于 i/i^0。$\eta_{\text{浓差}}$的数值取决于 i/i_d。

（6）影响电极反应速率的因素

① 电极电势。超电势增大，i 增大：超电势 η 较小时，η-i 呈直线关系；超电势较大时，η-$\lg i$ 呈直线关系。

② 电极因素。对于由电子转移控制的电极反应，电极材料对反应速率有较大影响。电极面积也会影响电极反应速率，反应速率正比于电极面积。

③ 溶液因素。溶液因素中影响电极反应速率的主要因素是电活性物质的浓度。在扩散控制下，极限电流正比于电活性物质的本体浓度；在电子转移控制时，电极反应的速率和电活性物质的表面浓度成正比。pH 值、溶解氧量、支持电解质（溶液中加入的提高导电性的电解质）浓度、溶剂种类等也都对电极反应速率有影响。

④ 传质因素。包括传质形式及强度等。采用对流传质（如搅拌等）可显著提升传质速率，从而使极限电流密度增大。

⑤ 外部因素。包括温度、压力等。温度除了影响平衡电极电位之外，还会影响反应速率常数。对于有气体参与的反应，压力将影响气体在溶液中的溶解度，也会影响产物气体在电极上的释放。

参考文献

[1] 谢德明，童少平，曹江林 . 应用电化学基础 [M]. 北京：化学工业出版社，2013.

[2] Hamann C H，Hamnett A，Vielstich W. 电化学 [M].2 版 . 陈艳霞，夏兴华，蔡俊，译 . 北京：化学工业出版社，2010.

[3] 杨绮琴，方北龙，童叶翔 . 应用电化学 [M]. 广州：中山大学出版社，2001.

[4] 傅献彩，沈文霞，姚天扬，等 . 物理化学 [M].5 版 . 北京：高等教育出版社，2005.

[5] 小久见善八 . 电化学 [M]. 郭成言，译 . 北京：科学出版社，2002.

[6] 小泽昭弥 . 现代电化学 [M]. 吴继勋，译 . 北京：化学工业出版社，1995.

[7] 朱志昂 . 近代物理化学 [M].3 版 . 北京：科学出版社，2004.

[8] 查全性 . 电极过程动力学 [M].3 版 . 北京：科学出版社，2002.

▶ 第 2 章

锂离子电池材料

▲ ▲ ▲ ▲ ▲ ▲ ▲

2.1 概述

　　1975 年，日本三洋公司开发了 Li/MnO_2 电池，随后锂二次电池开始量产。在充放电过程中，作为负极的金属锂容易产生枝晶造成电池短路，引起爆炸等安全问题，因此早期锂离子电池发展缓慢。1980 ～ 2000 年间，锂离子电池快速发展，用可嵌入式材料替代金属锂作负极材料的"摇椅电池"概念被提出；层状结构材料 $LiCoO_2$ 被报道；SONY 公司最早开发了商业化的锂离子电池，以 $LiCoO_2$ 作为正极材料和以碳作为负极材料，极大地推动了锂离子电池商业化的进程。2000 年以后，锂离子电池发展进入新阶段，目前正极材料研究较多的有尖晶石状的 $LiMn_2O_4$，层状的 $LiNi_{1-x}Co_xO_2$、$LiMn_{1-x}Co_xO_2$、$LiNi_{1-x}Mn_xO_2$ 等，富锂材料和聚阴离子型材料 $LiMPO_4$（M 为 Fe、Mn、V 等）；负极材料研究较多的有碳基材料、硅基材料、锡基材料和钛酸锂等。除此之外，对锂 - 硫电池、锂 - 空气电池和金属锂负极也进行了深入的研究，并取得了长足的发展。

2.2 锂离子电池工作原理

2.2.1 锂离子电池的组成

　　组成锂离子电池的主要部件有正极、负极、电解液和隔膜等。充放电过程中锂离子在正负极材料中脱嵌的同时，材料的晶体结构和电子结构以及材料中锂离子的周围环境不断变化。电池处于放电状态时正极处于富锂态，电池处于充电状态时正极处于贫锂态，负极与之相反。只具有离子电导性的电解液体系为锂离子在正负极之间的传输提供通路，同时与隔膜共同起到隔离正负极以防止电池内部短路的作用。

锂离子电池正极材料是锂离子源，也作为电极材料参与化学反应。锂离子电池正极材料一般为含锂的过渡族金属氧化物或聚阴离子化合物。因为过渡金属往往具有多种价态，可以保持锂离子嵌入和脱出过程中的电中性。另外，嵌锂化合物具有相对于锂的较高的电极电势，可以保证电池有较高的开路电压。一般来说，相对于锂的电势，过渡金属氧化物大于过渡金属硫化物。在过渡金属氧化物中，相对于锂的电势顺序为：3d 过渡金属氧化物＞ 4d 过渡金属氧化物＞ 5d 过渡金属氧化物；而在 3d 过渡金属氧化物中，尤以含 Co、Ni、Mn 元素的锂金属氧化物为主。

理想的锂离子电池正极材料具有比容量大、工作电压高、充放电的倍率性能好、循环寿命长、安全性高、环境友好、价格便宜等优点。

锂离子电池正极材料按照其组成材料的晶体结构类型可分为：层状氧化物 $LiMO_2$（如钴酸锂、镍酸锂等）、多元复合的氧化物、尖晶石型 $LiMO_4$（如锰酸锂等）、聚阴离子型化合物（如磷酸铁锂、磷酸钒锂、磷酸锰锂等）和富锂材料。

目前，正极材料的主要发展思路是在 $LiCoO_2$、$LiMn_2O_4$、$LiFePO_4$ 等材料的基础上，发展相关的各类衍生材料。对三元材料通过掺杂、包覆等手段提高其高电压下的结构稳定性。对于 $LiMn_2O_4$ 通过掺杂提高其结构稳定性，改善高温性能，或者提高其工作电压。另外通过调整材料微观结构，控制材料形貌、粒度分布、比表面积、杂质含量等技术手段来提高材料的综合性能，如倍率性能，循环性能，压实密度，电化学、化学及热稳定性等。

锂离子电池的负极是锂离子的受体。理想的锂离子电池负极材料要具有在脱嵌锂离子时有低的氧化还原电位、锂离子脱嵌过程中电极电位变化小、高的可逆比容量、好的锂离子和电子导电性、结构稳定性和化学稳定性好、制备工艺简单、易于规模化、制造和使用成本低、环境友好等优点。

根据负极与锂反应的机理可以把众多的负极材料分为三大类：嵌入型材料、合金化型材料、转化型材料。

嵌入型负极材料包括已经商业化的锂离子电池负极材料石墨、非石墨化的碳材料、碳纳米管、TiO_2 以及钛酸锂等。碳质材料的优点包括良好的工作电压平台、安全性好、成本低等，缺点是高电压滞后和高不可逆容量。钛酸盐负极材料具有安全性高、成本低、长循环寿命的优点，但能量密度低。

转化型负极材料一般为不含锂的金属氧化物，如 CoO_x、FeO_x、NiO 等，此类氧化物大多为岩盐结构，在电化学表征中表现出很高的电化学容量（$600 \sim 800\ mA \cdot h \cdot g^{-1}$）。金属氧化物有高比容量、成本低、环境友好的优点，但同时有库仑效率低，循环性、稳定性差，以及 SEI 膜不稳定的缺点。金属磷化物/硫化物/氮化物优点是高比容量、低电压平台、低极化，缺点是容量保持率低、成本高。

合金化型负极材料一般指锡或硅基的合金及化合物，具有高比容量，高能量密度和好的安全性，但也具有较大的不可逆容量和循环性能差的缺点。可以通过改变形貌（纳米球、纳米线等）或者与石墨烯、碳泡沫等结构稳定材料进行复合，来达到改善化学性能的目的。

在锂离子电池中，电解质承担传输锂离子的作用，因此电解质的性质也会决定锂离子电池的性能。锂离子电池电解质一般由电解质锂盐、电解质有机溶剂和稳定成分的添加剂组成。

电解质锂盐种类很多，主要有 $LiPF_6$、$LiClO_4$ 和 $LiAsF_6$。$LiClO_4$ 是早期研究的电解质锂盐，具有很强的氧化性，容易引起电池安全性问题，目前使用较少。$LiAsF_6$ 导电性较好，但是 As 元素的毒性限制了它的使用。$LiPF_6$ 具有较好的离子电导率、较优的稳定性和较低的环境污染等优点，是目前首选的锂离子电池电解质，但其价格较高。

电解质溶剂必须是非质子溶剂，具有足够的电化学稳定性和不与锂发生反应。溶剂的熔点和沸点决定了电池的温度范围，一般要求高的沸点，低的熔点；黏度决定着 Li^+ 在电解液中的流动性；闪燃点与电池的安全性密切相关。常用的电解液体系有 EC+DMC、EC+DEC、EC+DMC+EMC、EC+DMC+DEC 等。

隔膜虽然不参与锂离子电池的电化学反应，但可以为电池的正极和负极提供物理屏障。因其具有一定的机械强度和热稳定性，可以在极端条件下保持尺寸稳定，防止隔膜破裂，导致两个电极产生物理接触，造成电池短路；隔膜具有多孔性以及电解液吸收和保留能力，可以为电解液中的锂离子在正负两极之间传输提供路径，在电池充放电周期中传输离子，保障电池的正常运行。因此，隔膜的存在对电池性能和电池安全性起着至关重要的作用。目前，锂离子电池隔膜的材料主要是聚乙烯、聚丙烯等聚烯烃类物质，但聚烯烃基隔膜的孔隙率通常不超过 50%，热稳定性差，对极性液体电解质的润湿性差，极易造成锂离子电池电阻高、能量密度低等问题。随着隔膜工艺技术的进步，改造聚烯烃隔膜、非织造布隔膜以及纤维素纸基隔膜不断被人们研究和开发，对锂离子电池隔膜的改进与发展具有十分重要的意义。

2.2.2 锂离子电池工作原理概述

锂离子电池主要由能够发生可逆脱嵌锂反应的正负极材料、能够传输锂离子的电解质和隔膜组成。充电时，锂离子从正极活性物质中脱出，在外电压的驱使下经电解液向负极迁移，嵌入负极活性物质中，同时电子经外电路由正极流向负极，电池处于负极富锂、正极贫锂的高能状态，实现电能向化学能的转换；放电时，锂离子从负极脱嵌，迁移至正极后嵌入活性物质的晶格中，外电路电子由负极流向正极形成电流，实现化学能向电能的转换（图 2-1）。

如果以 $LiCoO_2$ 为正极，石墨化碳材料为负极，则锂离子电池表达式为：

$$(+)\, LiCoO_2 | LiPF_6 – EC + DMC | C_n (-) \tag{2-1}$$

$$正极反应: LiCoO_2 \rightleftharpoons Li_{1-x}CoO_2 + xLi^+ + xe^- \tag{2-2}$$

$$负极反应: C_n + xLi^+ + xe^- \rightleftharpoons Li_xC_n \tag{2-3}$$

$$总反应: LiCoO_2 + C_n \rightleftharpoons Li_{1-x}CoO_2 + Li_xC_n \tag{2-4}$$

在电池充电过程中，Li^+ 从正极脱出，释放一个电子，Co^{3+} 氧化为 Co^{4+}，Li^+ 经过电解质嵌入碳负极，同时电子的补偿电荷从外电路转移到负极，维持电荷平衡；电池放电时，电子从负极流经外部电路到达正极，在电池内部，Li^+ 向正极迁移，嵌入到正极，并由外电路得到一个电子，Co^{4+} 还原为 Co^{3+}。

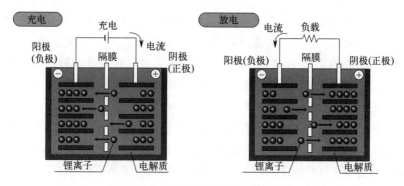

图 2-1　锂离子电池充放电过程示意图

2.2.3　锂离子电池的特点

锂离子电池能够得到迅速发展是因为与铅酸电池、镍铬电池和镍氢电池相比具有更优的性能，主要体现在以下几个方面：

① 比能量高。锂离子电池的质量比能量是镍铬电池的 2 倍以上，是铅酸电池的 4 倍以上，在同样的储能条件下体积只有镍铬电池的一半，铅酸电池的四分之一。因此，便携式电子设备使用锂离子电池可以使其轻量化。

② 工作电压高。一般单体锂离子电池的电压约为 3.6 V，有些可以达到 4 V 以上，是镍铬和镍氢电池的 3 倍，铅酸电池的 2 倍。

③ 循环寿命长。锂离子电池 80%DOD（放电深度）充放电可达 1200 次以上，远远高于其他电池，具有长期使用的经济性。

④ 自放电率低。锂离子电池一般月均放电率 10% 以下，不到镍镉电池和镍氢电池的一半。

⑤ 没有环境污染，锂离子电池不存在有害物质，是名副其实的绿色电池。

⑥ 较好的加工灵活性，可制成各种形状的电池。

锂离子电池也有一些待解决的问题，例如锂离子电池内部电阻较高，工作电压变化大，部分充电材料（$LiCoO_2$）的价格高，充电时需要特殊的保护电路以防止过充等。

2.3　锂离子电池正极材料

2.3.1　概述

目前主流的锂离子电池正极是基于过渡金属（M）的氧化物或磷酸盐，其在放电状态时的成分为 $LiMO_2$ 或 $LiMPO_4$。这种化学性质是许多高电压电池在近 20 年来发展的基础。该氧化物和磷酸盐晶体结构是锂原子的基体，因为在这些晶体结构中，锂离子能够多次嵌入和脱出，而不会在晶格对称性方面产生重要的或永久性的变化。同时锂离子电池的正极是整个电池中可嵌脱锂离子的主要来源，因此对锂离子电池正极材料提出了更加严苛的要求，包括放电反应需要较小的吉布斯自由能，较高的放电电压；基体结构的分子量小并且有足够空间插入大量的 Li^+，使其具有高质量比容量；主体结构具有顺滑的通道加速锂离子扩散和电子迁移；在锂离子脱嵌过程中，主体结构要维持相对稳定；电池材料的稳定性高，无毒价低且制备简单。

正极材料的选取首先要考虑其是否具有合适的电位，而电位取决于锂在正极材料中的电化学势 μ_c，即从正极材料晶格中脱出锂离子的能量及从正极晶格中转移出电子能量的总和，前者即为晶格中锂位的位能，后者则与晶格体系的电子功函密切相关，这两者又相互作用。位能是决定 μ_c 的最主要因素，其次是锂离子之间的相互作用。氧化还原电对导带底部与阴离子 p 轨道间的距离从本质上限制了正极材料的电极电位。正极材料电位不仅与氧化还原电对元素原子的价态相关，而且与该原子同最近邻原子的共价键成分相关，氧化还原电对所处的离子环境影响该电对的共价键成分，从而影响材料的电极电位。例如，Fe^{3+}/Fe^{2+} 电对在不同磷酸盐体系中由于磷原子在不同晶体结构中对铁原子具有不同的诱导作用，该电对在不同的磷酸盐体系中具有不同的费米能级，即各种磷酸盐材料具有不同的电极电位。

正极材料的反应机理有两类：均一固相反应和两相反应。

（1）均一固相反应

锂离子嵌入脱出时没有新相生成，正极材料晶体结构类型不发生变化，但晶格参数有所变化。随着锂离子的嵌入电池电压逐步减小，放电曲线呈 S 形，如图 2-2 所示。此放电曲线包括三个区域，区域 i 表示锂离子在电解液 / 电极界面及其内部扩散，与之对应的是电压出现急速下降；区域 ii 电压持续降低，电极电阻相应改变；区域 iii 表示少部分锂在正负极表面的错排，导致锂扩散速率受阻。以 $MO_2^-+Li^+\!=\!\!=\!\!LiMO_2$ 为例，其电极电位可表达如下。

$$\varphi = \varphi^{\ominus} + b_y - \frac{RT}{F}\ln\left(\frac{y}{1-y}\right) \tag{2-5}$$

式中　$\varphi^{\ominus}$——标准电极电位；

　　　R——理想气体常数；

　　　T——热力学温度；

　　　F——法拉第常数；

　　　y——材料晶体结构中锂含量；

　　　b_y——嵌入晶体结构中的相互作用。

（2）两相反应

锂离子脱出嵌入时，有新相生成，正极材料晶体结构发生变化，伴随第二相生成，电池电压在两相共存区保持不变，放电后期随着活性物质消耗急剧减小，放电曲线呈 L 形，如图 2-2 所示。以 $MO_2^-+Li^+\!=\!\!=\!\!LiMO_2$ 为例，电极电位可表达如下。

$$\varphi = \varphi^{\ominus} - \frac{RT}{F} \ln\left(\frac{a_{\text{LiMO}_2}}{a_{\text{Li}^+} a_{\text{MO}_2}}\right) \tag{2-6}$$

式中，a 为各种物质的活度。

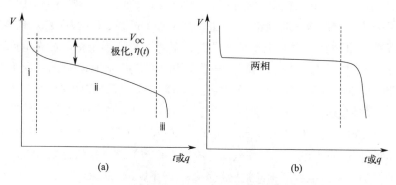

图 2-2　正极材料不同反应类型典型充放电曲线

（a）均一固相反应；（b）两相反应

图 2-3 为常见锂离子电池正极材料电化学特性表征图，具有高插入电位的过渡金属氧化物常作为锂离子电池的正极材料，目前已经实用化的锂离子电池正极材料可以根据其结构大致分为三大类：第一类是具有六方层状结构的锂金属氧化物 Li（Ni，Mn，Co）O_2（R3m 空间群），其代表材料主要为钴酸锂、三元镍钴锰酸锂（NCM）、镍钴铝酸锂（NCA）；第二类是具有 Fd3m 空间群的尖晶石结构材料，其代表材料主要有 4 V 级的 $LiMn_2O_4$；第三类是具有聚阴离子结构的化合物，其代表材料主要有橄榄石结构的磷酸亚铁锂（$LiFePO_4$）。

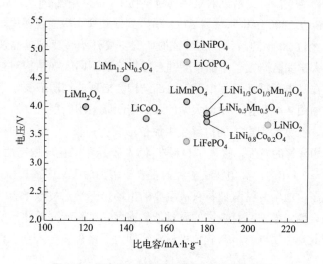

图 2-3　锂离子电池正极材料电化学特性表征图

2.3.2 LiCoO₂ 正极材料

目前商品化的钴酸锂材料均使用 O3 型钴酸锂，其结构隶属于 R$\bar{3}$m 空间群，在氧离子形成的立方密堆积框架结构中 CoO_2 和 Li 层交替排列，摩尔质量为 97.87 g·mol^{-1}，理论比容量为 273.8 mA·h·g^{-1}，晶胞体积为 96.32 Å^3（1 Å=0.1 nm），晶胞内原子数为 3。根据理论密度计算公式可知钴酸锂的理论密度约为 5.06 g·cm^{-3}。$LiCoO_2$ 中 Co^{3+} 的 3d 电子以低自旋形式存在，3d 轨道中六个电子全部占据 t_{2g} 轨道，e_g 轨道全空。在充电过程中，当脱锂量小于 0.5 时，材料没有相变，脱锂是一种固溶体行为。同时 Co^{3+} 被氧化为 Co^{4+}，伴随着从 t_{2g} 轨道中脱出电子。随着锂离子的脱出，相邻 CoO_2 层之间的静电排斥力增大，使得 c 轴增长。在脱锂量达到 0.5 时，会发生六方→单斜的相转变，锂的排列从有序变为无序。如果再进一步充电，由于钴的 t_{2g} 轨道与氧的 2p 轨道有重叠，此时锂离子脱出时会造成氧离子的 2p 轨道同时脱出电子，导致氧离子脱离晶格被氧化为氧气。研究发现，随着锂离子脱出量的增加，钴在电解液中的溶解量增加，严重影响 $LiCoO_2$ 的循环稳定性及 $LiCoO_2$ 电池的安全性能。

钴酸锂正极材料一直在不断发展。1991 年是第一代钴酸锂的发展元年，其应用电压大致在 4.25 ~ 4.3 V 之间，比容量约 130 ~ 150 mA·h·g^{-1}，在后续的 20 年中，该产品一直未取得重大突破。2013 年，第二代钴酸锂问世，其应用电压在 4.35 V 附近，材料比容量达到 160 ~ 165 mA·h·g^{-1}。第三代钴酸锂于 2014 年面市，其应用电压达到 4.4 V，比容量已经高达 170 ~ 175 mA·h·g^{-1}。相对于钴酸锂 273.5 mA·h·g^{-1} 的理论比容量，已经发挥近 64%，从接近 50% 到 64%。目前钴酸锂面临的问题主要包括五大方面：体相结构变化、表面结构变化、界面副反应、O 参与电荷转移过程以及高电压配套技术问题。这五大问题又会分别导致材料比容量快速衰减、内阻增加、电解液消耗、界面膜增厚、安全性能下降等一系列宏观电池失效行为。表面包覆是一种能够有效稳定材料结构，提高材料结构在循环过程中可逆性的方法之一，分布在表面处的强化元素还能够在一定程度上兼顾材料表面稳定性的提高。目前在常见的氧化物包覆物中，Al_2O_3 包覆以及 MgO 包覆是较为成熟的，Jaephil Cho 在 2000 年将氧化物 Al_2O_3 引入到钴酸锂正极的包覆中，从此各类氧化物包覆层出不穷，经过 20 年的改善，钴酸锂的研究主要开始转变到单晶及高压范围，2020 年，哈尔滨工业大学团队研究了单晶钴酸锂正极材料的不同表观结构对材料的相分布均匀性的影响，同时在高电压循环过程中颗粒内部结构会出现非均质应变，最终使结构以及性能退化，其机理如图 2-4 所示。中南大学的赖延清团队采用新型三（2-氰基乙基）硼酸盐（TCEB）添加剂，在钴酸锂电池的电解质中原位形成了正极/负极间的稳固界面，能有效抑制副反应和结构降解的发生，提高了材料在 4.7 V 高压下的循环稳定性。

在未来的 5 ~ 10 年内，高电压钴酸锂的主要应用仍然会集中在传统的液态钴酸锂/石墨体系液态锂离子电池中。钴酸锂材料最主要的市场仍然是消费电子类产品。以手机为代表的主要应用场合要求电池具有较高的质量能量密度、越高越好的体积能量密度以及较小的体积膨胀。因此，金属锂负极及硅负极材料短期内很难直接导入到手机类消费电子的市场当中。

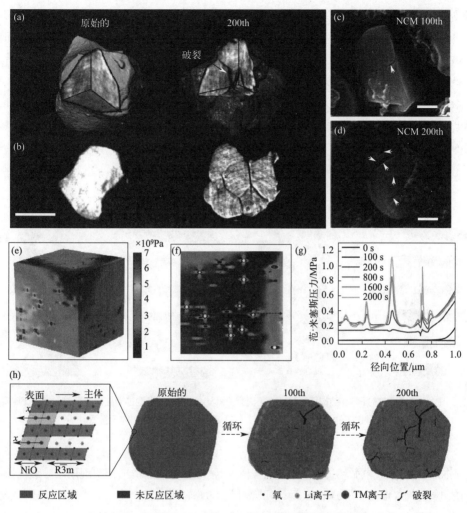

图 2-4　单晶钴酸锂正极材料的 3D 重构及结构退化机理

2.3.3　LiNiO₂ 正极材料

由于 Co 的资源问题，人们最初试图开发镍酸锂（LiNiO₂）来替代钴酸锂。与钴酸锂相比，锂镍氧系正极材料的实际比容量高，原材料价格低廉而且来源广泛。但人们很快就发现 LiNiO₂ 制备困难，并且热稳定性差，存在较大的安全隐患。LiNiO₂ 与 LiCoO₂ 的晶体结构相似均为 α-NaFeO₂ 型，并且同属于 R$\overline{3}$m 空间点群（图 2-5）。与 LiCoO₂ 相比，LiNiO₂ 最大的特点是能量密度高（理论比容量为 274 mA·h·g⁻¹，实际比容量接近 190 ～ 220 mA·h·g⁻¹）、电化学活性好（工作电压范围为 2.5 ～ 4.2 V）、自放电率较低，且相对于稀少且带有放射性的钴元素，镍元素的储量更加丰富且毒害性更小。LiNiO₂ 之所以能展现出如此高的可逆容量主要是由其电子结构所决定的。虽然有以上诸多优点，但是 LiNiO₂ 作为储能材料依旧存在着许多问题。LiNiO₂ 材料最致命的缺点就是制备的条件非常苛刻，LiNiO₂ 在制备过程中 Ni 元素很难被完全氧化，导致制备的材料不能保证所有的 Ni²⁺ 全部

转化为 Ni^{3+}。非化学计量比的 Ni 离子部分从 Ni^{3+} 还原成 Ni^{2+}，此时 Ni^{2+} 和 Ni^{3+} 同时存在，这种不完全转化现象就极易导致二者相互占位，进而导致锂离子层与过渡金属层之间出现 Li/Ni 混排现象。与有序的层状结构相比，无序的 Li/Ni 混排相具有更高的 Li^+ 扩散活化能垒，这是因为 Li/Ni 混排会导致过渡金属层的层间距变小或者坍塌。这为 $LiNiO_2$ 的大规模商业化推广与生产带来相当大的困难。对于 Li/Ni 混排影响正极材料离子迁移率这一问题，许多的研究人员寄希望于通过控制材料合成过程中的锂化条件来减少这种 Li/Ni 混排现象。例如：Ceder 等人基于第一性原理进行计算，提出了合成高镍材料稳定相的锂化温度。与此同时，许多降低材料无序程度的尝试也已经同步展开。

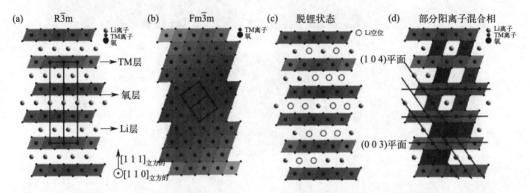

图 2-5 （a）有序排布的 $R\bar{3}m$ 结构示意图；（b）具有 $Fm\bar{3}m$ 结构的离子混排相结构示意图；（c）在深度充电状态下的 $R\bar{3}m$ 结构示意图；（d）部分 Li/Ni 混排的结构示意图

$LiNiO_2$ 在充 / 放电循环过程中易产生相变，导致材料的晶体结构出现崩塌，进而影响材料的放电容量。Ohzuku 与 Delmas 两位研究者将 $LiNiO_2$ 的晶格变化划分为四个阶段，研究结果表明，在不同脱锂状态下，$LiNiO_2$ 表现出不同的晶体结构。在脱锂量 25% ～ 50% 时，晶体为单斜相。在脱锂量 50% ～ 57% 时，晶体为单斜相与六方晶相共存。在脱锂量 57% ～ 68% 时，晶体为六方晶相。在脱锂量 68% ～ 82% 时，晶体中存在两种六方晶相。在此之后，研究人员通过原位 XRD 得出的实验数据与理论计算相结合提出了材料相变模型以及 $LiNiO_2$-NiO_2 二元相图。在反复的结构相变以及 Li/Ni 混排的双重作用下，电极材料的结构稳定性受到了较大的影响。最终导致材料出现放电容量下降，结构崩塌，恶性放热等一系列负面问题。

2.3.4　$LiMnO_2$ 正极材料

$LiMnO_2$ 原料因其储存丰富、价格低廉、极易合成等优点被誉为动力型锂离子电池最理想的正极材料之一。化合物 $LiMnO_2$ 以两种晶体结构形式存在：单斜 m-$LiMnO_2$ 和正交 o-$LiMnO_2$。单斜 m-$LiMnO_2$ 具有 α-$NaFeO_2$ 型结构，C/2m 空间群。该层状结构为锂离子脱嵌提供隧道，相对尖晶石型结构脱嵌更容易，扩散系数也大，理论比容量达 285 $mA \cdot h \cdot g^{-1}$，约为尖晶石型的 2 倍。但 m-$LiMnO_2$ 为热力学亚稳态结构，在首次充电过程中层状结构会发生向尖晶石相转变的结构变化，从而导致循环容量衰减较快。正交 o-LiMnO$_2$ 具有层状岩盐结构，Pmnm 空间群，在 o-LiMnO$_2$ 中，氧原子为扭曲的立方密堆排列，锂离子和锰离子占据八面体的空隙形成交替的 [LiO$_6$] 和 [MnO$_6$] 褶皱层，阳离子层并不与密堆积氧平面平行。o-LiMnO$_2$ 在脱锂后不稳定，由于 Mn^{3+} 发生效应，MnO$_6$ 八面体结构被拉长约 14%，其理论容量为 285 mA·h·g^{-1}。层状 LiMnO$_2$ 的制备方法有很多，如离子交换法、固相合成法、溶胶 - 凝胶法、水热法等。通过掺入少量金属元素，可以抑制晶体结构的畸变效应，理顺多维空间隧道结构，为锂离子迁移提供良好的脱嵌平台。在层状 LiMnO$_2$ 中掺入金属元素后，在晶格结构上发生阳离子位置序列的重排，抑制了 Mn^{3+} 的 Jahn-Teller 畸变效应，稳定了材料的结构，从而改善了材料的电化学性能。Al^{3+} 半径比 Mn^{3+} 小，且没有 Jahn-Teller 畸变效应，层状 LiMnO$_2$ 引入 Al 后，能有效地抑制 Mn^{3+} 的 Jahn-Teller 畸变效应，阻止 Mn^{3+} 在电化学循环过程中向内层迁移，从而起到稳定 LiMnO$_2$ 结构的作用，同时还可以起到降低材料面积阻抗率，提高 Li$^+$ 的插入电势和能量密度的作用，从而在一定程度上优化材料的电化学性能。

2.3.5　LiMn$_2$O$_4$ 正极材料

LiMn$_2$O$_4$ 因其储存丰富、价格低廉、极易合成等优点被誉为动力型锂离子电池最理想的正极材料之一。尖晶石型的 Li$_x$Mn$_2$O$_4$ 属于 Fd3m 空间群，氧原子为面心立方密堆积，锰占据 1/2 八面体空隙 16d 位置，而锂占据 1/8 四面体 8a 位置。空的四面体和八面体通过共面与共边相互联结，形成三维的锂离子扩散通道，其结构如图 2-6 所示。锂离子在尖晶石中的化学扩散系数在 $10^{-14} \sim 10^{-12}$ m^2·s^{-1}。LiMn$_2$O$_4$ 理论比容量为 148 mA·h·g^{-1}，可逆比容量一般可达 140 mA·h·g^{-1}。充放电过程可以分为 4 个区域：在 $0 < x < 0.1$ 时，Li$^+$ 嵌入到相 A（MnO$_2$）中；在 $0.1 < x < 0.5$ 时，形成 A 和 B（Li$_{0.5}$Mn$_2$O$_4$）两相共存区，对应充放电曲线的高压平台（约 4.15 V）；$x > 0.5$ 时，随着 Li$^+$ 的进一步嵌入会形成新相 C（LiMn$_2$O$_4$）和 B 相共存，对应于充放电曲线的低压平台（4.03 ~ 3.9 V）。该材料具有较好的结构稳定性。如果放电电压继续降低，Li$^+$ 还可以嵌入到尖晶石空的八面体 16c 位置，形成 Li$_2$Mn$_2$O$_4$，这个反应发生在 3.0 V 左右。当 Li$^+$ 在 3 V 电压区嵌入 / 脱出时，Mn^{3+} 的 Jahn-Teller 效应引起尖晶石结构由立方对称向四方对称转变，材料的循环性能恶化。因此，LiMn$_2$O$_4$ 的放电截止电压一般在 3.0 V 以上。除了对放电电压有特殊要求外，LiMn$_2$O$_4$ 的高温循环性能和储存性能也存在问题。

LiMn$_2$O$_4$ 在充放电过程特别是在高温下（55 ℃以上）锰酸锂的比容量衰减比较大，严重阻碍了锰酸锂作为锂离子电池正极材料的应用。为探究 LiMn$_2$O$_4$ 衰减机理，研究者进行了广泛的研究。由于电解质中含有少量的水分，与电解质中的 LiPF$_6$ 反应生成 HF，导致尖晶石 LiMn$_2$O$_4$ 发生歧化反应。Mn^{3+} 发生歧化反应生成 Mn^{4+} 和 Mn^{2+}，Mn^{2+} 会发生溶解，在高温下 Mn^{2+} 的溶解速率加大，造成 LiMn$_2$O$_4$ 结构破坏；充电过程中 Mn^{2+} 迁移到负极，沉积在负极表面造成电池短路；另一个原因是尖晶石 LiMn$_2$O$_4$ 在充放电循环过程中发生 Jahn-Teller 效应，即 Mn 的平均价态低于 +3.5 时，发生晶体结构扭曲，由立方晶系向四方晶系转变，导致晶格发生畸变，使电极极化效应增强，从而引起比容量衰减，图 2-7 为 Jahn-Teller 效应示意图。

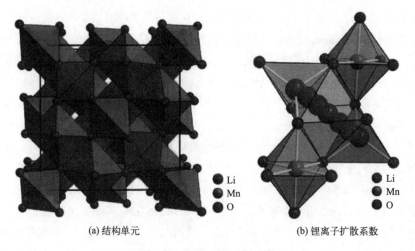

(a) 结构单元   (b) 锂离子扩散系数

图 2-6　尖晶石型锰酸锂结构

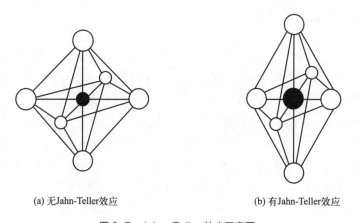

(a) 无Jahn-Teller效应   (b) 有Jahn-Teller效应

图 2-7　Jahn-Teller 效应示意图

　　储存或循环后的尖晶石颗粒表面锰的氧化态比内部锰的氧化态低，即表面含有更多的 Mn^{3+}。因此，在放电过程中，尖晶石颗粒表面会形成 $Li_2Mn_2O_4$，或形成 Mn 的平均化合价低于 +3.5 的缺陷尖晶石相，引起结构不稳定，造成容量损失。到了 2022 年，研究着眼于对锰酸锂正极材料的轨道强化的设计，比如 Ru 的掺杂是受轨道杂化理论启发而设计的，在 Mn 3d 和 O 2p 的能带结构中引入 Ru 能强化 Mn-O 轨道，并能进行精确调整，此外 Ru 的引入同样能降低 Li-O 键的强度，在大电流下明显优化了 Li^+ 的输运能力和充放电能力。近年来也对锰酸锂的应用进行了探讨，希望能拓展锰酸锂正极材料的应用范围。

2.3.6　LiFePO₄ 正极材料

　　正极材料 $LiFePO_4$ 具有规整的橄榄石型结构，属于正交晶系，Pnma 空间群，Li^+ 扩散通道为一维形式。氧在结构中的排列方式为轻微扭曲的密堆方式。晶体骨架由 MO_6 八面体和 PO_4 四面体组成，Fe 和 Li 在八面体的不同位置，分别在氧八面体的 $4c$ 位和 $4a$ 位，磷原子在氧四面体的 $4c$ 位，如图 2-8 所示。锂原子分散在共边的八面体两边，形成共棱的直线链并平行于 c 轴，造成了 Li^+ 脱嵌困难。Morgan 等认为锂离子最有可能是沿着（010）方向传输，而且迁移的轨迹不是沿直线方向，而是呈波浪形状，如图 2-9 所示。这使得室温下锂离子在其中的迁移速率很小。晶体结构中 MO_6 八面体被 PO_4 四面体分离，降低了 $LiFePO_4$ 材料的导电性。可见，固有的晶体结构限制了其导电性与锂离子扩散性能。在 $LiFePO_4$ 材料中，每个晶胞中有 4 个 $LiFePO_4$ 单元，其晶胞参数为 a=1.0324 nm，b= 0.6008 nm 和 c=0.4694 nm。Prosini 等通过恒流间歇滴定技术测得 Li^+ 在 $LiFePO_4$ 和 $FePO_4$ 中的扩散系数仅为 $1.8\times10^{-14}\ cm^2\cdot s^{-1}$、$2.2\times10^{-16}\ cm^2\cdot s^{-1}$。

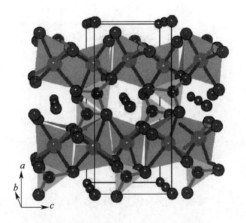

图 2-8　正极材料 $LiMPO_4$ 晶体结构

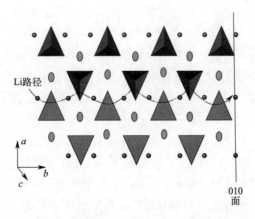

图 2-9　锂离子沿（010）方向的传输曲线

$LiFePO_4$ 有很好的热稳定性，这是由其结构中较强的 P—O 键决定的，P—O 键形成离域的三维立体化学键。在常压空气气氛中，$LiFePO_4$ 加热到 200 ℃仍能保持稳定。$LiMnPO_4$ 虽与 $LiFePO_4$ 具有相同结构，但其稳定性却并不乐观，几种相关材料的热重曲线如图 2-10 所示。与 $FePO_4/LiFePO_4$ 在 250 ℃以上形成固溶体不同，$LiMnPO_4$ 脱锂过程中会形成 Li_yMnPO_4（$y < 0.16$）相，当加热 $xLiMnPO_4/(1-x)Li_yMnPO_4$ 时，脱锂相会分解生成 $Mn_2P_2O_7$ 和 O_2，Li_xMnPO_4 固溶体并未形成。产生这种情况的原因是 PO_4 结构受到高电压的影响，稳定材料结构的作用受到削弱；同时 Mn^{3+} 导致的姜泰勒效应，也使脱锂相的结构受到扭曲，产生不稳定，具有强烈的释放氧原子的趋势，这限制了该材料的充放电深度，进而限制其容量发挥。所以要想利用 Mn^{3+}/Mn^{2+} 高电压平台，$LiMn_yFe_{1-y}PO_4$ 电池材料是一个折中的选择，可以使材料的热稳定性保持在一个可接受范围内。

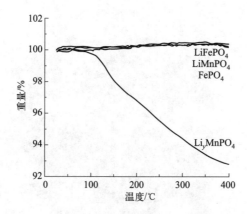

图 2-10 $LiFePO_4$、$LiMnPO_4$、$FePO_4$、Li_yMnPO_4 的热重曲线

$LiFePO_4$ 材料可采用固相法和软化学法制备。固相法制备的设备和工艺相对简单，制备条件容易控制，便于产业化。但传统的固相法难保证前驱体的充分接触，焙烧时不易控制材料的粒度大小和分布，难以制备出分散均匀、一致性良好的样品，同时 Fe 的固溶程度受到限制，很难获得理想电化学性能。所以混料技术和焙烧条件对制备电化学性能良好的电池材料至关重要。用溶剂法可以合成纳米级的 $LiFePO_4$，缩短 Li^+ 扩散距离，提高材料离子电导率，但其对设备要求较高，成本昂贵。溶胶凝胶法是指以溶解在有机溶剂中的金属盐溶液为原料，通过发生水解、缩合反应，使合成材料中包含的主要原子都螯合到有机物大分子上，在溶液中形成亚稳定的透明溶胶体系。通过干燥脱出溶剂，得到金属离子分布均匀的干凝胶，然后通过焙烧去除干凝胶中的有机物，得到合成材料所需的前驱体。该方法合成温度低，反应时间短，易控制产物粒径，可实现原子级别的混合，能有效提高材料电化学性能。但目前仍存在原料价格昂贵、生产条件难控制、易产生环境污染等问题。机械化学法的基本原理是通过高速球磨，使粉末的比表面及内部的空位、位错、层错等缺陷增加，来诱发化学反应或诱导材料组织、结构和性能的变化，从而使粉末的活性增大。作为一种新技术，它具有明显降低反应活化能、细化晶粒、极大提高粉末活性的作用，能改善颗粒分布均匀性及增强体与基体之间界面的结合，促进固态离子扩散，诱发低温化学

反应，有利于固态离子在相界上扩散和迁移。溶剂热反应是水热反应的发展，在一定温度（$100 \sim 1000 \, ℃$）和压力（$1 \sim 100 \, MPa$）的条件下，利用非水有机溶剂热合成材料，产物具有纯度高、分散性好、无团聚、晶型好的优点。

LiFePO$_4$ 电性能改善主要集中在三个方面：①表面修饰提高导电性；②体相掺杂提高电子导电性；③制备细小、均匀颗粒，缩短锂离子扩散路径，增大比表面使锂离子容易嵌入和脱出。有机物高温分解进行碳包覆、添加纳米级导电金属粉体诱导成核、包覆具有金属导电能力的磷化物以减少晶界的界面热阻是表面修饰提高 LiMPO$_4$ 导电性的主要方式。表面碳包覆的方法是提高 LiMPO$_4$ 材料电化学性能最实用、最经济的方式。然而，碳是非活性物质而且密度小，它的使用降低了电极的体积能量密度，并使电极制备时的加工性能变差。在保证材料电化学性能前提下，探索碳包覆的方法，选择合适碳源，优化碳在材料中的分布，尽量降低 LiMPO$_4$/C 复合材料中碳的含量是该材料实用化的关键。离子掺杂改性是提升材料电子或离子输运特性、提高材料的结构稳定性的最常用手段。LiMPO$_4$ 存在四个掺杂位，Li 位和 M 位掺杂研究得比较多。因为锂离子在晶体中仅沿着一维通道扩散，Li 位的掺杂有可能阻碍锂离子的扩散，所以 M 位的掺杂更受到研究者的青睐。当 Li$^+$ 从 LiMPO$_4$ 的晶格中发生脱嵌时，LiMPO$_4$ 的晶格会相应地产生膨胀和收缩，但其晶格中八面体之间的 PO$_4$ 四面体使体积变化受限，导致 Li$^+$ 的扩散速率很低。因此粒子的半径大小必然对电极容量有很大的影响。粒子半径越大，Li$^+$ 的扩散路程越长，Li$^+$ 的嵌入脱出就越困难，LiMPO$_4$ 的容量发挥就越受限制。另一方面，根据 LiMPO$_4$ 电化学反应过程中两相反应机理，LiMPO$_4$ 和 MPO$_4$ 两相并存，因此 Li$^+$ 的扩散和电荷补偿要经过两相界面，这更增加了扩散的困难。因此能否有效控制 LiMPO$_4$ 的粒子大小是改善其电化学性能的关键。通过控制 LiMPO$_4$ 的结晶度、晶粒大小及形貌来实现 LiMPO$_4$ 晶粒的细化，这和制备材料所采用的合成方法密切相关。目前减小 LiMPO$_4$ 粒径的方法主要有控制烧结温度、原位引入成核促进剂及采用均相前驱体。

2.3.7　LiNi$_x$Co$_y$Mn$_{1-x-y}$O$_2$ 正极材料

具有层状结构的 LiNi$_x$Co$_y$Mn$_{1-x-y}$O$_2$ 得到了广泛的研究。目前认为，该化合物中 Ni 为 +2 价，Co 为 +3 价，Mn 为 +4 价。Mn^{4+} 的存在起到稳定结构的作用，Co 的存在有利于提高电子电导率，充放电过程中 Ni 从 +2 价变到 +4 价。该材料的可逆比容量可以达到 $150 \sim 190 \, mA \cdot h \cdot g^{-1}$，且具有较好的循环性和高的安全性，目前已在新一代高能量密度小型锂离子电池中得到应用。

1999 年，Liu 等人首次报道合成镍钴锰酸锂正极材料 LiNi$_{1/3}$Co$_{1/3}$Mn$_{1/3}$O$_2$（LNCM111）。由于 Ni、Co、Mn 三者之间存在明显的协同作用，这种材料综合了 LiNiO$_2$、LiCoO$_2$ 和 LiMnO$_2$ 三者的优点，一经报道就受到了人们的广泛关注。三元层状镍钴锰酸锂（LiNi$_{1-x-y}$Co$_x$Mn$_y$O$_2$，LNCM）属于 α-NaFeO$_2$ 层状结构，即六方晶型，晶格 O 与过渡金属 TM 构成 TMO$_6$ 八面体。三元材料理论比容量 $274 \, mA \cdot h \cdot g^{-1}$，Ni、Co、Mn 三者的比例对电化学性能影响很大。目前研究比较多的有 LiNi$_{1/3}$Co$_{1/3}$Mn$_{1/3}$O$_2$（LNCM111）、

$LiNi_{0.4}Co_{0.2}Mn_{0.4}O_2$（LNCM424）、$LiNi_{0.5}Co_{0.2}Mn_{0.3}O_2$（LNCM523）、$LiNi_{0.6}Co_{0.2}Mn_{0.2}O_2$（LNCM622）、$LiNi_{0.8}Co_{0.1}Mn_{0.1}O_2$（LNCM811）几种型号。当 Ni 含量比较高（Ni ≥ 0.5）时，也被人们称为高镍三元正极材料。Ni 有利于提高材料的可逆嵌锂能力，提高 Ni 的含量可以提升电动汽车续航里程，但是 Ni 含量过高会增加阳离子混排，会使材料的循环性能迅速恶化；Co 的存在起到稳定晶体框架、降低电化学阻抗、提高电导率和高倍率性能的作用，但是 Co 含量增加，会减少可逆嵌锂容量，成本也会增加；Mn 的作用是降低材料成本，提高材料的结构稳定性和安全稳定性，但是 Mn 的含量过高会出现尖晶石相从而破坏材料原本层状结构。根据不同领域的实际需求需要选择合适比例的三元正极材料并进行优化。镍钴铝酸锂（$LiNi_{1-x-y}Co_xAl_yO_2$，LNCA）和镍钴锰酸锂同属六方晶系层状结构，因为 Al—O 键能大于 Mn—O 键能，同时晶格中 Al^{3+} 不参与任何化学反应，始终保持 +3 价，因此比 Mn^{4+} 更稳定。LNCA 是锂离子电池材料的发展趋势，目前特斯拉新能源汽车就是采用 LNCA 作为正极材料。对于动力电池而言，能量密度是一个非常重要的指标。高镍正极材料由于其能量密度比较高、循环寿命长、价格低廉、无污染成为当前发展的趋势。然而，$Co^{3+/4+}$ 中的 t_{2g} 轨道与 O 2p 轨道有很大的重叠，正极材料只有充电至高截止电压，处于深度脱锂状态时，Co^{3+} 才能被氧化并提供少量容量，然而在高电压、深度脱锂状态下正极材料的层状晶格结构容易塌陷。而 $Ni^{3+/4+}$ 的 e_g 轨道与 O 2p 轨道重叠较少，则在低电压下就可以完成锂的脱出而不破坏整体框架结构。因此，由于其具有高能量密度，高镍三元正极材料，尤其是 Ni ≥ 0.8 的高镍三元正极材料（如 $LiNi_{0.8}Co_{0.1}Mn_{0.1}O_2$ 和 $LiNi_{0.8}Co_{0.15}Al_{0.05}O_2$）成为未来电动汽车的动力材料的发展趋势。

2.3.8　$LiNi_{\frac{1}{2}}Mn_{\frac{1}{2}}O_2$ 正极材料

$LiNi_{1/2}Mn_{1/2}O_2$ 具有与 $LiNiO_2$ 相同的六方结构。在 $LiNi_{1/2}Mn_{1/2}O_2$ 的晶体结构中，镍和锰分别为 +2 价和 +4 价。当材料被充电时，随着锂离子的脱出，晶体结构中的 Ni^{2+} 被氧化为 Ni^{4+}，而 Mn^{4+} 保持不变。测试结果表明，在 $LiNi_{1/2}Mn_{1/2}O_2$ 中，锂离子不仅存在于锂层，而且也分布在 Ni^{2+}/Mn^{4+} 层中，主要被 $6Mn^{4+}$ 包围，与 Li_2MnO_3 中相同。但充电到 $Li_{0.4}Ni_{1/2}Mn_{1/2}O_2$ 时，所有过渡金属层中的锂离子都脱出，剩余的 Li^+ 分布在锂层靠近 Ni 的位置。Ohzuku 等利用 $LiOH \cdot H_2O$ 与 Ni、Mn 的氢氧化物在 1000℃下空气中合成了 $LiNi_{1/2}Mn_{1/2}O_2$ 正极材料。在 2.75 ~ 4.3 V 的充放电电压范围内，可逆比容量可达到 150 $mA \cdot h \cdot g^{-1}$，具有较好的循环性能。鲁中华等利用与 Ohzuku 等类似的方法合成了一系列具有层状结构的正极材料 $Li[Ni_xLi_{(1/3-2x/3)}Mn_{(2/3-x/3)}]O_2$ 和 $Li[Ni_xCo_{1-2x}Mn_x]O_2$（$0 \leqslant x \leqslant 1/2$）。DSC 结果表明，该类材料的耐过充性与热稳定性优于 $LiCoO_2$。

2.3.9　富锂锰基正极材料

富锂锰基正极材料有 Li_2MnO_3 与 $LiMO_2$ 两种组分，这两种组分的结构类似于 $LiCoO_2$，归属于空间群为 R$\bar{3}$m 型的 α-NaFeO$_2$ 型层状结构。Li$_2$MnO$_3$ 和 LiMO$_2$ 具有相同的氧密堆积结构——六方密堆积方式，有助于形成固溶体锂层和锂 / 过渡金属层。研究者们对富锂锰基正极材料的具体结构持不同观点。Thackeray 首次提出了"复合氧化物"的概念，认为富锂锰基正极材料是 Li$_2$MnO$_3$ 和 LiMO$_2$ 两种组分组成的纳米复合材料，Li$^+$ 与周围 6 个 Mn^{4+} 形成六方晶格有序结构，并在三维空间形成 Li$_2$MnO$_3$ 纳米微区，过渡金属离子同样在三维空间形成 LiMO$_2$ 纳米微区，不同比例的两种组分会影响两个微区的无序度和尺寸，即 Li$_2$MnO$_3$(1−x)LiMO$_2$（M=Co、Ni、Mn 等）复合材料。Lu 等计算了材料的晶格参数，结果表明，其值随组分的改变而变化，证实形成了固溶体，即 Li$_{1+x}$M$_{1-x}$（M=Co、Ni、Mn 等）固溶体。目前，对富锂锰基正极材料的结构还未形成统一结论，还需对材料结构进行深入研究。

2.3.10　正极材料的改性

（1）离子掺杂

研究人员通过掺杂碱土金属、主族金属、过渡金属、稀土及 F、S 非金属等元素于正极材料之中，形成 Li$_{1-x}$M$_x$O$_2$ 固溶体层状化合物，以此改善单一的层状 LiMO$_2$（M=Co、Mn、Ni）材料热稳性、降低阳离子混排及抑制材料的晶相转变，提高材料的循环稳定性。离子掺杂类型有阳离子掺杂、阴离子掺杂以及多离子共掺杂，而适量的离子掺杂不会引起电极材料结构的改变，就使材料的部分电化学性能得到提高。

① 阳离子掺杂。阳离子掺杂分为等价与不等价掺杂两种形式。等价的阳离子掺杂，不使三元电极材料中原有阳离子的化学价发生改变，就可以减小阳离子混排度，改善电极材料本身结构的稳定性，扩大锂离子扩散通道，提高离子迁移速率；不等价的阳离子掺杂，会引起过渡金属元素化学价的改变，产生空穴或者电子，改善材料的电子电导率。Hua 等通过氢氧化物共沉淀法合成掺杂钠离子的富镍 Li$_{0.97}$Na$_{0.03}$Ni$_{0.5}$Co$_{0.2}$Mn$_{0.3}$O$_2$ 电极材料，Na$^+$ 取代了部分 Li$^+$，使材料的 α-NaFeO$_2$ 型层状结构更加有序，Li$^+$ 层间距增大，减弱了阳离子混排程度；电化学性能测试表明掺杂 Na$^+$ 的 NCM，其具有更高的放电比容量，更好的倍率性能，更高的 Li$^+$ 扩散系数和更小的电荷转移电阻。Zhu 等研究了掺杂不同钒含量的 NCM523 电极材料 Li[Ni$_{0.5}$Co$_{0.2}$Mn$_{0.3}$]$_{1-x}$V$_x$O$_2$（x=0、0.01、0.03、0.05）的电化学性能，结果表明 V^{5+} 的掺杂量为 0.03 时电极材料的综合性能最为优异，镍锂混排程度由 4.2% 降低至 2.68%，晶体结构稳定性提升，库仑效率提高，但钒取代减少电化学活性材料单体数量，导致充放电容量有所降低。Nb 的掺杂可使电极材料在循环过程中形成 Li$_3$NbO$_4$ 电极材料——电解液边界薄膜，抑制在充放电循环过程中，电解液产生的微量 HF 对电极造成的腐蚀，提高电池的热稳定性能。稀土元素中，铈作为添加剂和催化剂得到广泛运用，Li 等对稀土元素 Ce 掺杂于 NCM 电极材料进行了研究，结果表明，Ce 取代了 Ni，形成了键能更加强的 Ce—O 键，使层状结构更加稳定，并减少了阳离子混排，通过循环伏安测试可以得出掺 Ce 样品高倍率性能以及循环性能更加优异（特别是在 4.5 V 高电位下）。

② 阴离子掺杂。阳离子掺杂降低电极材料中活性离子的数量，导致放电容量保留率受损。研究人员通过对阴离子掺杂开展研究，发现其对减缓正极材料的腐蚀很有帮助。F 掺杂在锂镍系统中可降低电极材料使用过程中的阻抗及晶格变化，但会使电池截止电压限制于 4.3 V，而 Kim 等对 F 掺杂 NCM 电极材料开展了高电压下（4.6 V）的电化学性能研究，与未掺杂材料相比其容量保持率及热稳定性都显著提高。Yue 等开展了低温（450 ℃）氟取代 $LiNi_{0.6}Co_{0.2}Mn_{0.2}O_2$ 电极材料的研究，合成了 $LiNi_{0.6}Co_{0.2}Mn_{0.2}O_{2-z}F$（$0 \leqslant z \leqslant 0.06$）的氟取代电极材料，研究结果表明：$F^-$ 成功掺杂到 NCM622 中，没有改变层状结构；随着氟含量的增加，电极材料初始放电容量有所下降，但循环性能、倍率性能及储存性能都得到了提高。聚阴离子掺杂主要是针对富锂正极材料在充放电循环过程中层状结构向尖晶石型结构缓慢转变的缺陷，Zhang 等在 PO_4^{3-} 基础上开展了 SiO_4^{4-}、SO_4^{2-} 两种不同价态的聚阴离子对富锂电极掺杂的影响研究，掺杂少量 SiO_4^{4-}（0.05）、SO_4^{2-}（0.03）聚阴离子的电极材料首次库仑效率和热稳定性都有提高，且在 400 次循环后，电位下降幅度远低于未掺杂的电极材料。Zhao 等提出了一种梯度聚阴离子掺杂策略，将 PO_4^{3-} 掺杂到富锂电极材料中，使表面结构转变同时形成掺杂聚阴离子和尖晶石状的表面纳米层的层状核材料，适量的 PO_4^{3-} 较有效地稳定了富锂电极材料的氧密堆积结构，提高了电化学稳定性。形成的尖晶石型表面结构具有 Ni 和 P 含量高（Mn 耗尽）的特点，可保护电极材料免遭电解液的腐蚀和 Mn 的溶解，促进 Li^+ 和电子的迁移。

③ 多离子共掺杂。在一种材料上同时掺杂不同的离子（共掺杂）发挥它们之间的协同作用可更高效地改善电化学性能，共掺杂有多离子多点位掺杂和多离子单点位掺杂。Chen 等通过氢氧化物共沉淀法合成了 Mg、Al 共掺杂正极材料 $LiNi_{0.5}Co_{0.2}Mn_{0.3-x}Mg_{0.5x}Al_{0.5x}O_2$（$x$=0.00，0.01，0.02，0.04），研究多离子掺杂对 NCM 正极材料晶体结构和电化学性能的影响，综合分析结果表明：掺杂量为 0.02 时，材料性能明显改善，对应的材料具有较小的阳离子混合，较高的层状结构六角有序度，较大的 Li^+ 扩散系数，分别为 2.444×10^{-10} $cm^2 \cdot s^{-1}$ 和 4.186×10^{-10} $cm^2 \cdot s^{-1}$，较小的阻抗（33.93 Ω），高达 168.01 $mA \cdot h \cdot g^{-1}$ 首次充放电比容量，在 0.5 C 倍率时循环 20 次容量保持率高达 95.06%。有关于不同 Mg、F 含量共掺电极材料 $LiNi_{0.4}Co_{0.2}Mn_{0.36}Mg_{0.04}O_{2-y}F_y$（$y$=0，0.08）的研究表明：在 1 C 倍率下充放电循环 100 次，共掺杂的放电容量保持率为 97%，高于 Mg 单掺杂的 91%，远高于未掺杂的 87%。Chen 等采用高温固相反应合成了 K、Cl 共掺杂的 $Li_{0.99}K_{0.01}Ni_{0.5}Co_{0.3}Mn_{0.2}O_{1.99}Cl_{0.01}$（KCl-NCM）电极材料，在阴阳离子掺杂的协同作用下，电极材料的阳离子混排、电极阻抗都减小，在材料循环过程中的稳定性也得到改善，电极极化减弱，在高电压下（4.6 V）循环 100 次也可保持较好的层状结构。

（2）包覆

对富镍 NCM 电极材料做表面包覆处理是一种较简洁的改性方法，可降低电极材料的溶解，稳定材料的结构；提升材料的初始库仑效率，抑制电化学循环过程中的容量衰退；抑制阻抗层的形成，提高电子电导率等。该改性方法常用的包覆材料有氧化物、矿物盐、聚阴离子材料和活性电极材料等。

① 氧化物材料包覆。氧化物包覆材料可在电极材料表面形成保护层，避免电极材料表

面与电解液直接接触，减小电解液对电极材料造成的腐蚀。Xiang 等采用一种简便的湿化法在电极材料表面制备了均匀致密的 Al_2O_3 薄涂层，改善电极材料的热稳定性。但湿化法包覆电极材料容易引入杂质，导致电化学性能降低甚至使涂层失效。Chen 等采用环保超声波法将平均粒径为 15 nm 的 Al_2O_3 成功地包覆到 $LiNi_{0.6}Co_{0.2}Mn_{0.2}O_2$ 粉体表面，形成了厚度为 20～25 nm 的包覆层，研究表明，包覆量为 1.0% Al_2O_3 的电极材料倍率性能获得提高，电化学阻抗降低。合成致密结构的涂层，在循环过程中不可避免地会阻碍锂离子的传输，特别是在高电压下，这种缓慢的浓度传输还将造成电极的浓度极化，Wu 等选用聚乙烯醇聚合物添加剂，使得在不规则的电极材料表面可形成均匀且薄的涂层，而且其还可以作为成孔剂，在烧结后的超薄涂层中生成微孔，超薄微孔层的厚度控制在 10 nm 以下。研究表明，该 γ-Al_2O_3 涂层降低了对锂离子扩散的阻碍，使电极材料在高压下循环时，电化学性能显著提高，循环稳定性和速率性能分别比未涂覆的电极材料提高 22.8% 和 26%；抑制过渡金属的溶解，减小了在阳极上过渡金属的沉降，限制了 SEI 膜的增长以及减小电池中有限活性锂的消耗。此外，Lee 等利用纳米 Al_2O_3 材料和导电聚合物设计了双层阴极活性材料涂层，该设计对提高电池放电容量、容量保持率、倍率性能及热稳定性非常有效。

② 聚阴离子材料包覆。橄榄石结构的 Li_xMePO_4（Me=Fe，Mn，Co）等聚阴离子材料拥有键能较强共价键的 PO_4^{3-}，在高温下电极释放 O_2 变得更难，使电极的热稳定性得到了提高，但在还原气氛下制备的该类聚阴离子材料包覆时会导致电极材料核心缺氧，很难将其作为阴极材料涂层。WoosukCho 等在空气氛围中，于较低温度（550 ℃）采用溶胶-凝胶法制备新型正磷酸锰 $Mn_3(PO_4)_2$ 晶体包覆材料，并通过空气热处理成功地获得了包覆材料（M-NCM）。通过多种物相表征手段可以观察到纳米颗粒 $Mn_3(PO_4)_2$ 被广泛均匀地包覆于电极材料表面，EDS 图谱也显示 Mn、P、O 在材料表面均匀分布；在室温和高温（60 ℃）两种温度条件，0.5 C 倍率下循环 50 次后的电化学测试发现，常温下 M-NCM 容量保持率为 93.3%（未包覆为 92.6%），提升不高，而在高温下，M-NCM 容量保持率仍然高达 90.9%，而未包覆的仅为 81.3%，因聚阴离子本身的高稳定性，包覆后的电极材料的热稳定性获得了显著提高。研究还表明，在空气或氧气氛围中制备的聚阴离子晶体材料是一种有效的表面改性包覆材料，且不会对电极材料造成损伤。

③ 活性电极材料包覆。上述几类包覆材料因其本身是导电性差的电子绝缘体，会使包覆后的电极材料表面涂层上的活性物质比例下降，离子扩散及电荷转移阻抗增大，导致电极材料的放电容量降低。因此，具有较高锂离子电导率以及较宽电化学窗口的活性电极包覆材料，有望发展成更具发展潜力的包覆材料。室温下 LATP[$Li_{1.3}Al_{0.3}Ti_{1.7}(PO_4)_3$] 的离子电导率约为 10^{-3} S·cm^{-1}，目前，已有 LATP 涂层改进 $LiMn_2O_4$、$LiCoO_2$ 等传统电极材料电化学性能的研究。Ji-won Choi 等首次开展了 LATP 对 NCM622 电极材料的包覆改性研究，结果表明，包覆后的材料在 0.1 C 倍率下容量提高了大约 12 mA·h·g^{-1}，且涂层含量为 0.5% 的包覆电极材料 100 次循环后，容量保持率达到了 98%。之后 Wang 等采用机械熔融法制备了 LATP 改性 NCM622 电极材料，并研究了热处理温度对电极材料在高充电截止电压下的电化学性能影响。研究结果表明，退火温度为 600 ℃的电极材料在高充电截止电压（4.5 V）下，循环 100 次后容量保持率显著提高（90.9% ＞ 79%），循环稳定性也得到提高；表面 Li_2CO_3 杂质的减少，使材料表面稳定性得到提升。

2.4 负极材料

2.4.1 金属锂负极材料

20世纪70年代，以金属锂作负极的锂金属电池被首次应用于计算器、电子手表和医学设备中。锂金属电池属于一次电池，造价昂贵，不可循环使用，并且带来了严重的环境污染问题。20世纪80年代，第一代可充电锂金属电池被开发出来，电池的能量密度达到100～200 W·h·kg^{-1}。但是，可充电锂金属电池的负极材料是金属锂，在充放电过程中，金属锂表面易形成锂枝晶，枝晶生长会刺穿隔膜，引发电池短路、热失控甚至爆炸着火等安全问题，这导致锂金属电池的应用停滞不前。然而，金属锂负极的高理论比容量（3860 mA·h·g^{-1}）和低电位 [-3.04 V（$vs.$ 标准氢电极）]，使得以金属锂为负极的锂离子电池具备较高能量密度。例如，锂空气电池的理论能量密度为3500 W·h·kg^{-1}，锂硫电池的理论能量密度为2600 W·h·kg^{-1}。因此，国内外学者从未停止对可充电金属锂电池的研究。目前的研究方向依然是通过结构设计和电解质的优化来抑制锂枝晶的生长，以实现金属锂负极的产业化应用。

2.4.2 石墨基复合材料

石墨是由碳原子高度有序排列而成的碳材料，导电性好，有良好的层状结构。石墨是目前商品锂离子电池主要的负极材料，Li$^+$ 嵌入石墨的层间形成层间化合物 Li$_x$C$_6$。石墨具有良好的充、放电电压平台，理论比容量为372 mA·h·g^{-1}，但杂质和缺陷结构导致石墨的实际可逆比容量一般仅为300 mA·h·g^{-1}，且石墨对电解液敏感，首次库仑效率低，循环性能较差。常用的改性方法主要有表面包覆改性、氧化处理及掺杂改性等。石墨大致可以分为天然石墨、人工石墨和石墨烯三大类。

天然石墨可以根据晶型分为无定形石墨和鳞片石墨两种。无定形石墨纯度低，主要是2H晶面排序结构，石墨层间距为0.336 nm。无定形石墨的石墨化程度低，其不可逆比容量高，可逆比容量在260 mA·h·g^{-1}左右。鳞片石墨纯度高，结构更加有序，主要是2H+3R晶面排序结构，石墨层间距为0.335 nm。其不可逆比容量小于50 mA·h·g^{-1}，可逆比容量高达350 mA·h·g^{-1}。天然石墨负极在充放电循环过程中受到电解质溶剂的影响较大，特别是使用碳酸丙二酯（PC）很容易与锂离子对石墨负极共掺入，导致石墨负极的剥离，不可逆容量增加，需要使用合适的溶剂或添加剂来解决这个问题。

人工石墨是将一些容易形成石墨化结构的碳材料在惰性气体中进行高温处理得到高度有序的石墨结构，具有代表性的人工石墨材料有介孔碳微球和石墨纤维等。介孔碳微球是高度有序的层层堆叠结构，可以用石油中的重油作为原料进行高温处理得到。在1000 ℃以上的温度热解时得到的介孔碳微球的石墨化程度较高。对于低温热解得到的石墨其首次比容量较高（可达600 mA·h·g^{-1}），但其可逆比容量并不高。对于高温热解得到的人工石墨其可逆比容量可以达到300 mA·h·g^{-1}。石墨纤维是通过气相沉积得到的中空结构的人工石墨，起始比容量高达 320 mA·h·g⁻¹，而且拥有着优良的可逆比容量，首次库仑效率达到 93%，同时具有优异的倍率性能和循环稳定性。但是由于合成工艺复杂，生产成本高，石墨纤维还不适合现在的工业化生产。

石墨烯具有 sp^2 杂化碳相互连接形成的二维蜂窝状的网络结构，通常只有单原子厚度。自 2004 年英国科学家 Geim 等首次制备并观察到石墨烯结构以来，该材料因其极好的物理化学性质和广泛的用途而被深入研究。良好的导电性及机械强度，快速的电荷转移和高比表面积使得石墨烯是一种合适的锂离子电池负极材料。研究发现：石墨烯片层的两层均可吸附一个 Li^+，因此石墨烯的理论容量为石墨的两倍，即 744 mA·h·g⁻¹。石墨烯可以直接用作锂离子电池的负极材料，但将石墨烯用作锂离子电池的负极材料，还需解决不可逆容量大和电压滞后等问题。石墨烯具有优异的力学性能和导电性能，可能更适合用于制备锡基和硅基，金属或合金，过渡金属硫化物或氧化物复合材料，从而得到电化学性能优异的纳米复合材料。相关工作已成为石墨烯应用研究的一个热点。为了进一步提高锂离子电池的能量密度，开发新型高容量负极材料成为相关研究的热点。

2.4.3　硅基复合材料

硅被认为最有可能成为下一代锂离子电池的负极材料。这与硅的一系列特性有关，硅是地球上分布第二多的元素，因而成本低而且环境友好。硅通过合金化反应完成储锂过程，图 2-11 为硅与锂在常温和高温下的电化学合金化反应曲线。在高温下，每个硅原子最多可与 4.4 个锂原子结合，此时比容量可达到 4200 mA·h·g⁻¹。但在常温下硅原子最多可与 3.75 个锂原子结合，此时比容量为 3579 mA·h·g⁻¹。与高温相比，硅在常温下的合金化反应可逆性较差。

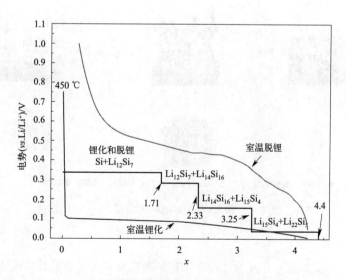

图 2-11　硅与锂在常温和高温下的电化学合金化反应曲线

晶体硅对应首次充放电反应过程如下：

$$Si（crystal）+xLi \longrightarrow Li_xSi（two\text{-}phase\ region）\qquad（2\text{-}7）$$

$$Li_xSi（amorphous）+（3.75-x）Li^+ +（3.75-x）e^- \longrightarrow Li_{15}Si_4\qquad（2\text{-}8）$$

$$Li_{15}Si_4 \longrightarrow Si（amorphous）+yLi^+ +Li_{15}Si_4（residual）\qquad（2\text{-}9）$$

自首次循环后的脱嵌锂反应如下：

$$Si（amorphous）+xLi \longrightarrow Li_xSi（single\text{-}phase\ region）\qquad（2\text{-}10）$$

$$Si（amorphous）+yLi \longrightarrow Li_ySi（single\text{-}phase\ region）\qquad（2\text{-}11）$$

$$Li_xSi \longrightarrow Si（amorphous）+xLi（single\text{-}phase\ region）\qquad（2\text{-}12）$$

$$Li_ySi \longrightarrow Si（amorphous）+yLi（single\text{-}phase\ region）\qquad（2\text{-}13）$$

首次放电到 0.8 V 左右时，电解液开始在负极表面发生分解反应并形成 SEI 膜；当电压降至 0.25 V 以下时，晶体硅开始与锂离子反应生成无定形锂硅合金；当电压继续降至 0.05 V 以下时，无定形锂硅合金嵌锂转变成晶体相锂硅合金。首次充电过程中，在 0.45～0.5 V 之间，锂硅合金脱锂并生成无定形硅。Obravac 等的研究表明，在首次合金化反应后，所有形态的硅都将以无定形结构存在，且在随后的循环中不会出现晶体硅相。然而要想硅成为商业化的锂离子电池负极材料还需要解决一些问题。如图 2-12 所示，首先，充放电时产生合金 / 去合金化反应会出现多次相转变，这期间材料颗粒会经历较大的体积变化，巨大体积膨胀（约 300%）会导致差的可逆容量和循环寿命。其次，厚的 SEI 膜、材料粉化脱落、电极结构破坏与 SEI 膜生长等问题会导致锂离子的脱嵌困难。另外，硅的导电性较差，这往往导致其差的倍率性能。

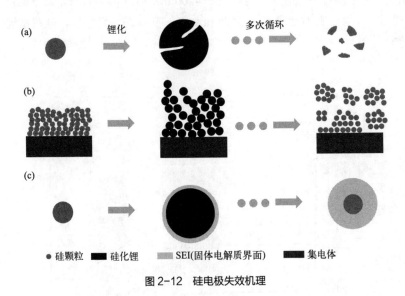

● 硅颗粒　■ 硅化锂　　SEI(固体电解质界面)　■ 集电体

图 2-12　硅电极失效机理

研究表明，降低颗粒尺寸并设计特殊结构纳米硅材料可显著提升其循环稳定性，如纳米硅颗粒、硅纳米线、硅纳米管、硅基薄膜、多孔硅等。纳米尺寸颗粒在合金化反应过程中的绝对体积变化小，材料抗破裂能力强；特殊结构设计与颗粒间隙为体积变化提供缓冲空间；同时，纳米颗粒的比表面积较大，电解液浸润性好，材料的反应活性界面增大。但是，纳米材料的制备具有条件严苛、产率低和成本高的特点。随着硅碳材料的实用化进程加快，纳米硅材料的制备方法研究成为目前最具挑战性的研究方向之一。

由于硅在锂化 - 去锂化过程中，承受了巨大的体积变化，氧化硅被视为另一备选方案。SiO 是非晶硅和无定形二氧化硅的混合物。在其首次锂化期间，产生氧化锂（Li_2O），从而在活性材料中产生纳米 Si 嵌入 Li_2O 基体中的微结构。结果，Li_2O 层可以作为缓冲区，从而抑制由 Si 的体积变化引起的副作用。第一次锂化期间的这种反应还表明，在随后的循环中，硅作为唯一的活性物质，存在于首次锂与 SiO 化合反应形成的硅酸锂基体中，与 Li 进行合金化 / 去合金化反应，产生可逆容量。硬质碳中 SiO 的电化学还原研究表明，随着 Li_2O 和 Li_4SiO_4 的形成，SiO 还原成 Si。当然，SiO 就像 Si 一样，由于相同的原因，SiO 通常与导电元素混合，以提高材料的导电性，而且该元素通常是碳，表现为包覆或复合材料的形式。然而，SiO 的合成参数也起作用。特别地，已经发现通过在 1000 ℃ 下热处理 SiO 获得的歧化 SiO（d-SiO）粉末在所测试的样品中具有最优的初始的库仑效率和循环保持率，该材料用石墨粉末球磨以获得纳米 Si/SiO_x 石墨复合材料，以 $100\ mA \cdot g^{-1}$ 的电流密度在第 10 次循环到第 200 次循环中，比容量恒定为 $600\ mA \cdot h \cdot g^{-1}$。

2.4.4　$Li_4Ti_5O_{12}$ 负极材料

$Li_4Ti_5O_{12}$ 具有尖晶石结构，可以表达为 $Li[Li_{1/3}Ti_{5/3}]O_4$。该材料的可逆比容量为 $140 \sim 160\ mA \cdot h \cdot g^{-1}$（理论容量为 $167\ mA \cdot h \cdot g^{-1}$），充放电曲线为一电位平台，电压为 1.55 V。Thackery 报道其在充放电过程中体积变化只有 1%，Ohzuku 将其优异的循环性归因于零应力。这一材料逐渐引起关注是由于其高倍率的充放电特性。由于其嵌锂电位较高，避免了通常负极材料上的 SEI 膜生长和锂枝晶生长，在高倍率放电时，电池具有较高的安全性、较好的循环性，因此有望在车用动力电池中得到应用。最近，基于 $Li_4Ti_5O_{12}/LiFePO_4$ 的 2 V 电池体系引起了关注，这样一个电化学体系，应该具有优异的循环寿命、较低的价格，有望在储能电池、超高功率电池中得到应用。

2.4.5　金属氧化物负极材料

锡氧化物不仅具有低插锂电势和高容量的优点，而且具有资源丰富、安全环保、价格便宜等特点，被认为是锂离子电池碳负极材料代替物之一。锡氧化物有两种，理论比容量分别为 $875\ mA \cdot h \cdot g^{-1}$（$SnO$）和 $783\ mA \cdot h \cdot g^{-1}$（$SnO_2$）。与金属单质锡直接和锂发生合金化反应不同，锡氧化物的反应分为两步。首先 SnO 与 Li 发生氧化还原反应，SnO 被还原成 Sn 单质，同时 Li^+ 获得氧生成电化学惰性的 Li_2O 基质。氧化锂本身可以作为一种缓冲基质，对接下来锡与锂之间合金化及逆过程中产生的巨大体积膨胀起到缓冲作用，相比单质锡，锡氧化物在整个脱嵌锂过程中稳定得多。然而，尽管这样会使锡氧化物的循环稳定性比锡好很多，但是反应第一步在通常状态下是不可逆的，因此材料的不可逆容量往往较高，库仑效率低，也使实际得到的容量受到很大限制。通过计算可知，若第一步反应完全可逆，SnO_2的理论比容量可以高达 $1491\ mA \cdot h \cdot g^{-1}$。因此，想方设法让第一步反应变得可逆是增大锡氧化物材料容量的一大途径。另外，尽管氧化锂基质有一定的体积缓冲作用，但是也不足以完全缓冲锡基材料嵌脱锂过程所引起的巨大体积膨胀，所以锡氧化物在循环稳定性方面仍然不好，同时，锡氧化物本身是半导体材料，自身导电性并不是很好，在大电流充、放电时材料电化学性能受到很大限制，不符合现代社会日益增加的需求。

二氧化钛具有廉价、来源广和生态友好的优点，其晶形比较丰富，包括锐钛矿型（A）、金红石型（R）、板钛矿型、B 型等。其充、放电的化学反应式如下：

$$TiO_2 + xLi^+ + xe^- \longrightarrow Li_xTiO_2 \tag{2-14}$$

其中，用于负极材料的主要是锐钛矿型和 B 型的 TiO_2。此二者由于结构的特殊性，表现出很好的循环稳定性和良好的倍率特性。TiO_2 的导电性和容量均不高，但是通过对 TiO_2 进行改性和形貌控制所得的钛氧化物，作为锂离子电池负极材料具有充、放电性能好，循环性能优良，充、放电电压平台稳定等优点。此外，钛氧化物的安全性能高，具有很好的发展前景以及巨大的研究价值和商业价值。

近年来，钴氧化物作为锂离子电池负极材料表现出较高的容量而备受研究者青睐，成为取代碳负极材料的首选，Co_3O_4 的理论比容量为 $890\ mA \cdot h \cdot g^{-1}$，$CoO$ 的理论比容量为 $715\ mA \cdot h \cdot g^{-1}$。由于过渡金属氧化物具有导电性不理想、循环寿命短等缺点，通常采用改性而减少首次不可逆容量损失和提高循环性能。钼具有多变的化学价和多样的物相结构，因而存在多种钼氧化物。其中，MoO_2 和 MoO_3 作为主要钼氧化物具有高导电性、高密度、高熔点、高化学稳定性以及独特的类金属性和高理论容量，引起了广大研究者的关注，钼氧化物有望成为下一代高性能锂离子电池负极材料。但钼氧化物也存在成本高、倍率性能差、循环性能较差等缺点，有待进一步深入研究。铌氧化物具有优异的循环性能和良好的倍率性能，同时理论容量高、脱嵌锂电位高而且安全，有望成为新一代的负极材料。目前作为锂离子电池负极材料研究较多的是 Nb_2O_5。

2.4.6 硫化物负极材料

含硫无机电极材料包括简单二元金属硫化物、硫氧化物、Chevrel 相化合物、尖晶石型硫化物、聚阴离子型磷硫化物等。与传统氧化物电极材料相比，此类材料在比容量、能量密度和功率密度等方面具有独特的优势，因此成为近年来电极材料研究的热点之一。二元金属硫化物电极材料种类繁多，它们一般具有较大的理论比容量和能量密度，并且导电性好，价廉易得，化学性质稳定，安全无污染。除钛、钼外，铜、铁、锡等金属硫化物也是锂二次电池发展初期研究较多的电极材料。由于仅含两种元素，二元金属硫化物的合成较为简单，所用方法除机械研磨法、高温固相法外，也常见电化学沉积和液相合成等方法。

作为锂电池电极材料，这类材料在放电时，或者生成嵌锂化合物（如 TiS_2），或者与氧化物生成类似的金属单质和 Li_2S（如 Cu_2S、NiS、CoS），有的还可以进一步生成 Li 合金（如 SnS、SnS_2）。

2.5 电解质材料

电解质是电池的重要组成部分，承担着通过电池内部在正负电极之间传输离子的作用。除电极材料的因素外，锂离子电池的优势与不足均与电解质的性质密切相关，由于电解质的稳定性好，电化学窗口宽，才使得锂离子电池的工作电压（通常在 4 V 左右）比使用水溶液电解质的电池（一般不大于 2 V）高出 1 倍以上，锂离子电池因此具备了高电压和高比能量的性质。根据电解质的形态特征，可以将电解质分为液体和固体两大类。

用于锂离子电池的电解质一般应该满足以下基本要求：

① 高的离子电导率，一般应达到 $(1 \times 10^{-3}) \sim (2 \times 10^{-2}) \, S \cdot cm^{-1}$；

② 热稳定性与化学稳定性好，在较宽的温度范围内不发生分解；

③ 电化学窗口宽，在较宽的电压范围内保持电化学性能的稳定；

④ 与电池的其他部分例如电极材料、电极集流体和隔膜等具有良好的相容性；

⑤ 成本低；

⑥ 安全性好，闪点高或不燃烧；

⑦ 无毒和无污染性，环境友好。

以上这些是衡量电解质性能必须考虑的因素，也是实现锂离子电池高性能、低内阻、低价位、长寿命和安全性的重要前提。

2.5.1 非水有机液体电解质

在传统电池中，通常使用水作为溶剂的电解液体系，但是由于水的理论分解电压为 1.23 V，考虑到氢或氧的过电位，以水为溶剂的电解液体系的电池电压最高也只有 2 V 左右；在锂离子电池中，电池的工作电压通常高达 3 ~ 4 V，传统的水溶液体系已不再满足电池的要求，因此必须采用非水电解液体系作为锂离子电池的电解液。高电压下不分解的有机溶剂是锂离子电池液体电解质研究开发的关键。

非水有机溶剂是电解液的主体成分，溶剂的黏度、介电常数、熔点、沸点、闪点以及氧化还原电位等因素对电池使用温度范围、电解质锂盐溶解度、电极电化学性能和电池安全性能等有较大的影响。优良的溶剂是实现锂离子电池低内阻、长寿命和高安全性的重要保证。用于锂离子电池的非水有机溶剂主要有碳酸酯类、醚类和羧酸酯类等。

（1）碳酸酯类

碳酸酯类主要包括环状碳酸酯和线性（链状）碳酸酯两类。碳酸酯类溶剂具有较好的化学、电化学稳定性和较宽的电化学窗口，在锂离子电池中得到广泛应用。在已商业化的锂离子电池中，基本上采用碳酸酯作为电解质。

① 环状碳酸酯类。碳酸丙烯酯（PC）和碳酸乙烯酯（EC）是锂离子电池电解液最重要的两种有机溶剂，同属于环状碳酸酯类。PC 在常温常压下是无色透明、略带有芳香味的液体，分子量为 102.09，密度（25 ℃时）为 1.198 g·cm^{-3}，凝固点为 −49.27 ℃，具有较好的低温性能。PC 的闪点为 128 ℃，着火点为 133 ℃，沸点为 242 ℃，折射率为 1.4209～1.4218，相对介电常数较高（25 ℃时为 66.1）。PC 具有较高的化学和电化学稳定性，能够在恶劣的条件下使用。PC 缺点是具有一定的吸湿性，可能会对电解液中水分的控制产生一定的影响。

EC 的结构与 PC 非常相似，比 PC 少了一个甲基，是 PC 的同系物。EC 常温下为无色晶体，熔点为 36.4 ℃，闪点为 160 ℃，沸点为 238 ℃，热安全性高于 PC，黏度略低于 PC，介电常数远高于 PC，能够使锂盐充分溶解或电离，这对提高电解液的电导率非常有利。EC 的热稳定性较高，分解温度 200 ℃，但碱性条件下容易分解，可与甲醇等发生酯交换反应生成碳酸二甲酯或乙二醇。EC 的吸湿性高于 PC。碳酸乙烯酯（EC）是目前大多数有机电解液中的主要溶剂成分。EC 的熔点高（36 ℃）、黏度大，以 EC 为单一溶剂的电解质的低温性能差，故一般不单独将 EC 作为溶剂。因此总是将一些黏度较低的溶剂与 EC 混合，以保证电解质溶液在低温下呈液态。

② 线性碳酸酯类。常用的线性碳酸酯主要为碳酸二甲酯（DMC）、碳酸甲乙酯（EMC）、碳酸二乙酯（DEC）和碳酸甲丙酯（MPC）等。

DMC 常温下为无色液体，熔点 4.6 ℃，沸点 90 ℃，闪点 18 ℃，属于无毒或微毒产品，能与水或醇形成共沸物。DMC 分子结构独特，其分子结构中含有羰基、甲基和甲氧基等官能团，因而具备多种反应活性。

DEC 的结构与 DMC 相近，常温下为无色液体，熔点非常低，为 −74.3 ℃，沸点（126.8 ℃）和闪点（33 ℃）略高于 DMC，毒性也比 DMC 强。DEC 能溶于酮、醇、醚、酯等，但难溶于水。DMC 和 DEC 均具有较低的黏度（0.58 mPa·s 和 0.75 mPa·s）和介电常数（3.11 和 2.82），一般不单独用作锂电池电解液的溶剂，而作为共溶剂使用。

EMC 和 MPC 是不对称线性碳酸酯，熔点、沸点、闪点等与 DMC 和 DEC 相接近。但其热稳定性较差，容易在受热或在碱性条件下发生酯交换反应生成 DMC 和 DEC。

（2）羧酸酯类

羧酸酯包括环状羧酸酯和线性（链状）羧酸酯两类。

最重要的环状羧酸酯溶剂是 γ-丁内酯（γ-BL），它的熔点为 −43.5 ℃，沸点为 204 ℃，宽液程温度，与碳酸酯一起也能形成钝化膜。但 γ-BL 遇水易分解，毒性大，循环效率也远低于碳酸酯有机溶剂，在锂离子电池中很少使用。BL 还原产生的气体少，对电池的安全性能有利。

线性羧酸酯主要是甲酸甲酯（MF）、乙酸甲酯（MA）、丁酸甲酯（MB）和丙酸乙酯（EP）等。这些酯类的凝固点平均比碳酸酯低 20～30 ℃，且黏度较小，因此能显著提高电解液的低温性能。

（3）醚类

醚类有机溶剂主要包括环状醚和链状醚两类。醚类有机溶剂介电常数低，黏度也较小。由于醚类的性质比较活泼，抗氧化性不好，故不常作为锂离子电池电解液的主要成分，一般作为碳酸酯的共溶剂或添加剂使用以提高电解液的电导率。

① 环状醚。环状醚主要包括四氢呋喃（THF）、2- 甲基四氢呋喃（2-MeTHF）、1,3- 二氧环戊烷（DOL）和 4- 甲基 -1,3- 二氧环戊烷（4-MeDOL）等。THF、DOL 与 PC 等组成的混合溶剂曾用在一次锂电池中，但由于其易开环聚合，电化学稳定性较差，不能应用于锂离子电池中。THF 具有较低的黏度（0.46 mPa·s）和对阳离子很强的络合配位能力，具有较高的反应活性。2-MeTHF 闪点（−11 ℃）和沸点低（79 ℃），易于被氧化生成过氧化物，且具有吸湿性，有比 EC 或 PC 更强的溶剂化能力，常用作共溶剂以提高电解液的低温和循环性能。

② 链状醚。链状醚主要包括二甲氧基甲烷（DMM）、1,2- 二甲氧基乙烷（DME）、1,2- 二甲氧基丙烷（DMP）和二甘醇二甲醚（DG）等。随着碳链的增长，溶剂的耐氧化性能增强，但同时溶剂的黏度也增加，对提高有机电解液的电导率不利。DME 是常用的链状醚，其对锂离子具有较强的螯合能力。DME 具有较强的阳离子螯合能力和低黏度，能显著提高电解液的电导率。但 DME 易被氧化和还原分解，稳定性较差。DG 是醚类溶剂中氧化稳定性较好的溶剂，具有较高的分子量，其黏度相对较小，对锂离子有较强的络合配位能力。

一些广泛使用的锂离子电池电解质含有六氟磷酸锂（LiPF$_6$）和环碳酸基溶剂。研究比较了以碳酸丙烯酯（PC）为助溶剂的 LiPF$_4$（C$_2$O$_4$）（LiFOP）电解质与以碳酸乙烯酯（EC）为助溶剂的 LiPF$_6$ 电解质在 LiNi$_{1/3}$Co$_{1/3}$Mn$_{1/3}$O$_2$ 和 LiFePO$_4$ 等不同正极材料存在时的循环性能。含有 LiFOP 和 PC 的电池在室温下的循环性能与含有 EC 的 LiPF$_6$ 电池相似，在低温（−10 ℃）下的循环性能更好。使用 LiFOP 电解质和 PC 的电池的室温性能比使用 LiPF$_6$ 和 EC 的电池差。对于高压操作，LiNi$_x$Mn$_y$Co$_z$O$_2$ 阴极使用的锂盐为 LiPF$_6$，溶剂为碳酸盐如 EC、DMC、EMC、DEC 及其混合物。但由于常规电解质的阳极稳定性不足，导致如 EC 的阳极稳定性较低，导致电解质分解严重，过渡金属（TM）溶解严重，正极材料表面结构重构等，无法实现稳定的长期循环。Su 等应用了新引入的分子对分析和线性自由能关系（LFER）研究结果，研究了高镍层状氧化物阴极循环在高电压 [> 4.5 V（vs.Li/Li$^+$）] 下与溶剂有关的衰变机制高度一致。结果表明，在较高的电压下，NMC 电池循环的主要衰变机制是溶剂驱动的。因此，寻找阳极稳定性高的溶剂或通过其他方法提高溶剂的阳极稳定性，对提高电池在高压下的循环性能非常重要。

有机电解质中微量的水和 HF 对 SEI 膜的形成有一定的影响，性能优异。然而，过量的水和酸含量不仅会导致 LiPF$_6$ 的分解，还会破坏电极上的 SEI 膜。当碳酸钙作为添加剂加入电解液中时，它们会与电解液中少量的 HF 发生反应，降低 HF 的含量，防止其损伤电极和分解 LiPF$_6$。烷二亚胺类化合物可以通过分子中的氢原子与水分子形成弱氢键，从

而阻止水与 $LiPF_6$ 反应生成 HF。锂电池中水分的主要危害包括化学自放电，增加内阻，加速电池容量衰减，产气，电池膨胀，影响安全性能。

目前锂离子电池主要采用液态电解质，导电盐包括 $LiClO_4$、$LiPF_6$、$LiBF_4$、$LiAsF_6$ 等，其导电性顺序为 $LiAsF_6 > LiPF_6 > LiClO_4 > LiBF_4$。$LiClO_4$ 由于氧化性高，易发生爆炸等安全问题，一般限于实验研究。$LiAsF_6$ 具有离子电导率高、易于纯化、稳定性好等优点，但由于 As 的毒性，其应用受到限制。$LiPF_6$ 虽然热稳定性差，易发生分解反应，但具有较高的离子电导率。目前，商用锂离子电池中使用的电解质大多为 $LiPF_6$/EC/DMC，具有较高的离子电导率和良好的电化学稳定性。

2.5.2 聚合物电解质

固体电解质是指那些以离子传导电流的固体材料，显然这类材料不同于金属、石墨、聚合物等电子导体，也不同于依赖水或者某种极性溶剂而传导离子的离子凝胶和离子交换膜。随着人类社会对能量需求的日益增加，生产具有高输出功率的电池已成为不懈追求的目标，聚合物电解质有望在电导率、离子迁移能力、离子迁移数三个方面为此做出贡献。

作为聚合物电解质，应具有以下优点：

① 抑制枝晶生长。聚合物膜抑制枝晶生长行之有效。

② 增强电池对循环过程中电极体积变化的承受能力。聚合物电解质可以很容易地适应充放电过程中正、负电极的体积变化。

③ 降低电极材料与液体电解质的反应性。一般认为，任何溶剂对于金属锂甚至是碳负极都是热力学不稳定的。由于具有类似固体的性质以及很低的液体含量，聚合物电解质的反应性要比液体电解质低。

④ 更高的安全性。聚合物电解质电池的固态结构更耐冲击，耐振动和耐机械变形。

⑤ 更高的形状灵活性和制作一体性。出于对更小、更轻电池的需要，电池的形状正在成为电池设计中必须考虑的一个重要因素。从这一方面来说，薄膜型聚合物电解质电池有非常大的市场。另一个特点是生产的一体性：电池的所有组件，包括电解质和正、负电极都可以通过已经得到良好开发的涂膜技术自动压成薄片状。

为满足锂离子电池要求，理想的聚合物电解质应符合如下一些基本要求。

① 聚合物电解质室温电导率应接近或达到液体电解质的电导率值（$10^{-3} \sim 10^{-2} \, S \cdot cm^{-1}$）。

② 聚合物电解质的锂离子迁移数应尽可能地接近于 1。大的离子迁移数可以降低充放电过程中的电解质的浓差极化，因而可以提供较大的功率密度。

③ 为了确保电解质理化性能的稳定性，聚合物电解质中的各组分之间要有适度的相互作用。

④ 电化学窗口宽（> 4.5 V），聚合物电解质与电极之间不发生不必要的副反应。

⑤ 在电池工作的全部温度（$-40 \sim 150 \, ℃$）范围内，聚合物电解质应具有良好的热稳定性，不应发生任何分解反应。

⑥ 聚合物电解质应具有一定的力学稳定性，这是实现固态锂离子电池批量生产的前提

条件。

按照聚合物电解质的组成和形态，可以将聚合物电解质大致分为不含增塑剂的纯固态聚合物电解质、含有增塑剂的凝胶型聚合物电解质两类。

（1）纯固态聚合物电解质

聚合物电解质中只含有聚合物（如 PEO）和碱金属盐 LiX 两个基本组分。这类聚合物的主链都含有强给电子的醚氧官能团，故 PEO 是络合效果较好的主体络合物之一。同时，聚合物又具有 C—H 链段。大量研究表明，在该体系中，常温下存在纯 PEO 相、非晶相和富盐相三个相区，其中离子传导主要发生在非晶相高弹区。聚合物电解质的晶相形式一般只在几个非常特定的组分中才能得到。

PEO 类聚合物主体与锂盐简单混合而得到的聚合物电解质是这类材料的最典型代表，也被称为"第一代聚合物电解质"。室温离子电导率太低阻碍了这类聚合物电解质材料的实际应用。电导率低有两个原因：一是这类电解质的高结晶性不利于离子的传导；二是无定形相 PEO 对盐的溶解度很低。

要形成高电导率的聚合物电解质主体聚合物必须具有给电子能力很强的原子或基团，其极性基团应含有 O、S、N、P 等能提供孤对电子的原子与阳离子形成配位键以抵消盐的晶格能。其次，配位中心间距离要适当，能够与每个阳离子形成多重键，达到良好的溶解度。此外，聚合物分子链段要足够柔顺，聚合物上官能团的旋转阻力尽量低，以利于阳离子移动。除 PEO 外，常见的聚合物基体还有聚环氧丙烷（PPO）、聚甲基丙烯酸甲酯（PMMA）、聚丙烯腈（PAN）和聚偏氟乙烯（PVdF）等。

（2）凝胶型聚合物电解质

聚合物电解质离子电导率最显著的提高是通过将电解液在聚合物（如 PAN）基体中的凝胶化实现的。添加增塑剂不仅降低了聚合物的结晶性，而且增加了聚合物链段的活动性。增塑剂可以使更大量的锂盐解离从而使更多数量的载流子参与离子输运。低分子量的聚醚和极性有机溶剂是两类最常用的增塑剂。凝胶型聚合物电解质的电导率主要与有机溶剂的物理性能如介电常数、黏度等有关。常用的增塑剂有 EC、PC 等，为了提高体系的介电常数，也可以采用几种增塑剂的混合物。

按照聚合物主体分类，凝胶型聚合物电解质主要有以下三类。

① PAN 基聚合物电解质。除了 PEO 及其修饰聚合物之外，还有许多骨架和侧链上都不含有 $[CH_2CH_2O]$ 重复单元的聚合物材料被增塑，以期获得具有更高室温电导率的电解质。电导率的提高是 PAN 基凝胶型聚合物电解质而不是传统的固态聚合物基电解质的一大优点，但是凝胶体系也是热力学不稳定的。

② PMMA 基聚合物电解质。加入 PMMA 后体系的电导率仍然与液体电解质的电导率相近。可认为 PMMA 在其中主要是起硬化剂的作用，快离子传导是通过形成连续的 PC 分子的导电通道，PMMA 的存在不影响电解质的电化学稳定性。

③ PVdF 基聚合物电解质。由于具有强烈的拉电子基团—CF，因此 PVdF $-(CH_2-CF_2)_n$ 基

聚合物电解质可望成为对阴离子高度稳定的聚合物电解质的基体材料。PVdF 基聚合物电解质最关键的方面是其与金属锂的界面稳定性。由于锂与氟反应会生成 LiF 和 F，因此含氟聚合物对金属锂不是化学稳定的，PVdF 不适于用在以金属锂作为负极的电池中。

（3）聚合物电解质的新兴聚合技术

聚合技术的改进有利于开发高离子电导率、强机械解耦性的聚合物电解质。近年来，研究人员试图利用不同的聚合技术制备新的固体聚合物电解质。Grewal 等以聚乙二醇（PEG）、四烷基季戊四醇（3-巯基丙酸）（PEMP）和三氟甲烷磺酰亚胺锂（LiTFSI）为原料，采用简单的一锅反应法制备了具有双功能聚乙二醇交联网状结构的聚合物电解质膜，具有较好的力学性能。为了降低界面阻抗，开发了原位聚合技术。该技术为大规模制备固体电解质提供了可能。在聚合物电解质的形成过程中，引发剂的使用是不可缺少的，因此引发剂的选择被认为尤为重要。因为不合适的引发剂会诱发副反应，导致固体电解质界面不良（SEI）的形成。Huang 等研究了以三氟化硼（BF_3）为引发剂，原位聚合四氢呋喃（THF）制备聚四氢呋喃（PTHF）基聚合物电解质（PTSPE）。结果表明，原位聚合电解质有效提高了界面稳定性和接触特性。

Lu 等将具有多级结构的静电纺丝聚偏氟乙烯（PVDF）纳米纤维膜引入 PEO 聚合物中作为纳米聚合物填料，构建了全固态根样土壤复合电解质。电解质膜中粗纤维和细纤维的重叠为电解质提供了强大的框架支撑。PVDF 与 PEO 之间的分子间氢键能进一步增强膜与聚合物之间的界面相互作用，从而使具有优异机械强度的根土复合电解质有效地抑制锂枝晶生长。此外，薄膜中多层结构的存在可以显著降低聚合物的结晶度，为 Li^+ 提供更多的转运通道，从而在镀/脱膜过程中可以均匀快速地沉积 Li^+。此外，该界面能有效地增强锂阳极与聚合物电解质的相容性。

2.5.3 离子液体电解质

离子液体是完全由离子组成的，在常温下呈液态的低温熔盐。离子液体大多具有较宽的使用温度范围、好的化学和电化学稳定性以及良好的离子导电性等优点。离子液体的独特性质通常由其特定的结构和离子间的作用力来决定，离子液体一般由不对称的有机阳离子和无机或有机阴离子组成。根据存在的阳离子类型，作为电池电解质的离子液体电解质可分为咪唑类、季铵类、吡咯类、哌啶类等。

① 咪唑类。作为具有弱相互作用的柔性阴离子，FSI^- 能够减少与附近阳离子的相互作用，这有助于电池反应的稳定性。在 1-乙基-3甲基亚胺（EMImFSI）和 EMImTFSI 电解质中含有锂盐（$0.3 \ mol \cdot kg^{-1}$ LiTFSI）的离子液体电解质。采用两种离子液体电解质和 $1.0 \ mol \cdot L^{-1}$ $LiPF_6$/EC+DMC 电解质，以硅-镍-碳（Si-Ni-C）复合材料为阳极构建电池体系。与 LiTFSI/ EMImTFSI 相比，LiTFSI/EMImFSI 系统分别表现出典型的锂插层和层状锂充放电平台。通过将 FSI^- 基锂离子电池与 Si-Ni-C 复合阳极相匹配，可以制备出安全性更高、循环性能更稳定的锂离子电池。

② 季铵类。季铵盐与石墨电极结合时无法分解形成固体电解质膜，因此石墨表面没有有效钝化。季铵离子比锂离子更容易嵌入阳极，破坏阳极表面和内部结构。在电解液中添加适当的成膜添加剂是抑制季铵离子嵌埋阳极的有效途径。为了进一步了解不同成膜添加剂对电池中 SEI 膜形成的影响，以三甲基 -*n*- 己基铵（TMHA$^+$）为例描述了不同的电池性能影响。

③ 吡咯和哌啶电解质。Wongittharom 等研究了另一种常用的离子液体电解质 BMPTFSI 的相关应用。通过混合 LiPF$_6$、LiTFSI 和离子液体电解质作为电解质组装 Li/LiFePO$_4$ 电池。该电池的热稳定性（> 400 ℃）和不可燃性为安全应用提供了合理的选择。

离子液体用作电解质的缺点主要是价格高和黏度大，其黏度比一般有机溶剂高 1 ～ 2 个数量级，用作锂离子电池电解质时，电池的倍率充放电性能不好，因此，设法降低体系的黏度，提高锂离子的迁移速率是当前迫切需要解决的问题。由于目前使用的锂离子电池有机电解质易燃、易爆，在高功率密度下存在着严重的安全隐患，因此难以把锂离子电池用于电动汽车等大型动力系统。为了从根本上消除锂离子电池的安全隐患，必须使用不可燃的电解质取代高度自燃的有机液体电解质。离子液体恰恰具有蒸气压低、无可燃性、热容量大的优点，有望彻底解决锂离子电池的安全性问题。

2.6　隔膜材料

对于电池而言，能燃烧的不仅是电解液，还包括隔膜、黏结剂等。所以，单纯开发不燃电解液很难在真正意义上解决电池的安全性问题。提升其他组件的阻燃性能也是提高电池安全性的当务之急。对于隔膜来说，其主要作用是使电池的正、负极分隔开来，防止两极接触而短路以及通过 Li$^+$ 的功能。锂离子电池用隔膜为聚烯烃微孔膜，通常为单轴拉伸聚乙烯和聚丙烯（PP）、双轴拉伸 PE 或多轴拉伸 PE/PP。这些商业化的隔膜易燃且热稳定性差，因此安全可靠的锂离子电池需要提高隔膜的阻燃性和热稳定性。

一般认为理想的隔膜需要具备以下性质：具有较高的化学稳定性和界面稳定性；拥有优异的电解质润湿性和电解液保留性；卓越的热稳定性和机械强度。就目前来讲，锂离子电池安全性隔膜的研发方向主要包括：在传统隔膜的制备过程中掺杂阻燃性添加剂或纤维类物质；在隔膜中掺杂或涂敷电化学惰性陶瓷；从结构出发设计并制备新型安全性隔膜。

在传统隔膜的制备过程中掺杂阻燃性添加剂或纤维类物质是一种比较常见的改良手段，它的成本较低且效果显著，主要是在隔膜表面浸涂阻燃剂或者将阻燃剂包覆在隔膜纤维中来达到提升安全性的目的。研究发现，溴化聚苯醚（BPPO）能够作为阻燃剂浸涂在隔膜上来提高电池的安全性。这主要是因为 BPPO 是由苯环和溴化物构成，苯环的碳和氢键能够吸热增强热稳定性，溴产生的溴自由基在燃烧过程中可以清除高反应活性自由基降低可燃性，因此 BPPO 具有作为热稳定和阻燃隔膜的能力。Mu 等制备了阻燃接枝三聚氰胺基多孔有机聚合物的隔膜（P-POP），该隔膜不但具有良好的阻燃性能，还拥有优异的可压缩性能，从而保证了电池的高容量，其阻燃机理是在火灾危险期间 P-POP 会产生保护性膨胀碳层，形成的保护性碳层能够起到物理屏障的作用，抑制燃烧并延缓内部短路，从而抑制锂离子电池的热失控。Zhang 等采用浸涂工艺制备了玻璃超细纤维和聚酰亚胺复合膜用作锂离子电池隔膜。与商用聚烯烃隔膜相比，这种隔膜在热稳定性和阻燃性方面得到了改善，200 ℃的高温下无收缩，甚至没有燃烧。与此同时，该隔膜在商用电解液中表现出良好的润湿性和显著的电化学稳定性。这主要是因为聚酰亚胺涂覆在玻璃超细纤维的表面并能够与之相互连接，改善了其多孔结构和机械强度。

近年来，为满足对锂离子电池高安全性的需求，同时也为弥补传统聚烯烃隔膜的不足，新型隔膜材料被不断开发出来。聚酰亚胺（PI）是一种性能良好的新型隔膜材料，由于它含有刚性芳香环和极性酰亚胺环，因此具有很高的耐热性、耐化学性和良好的润湿性等显著的物理化学性质，具有非常重要的应用前景。将静电纺丝技术与 PI 相结合，有望使 PI 纳米纤维薄膜成为下一代的电池隔膜材料。Cao 等通过静电纺丝法制备 PI 隔膜，制备的隔膜孔隙率大于 90%，电解液吸收率相对较高，在 500 ℃时表现出良好的热稳定性，没有明显的收缩，并显示出 11 MPa 的足够拉伸强度，能够满足电池组装和使用的要求。Li 等通过非溶剂诱导相分离法，成功制备了多孔 PI 膜。与商用 PE 隔膜相比，该隔膜表现出了优异的热稳定性，具有更高的 Li^+ 通过率，对电解液有更好的浸润性。PI 复合材料纳米纤维膜具有高浓度的曲折纳米孔结构和固有的化学构型，因此大大提升了隔膜的离子传输率和电解液润湿性。未来可以通过寻找更多性能优异的材料优化 PI 纳米纤维膜，以得到综合性能更好的隔膜。

虽然聚烯烃由于其良好的化学稳定性和固有的关闭功能成为锂离子电池当前应用的主要隔膜材料，但是其缺点也十分明显。聚烯烃隔膜由于缺乏极性基团而表现出电解质润湿性和界面相容性不足。另一方面，这些隔膜的耐热性较差可能导致高温下严重的内部短路，这些缺点影响了锂离子电池的安全性和性能。此外，聚烯烃隔膜依赖于有限的化石燃料，所以不可再生和不可生物降解。为了解决这一问题，已经研究了许多新材料成为隔膜替代品。生物质材料，特别是纤维素材料，是取代石油基材料的良好替代品。纤维素是地球上最丰富的可再生资源之一，具有高介电常数。良好的化学稳定性和优越的热稳定性等突出性能使纤维素成为传统化石能源基隔膜的理想替代品。

Weng 等制备的纤维素隔膜具有良好的电解液润湿性和较高的电解液吸收能力，此外，该隔膜还具有优异的热稳定性。纤维素膜的这种优异润湿性和吸收能力可归因于其高孔隙率，良好互连的微孔三维网络结构和较大的比表面积。这有利于电解液的渗透，提高了 Li^+ 的迁移率，降低了界面阻抗。Zhang 等通过静电纺丝技术和浸涂工艺，探索了一种可再生且具有优异耐热性的纤维素基复合无纺布作为锂离子电池隔膜，这种隔膜（FCCN）具有良好的电解质润湿性、优异的耐热性和较高的离子导电性。这种隔膜的孔径较小且空隙大小均匀，能够防止内部短路，在高达 300 ℃时具有优异的热稳定性。这种优异的热稳定性可能源于纤维素的热阻，因此其对于高温电池有着重要的作用。

通过结合聚合物无纺布和陶瓷材料的特性，可以大大降低聚烯烃隔膜的热收缩率，从而避免了电极之间的短路。Shi 等通过用纳米尺寸的陶瓷粉末和亲水性聚合物黏合剂涂覆膜来改善 PE 膜的热稳定性和润湿性，成功地制备了陶瓷涂层隔膜。Al_2O_3 陶瓷涂层能够显著降低 PE 隔膜的热收缩率，这是因为耐热陶瓷粉末与聚合物黏合剂组成了框架结构，防止 PE 隔膜发生热变形。

虽然陶瓷涂层的隔膜能够有效阻止传统隔膜发生较大的热变形，但是在外部冲击下仍然容易受到破坏导致短路，从而造成严重的安全威胁，因为隔膜上的保护陶瓷纳米颗粒涂层本质上是脆性的。为了解决这一问题，许多学者进行了不懈的努力。Song 等受珍珠层启发提出了一种策略，制备了一种"砖和砂浆"结构的涂层，用来提高电池的抗变形性，该涂层由聚合物黏合的多孔文石片（PAP）组成，受外部机械冲击影响时，该涂层显示出更小的变形和更多的能量耗散。这种结构可以有效地将局部外部冲击力转化为广泛而均匀的应力分布，从而分散因小颗粒传播和层间张力而产生的冲击应力。Ren 等受到了贻贝的启发，用浸涂方法制备了聚多巴胺的 PE 隔膜，其各方面性能都要优于商业 PE 隔膜。该涂层增强了 PE 隔膜的热稳定性，原因是 PE 隔膜上的薄聚多巴胺层保持了 PE 隔膜的整体骨架并提供抗热收缩性。除此之外，该隔膜很好地抑制了锂枝晶的生长，提高了电池的容量。Peng 等设计了一种耐热防火双功能隔膜，将聚磷酸铵（APP）颗粒涂覆在酚醛树脂改性的陶瓷涂层隔膜上（CCS@PFR）。CCS@PFR 充当热支撑层，以抑制隔膜在高温下的收缩，而 APP 涂层充当防火层，温度高于 300 ℃时形成致密聚磷酸（PPA）层。其阻燃机理为 APP 在高温下分解为 NH_3、H_2O 和 PPA。NH_3 和 H_2O 稀释了可燃气体的浓度，PPA 的生成覆盖在正极表面，将可燃物与空气和正极中的氧化剂隔离开来。随后，PPA 进一步将可燃物炭化为不可燃的残炭，致密的残炭层抑制了热量、可燃气体和氧气的传递，阻止了燃烧的进行。

近年来，更加智能的隔膜备受关注。为了电池在高温条件下的安全性，有研究学者开发了温度响应隔膜，并将其用作锂离子电池中的调节器。随着温度的升高，隔膜的孔隙率、导电性、润湿性等一些特征可能会发生变化，从而改变锂离子电池的工作状态。有一些智能隔膜主要是用来解决特定活性材料的问题，对于锂硫电池，开发的智能隔膜主要用来抑制多硫化物的穿梭效应。

综上所述，隔膜作为锂离子电池的重要组成部分对电池的性能有重要的影响。改性聚烯烃隔膜是实现提高隔膜热稳定性的简单方法。使用高熔点的聚合物或无机材料对隔膜进行修饰，可以降低原始隔膜的热收缩率，其本质类似于给隔膜穿上一层"外骨骼"，用来抵御热冲击和机械冲击。除此以外，此方法还能够提高隔膜的其他性能，例如离子电导率和电解液吸收能力，有助于增强锂离子电池的循环稳定性和放电稳定性。此外，还可以试着开发与新型电解液（如离子液体）兼容的隔膜，进一步提出创新的隔膜优化方法。虽然近年来新型隔膜设计理念不断升级，隔膜制备的技术不断更新，但是先进的制备技术也意味着制备成本的升高，目前的新型隔膜一直停留在实验室阶段，无法迅速转向大规模应用阶段。因此未来锂离子电池隔膜需要加快从实验室向工业化生产的转化，优化合成方法，降低制备成本。除此以外，隔膜在保证具备基本功能的同时，还要更加环保，逐步转向可持续的生物质材料。锂离子电池中其他部件，如黏合剂和活性材料的热稳定性，应进一步提高，以避免高温条件下的不确定性。作为电池安全的一道防线，预计未来的隔膜将更稳定、更安全、更智能，以支持先进的锂离子电池。

参考文献

[1] Hu L, Wu H, Mantia F L, et al. Thin, flexible secondary Li ion paper batteries [J]. ACS Nano, 2010, 4 (10): 5843-5848.

[2] Lee H, Alcoutlabi M, Watson J V, et al. Electrospun nanofiber-coated separator membranes for Lithium-ion rechargeable batteries [J]. Journal of Applied Polymer Science, 2013, 129 (4): 1939-1951.

[3] 王伟东, 仇卫华, 丁倩倩, 等. 锂离子电池三元材料——工艺技术及生产应用 [M]. 北京: 化学工业出版社, 2015.

[4] Zhang X, Ji L, Toprahci O, et al. Electrospun nanofiber based anodes, cathodes, and separators for advanced lithium-ion batteries [J]. Polymer Reviews, 2011, 51 (3): 239-264.

[5] Dong Y, Li Y, Shi H, et al. Graphene encapsulated iron nitrides confined in 3D carbon nanosheet frame work for high-rate lithium ion batteries [J]. Carbon, 2020, 159: 213-220.

[6] Zhu P, Zhang Z, Hao S, et al. Multi-channel FeP@Coctahedra anchored on reduced graphene oxide nanosheet with efficient performance for lithium-ion batteries [J]. Carbon, 2018, 139: 477-485.

[7] Yuan Y F, Ye L W, Zhang D, et al. NiCo$_2$S$_4$ multishelled hollow polyhedrons as high performance anode materials for lithium-ion batteries [J]. Electrochimica Acta, 2019, 200: 289-297.

[8] Kim J H, Park C W, Sun Y K, et al. Synthesis and electrochemical behavior of Li [Li$_{0.1}$Ni$_{0.35x/2}$Mn$_{0.55x/2}$] O$_2$ cathode materials [J]. Solid State Ionics, 2003, 164: 43-49.

[9] 高阳, 谢晓华, 解晶莹, 等. 锂离子蓄电池电解液研究进展 [J]. 电源技术, 2003, 27: 479-483.

[10] Zou L, Kang F, Zheng Y P, et al. Modified natural flake graphite with high cycle performance as anode material in lithium ion batteries [J]. Electrochimica Acta, 2009, 54: 3930-3934.

[11] 李强, 钟光祥. 锂离子电池电解质材料研究进展 [J]. 盐湖研究, 2005, 13: 67-72.

[12] 黄可龙, 王兆翔, 刘素琴. 锂离子电池原理与关键技术 [M]. 北京: 化学工业出版社, 2008.

[13] Mizushima K, Jones P C, Wiseman P J, et al. Li$_x$CoO$_2$ ($0 < x < 1$) a new cathode material for batteries of high energy density [J]. Materials Research Bulletin, 1980, 15: 783-789.

[14] Ozawa K. Lithium-ion rechargeable batteries with LiCoO$_2$ and carbon electrodes : the LiCoO$_2$/C system [J]. Solid State Ionics, 1994, 69: 212-221.

[15] Padhl A K, Goodenough J B, Nanjundaswamy K S. Phospho-olivines as positive-electrode materials for rechargeable lithium batteries [J]. Journal of the Electrochemical Society, 1997, 144: 1188-1194.

[16] 程新群. 化学电源 [M]. 北京: 化学工业出版社, 2008.

[17] 吴宇平, 万春荣. 锂离子二次电池 [M]. 北京: 化学工业出版社, 2002.

[18] 胡东阁. 高性能锂离子电池正极材料镍钴锰酸锂的工业化探索 [M]. 上海: 复旦大学出版社, 2012.

[19] 马璨, 吕迎春, 李泓. 锂离子电池基础科学问题——正极材料 [J]. 储能科学与技术, 2014, 3 (1): 53-65.

[20] 吴宇平. 锂离子电池——应用与实践 [M]. 2 版. 北京: 化学工业出版社, 2012.

[21] Yu H, Zhou H. High-energy cathode materials (Li$_2$MnO$_3$-LiMO$_2$) for lithium-ion batteries [J]. The Journal of Physical Chemistry Letters, Perspective, 2013 (4): 1268.

[22] Zhou H H, Ci L C, Liu C Y. Progress in studies of the electrode materials for Li ion batteries [J]. Progress in Chemistry, 1998, 10 (1): 85-92.

[23] 杨军, 解晶莹, 王久林. 化学电源测试原理与技术 [M]. 北京: 化学工业出社, 2014.

[24] 郭炳焜, 徐徽, 王先友. 锂离子电池 [M]. 长沙: 中南大学出版社, 2002.

[25] Ohzuhu T, Ueda A. Solid-state redox reactions of LiCoO$_2$ (R3m) for 4 Volt secondary lithium cells [J]. J Electrochem Soc, 1994, 141 (11): 2972-2977.

[26] Amatucci G G, Tarascon J M, Klein L C. Cobalt dissolution in LiCoO$_2$-based non-aqueous rechargeable batteries[J]. Solid State Ionics, 1996, 83 (1-2): 167-173.

[27] Kim Y. Investigation of the gas evolution in lithium ion batteries : effect of free lithium compounds in cathode materials [J]. Journal of Solid State Electrochemistry, 2013, 17 (7): 1961-1965.

[28] Wang L，Chen B，Ma J，et al. Reviving lithium cobalt oxide-based lithium secondary batteries-toward a higher energy density [J]. Chemical Society Reviews，2018，47（17）：6505-6602.

[29] Zhang J N，Li Q，Ouyang C，et al. Trace doping of multiple elements enables stable battery cycling of LiCoO$_2$ at 4.6V [J]. Nature Energy，2019，4（7）：594-603.

[30] 张杰男. 高电压钴酸锂的失效分析与改性研究 [D]. 北京：中国科学院物理研究所，2018.

[31] Nakai I，Takahashi K，Shiraishi Y. Study of the Jahn-Teller distortion in LiNiO$_2$，a cathode material in a rechargeable lithium battery，by Situ X-ray absorption fine structure analysis [J]. J Solid State Chem，1998，140（1）：145-148.

[32] Dornpablo M E A，Ceder G. On the origin of the monoclinic distortion in Li$_x$NiO$_2$ [J]. Chem Mater，2003，15（1）：63-67.

[33] Xu G L，Liu Q，Lau K K S，et al. Building ultraconformal protective layers on both secondary and primary particles of layered lithium transition metal oxide cathodes [J]. Nature Energy，2019，4（6）：484-494.

[34] Kim U H，Park G T，Conlin P. Cation ordered Ni-rich layered cathode for ultra-long battery life [J]. Energy & Environmental Science，2021.

[35] Su Y，Chen G，Chen L，et al. High-Rate Structure-Gradient Ni-Rich Cathode Material for Lithium-Ion Batteries[J]. ACS Applied Mater Interfaces，2019，11（40）：36697-36704.

[36] 唐仲丰. 锂离子电池高镍三元正极材料的合成、表征与改性研究 [D]. 合肥：中国科学技术大学，2018.

[37] Gummow R J，Kock A D，Thackeray M M. Improve capacity retention in rechargeable 4 V lithium/lithium-manganese oxide（spinel）cells [J]. Solid State Ionics，1994，69：59-67.

[38] Thackeray M M. Manganese oxides for lithium batteries [J]. Prog Solid St Chem，1997，25：1-7.

[39] Xia Y Y，Yoshio M. An investigation of lithium ion insertion into spinel structure Li-Mn-O compounds [J]. Journal of The Electrochemical Society，1996，143：825-833.

[40] Kim D，Muralidharan P，Lee H，et al. Spinel LiMn$_2$O$_4$ nanorods as lithium ion battery cathodes [J]. Nano Letters，2008，8（11）：3948-3952.

[41] Zhu C Y，Liu J X，Yu X H，et al. Boosting the stable Li storage performance in one-dimensional LiLa$_x$Mn$_{2-x}$O$_4$ nanorods at elevated temperature [J]. Ceramics International，2019，45（15）：19351-19359.

[42] Santos G A，Fortunato V D S，Silva G G，et al. High-performance Li-ion hybrid supercapacitor based on LiMn$_2$O$_4$ in ionic liquid electrolyte [J]. Electrochimica Acta，2019，325：9.

[43] Lee S，Cho Y，Song H K. Carbon-coated single-crystal LiMn$_2$O$_4$ nanoparticle clusters as cathode material for high-energy and high-power lithium-ion batteries [J]. Angew Chem Int Edit，2012，51（35）：8748-8752.

[44] Song X，Hu T，Liang C. Direct regeneration of cathode materials from spent lithium iron phosphate batteries using a solid phase sintering method [J]. RSC Advances，2017，7（8）：4783-4790.

[45] Chung S Y，Bloking J T，Chiang Y M. Electronically conductive phospho-olivines as lithium storage electrodes[J]. Nature Materials，2002，1（2）：123-126.

[46] Brian L Ellis，Kyu Tae Lee，Linda F Nazar. Positive electrode materials for Li-ion and Li-batteries [J]. Chemistry Materials，2010，22：691-714.

[47] Xu B，Dong P，Duan J，et al. Regenerating the used LiFePO$_4$ to high performance cathode via mechanochemical activation assisted V^{5+} doping [J]. Ceramics International，2019，45（9）：11792-11801.

[48] Delmas C，Maccario M，Croguennec L. Lithium deintercalation in LiFePO$_4$ nanoparticles via adomino-cascade model [J]. Nature Materials，2008，7：665-671.

[49] Croce F，Epifanio A D，Hassoun J. A novel concept for the synthesis of an Improved LiFePO$_4$ lithium battery cathode [J]. Electrochemical and Solid-State Letts，2002，5（3）：A47-A50.

[50] 陈晓轩，李晟，胡泳钢，等. 锂离子电池三元层状氧化物正极材料失效模式分析 [J]. 储能科学与技术，2019（6）：1003-1016.

[51] Hua W，Zhang J，Zheng Z，et al. Na-doped Ni-rich LiNi$_{0.5}$Co$_{0.2}$Mn$_{0.3}$O$_2$ cathode material with both high rate

capability and high tap density for lithium ion batteries [J]. Dalton Transactions, 2014, 43: 14824-14832.

[52] Zhu H, Xie T, Chen Z, et al. The impact of vanadium substitution on the structure and electrochemical performance of $LiNi_{0.5}Co_{0.2}Mn_{0.3}O_2$ [J]. Electrochimica Acta, 2014, 135: 77-85.

[53] Kaneda H, Koshika Y, Nakamura T, et al. Improving the cycling performance and thermal stability of $LiNi_{0.6}Co_{0.2}Mn_{0.2}O_2$ cathode materials by Nb-doping and surface modification [J]. International Journal of Electrochemical Science, 2017 (12): 4640-4653.

[54] Li X, Qiu K, Gao Y, et al. High potential performance of Cerium-doped $LiNi_{0.5}Co_{0.2}Mn_{0.3}O_2$ cathode material for Li-ion battery [J]. Journal of Materials Science, 2015, 50 (7): 2914-2920.

[55] Kim G H, Kim M H, Myung S T, et al. Effect of fluorine on Li [$Ni_{1/3}Co_{1/3}Mn_{1/3}$] $O_{2-z}F_z$ as lithium intercalation material [J]. Journal of Power Sources, 2005, 146 (1-2): 602-605.

[56] Yue P, Wang Z, Li X, et al. The enhanced electrochemical performance of $LiNi_{0.6}Co_{0.2}Mn_{0.2}O_2$ cathode materials by low temperature fluorine substitution [J]. Electrochimica Acta, 2013, 95: 112-118.

[57] Zhang H Z, Li F, Pan G L, et al. The effect of polyanion-doping on the structure and electrochemical performance of Li-rich layered oxides as cathode for lithium-ion batteries [J]. 2015, 162: A1899-A1904.

[58] Zhao Y, Liu J, Wang S, et al. Surface structural transition induced by gradient polyanion-doping in Li-rich layered oxides: implications for enhanced electrochemical performance[J]. Advanced Functional Materials, 2016, 26: 1-8.

[59] Chen Y, Zhang Z. Effects of Mg, Al, Co-doping into Mn site on electrochemical performance of $LiNi_{0.5}Co_{0.2}Mn_{0.3}O_2$ [J]. Russian Journal of Electrochemistry, 2017, 53 (4): 333-338.

[60] Chen Z, Gong X, Zhu H, et al. High performance and structural stability of K and Cl co-doped $LiNi_{0.5}Co_{0.2}Mn_{0.3}O_2$ cathode materials in 4.6 voltage [J]. Frontiers in Chemistry, 2019, 6.

[61] Xiang J, Chang C, Yuan L, et al. A simple and effective strategy to synthesize Al_2O_3-coated $LiNi_{0.8}Co_{0.2}O_2$ cathode materials for lithium ion battery [J]. Electrochemistry Communications, 2008, 10 (9): 1360-1363.

[62] Chen Y, Zhang Y, Wang F, et al. Improve the structure and electrochemical performance of $LiNi_{0.6}Co_{0.2}Mn_{0.2}O_2$ cathode material by nano-Al_2O_3 ultrasonic coating [J]. Journal of Alloys and Compounds, 2014, 611: 135-141.

[63] Wu Y, Li M, Wahyudi W, et al. Performance and stability improvement of layered NCM lithium-ion batteries at high voltage by a microporous Al_2O_3 sol-gel coating [J]. ACS omega, 2019, 4 (9): 13972-13980.

[64] Lee Y S, Shin W K, Kannan A G, et al. Improvement of the cycling performance and thermal stability of lithium-ion cells by double-layer coating of cathode materials with Al_2O_3 nanoparticles and conductive polymer [J]. ACS applied materials & interfaces, 2015, 7 (25): 13944-13951.

[65] Cho W, Kim S M, Lee K W, et al. Investigation of new manganese orthophosphate $Mn_3(PO_4)_2$ coating for nickel-rich $LiNi_{0.6}Co_{0.2}Mn_{0.2}O_2$ cathode and improvement of its thermal properties [J]. Electrochimica Acta, 2016, 198: 1-24.

[66] Choi J W, Lee J W. Improved electrochemical properties of Li($Ni_{0.6}Mn_{0.2}Co_{0.2}$)O_2 by surface coating with $Li_{1.3}Al_{0.3}Ti_{1.7}(PO_4)_3$ [J]. Journal of Power Sources, 2016, 307: 63-68.

[67] Ein E Y, Thomas S R, Koch V R. New electrolyte system for Li-ion battery [J]. Journal of the Electrochemical Society, 1996, 143 (9): L195-L197.

[68] Fong R, Sacken U G V, Dahn J R. Studies of lithium intercalation into carbons using nonaqueous electrochemical cells [J]. Journal of The Electrochemical Society, 1990, 137: 2009-2013.

[69] Zhou L, Lucht B L. Performance of lithium tetrafluorooxalatophosphate (LiFOP) electrolyte with propylene carbonate (PC) [J]. Journal of Power Sources, 2012, 205: 439-448.

[70] Fan H, Qi L, Yoshio M, et al. Hexafluorophosphate intercalation into graphite electrode from ethylene carbonate/ethylmethyl carbonate [J]. Solid State Ionics, 2017, 304: 107-112.

[71] Zhao H, Park S J, Shi F, et al. Propylene carbonate (PC) -based electrolytes with high Coulombic efficiency for lithium-ion batteries [J]. Journal of The Electrochemical Society, 2013, 161 (1): A194-A200.

[72] Read J A. In-situ studies on the electrochemical intercalation of hexafluorophosphate anion in graphite with selective

co-intercalation of solvent [J]. The Journal of Physical Chemistry C, 2015, 119 (16): 8438-8446.

[73] Jung H G, Hassoun J, Park J B, et al. An improved high-performance lithium-air battery [J]. Nature Chemistry, 2012, 47: 579-585.

[74] Chagnes A, Carré B, Willmann P, et al. Modeling viscosity and conductivity of lithium salts in γ-butyrolactone[J]. Journal of Power Sources, 2002, 109: 203-213.

[75] Feuillade G, Perche P. Ion-conductive macromolecular gels and membranes for solid lithium cells [J]. Journal of Applied Electrochemistry, 1975, 5: 63-69.

[76] Koch V R, Young J H. The stability of the secondary lithium electrode in tetrahydrofuran-based electrolytes [J]. Journal of The Electrochemical Society, 1978, 125: 1371-1377.

[77] Desjardins C D, Cadger T G, Salter R S, et al. Lithium cycling performance in improved lithium hexafluoroarsenate/2-Methyl tetrahydrofuran electrolytes [J]. Journal of The Electrochemical Society, 1985, 132: 529-533.

[78] Xie Y, Gao H, Gim J, et al. Identifying active sites for parasitic reactions at the cathode-electrolyte interface [J]. J Phys Chem Lett, 2019, 10 (3): 589-594.

[79] Byun S, Park J, Appiah W A, et al. The effects of humidity on the self-discharge properties of Li(Ni$_{1/3}$Co$_{1/3}$Mn$_{1/3}$)O$_2$/graphite and LiCoO$_2$/graphite lithium-ion batteries during storage [J]. RSC Advances, 2017, 7 (18): 10915-10921.

[80] Liu Y K, Zhao C Z, Du J, et al. Research progresses of liquid electrolytes in lithium-ion batteries [J]. Small, 2022: e2205315.

[81] Han K, Seo H, Kim J H, et al. Development of a plastic Li-ion battery cell for EV applications [J]. Journal of Power Sources, 2001, 101: 196-200.

[82] Huang K Q, Wan J H, Goodenough J. Increasing power density of LSGM-based solid oxide fuel cells using new anode materials [J]. Journal of The Electrochemical Society, 2001, 148 (7): A788.

[83] Tarascon J M, Góźdź A, Schmutz C N, et al. Performance of Bellcore's plastic rechargeable Li-ion batteries [J]. Solid State Ionics, 1996, 86: 49-54.

[84] Slane S M, Salomon M. Composite gel electrolyte for rechargeable lithium batteries [J]. Journal of Power Sources, 1995, 55: 7-10.

[85] Armand M, Dalard F, Deroo D, et al. Modelling the voltammetric study of intercalation in a host structure : application to lithium intercalation in RuO$_2$ [J]. Solid State Ionics, 1985, 15: 205-210.

[86] Jiang Z, Carroll B, Abraham K M. Studies of some poly (vinylidene fluoride) electrolytes [J]. Electrochimica Acta, 1997, 42: 2667-2677.

[87] Wang H, Sheng L, Yasin G, et al. Reviewing the current status and development of polymer electrolytes for solid-state lithium batteries [J]. Energy Storage Materials, 2020, 33: 188-215.

[88] Huang S, Cui Z, Qiao L, et al. An in-situ polymerized solid polymer electrolyte enables excellent interfacial compatibility in lithium batteries [J]. Electrochimica Acta, 2019, 299: 820-827.

[89] Gao L, Li J, Ju J, et al. Designing of root-soil-like polyethylene oxide-based composite electrolyte for dendrite-free and long-cycling all-solid-state lithium metal batteries [J]. Chemical Engineering Journal, 2020, 389.

[90] Galiński M, Lewandowski A, Stępniak I. Ionic liquids as electrolytes [J]. Electrochimica Acta, 2006, 51 (26): 5567-5580.

[91] Wang J, Xu L, Jia G, et al. Challenges and opportunities of ionic liquid electrolytes for rechargeable batteries [J]. Crystal Growth & Design, 2022, 22 (9): 5770-5784.

[92] Hu H, Xue W, Li Y. Protection measures for lithium ion batteries : an overview and outlook [J]. Acta Polymerica Sinica, 2022, 53 (5): 457-473.

[93] Xia Y, et al. β-Cyclodextrin-modified porous ceramic membrane with enhanced ionic conductivity and thermal stability for lithium-ion batteries [J]. Ionics, 2019, 26 (1): 173-182.

[94] Zhang X, et al. Recent progress in flame-retardant separators for safe lithium-ion batteries [J]. Energy Storage

Materials，2021，37：628-647.

[95] Lee J Y，Shin S H，Moon S H. Flame retardant coated polyolefin separators for the safety of lithium ion batteries[J]. Korean Journal of Chemical Engineering，2015，33（1）：285-289.

[96] Woo J J，et al. A flame retarding separator with improved thermal stability for safe lithium-ion batteries [J]. Electrochemistry Communications，2013，35：68-71.

[97] Mu X，et al. Design of compressible flame retardant grafted porous organic polymer based separator with high fire safety and good electrochemical properties [J]. Chemical Engineering Journal，2021，405.

[98] Zhang B，et al. A superior thermostable and nonflammable composite membrane towards high power battery separator [J]. Nano Energy，2014，10：277-287.

[99] Han X，et al. Nitrogen-doped carbonized polyimide microsphere as a novel anode material for high performance lithium ion capacitors [J]. Electrochimica Acta，2016，196：603-610.

[100] Shayapat J，Chung O H，Park J S. Electrospun polyimide-composite separator for lithium-ion batteries [J]. Electrochimica Acta，2015，170：110-121.

[101] Cao L，et al. Performance evaluation of electrospun polyimide non-woven separators for high power lithium-ion batteries [J]. Journal of Electroanalytical Chemistry，2016，767：34-39.

[102] Li M，et al. Novel polyimide separator prepared with two porogens for safe lithium-ion batteries [J]. ACS Appl Mater Interfaces，2020，12（3）：3610-3616.

[103] Jiang W，et al. A high temperature operating nanofibrous polyimide separator in Li-ion battery [J]. Solid State Ionics，2013，232：44-48.

[104] Han P，et al. Flexible graphite film with laser drilling pores as novel integrated anode free of metal current collector for sodium ion battery [J]. Electrochemistry Communications，2015，61：84-88.

[105] Han P，et al. Anticorrosive flexible pyrolytic polyimide graphite film as a cathode current collector in lithium bis （trifluoromethane sulfonyl）imide electrolyte [J]. Electrochemistry Communications，2014，44：70-73.

[106] Zhang Z，et al. Al_2O_3-coated porous separator for enhanced electrochemical performance of lithium sulfur batteries [J]. Electrochimica Acta，2014，129：55-61.

[107] Cherian B M，et al. Cellulose nanocomposites with nanofibres isolated from pineapple leaf fibers for medical applications [J]. Carbohydrate Polymers，2011，86（4）：1790-1798.

[108] Weng B，et al. Fibrous cellulose membrane mass produced via forcespinning® for lithium-ion battery separators[J]. Cellulose，2015，22（2）：1311-1320.

[109] Zhang J，et al. Sustainable，heat-resistant and flame-retardant cellulose-based composite separator for high-performance lithium ion battery [J]. Sci Rep，2014，4：3935.

[110] Choi J A，Kim S H，Kim D W. Enhancement of thermal stability and cycling performance in lithium-ion cells through the use of ceramic-coated separators [J]. Journal of Power Sources，2010，195（18）：6192-6196.

[111] Shi C，et al. Effect of a thin ceramic-coating layer on thermal and electrochemical properties of polyethylene separator for lithium-ion batteries [J]. Journal of Power Sources，2014，270：547-553.

[112] Song Y H，et al. A nacre-inspired separator coating for impact-tolerant lithium batteries [J]. Adv Mater，2019，31（51）：e1905711.

[113] Wu K，et al. Interfacial strength-controlled energy dissipation mechanism and optimization in impact-resistant nacreous structure [J]. Materials & Design，2019，163.

[114] Gao H L，et al. Mass production of bulk artificial nacre with excellent mechanical properties [J]. Nat Commun，2017，8（1）：287.

[115] Ren W，et al. Recent progress of functional separators in dendrite inhibition for lithium metal batteries [J]. Energy Storage Materials，2021，35：157-168.

[116] Peng L，et al. A rational design for a high-safety lithium-ion battery assembled with a heatproof-fireproof bifunctional separator [J]. Advanced Functional Materials，2020，31（10）：2008537.

第 3 章

钠离子电池

3.1 钠离子电池概述

3.1.1 概述

从第二次能源革命开始，化石燃料成为世界上使用最为广泛的能源资源，但随之而来许多问题，尤其是化石能源的燃烧释放大量的污染性气体，对环境造成较为严重的污染。因此急需新的可再生的清洁能源来缓解这种状况。太阳能、风能、潮汐能和地热能等相继被列入人们的研究计划中。但由于这些清洁能源具有总量大、能量密度低、随机性和间歇性等特点，容易受自然条件的限制，很难进行很好的利用。

为了合理利用这些可再生的清洁能源，能够进行大规模储能和能量转换的装置必不可少。在所有的储能技术中，电化学储能具有能量密度高、能量转换效率高和响应速度快等优点，具有能量转换和储存功能的可充电电池成为炙手可热的储能装置候选。从 20 世纪 70 年代末期开始，以锂离子电池为代表的二次电池开始进入研究，到现阶段，已经广泛应用于各种便携式移动电子器件和一些新能源电动汽车中，因此人们对锂电池的需求不断提高，而锂资源在全球是有限的，在地壳中的丰度仅为 0.002%，并且锂资源在全球分布并不均匀，主要集中在南美洲等地，在我国则主要存在于青海和西藏等高原盐湖地区，开采利用十分困难，导致资源竞争日益激烈，锂离子电池成本加大。因此急需进一步寻找新的储能产品来满足日益增长的市场需求。

这时候，仅次于锂的第二轻碱金属元素钠开始被人们注意到，相较于锂而言，钠资源在全球范围内含量更高，如图 3-1 所示，而且广泛分布于地壳和海水中[1-4]。由于钠元素和锂元素属于相邻周期的同一主族元素，因此钠离子电池与锂离子电池具有相似的工作原理。由于其低成本更适合应用于大规模储能方面。另外，钠离子电池基本可以借鉴锂离子电池的生产线与生产经验，具有更低研发瓶颈，同时具有更好的安全性能，而钠离子较大的半径则为新型材料的设计提供了更多的可能性，有望在新型储能电池中扮演更加重要的角色。

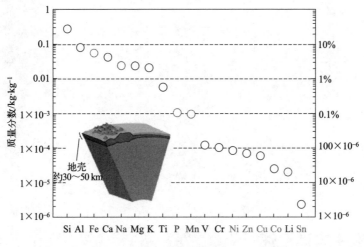

图 3-1　地壳中的各元素含量示意图[4]

3.1.2　钠离子电池的发展历程

1970 年，在开展 Li^+ 对 TiS_2 插层行为的研究时，发现了 Na^+ 可以可逆地脱嵌进入 TiS_2 中。1979 年，在北大西洋公约组织会议上首次提出了"摇椅式电池"的概念，从此锂离子电池和钠离子电池开始进入研究阶段。在 1981 年，法国 Delmas 和他的研究团队首次报道了 Na_xCoO_2 层状氧化物作为钠离子电池正极材料，而且进一步提出了钠离子电池层状正极材料的相结构分类方法，按照碱金属层和过渡金属层的堆垛与占位情况，将层状氧化物分为 P 型与 O 型，进一步分为 P2、P3 和 O2、O3 等。在这段时间内，其他的各种过渡金属层状氧化物和少量的聚阴离子化合物相继被发现可以作为钠离子电池电极材料。

而在 20 世纪 80 年代后期到 90 年代，钠离子电池的研究进入了一个极其迟缓的阶段，一方面是由于同时期锂离子电池先一步出现能够成功商业化的趋势，大量的研究者将重心放在锂离子电池的研究上，导致对钠离子电池方面的投入大量减少。另一方面，由于当时在锂离子电池中成功应用的石墨负极在钠离子电池中几乎没有相对应的储钠能力，导致缺乏相适应的负极材料来支持相关全电池研究。同期，锂离子电池在索尼公司成功商业化后，疯狂席卷全球市场，成为储能领域一颗冉冉升起的新星。

经过十多年的低谷期，钠离子电池终于在 2000 年迎来了第一个发展转折点。Stevens 和 Dahn 在热解葡萄糖时发现了一种新的硬碳材料，并且进一步发现钠离子在这种材料中具有很好的嵌入性能，这种硬碳负极材料展示出了较低的电压和近 300 mA·h·g^{-1} 的储钠比容量，接近于锂离子电池中的石墨负极材料（370 mA·h·g^{-1}），截至目前，钠离子电池负极材料中仍然是硬碳材料最具有商业化的应用前景，但并没有立即引起很大的商业化热潮，当时钠离子电池有望能够进行商业化的主要驱动力来自锂离子电池大规模应用所带来的供应短缺。2010～2013 年期间，钠离子电池正极材料方面的研究取得了前所未有的进展，期间报道的钠离子电池正极材料种类超过以前所有之和，同时形成系统化研究，将钠离子电池正极材料分为三个主要类型，分别是过渡金属层状氧化物、聚阴离子化合物和普鲁士蓝类化合物，并且选材尽量为地球上丰富的元素，目标是制造低成本的钠离子电池，同时具有与锂离子电池相近的性能。负极仍然以低成本和丰富的硬碳材料为主。

在 2015 年，由法国国家科学研究中心（CNRS）建立的法国研究网络（RS2E）主导开发了世界上首颗 "18650" 圆柱形钠离子电池，该电池的能量密度可以达到 90 W·h·kg^{-1}，长期循环寿命可以超过 2000 次，超过了当时的铅蓄电池，从某种程度上证明了钠离子电池确实具有较好的商业化前景，因此也标志着钠离子电池正式开始迈向商业化，钠离子电池进入复兴期，开始追赶锂离子电池的脚步。随着锂离子电池材料的研究逐渐趋于成熟，大批的研究者转向钠离子电池材料方面的研发，在一些初创企业的带动下，国内外相继出现了许多的钠离子电池企业，例如 Faradion Limited、Tiamat 和国内的中科海钠等。在 2021 年，中科海钠公司推出全球首套 1 MW·h 钠离子电池光储充智能微网系统，并成功投入运行，标志着我国钠离子电池技术及其产业化开始走在了世界前列，其主要产品是 Na$_{0.9}$[Cu$_{0.22}$Fe$_{0.30}$Mn$_{0.48}$]O$_2$ 正极和无烟煤基硬碳负极的钠离子软包电池。截至目前，对于钠离子电池各部分的研究仍旧在不断进行中，同时，为了发展更加安全的大规模储能钠离子电池，对水系钠离子电池和固态钠离子电池的研发也在如火如荼地进行中。

3.1.3　钠离子电池的结构与工作原理

钠离子电池，其基本的结构和工作原理与锂离子电池是一致的，主要利用碱金属离子在宿主材料中能够进行可逆脱出与嵌入的过程，当电池的正负极材料都是这种材料的时候，那么就可以构成一个钠离子电池的基本组成主体，也就是最开始提出的"摇椅式电池"。在钠离子电池中可以移动的碱金属离子就是 Na$^+$，在锂离子电池中就是 Li$^+$。

与锂离子电池相同，钠离子电池的主要结构包括正极、负极、隔膜、电解液、集流体和电池壳，如图 3-2 所示。正极主要由一些可脱嵌钠的含 Na 化合物构成，目前可以分为层状过渡金属氧化物、聚阴离子化合物、普鲁士蓝类化合物和有机化合物等[3-5]；负极材料目前主要以硬碳材料为主和其他一些合金化合物组成；电解液主要是由含有钠盐的有机溶液构成，钠离子在正负极之间通过电解液移动；隔膜则位于正负极之间，一般是由绝缘的多孔材料构成，隔开正负极以防止正负极直接接触造成短路；集流体则主要起到收集和传递电子的作用，在钠离子电池中可以采用比锂离子电池中铜箔更加便宜的铝箔来代替，位于电极的两侧；最后用电池壳封装成完整电池，就完成一个钠离子电池的组装。

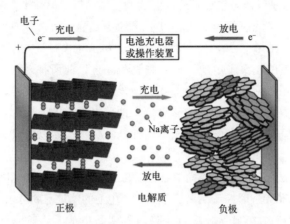

图 3-2　钠离子电池的结构及工作原理示意图[4]

钠离子电池的主要工作原理如图 3-2 所示，充电时，钠离子从正极材料中脱出，经过电解液和穿过隔膜后嵌入负极材料中，而外电路中的电子从正极经过导体迁移至负极；放电过程则正好与充电过程相反，钠离子从嵌入的负极材料中脱出，经过电解液穿过隔膜，再次嵌回正极材料中，外电路电子同时再次回到正极，钠离子可以在正负极之间不断地迁移，因此也就构成了可充电的钠离子电池。若以层状金属氧化物 Na_xMeO_2 作为正极，以硬碳材料作为负极组成的一个钠离子全电池为例，则其充放电反应式可以表示如下：

正极反应：$$Na_xMeO_2 \Longleftrightarrow Na_{x-y}MeO_2 + yNa^+ + ye^- \tag{3-1}$$

负极反应：$$nC + yNa^+ + ye^- \Longleftrightarrow Na_yC_n \tag{3-2}$$

电池反应：$$Na_xMeO_2 + nC \Longleftrightarrow Na_{x-y}MeO_2 + Na_yC_n \tag{3-3}$$

其中，正极反应一般可以用来代指充电过程的反应，负极反应就指代放电过程的反应。在理想情况下，若正负极材料选择合适，Na^+ 在正负极之间进行往复的脱出嵌入时，并不会破坏正负极材料的晶体结构，也不会造成 Na^+ 的损失，整个反应过程是高度可逆的。但目前的正极材料很难做到在 Na^+ 脱出嵌入时没有任何变化，都会产生一些相变，经过长时间的积累造成不可逆的结构变化，造成容量衰减，因此目前钠离子电池的正极材料仍在进一步研发改性中，以获得更高容量和更长循环寿命的钠离子电池。

3.2　钠离子电池正极材料

3.2.1　概述

对于一个钠离子电池来说，电极材料的结构和性能是影响钠离子电池电化学性能的决定性因素之一。通常来说，正极材料的比容量、电压和循环寿命是影响钠离子电池能量密度、安全性和循环表现的关键因素。近年来，多种多样的钠离子电池正极材料被开发，主要包括过渡金属氧化物、聚阴离子化合物、普鲁士蓝类化合物以及有机化合物等。其中，过渡金属氧化物一般包括层状氧化物和少量隧道型氧化物；聚阴离子化合物主要包括磷酸盐、氟磷酸盐和焦磷酸盐以及硫酸盐等；普鲁士蓝类化合物和有机化合物则是近些年来逐渐发展的具有较大潜力的正极材料。

层状氧化物一般具有较为明显的呈周期性的层状结构，因其具有较大的比容量、能量密度高、电子电导率高和制备方法较为简单等优点，是目前钠离子电池正极材料的主要选择之一。另外，通过近些年的研究发现，层状过渡金属氧化物中的晶格氧也可以进行氧化还原进一步提供额外的容量，以提升材料的能量密度。但在钠离子进行脱嵌的过程中，很容易造成层状结构的破坏，加上这类材料大多容易与空气或者水分反应，空气稳定性较差，因此循环稳定性还有较大的提升空间。隧道型氧化物结构比层状氧化物结构更加复杂，其具有独特的"S"形通道，具有比较好的倍率性能，并且空气稳定性也表现良好，但是其首周初始充电比容量较低，目前的实际应用可能较小。

聚阴离子化合物是钠离子电池正极材料的另一个主要类型，在锂离子电池中，已经广泛应用的商业化材料 $LiFePO_4$ 正是这种材料，这种材料一般具有开放的三维骨架结构，具有较好的循环性能、离子电导率和电压可调性，具有较好的商业化应用前景。但是这种材料往往导电性能较差，需要进行碳包覆或其他掺杂手段改性，并且较大的阴离子团也造成其比容量目前不是很高，需要进一步的研发解决。

普鲁士蓝类化合物主要是近些年才发展起来，同样具有较为开放的三维通道，钠离子能够在结构中快速迁移，因此具有较好的结构稳定性、循环稳定性和倍率性能。然而这种材料一般合成条件比较苛刻，制备困难，并且在制备过程中会用到有毒的氰化物，易污染环境，合成成功的材料结构中仍然存在结晶水难以去除等问题有待进一步解决。有机化合物的研究目前就更加的少，这类材料一般具有多电子反应的特性，因此具有较高的理论比容量，但是其导电性一般，并且面临着有机材料易溶于有机电解液的问题。

对于一个钠离子电池来说，要选择合适的正极材料，则一般要考虑满足以下几点要求：

① 具有较高的电极电势。因为若在负极材料一样的情况下，正极材料的电极电势越高，全电池的工作电压越高，也就越能提升电池体系的能量密度。

② 具有较大的质量/体积比容量。在相同的质量或者体积的情况下，较高的比容量能够为电池体系提供更多的实际容量。

③ 具有较好的结构稳定性。在电池的循环过程中，尽可能少的结构相变和体积形变过程能够使材料在充放电过程中保持更长的循环寿命，以保证电池体系有更好的循环性能。

④ 材料本身具有较高的电子电导率和离子电导率。电子电导和离子电导体现在材料充放电过程中对于钠离子脱出和嵌入迁移势垒的高低，较高电子电导率和离子电导率能够使电池体系具有更好的倍率性能。

⑤ 安全无毒、环境友好、价格低廉、制备简单，以及具有良好的化学和热力学稳定性，从源头上显著降低钠离子电池的成本。

3.2.2 过渡金属氧化物

过渡金属氧化物根据材料结构的不同，主要可以分为层状结构氧化物和隧道型氧化物两种。

层状结构氧化物是一种最先开始研究的嵌入式化合物，结构通式可以表示为 Na_xMeO_2，其中，Me 代表的是过渡金属元素中的一种或多种。整体的层状结构分为碱金属层和过渡金属层，过渡金属层主要由 MeO_6 八面体结构共棱堆垛而成，钠离子位于层间形成碱金属层，整体构成 MeO_6 片层和 NaO_6 片层交替排布的层状结构，如图 3-3 所示。在 1980 年，Delmas 等根据层状结构中钠离子所占据的位点类型和氧的堆垛方式的不同，将层状氧化物分为 P2、P3、O2、O3 等结构，P 型和 O 型主要指氧化物中钠离子的占位情况，P 型代表钠离子位于三棱柱（Prismatic）位点，而 O 型则代表钠离子位于八面体（Octahedral）位点[4]。而数字（如 1、2 等）则表示氧最少重复单元的堆垛层数。但这些材料在充放电过程中往往会发生晶格扭曲和结构上的相变，一般在配位类型或数字类型后加上角分符号"′"来区分，如 P2′、O′3 等。

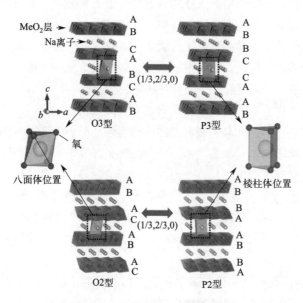

图 3-3 层状结构氧化物的分类[4]

在钠离子电池层状正极材料中，最常见的是 P2 和 O3 相结构，也是目前研究最多的两种结构，在调控 Na 含量和特定合成条件下也可以得到 P3 型结构，在 2020 年，Bianchini 等就以 $NaCoO_2$ 为例，对层状氧化物中 Na 含量和烧结温度条件对形成相结构的影响做了一个大致总结，如图 3-4 所示。一般来说，对于 Na 含量较低的层状氧化物，高温下易于形成 P2 相；而对于 Na 含量较高或者富 Na 相，则易于形成 O3 相，合成温度也较 P2 相低，但有时候也可能会形成热力学处在亚稳状态的 P3 相或者 O′3 相，主要是因为相结构形成的决定因素同样与其他动力学因素有关，需要综合考虑才能确定最终产物[6]。

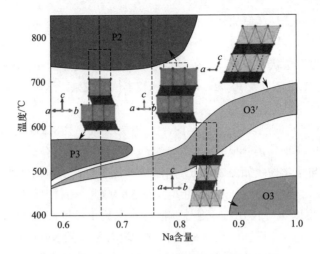

图 3-4　$NaCoO_2$ 随 Na 含量和温度变化的相图[6]

不同的相结构，钠离子在层间位置和扩散途径的局部环境是不同的，直接导致了 Na^+ 在这两相中的迁移率是不同的，如图 3-5 所示。对于 O3 结构，钠离子直接从一个八面体位置跳到邻近的八面体位置需要高活化能量来克服跃迁能垒。在这一过程中，钠离子通过与 MeO_6 八面体表面共享的间隙四面体位置（类似于 O3 型 Li_xCoO_2）进行迁移。以 O3 型 Na_xCoO_2 为例，第一性原理计算表明，O3 型层状框架结构中钠离子（空位）的扩散屏障约为 180 meV。与 O3 型层状系统相比，由于 P2 型层状框架对 Na 离子呈现出一个开放的路径，因此其扩散的能垒低于 O3 型相的扩散能垒。钠离子通过四个氧化物离子包围的开放方形瓶颈从一个棱柱中心迁移到相邻的中心，因此 P2 型层状材料的离子电导率高于 O3 型层状材料。迄今为止，Na^+ 迁移率作为电极材料的差异尚不清楚，有待进一步研究。

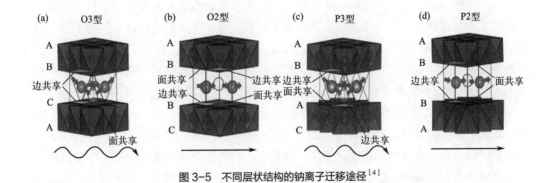

图 3-5　不同层状结构的钠离子迁移途径[4]

对于钠离子电池来说，层状氧化物具有以下的一些优势：①层状氧化物一般具有较大的理论比容量，能够有效提升电池体系的能量密度；②层状氧化物制备方法一般较为简单，大部分可以通过固相法合成，另外也可以通过一些简单的溶胶 - 凝胶法和水热法合成，制备工艺相对简单；③层状氧化物具有的层状结构使 Na^+ 扩散较为容易，电子传递一般按照 Me-O-Me 的途径，具有比较好的离子和电子电导率。

近些年来，对于层状氧化物，众多新能源领域相关研究小组和企业等进行了大量的研究，主要集中在 P2、O3 以及 P3 相，取得了比较丰硕的成果，这里将从相结构方面大致总结如下：

O3 相的层状氧化物研究是比较早的，O_3 相层状氧化物 XRD 图谱见图 3-6（a）。在 2012 年，Yabuuchi 和他的团队报道了一种 α-NaFeO$_2$ 材料，其具有典型的 O3 相结构，属于 $R\overline{3}m$ 空间群，其电化学曲线如图 3-6（b）所示[7]。这种材料的电化学性能一定程度上会受到充放电的电压范围的影响，当充电截止电压在 3.4 V 时，该材料可以达到 80 mA·h·g^{-1} 的比容量，并且可以保持较好的可逆性；但当充电截止电压高于 3.5 V 时，材料的性能显著下降，主要是因为在充电到 3.5 V 以上时，随着更多的 Na^+ 脱出，在钠层中形成大量的空位，从而会导致过渡金属层 Fe^{3+} 迁移至碱金属层并占据四面体位置，并且该过程是不可逆的，阻碍了钠离子进一步进行脱嵌，导致材料的电化学性能显著降低。在 2020 年，Tarascon 等报道了一种碱金属 Li 掺杂的 Mn 基层状氧化物 NaLi$_{1/3}$Mn$_{2/3}$O$_2$，属于 O3 相结构，通过 Li 掺杂激活了结构中的阴离子氧化还原反应，贡献了额外的容量，电化学性能如图 3-6（c）所示，其首周充电比容量可达 250 mA·h·g^{-1}，后续可以稳定维持 190 mA·h·g^{-1} 的可逆比容量，通过 X 射线光电子能谱和 K 边吸收谱证明氧参与了电荷补偿[8]。另外其他的 5d 过渡金属方面，相关研究也在进行中，例如在 2019 年，Zhang 等通过固相合成了一种富 Na 的 O3 相正极材料 Na$_{1.2}$Mn$_{0.4}$Ir$_{0.4}$O$_2$，并成功激活了材料中的阴离子氧化还原，通过 5d 过渡金属 Ir 的掺杂，Ir 原子与 O 原子形成强共价键，有效地抑制了 O2 的释放，维持了结构的稳定，电化学曲线如图 3-6（d）所示，通过 Mn 元素和 O 元素互补进行电荷补偿，可达到约 160 mA·h·g^{-1} 的可逆比容量，在经过 50 次循环后仍能保持 70% 的容量[9]。O3 相层状氧化物因其初始较高的 Na 含量，具有较高的理论比容量，具有较好的应用前景，但由于在充放电过程中易发生 O3—P3—O′3—P′3 的相变，长期的循环稳定性不太好，大量的研究者，对其进行了各种改性，如体相掺杂和表面包覆等，中科院胡勇胜和他的研究团队首次在钠离子电池中引入高熵的概念，设计了由九种过渡金属离子组成的高熵层状氧化物 NaNi$_{0.12}$Cu$_{0.12}$Mg$_{0.12}$Fe$_{0.15}$Co$_{0.15}$Mn$_{0.1}$Ti$_{0.1}$Sn$_{0.1}$Sb$_{0.04}$O$_2$，提出了高熵构型可以很好地稳定层状 O3 型结构，延迟 O3 相向 P3 相的转变，且多组元组成可进一步平衡 TMO$_2$ 层和 NaO$_2$ 层两者之间的相互作用，使该材料具有长循环稳定性和更好的倍率性能[10]。

P2 相层状氧化物属于缺钠相，碱金属层并不是满钠的状态。Na$_x$CoO$_2$ 是比较典型的 P2 相层状氧化物，2011 年，Delmas 等通过理论和实验相结合的方法对 $x \geqslant 0.5$ 时 Na$_x$CoO$_2$ 的相结构进行分析，设计出其相图，确定了钠插层上出现的单相或两相畴的连续。另外，锰基层状氧化物 Na$_{0.6}$MnO$_2$ 也是典型的 P2 相结构，电化学曲线如图 3-7（a）所示，充放电过程中可达到 150 mA·h·g^{-1} 的比容量，但充放电曲线出现多级平台，产生多级相变。主要是由于材料中的 Mn^{3+} 存在，较为严重的 Jahn-Teller 效应使晶格产生扭曲，从而导致材料发生较大的相变，使材料的循环性能显著降低[11]。目前，有关 P2 相层状氧化物的研究更多集中在多元材料体系上，通过掺杂引入其他元素进一步改善材料的电化学性能。在 2018 年，Bruce 的研究小组报道了一种 Mg 掺杂进入 Mn 基层状氧化物的 P2 型 Na$_{2/3}$[Mg$_{0.28}$Mn$_{0.72}$]O$_2$

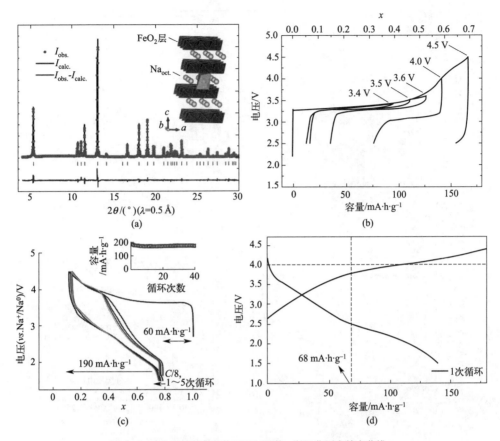

图 3-6　O3 相层状氧化物 XRD 图谱，以及典型充放电曲线：
（a）XRD 图谱；（b）$NaFeO_2$ [7]；（c）$NaLi_{1/3}Mn_{2/3}O_2$ [8]；（d）$Na_{1.2}Mn_{0.4}Ir_{0.4}O_2$ [9]

正极材料，其电化学曲线如图 3-7（b）所示，通过 Mg^{2+} 的掺杂，激活材料中的阴离子氧化还原，展现出 160 mA·h·g^{-1} 的可逆比容量，并且过渡金属层中的 Mg^{2+} 存在，稳定了当 O 进行变价后的晶格结构，减少了 O 损失，获得了较好的循环性能[12]。次年，陈立泉等通过简单的固相法合成了一种 P2-$Na_{0.72}[Li_{0.24}Mn_{0.76}]O_2$ 正极材料，同样通过 Li 掺杂激活了结构中的氧进行氧化还原，充放电曲线及循环性能如图 3-7（c）所示，最大比容量可达到 270 mA·h·g^{-1}，对应约 0.93 mol Na^+ 的嵌入，但在 30 次循环后，容量保持率仅为 60% 左右，整个循环过程中，原位 XRD 表征测试并没有产生相变，经过研究发现循环稳定性较差的原因是在充放电过程中纯 P2 相并不能很好稳定[13]。2020 年，Zheng 等报道了 Cu 掺杂进入 Mn 基层状氧化物正极材料 $Na_{0.67}Cu_{0.28}Mn_{0.72}O_2$，证实了 Cu 掺杂也可以激活材料中的阴离子氧化还原反应，并且具有较高的可逆性，与上述两种阴离子氧化还原材料不同，该材料表现出了更小的电压滞后，可能与 O 参与反应的状态不同，还有待进一步的研究[14]。总的来说，目前对于 P2 型层状氧化物来说，主要研究的是多元材料体系，进一步激活材料中的阴离子氧化还原来提升电池的电化学性能，但这类材料目前仍面临着较大的电压滞后、不可逆的结构破坏和不可逆的氧释放等问题需要进一步去解决。

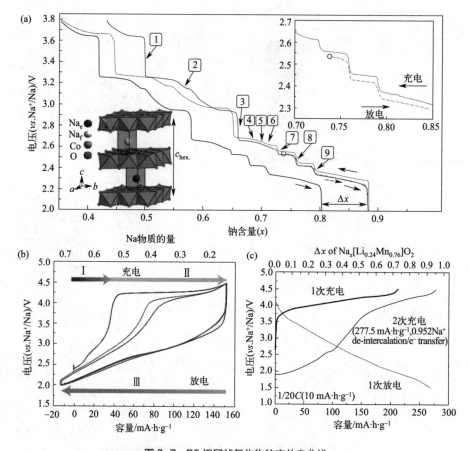

图 3-7 P2 相层状氧化物的充放电曲线

（a）Na_xCoO_2 [11]；（b）$Na_{2/3}[Mg_{0.28}Mn_{0.72}]O_2$ [12]；（c）$Na_{0.72}[Li_{0.24}Mn_{0.76}]O_2$ [13]

　　P3 相的层状氧化物相对于 P2 和 O3 相来说，并不是一个稳定的相结构，而是处在一个亚稳的状态。在特殊的烧结温度和一定的钠含量情况下，可以制备得到。在 2016 年，Yabuuchi 等通过将钠含量降低至 0.6 以下，在 850 ℃时采取固相烧结制备了 P3-$Na_{0.58}[Cr_{0.58}Ti_{0.42}]O_2$ 层状正极材料，电化学性能如图 3-8（a）所示，该材料同样受充放电截止电压的影响，在 2.5～3.5 V 电压范围内，可逆容量可达到 120 mA·h·g^{-1} 左右，而当电压窗口为 2.5～3.8 V 的范围内，就只剩 60 mA·h·g^{-1} 的可逆容量 [15]。2018 年，胡勇胜等报道了一种 P3 型正极材料 $Na_{0.6}[Li_{0.2}Mn_{0.8}]O_2$，通过控制电压范围在 3.0～4.5 V 内，实现了一种纯阴离子氧化还原的电池，电化学性能如图 3-8（b）、（c）所示，0.1C 的电流密度下可以贡献近 120 mA·h·g^{-1} 的可逆比容量，但在后续的循环过程中，可能由于较多不可逆的氧释放造成结构的破坏，导致容量衰减较快 [16]。

　　隧道型氧化物目前在钠离子电池中研究得较少，其相结构相比于层状氧化物来说更为复杂，最典型的隧道型氧化物是 $Na_{0.44}MnO_2$，是一种正交晶系结构，属于 Pbam 空间群，如图 3-9 所示。结构中具有较大的 S 形钠离子扩散通道和五角形隧道，该通道由 12 个过渡金属 Mn 原子组成，S 形通道内部占据四列钠离子。隧道型氧化物结构稳定，具有较好的空气稳定性，在充放电循环过程中也能保持结构的完整，但是这种氧化物由于 Na 含量太低，首周充电容量较低，距离实际商业化的进程还有点远。

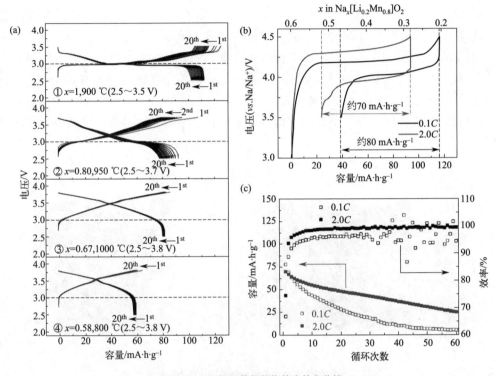

图 3-8　P3 相层状氧化物的充放电曲线

（a）$NaFeO_2$[15]；（b）$Na_{0.6}[Li_{0.2}Mn_{0.8}]O_2$[16]；（c）$Na_{0.6}[Li_{0.2}Mn_{0.8}]O_2$ 半电池的循环性能[16]

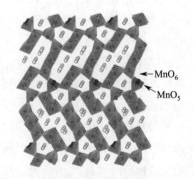

图 3-9　隧道型氧化物的晶体结构示意图[4]

3.2.3　聚阴离子化合物

聚阴离子化合物因其较好的循环稳定性和锂离子电池中成功商业化的实例，在钠离子电池中受到广大研究学者的青睐，其结构通式可以写作 $Na_xM_y(XO_4)_aZ_b$。其中，M 指可以进行变价的过渡金属离子；X 指不同的阴离子，一般为 S、P、Si、V 等；而 Z 则指其他阴离子掺杂，如 F、N、OH 等。从结构上来看，形成一种以 XO_4 四面体与 MO_6 八面体通过共棱或者共点连接的框架结构，Na^+ 分布于框架的网格间隙之中，如图 3-10 所示。这类化合物一般具有以下一些特点：①氧原子与阴离子之间通过强共价键连接，具有十分稳固的框架结构，在电化学循环过程中氧原子稳定在结构中，具有很好的热力学和结构稳定性，因此，该类材料具有很好的长期循环性能；②具有较高电负性的阴离子掺杂进入材料中，例如 S、P、F 等，进一步加强材料产生诱导效应，以提高材料的氧化还原电位，提升充放电电压；③多个 Na^+ 存在于结构中，较大的阴离子团可以为材料的改性设计提供更多的可能性，通过掺杂或取代，材料可以获得更高的比容量。

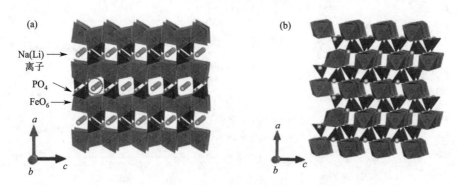

图 3-10 典型聚阴离子化合物的晶体结构示意图[4]

因为其比较良好的安全性和循环稳定性，聚阴离子化合物是现在钠离子电池正极材料领域中热点材料之一。目前，有关聚阴离子化合物的研究主要包括磷酸盐类、硫酸盐类、混合聚阴离子化合物以及其他的聚阴离子型化合物等。

磷酸盐型聚阴离子化合物的兴起，主要来源于锂离子电池中 $LiFePO_4$ 的成功商业化，主要大致可以分为橄榄石型、钠快离子型导体（NASICON）以及焦磷酸盐等。

其中作为 $LiFePO_4$ 的类似物 $NaFePO_4$，较早受到钠离子电池领域研究学者们的关注，$NaFePO_4$ 有橄榄石型（olivine）和磷铁钠矿型（maricite）两种结构，其热力学上分别呈现出亚稳态和稳态，晶体结构如图 3-11（a）所示。两相均属于 Pnma 空间群，橄榄石型 $NaFePO_4$ 由角共享的 FeO_6 八面体与 PO_4 四面体共边相连，在 b 轴上存在一条 Na 离子通道，橄榄石型的 $NaFePO_4$ 一般只能通过化学或者电化学的方法转换橄榄石型的 $LiFePO_4$ 合成，而在磷铁钠矿型结构中，Fe 与 Na 原子的位置刚好相反，从结构上来说，并不具备电化学性能[17, 18]。Moreau 等通过化学方法制备得到 $NaFePO_4$ 材料，电化学性能如图 3-11（b）所示，在充放电过程中展现出两个不同的电压平台，研究发现，$NaFePO_4$ 不同于 $LiFePO_4$，在电化学循环过程中会产生一个中间相 $Na_{2/3}FePO_4$，放电过程处于一个三相共存的状态。

近些年来，对于 $NaFePO_4$ 的研究在持续进行中，循环性能较好，但其比容量方面仍有欠缺[19,20]。

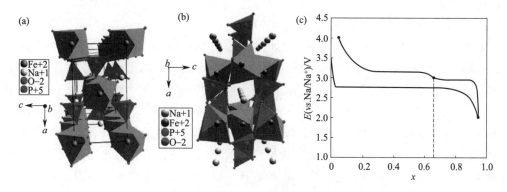

图 3-11　橄榄石型 $NaFeO_4$（a）[17]和磷铁钠矿型 $NaFePO_4$（b）的晶体结构示意图[18]；（c）橄榄石型 $NaFePO_4$ 的特征电压曲线[19]

NASICON 型化合物具有开放的三维框架结构，因其较好的结构稳定性和离子导电性，被众多研究学者所青睐，其结构由 XO_4 四面体与 MO_6 八面体构成，钠离子位于间隙中，如图 3-12 所示，因此具有较快的 Na^+ 迁移速率。在 NASICON 结构材料中，其典型代表是 $Na_3V_2(PO_4)_3$ 材料，Yamaki 的研究小组在 2022 年首先报道了 $Na_3V_2(PO_4)_3$ 材料，在 $1.2 \sim 3.5V$ 的电压范围内，可以贡献约 $140\ mA \cdot h \cdot g^{-1}$ 的可逆比容量。随后，Jian 等通过碳包覆的手段进一步提升材料的导电性，从而改善了材料的循环性能[21]。近些年来，大量的研究工作集中于通过减小材料尺寸、表面碳包覆和元素掺杂等方式，来提升材料的电化学性能，该材料有望进一步迈向商业化[22]。

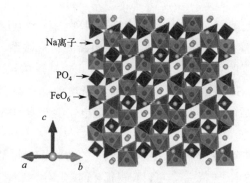

图 3-12　NASICON 型化合物的晶体结构示意图[4]

焦磷酸盐因为更加稳定的 $P_2O_7^{4-}$ 阴离子基团，在高温环境有着很好的稳定性，引起了研究学者的广泛关注。但是，由于分子量的增加，其理论容量相对较低，例如 $NaFePO_4$ 的理论比容量为 154.2 $mA \cdot h \cdot g^{-1}$，而 $Na_2FeP_2O_7$ 的理论比容量仅为 97.2 $mA \cdot h \cdot g^{-1}$。考虑到其优异的稳定性，焦磷酸盐材料在特定的条件下仍具有潜在的应用前景。从结构上看，$Na_2MP_2O_7$ 有着多种晶体结构，由 $[P_2O_7]$ 构成的三维空间框架存在多个钠离子位点以及 Na^+ 传输通道，为材料的设计提供了较大的空间。

硫酸盐作为聚阴离子化合物的另一大类，近些年也受到了许多的关注，其中 Fe 基硫酸盐表现出了最为优异的电化学性能，2014 年，Barpanda 等制备了 alluaudite 型的 $Na_2Fe_2(SO_4)_3$，其晶体结构及充放电曲线如图 3-13 所示，在 2～4V 的电压窗口下，展现出 102 $mA \cdot h \cdot g^{-1}$ 可逆比容量，在 20C 的倍率下仍有 55 $mA \cdot h \cdot g^{-1}$ 的可逆比容量。近些年来，对于硫酸盐的研究在持续进行中，其中 $Na_{2.4}Fe_{1.8}(SO_4)_3$ 材料的综合性能最优，其具有较高的工作电压以及合适的容量，加之铁基材料价格低廉、环境适应性好，通过寻找适合大规模合成的方法，构造合适的导电网络，有可能获得较好的电化学性能，具有潜在的应用前景[23]。

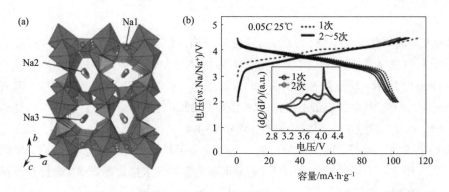

图 3-13 （a）硫酸盐类化合物的晶体结构示意图；（b）$Na_2Fe_2(SO_4)_3$ 的电化学曲线[23]

除了上述的一些聚阴离子化合物外，混合聚阴离子化合物近些年也开始逐渐引起了人们的注意，通过使用混合的阴离子基团，构造出新的结构体系，进一步提升材料的电化学性能。同时，选择强的吸电子基团（如 F 等），可以通过诱导作用提高材料的电压。混合的聚阴离子体系由 Goodenough 等较先在锂离子电池电极材料中进行研究，指的是以两种不同的阴离子组成的化合物，目前具有稳定电化学性能的主要是 XO_4F（X=P，S）和 $PO_4P_2O_7$ 等[24]。

聚阴离子化合物具有稳定的框架结构以及较大的钠离子传输间隙，具有长的循环稳定性和安全性，提高材料的电子电导率，可以获得优异的电化学性能，具有潜在的应用前景。通过选择不同的阴离子基团，构造出混合阴离子体系，可以获得新的结构和新的材料体系。在聚阴离子类材料中，$Na_3V_2(PO_4)_3$、$Na_3V_2(PO_4)_2F_3$、Na_2FePO_4F、$Na_4Fe_3(PO_4)_2(P_2O_7)$ 等由于具有较大的离子隧道和优异的电化学稳定性，将具有潜在的应用前景。

3.2.4　普鲁士蓝类化合物

普鲁士蓝类化合物是近些年来具有较大潜力的正极材料之一，其结构通式可以表示为 $Na_xM_1[M_2(CN)_6]_{1-y}\square_y \cdot nH_2O$（$0 \leqslant x \leqslant 2$，$0 \leqslant y < 1$）。其中，$M_1$ 和 M_2 代表的是不同的过渡金属离子（M_1 与 N 配位，M_2 与 C 配位），$\square$ 为 $M_2(CN)_6$ 的空位，其结构为面心立方结构，如图 3-14 所示，过渡金属离子分别与氰根形成六配位，而 Na 离子位于三维通道结构和配位空隙中，为钠离子可逆脱出和嵌入提供了良好的迁移通道，多种不同的过渡金属离子选择可以获得更加丰富的结构体系，表现出不同的储钠性能。其晶体结构受到钠含量、过渡金属种类以及结晶水的影响，有着很高的结构稳定性和循环可逆性，因此该类材料具有较好的倍率性能。

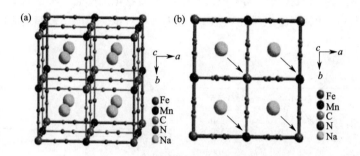

图 3-14　普鲁士蓝类化合物的晶体结构示意图[3]

在现有研究的普鲁士蓝类化合物中，铁氰化物 $Na_xM[Fe_2(CN)_6]_{1-y}\square_y \cdot nH_2O$ 受到最多研究学者的青睐，因为其具有较高的氧化还原电位，前驱体材料成本低和环境友好等特点。这种材料一般属于 $Fm\bar{3}m$ 空间群，结构上以 Fe—C≡N—M 组合形成三维框架结构，过渡金属离子位于框架结构的顶点上，Na 离子以及结晶水位于框架间隙之中。与层状氧化物相比，这种材料具有以下一些不同点：①不同的第二种过渡金属的选择可以使材料中 Fe 氧化还原电对具有较高的电极电势，并且在选择合适的情况下，可以实现两个 Na^+ 的可逆脱嵌，提供更大的理论比容量；②该材料具有十分稳定的晶体结构，结构中存在非常大的间隙，可以容纳较多的 Na^+，对于 Na^+ 的快速脱嵌具有比较大的优势，因此可以获得较好的倍率性能；③通过与氰根离子形成配位键，对钠离子在脱出和嵌入过程中引起的体积变化有很好的适应性，减轻了充放电过程中结构上的体积变化，可以获得良好的循环性能。

但是在实际商业化应用上，该材料稍显不足，主要是因为结构中的大量间隙以及 $Fe(CN)_6$ 空位会影响晶格的完整性，破坏结构的对称性和稳定性，影响材料的长期循环性，并且结构中配位水的增加难以去除，很难进行进一步改进。另一方面，影响普鲁士蓝类化合物进一步商业化的原因是该材料在制备过程中有生成剧毒氰化物的隐患，尚未完全解决[21-24]。

在 2012 年，Qian 等首先报道了钠离子电池中 $Na_4Fe(CN)_6$ 型正极材料的研究，如

图 3-15（a）所示，通过电化学性能测试，可以达到 87 mA·h·g^{-1} 的比容量，表现出比较优异的循环性能[25]。随后，他们又利用沉淀法制备了 Na$_x$Fe（CN）$_6$ 正极材料，材料的首周比容量最大可达到 113 mA·h·g^{-1}，并且也表现出了不错的循环性能[26]。此外，Goodenough 和他的研究小组报道了一种斜方结构的正极材料 Na$_{1.92}$Fe[Fe（CN）$_6$]·0.08H$_2$O，属 R$\overline{3}$ 空间群，其晶体结构中可以储存 1.90 个 Na$^+$，充放电曲线如图 3-15（b）所示，在充放电过程中具有两个充放电平台，最大可逆比容量可达到 160 mA·h·g^{-1}。

另外，由于 Mn 的价格低廉，Na$_x$Mn[Fe（CN）$_6$] 也受到了一部分研究学者的关注，并且有研究表明，随着 Na 含量的增加，Na$_x$Mn[Fe（CN）$_6$] 会从立方相转变为单斜相。在 2015 年，Song 等还通过真空干燥法将该类化合物中的结晶水进一步去除，从而获得了 Na$_{1.89}$Mn[Fe（CN）$_6$]$_{0.97}$ 正极材料，具有单斜相 R$\overline{3}$ 空间群结构[21]。电化学性能如图 3-15（c）所示，其充放电过程中达到最大可逆比容量为 150 mA·h·g^{-1}，循环 500 次后，容量保持达到了 75%，使普鲁士蓝类化合物有望进一步实现商业化。同样，关于其他过渡金属共掺的研究也在进行中，例如 Na$_x$Co[Fe（CN）$_6$] 等正极材料也表现出了较好的应用前景。

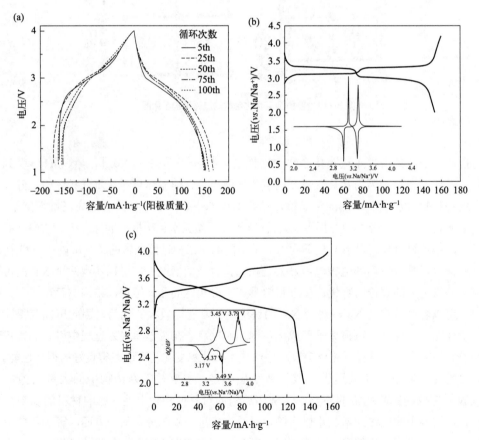

图 3-15　Na$_4$Fe（CN）$_6$[25]（a）、Na$_{1.92}$Fe[Fe（CN）$_6$]·0.08H$_2$O[26]（b）、
Na$_{1.89}$Mn[Fe（CN）$_6$]$_{0.97}$（c）的恒流充放电曲线[21]

3.2.5　有机化合物

有机化合物因具有较高的理论比容量、环境友好、成本较低以及结构设计灵活等特点，作为钠离子电池正极材料来说具有巨大的潜力，主要包括有机小分子材料、导电聚合物、有机二硫化物和共轭碳基化合物等。但实际应用仍然因为其电导率较低和易在有机电解液中溶解的问题而受到较大的限制。近些年来，也有许多的研究学者尝试从各个方面进行改性，例如功能导向分子设计、微观形貌调控和有机-无机复合材料的构建等手段。另外，也有一些研究小组通过分子模拟计算来探索新的电极材料、可逆活性基团、反应机理等，以及深入研究水系、柔性和全固态有机钠离子电池，相信在将来有机钠离子电池正极材料将是非常具有潜力的研究方向。本书不做过多详细介绍。

3.3　钠离子电池负极材料

3.3.1　概述

随着人类社会的不断发展，越来越多的领域愈来愈依赖化石能源的使用，然而随着其被大范围使用导致了一系列棘手问题的产生，包括环境污染、全球变暖等问题[27-29]。因此在新型电网中大力发展可再生能源如风能和太阳能等已经迫在眉睫。然而电网的正常运行需要稳定的电力供给，考虑到目前可再生能源过度依赖环境、天气、季节等，并不适合直接并入电网。为了克服该难题，诞生了各种储能技术，目前主要包括物理储能和化学储能。就目前而言，物理储能包括抽水蓄能、压缩空气储能、超导储能和飞轮储能等；化学储能则基于各种电化学储能器件，主要有铅酸电池、高温钠硫电池、钒液流电池、锂离子电池和超级电容器等。抽水蓄能是应用较多的物理储能技术，但是受到了地理条件的制约，难以实现对可再生能源发电站的灵活配套。电化学储能具有能量密度高、能量转换效率高、循环寿命长等优点而成为最有前途的储能技术[30, 31]。

锂离子电池由于其工作电压高、循环效率高、无记忆效应、能量密度高、自放电较小等优点，取得了广泛的市场认可。但是储量相对匮乏且分布不均的锂资源恐难以有效地满足将来愈发膨胀的实际需求，届时必将导致成本的进一步提高，从而阻碍新能源技术的普及和发展。钠储量高、价格低，且与锂有相似的物理化学特性，因此钠离子电池是未来替代锂离子电池的新型储能器件。与锂离子电池类似，发展钠离子电池的关键依然是电极材料的设计和制备。近年来，钠离子电池正极材料，例如含钠化合物、聚阴离子化合物以及普鲁士蓝类化合物等已获得突破性进展，其具有良好的储钠容量和循环稳定性[27-30]。但储钠负极材料的开发还面临诸多挑战，目前已提出的负极材料的研究体系包括碳基材料、合金类材料、金属化合物、有机化合物、其他负极材料等。因碳基材料结构稳定、价格低廉以及制备工艺成熟等优势，所以被认为是最具应用前景的钠离子电池负极材料[31-33]。

碳基材料的研究主要分为两类，即石墨类和非石墨类，其中石墨类包括天然石墨和人造石墨，非石墨类主要是指硬碳和软碳。石墨类碳基材料作为已实现商业化的锂离子电池的负极材料，理论比容量可达 372 mA·h·g^{-1}，这是因为石墨可与被嵌入的锂离子形成稳定的插层化合物。相比之下，在钠离子电池中，石墨作为负极材料理论比容量仅为 30 mA·h·g^{-1}，这是由于钠在石墨中具有较高的扩散能垒，且钠离子 - 石墨插层化合物的形成能导致钠离子在石墨内的插层过程成为一种非热力学平衡的过程，因此在钠离子电池中难以将石墨作为负极材料。非石墨类材料属于无定形碳，由于其具有更大的层间距以及无序的微晶结构，更有利于钠离子的嵌入脱出，因此被研究者们广为关注。

合金类负极材料与钠离子发生反应形成合金，主要包括 Sn、Sb 和 P 等。该类材料具有较高的理论比容量，较低的储钠电位以及良好的电导性，且该材料可以较好地缓解钠枝晶问题，使得安全性能大大提升。但钠合金在反复充放电过程中具有较大的体积膨胀率，从而带来一系列不利结果，包括内部应力增大、活性材料粉化并脱落、动力性能变差等，最终导致容量迅速衰减。因此，对于合金材料而言，提高其循环性能是研究的重点。

金属化合物材料具有理论容量高、储钠电压合适、安全性好、价格低廉等优势。关于二元金属化合物的研究主要分为两类：金属氧化物，V_2O_3、Fe_2O_3、TiO_2、SnO_2 等；金属硫族化物，MoS_2、Sb_2S_3、SnS_2 等。关于多元金属化合物的研究主为钛基化合物，包括：尖晶石 $Li_4Ti_5O_{12}$、$Na_2Ti_3O_7$、P2 相层状 $Na_{0.66}[Li_{0.22}Ti_{0.78}]O_2$、O3 相 $Na_{0.8}Ni_{0.4}Ti_{0.6}O_2$ 和 NASICON 型 $NaTi_2(PO_4)_3$ 等。但该类材料的普遍问题为导电性较差，在循环过程中体积变化较大，易破坏电极材料的完整性，导致交叉的循环性及倍率性能。为改善该问题，通常采用设计新型的具备微纳结构的金属化合物的方法。

有机化合物具有丰富的化学组成，且具有成本低廉、环境友好、安全、结构灵活等特点，作为钠离子电池负极材料引起了研究者们的广泛兴趣。在钠离子电池中，有机化合物的储钠性质与羧基的数量息息相关，具体为在储钠的过程中羧基的碳氧双键打开，结合一个钠原子，脱出的时候重新成为碳氧双键。但是其倍率性能和循环性能依然有待提高。另一方面的问题在于有机材料易与电解液相似相溶，从而导致材料的结构被破坏。调控分子结构、表面包覆和聚合方式是提高有机类化合物负极材料的研究重点。

作为钠离子电池负极材料应具备以下关键要素：

① 较高的储钠比容量和电化学可逆性能；

② 氧化还原电位尽可能接近金属钠电位；

③ 脱嵌钠过程中结构变化小，具有良好的循环稳定性；

④ 与电解液具有良好的兼容性，不与电解质中的盐或溶剂发生副反应；

⑤ 具有较高的离子迁移率和电子电导率；

⑥ 具有较好的化学稳定性和热力学稳定性；

⑦ 具有简单可控的制备工艺、原料易获取、对环境友好等。

3.3.2　碳基负极材料

碳材料的种类多种多样，且不同种类的碳材料广泛应用于生活的各个方面。古时，碳材料被人们以木炭、墨等形式用于取暖或文字记录；今天，碳材料以富勒烯、碳纳米管等形式在诸多物理学及化学领域被广泛使用。本书主要讨论碳材料作为钠离子电池负极在储钠方面的应用。

石墨晶体是典型的层状结构。如图 3-16 所示，在同一层中，碳原子以 sp^2 杂化形式形成共价键，每个碳原子与周围的三个碳原子以共价键相连，从而形成三个共平面的 σ 键[34]。六个碳原子在同一个平面上形成一个正六元环，并在 σ 键的作用下相互连接成片状结构，形成二维石墨层。石墨晶体的层与层通过范德华力相结合，层间距较大，约为 340 pm。但是由于层内的碳原子之间是由较强的 σ 键相互连接，因此石墨的熔点很高，为 3850 ℃。石墨晶体在石墨片层堆积方向上，即 c 轴方向上有两种堆积方式：六方结构（2H）和菱形结构（3R）。在六方结构中，每层碳原子排列在下一层碳原子所组成的六元环的中心上方；而在菱形结构中，第一层的六角网状平面与第四层的位置相对应。由于石墨晶体的层与层之间是以范德华力相结合，键能较小，为 167 kJ·mol^{-1}，因此石墨层之间容易发生滑移。每个碳原子中未参与杂化的电子会在形成的碳层两侧形成共轭大 π 键，正是由于大 π 共轭体系中电子的共轭作用，π 电子容易流动，从而石墨具有良好的导电性。

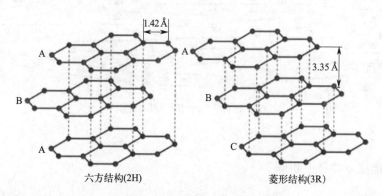

六方结构(2H)　　　　　　　菱形结构(3R)

图 3-16　石墨晶体结构示意图

石墨作为负极材料主要应用于锂离子电池，石墨嵌锂拥有较大理论容量的主要原因为当锂离子嵌入石墨后会形成相应的石墨插层化合物，即 LiC_x。当 x=6 时理论嵌入量达到最大，相对应的理论比容量为 372 mA·h·g^{-1}。

尽管钠与锂属于同主族元素，具有相似的物理化学性质，然而石墨的储钠能力远低于储锂。Asher 等在 1958 年时通过气相法使钠蒸气与石墨充分反应，发现仅有极少量钠能嵌入石墨层中[35]。

在二次电池发展早期，研究人员普遍认为石墨储钠容量低是由于钠离子半径过大，石墨层间距过小，因此将钠离子嵌入石墨中需要更大的能量。但是随着研究的不断深入，研究人员发现比钠离子半径更大的同主族钾离子、铷离子在石墨中仍有较大的可逆比容量，这说明石墨的储钠能力弱并不是由钠离子半径大导致的。研究表明，钠离子不能嵌入石墨晶格的热力学原因是体系的吉布斯自由能变化大于零，即钠离子嵌入石墨的电势为负值[36]。

在无定形碳中，碳分子层的周期性排列不再连续，石墨烯片层随机平移、旋转和弯曲导致了不同程度的堆垛位错，形成无序结构。无定形碳中局部有序的石墨微晶含量较少，结晶度较低，L_a 和 L_c 值相对小，不呈现出晶体的性质。按照石墨化难易程度，可以将无定形碳材料划分为软碳和硬碳。软碳通常是指经过高温处理（2800 ℃以上）可以石墨化的碳材料，无序结构很容易被消除，亦称易石墨化碳。硬碳通常指经过高温（2800 ℃以上）处理后也难以完全石墨化的碳[37]；在高温下其无序结构难以消除，亦称难石墨化碳。在中低温（1000～1600 ℃）处理下，软碳和硬碳在结构上没有明显的界线，可以将其统一称为无定形碳。

为了阐释硬碳储钠，Dahn 等给出了硬碳结构的可视化模型：芳香碎片（尺寸约 40 Å）以随机的方式堆叠，局部区域形成石墨微晶区（两到三层平行排列）和纳米级孔隙区（图3-17）[38]。根据此结构模型，目前研究者提出的硬碳储钠机理主要有如下四种。

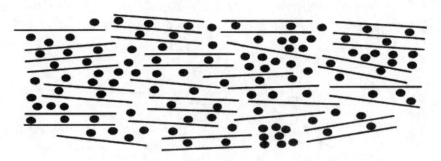

图 3-17 "卡片屋"结构模型

（1）"插层 – 填孔"机理

Dahn 等提出了"插层 - 填孔"机理（图 3-18）：充放电曲线高电位斜坡段对应锂 / 钠离子在平行排列的碳层之间的嵌入，反应电位随离子嵌入量的增加而降低，并且硬碳的不可逆容量可能与金属离子和碳基体中残余氢的相互作用有关[39, 40]；低电位平台段对应钠离子在纳米级石墨微晶乱层堆垛形成的微孔中的填充行为。

（2）"吸附 – 嵌入"机理

曹余良等通过热解聚苯胺得到管状硬碳，发现其储钠与储锂行为存在较大差异。而聚苯胺衍生碳的充放电曲线与石墨储锂相似，低电位平台类似于两相反应机制，由此提出"吸附 - 嵌入"机理，如图 3-19 所示[41]。原位 X 射线衍射测试发现，聚苯胺衍生碳的 002峰在低电位平台区存在偏移，对应碳层间距发生变化，由此推断平台区的储钠容量与钠离子在碳层间的嵌入（形成钠碳化合物 NaC_x）有关。并且钠离子嵌入碳层形成 NaC_x 需要一个合适的层间距，通过理论计算得到适合钠离子嵌入的石墨层间距约为 0.37 ～ 0.47 nm，层间距过小钠离子无法嵌入，过大则类似于吸附。随着热解温度的升高，碳层缺陷减少，并且斜坡区域的储钠容量呈现缓慢下降的趋势，因此推断斜坡区的储钠容量与钠离子在碳层缺陷位点处的吸附有关[42]。

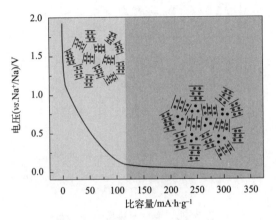

图 3-18　"插层 - 填孔"机理模型[40]

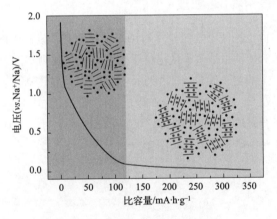

图 3-19　"吸附 - 嵌入"机理模型

（3）"吸附 - 填孔"机理

Tarascon 等对聚丙烯腈基硬碳进行原位 X 射线衍射表征时，在充放电平台区域没有观测到碳层间距的变化。胡勇胜等以天然棉花为碳源，通过一步炭化法制备出形状规则的硬碳微管，非原位 TEM 表征没有发现放电前后石墨微晶中碳层间距的变化[43-50]。以上实验现象表明，在平台区域没有发生钠离子在碳层间的嵌入反应。因此，他们认为硬碳储钠过程不存在插层行为，进而提出了"吸附 - 填孔"机理。高电位斜坡区对应钠离子在碳层表面、边缘或缺陷位置的吸附；低电位平台区对应钠离子在纳米孔隙中的填充（图 3-20）[51]。

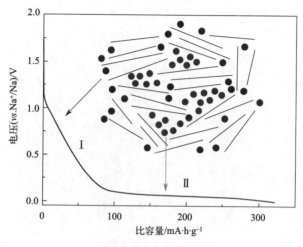

图 3-20　"吸附 – 填孔"机理模型

（4）"吸附 – 插层 – 填孔"机理

纪秀磊等在利用恒电流间歇滴定技术对钠离子在蔗糖基硬碳中的扩散系数进行表征时发现，高电位斜坡区的扩散系数大于低电位平台区，并且观测到扩散系数在 50 mV 附近突然增大[52-54]。根据以上的实验现象，在"吸附 - 插层"机理的基础上，提出了"吸附 - 插层 - 填孔"机理[55]：斜坡容量来源于钠离子在碳层缺陷部位的化学吸附（1.0 ~ 0.2 V）；平台容量来源于钠离子在石墨烯片层间的嵌入（0.2 ~ 0.05 V），小于 0.05 V 的平台容量则来源于硬碳中的孔隙表面对钠离子的吸附（图 3-21）。

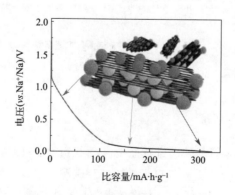

图 3-21　"吸附 – 插层 – 填孔"机理模型

3.3.3　合金类负极材料

合金类负极材料通过发生合金反应与金属钠形成合金或者二元类合金化合物进行储钠，不同于碳基材料的嵌入 - 脱出式反应，合金类负极材料能转移更多的电子数，因此其储钠含量远高于碳基负极材料。但其极大的体积膨胀率限制了该材料的进一步发展。该类材料的典型化学反应式如下：

$$a\text{M}+b\text{Na}^+ + be^- \Longleftrightarrow \text{Na}_b\text{M}_a \tag{3-4}$$

可与钠发生反应的 M 包括但不限于以下元素：In、Si、Sn、Pb、P、Bi。不同的元素会生成具有不同计量比的合金化合物。受到成本、资源和环境等因素的限制，目前研究较多的钠离子电池负极材料主要为 Sn、Sb、P，下面将对上述三种合金类负极材料进行简单介绍。

由于 Sn 具有较高的理论比容量、较低的嵌钠电位及开采成本，因此研究人员对 Sn 基合金材料进行了较为深入的研究。黄建宇等通过 TEM 详细研究了该材料进行合金化反应时，Sn 颗粒充放电的形貌及结构变化[56]。Sn 与 Na 首先发生合金化反应生成 NaSn_2，该过程的体积膨胀率约为 56%，随着反应的不断进行，会继续生成 Na_9Sn_4 和 $\text{Na}_{3.75}\text{Sn}$，体积膨胀率分别为 252% 和 336%。最后反应生成 $\text{Na}_{15}\text{Sn}_4$，体积膨胀率为 420%。体积变化过程如图 3-22 所示。放电过程中大的体积膨胀，往往带来一系列的不利影响，包括产生较大的内部应力、活性物质的粉化、钝化膜失稳、动力学性能变差，最终导致材料失去导电性，进而加速容量衰退。目前，限制 Sn 作为钠离子电池负极材料进一步发展的关键问题为体积变化造成的较差的循环稳定性。

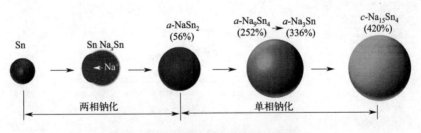

图 3-22　Sn 的储钠机理及相应的体积变化

Na-Sb 合金同样是合金类负极材料的典型代表。Sb 最外层有五个电子，因此当形成 Na-Sb 合金时，每个 Sb 能与三个 Na 原子形成 NaSb_3 合金。该材料的理论比容量可达到 660 mA·h·g^{-1}，因此该材料作为钠离子电池负极材料具有很大的吸引力，其典型的充放电曲线如图 3-23 所示[57]。

P 主要以白磷、红磷和黑磷三种方式存在于自然界中，由于白磷在热力学上不稳定且有剧毒，因此不适合作为负极材料；黑磷热稳定性较好，电子电导率较高，但是该存在形式反应活性较低且不易制备，因此相较之下红磷更具有研究价值。红磷可与钠形成 Na_3P

合金化合物，该材料的理论比容量高达 2594 mA·h·g^{-1}，其典型充放电曲线如图 3-24 所示[58]。但红磷极差的导电性以及电化学过程中巨大的体积变化严重限制了该材料作为钠离子电池负极材料的继续发展。

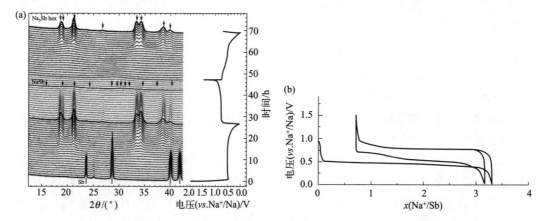

图 3-23　Sb 负极在充放电过程中的原位 XRD 图谱（a）和典型的充放电曲线（b）

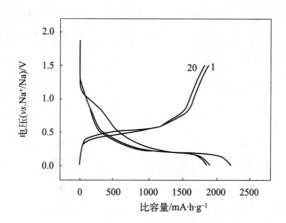

图 3-24　红磷负极的典型充放电曲线

3.3.4　金属化合物类负极材料

作为钠离子电池负极材料研究的二元金属氧化物主要包括 V_2O_3、Fe_2O_3、TiO_2、SnO_2 等。近些年来，由于钒基材料在锂离子电池中的优异表现，其在钠离子电池中的应用也被广泛探究。Xia 等成功制备了用于储钠的碳纳米管修饰的 V_2O_3 纳米片阵列材料。该材料在 0.01～3.0 V 的电位窗口区间、0.1 A·g^{-1} 的倍率下的比容量可达到 612 mA·h·g^{-1}[59]。且该材料具有优异的倍率性能及良好的循环稳定性，该材料在 10000 mA·g^{-1} 的电流密度下循环 10000 次后仍能维持 70% 的容量，如图 3-25 所示。

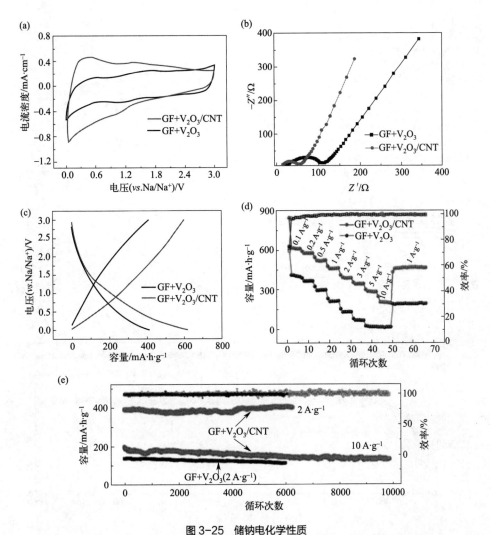

图 3-25　储钠电化学性质

（a）扫描速率为 0.2 mV·s^{-1} 时的第二周期 CV 曲线；（b）5 个周期后的放电状态下的奈奎斯特图；
（c）在 0.1 A·g^{-1} 下的第二周的充放电循环图；倍率（d）和两个电极的高倍率（e）循环图

过渡金属硫族化物包括硫化物和硒化物，相较于氧硫和硒具有更大的原子半径，因此当硫族化物与过渡金属成键时，键能更弱，在动力学上更有利于化学键的断裂，从而使得碱金属能够更快的迁移，降低反应势垒。且相较于合金类负极材料，该类材料的体积膨胀率较低，因此循环相对较好。

Tao 等成功制备 TiS$_2$ 作为钠离子电池的负极，该材料在 0.2 A·g^{-1} 的倍率下的放电比容量高达 1040 mA·h·g^{-1}，首周库仑效率可达 95.9%。此外，该材料的循环性能超过 9000 次，如图 3-26 所示[60]。

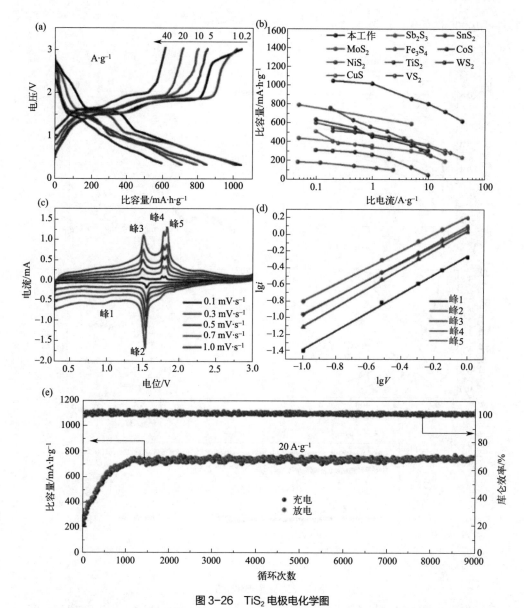

图 3-26 TiS₂ 电极电化学图

（a）从 0.2 ～ 40 A·g⁻¹ 不同电流密度下充放电曲线；（b）TiS₂ 与钠离子电池其他硫化物材料的比较；（c）从 0.1 ～ 1.0 mV·s⁻¹ 的扫描速率下 TiS₂ 的 CV 曲线；（d）lg*i* 与 lg*v* 图；（e）长期循环性能

多元金属化合物的研究主要以钛基化合物为主，钛基负极材料因具有合适的工作电压、较小的体积变化率、环境友好及成本低廉等特点而被广泛研究。该类材料与碳基负极材料具有相似的反应机制，多为嵌入型过程。常见的钛基负极如图 3-27 所示[61]。

2011 年，Palacin 等报道了 Na₂Ti₃O₇ 的储钠性能，在嵌入型钛基材料中，该材料储钠电位最低，约为 0.3 V，理论比容量为 200 mA·h·g⁻¹，对应两个钠离子的可逆嵌入 / 脱出，如图 3-28 所示。Na₂Ti₃O₇ 的电子导电性较差，在应用时需加入大量导电添加剂，然而这会导致首周库仑效率较低，同时也会对循环性能产生不利影响[62]。

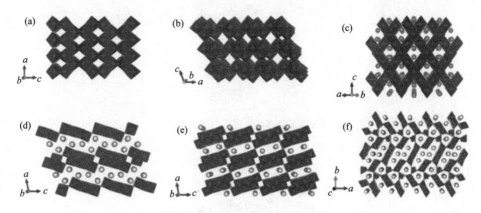

图 3-27 典型钛基负极的晶体结构

（a）锐钛矿型 TiO_2；（b）TiO_2-B；（c）尖晶石型 $Li_4Ti_5O_{12}$；（d）之字形 $Na_2Ti_3O_7$；
（e）之字形 $Na_2Ti_6O_{13}$；（f）隧道型 $Na_4Mn_4Ti_5O_{18}$

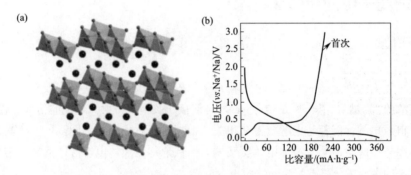

图 3-28 （a）$Na_2Ti_3O_7$ 的晶体结构；（b）$Na_2Ti_3O_7$ 充放电曲线

3.3.5 有机化合物类负极材料

有机化合物类负极材料因其高容量、低成本和可持续性受到研究人员的广泛关注，该类材料主要包括以下四种：羰基化合物、席夫碱化合物、有机自由基化合物和有机硫化物。其中，羰基化合物和席夫碱化合物来源丰富，且具有比容量高、结构多样性等优点。

Zhao 等将对苯二甲酸钠作为钠离子电池的负极，研究其在 0.29 V 下发生的 Na/Na^+ 氧化还原反应，该电池可达到 250 mA·h·g⁻¹ 的可逆比容量。虽然该羰基化合物能够稳定提供较大容量的电化学性能，但是其较差的循环性能阻碍了该材料的进一步发展 [63]。

Wu 等通过化学方法制备出的对醌类化合物 2,5- 二羟基 -1,4- 苯醌二钠也拥有较好的电化学性能，如图 3-29 所示，该材料在 0.1 C 的倍率下首周放电比容量为 288 mA·h·g⁻¹，首周库仑效率为 91.9% [64]。该材料在保证材料电化学性能的同时提高了首周库仑效率，但是该材料的循环稳定性仍然较差。

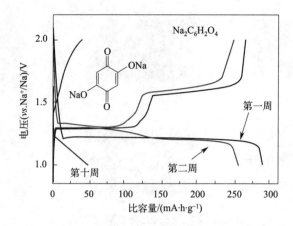

图 3-29 纳米尺寸 2,5- 二羟基 -1,4- 苯醌二钠的结构式和充放电曲线

3.4 钠离子电池电解液

3.4.1 概述

电解质作为钠离子电池的四大关键材料（正极、负极、隔膜、电解液）之一，被称为钠离子电池的"血液"，其作用是传导 Na^+，是连接正负极的桥梁。电池的倍率、循环寿命、安全性和自放电等性能都与电解质密切相关。根据电解质状态的不同，可以将其分为液体电解质和固体电解质，其中液体电解质又被习惯性地称为液体电解液，溶剂、溶质和添加剂是电解液的主要成分，电解液的性质也由三者共同决定。

溶剂起到溶解电解质钠盐，传递钠离子的作用。钠离子电池目前主要应用的是有机溶剂，可以大致分为酯类溶剂和醚类溶剂。由于酯类溶剂往往具有更好的抗氧化性，因此是钠离子电池电解液的常用溶剂，根据其碳骨架的不同，可以将其分为环状和链状碳酸酯。环状碳酸酯具有更高的介电常数，溶解钠盐的能力更强，但是其黏度较大。醚类溶剂的抗氧化能力较差，在高电位下易分解，因此，早期对其研究较少。但是，其与钠金属的兼容性更好，且其可以采用共嵌入的方式传输钠离子，钠离子与醚类溶剂发生溶剂化并且共嵌入石墨负极中，将钠离子电池与商用石墨负极相匹配，近年来开始重新对其进行研究。在实际应用中，单一的溶剂很难满足钠离子电池对电解液的需求。因此，将两种或两种以上溶剂混合使用是最常见的方法之一，以求综合各类溶剂的优点，但同时也将其缺点集合在一起，因此其关键一点是控制不同溶剂的比例。

钠盐主要是起到提供 Na^+ 的作用。常用的钠盐可以大致分为无机钠盐和有机钠盐两大类。无机钠盐一般而言普遍具有价格低、不易分解、能耐受高的电位、合成简单的优点，但是其具有氧化性较强和稳定性低等缺点。而有机锂盐由于具有较大的阴离子，所以其溶解度较大，且不容易分解，但存在对集流体的腐蚀和成本较大等缺点。

添加剂是电解液体系中可以选择性加入的组分，用来弥补钠盐和溶剂存在的缺点。通过在电解液中加入不同功能的添加剂，可以使电池在电极表面形成保护膜、提高有机电解液阻燃性以及高压性能等。由于添加剂用量少、作用大等优点，因此，关于添加剂的研究变得越来越重要。

　　除了上述提到的根据电解质状态不同的分类，还可以根据其溶剂不同，将其分为水系电解液和有机电解液。水系电解液由于没有使用易燃的有机溶剂，所以其安全性高且其对生产环境无特殊需求，降低了成本。但是，由于其电位窗口较窄等缺点，限制了应用。还可以根据钠盐浓度高低，将其分为低浓度电解液和高浓度电解液等。高浓度电解液具有宽电化学稳定窗口、抑制铝集流体腐蚀等优点，但是由于其成本较高、黏度较大等缺点阻止了实际应用。为了改善高浓度电解液的缺点，通过加入"稀释剂"使其成为"局部高浓度电解液"——锂盐的局部高浓度状态，来平衡界面稳定性和离子电导率之间的矛盾，并能够大幅降低电解液成本。

　　常用的电解液是由多种组分相互配合形成的，不同的组分以及不同的含量对钠离子电池的性能有着决定性的作用。然而，关于电解液的配方更多的还是根据实践经验，缺乏理论的系统指导。关于锂离子电解液的研究已经积累了几十年的经验和理论，由于锂和钠的相似性，这些经验和理论可以用来指导钠离子电解液。但是，由于钠离子电池体系和锂离子电池有一定的区别，直接照搬锂离子电池电解液的理论在某些方面是和钠离子电池不匹配的。而钠离子电池作为下一代储能电池的理想体系，急需一个关于电解液的系统理论指导，因此开展钠离子电池电解液研究迫在眉睫。

　　一般来说，用于钠离子电池的电解液往往需要满足以下特征。①电导率。高离子电导率（10^{-3} S·cm^{-1}）对于快速离子传输和高倍率性能至关重要。②电化学稳定性。电解质的电化学稳定窗口应足够宽，以避免其连续分解并为电池提供稳定的工作环境。③化学稳定性。包括溶剂、盐和添加剂在内的电解质物质应与活性材料和中间体呈化学惰性，否则会引入严重的副反应并导致电池失效。④保护性 SEI 形成。薄而致密且均匀的 SEI 的形成显著有利于电池的循环稳定性和倍率性能。⑤热稳定性。电解质的安全性可以通过热稳定性和不可燃性来评估。⑥成本低、制备简单、毒性低且对环境友好。

　　接下来，将从有机溶剂、电解质盐和电解液添加剂三方面来对钠离子电池电解液做一个简单的介绍。电解质成分和电解质性能的关系见图 3-30。

3.4.2　有机溶剂

　　钠离子电池中，可用的有机溶剂一般是极性非质子有机溶剂，即分子内正负电荷中心不重合，且不含有活泼性较强的质子氢的溶剂。不同的有机溶剂会与 Na$^+$ 形成不同溶剂化结构，从而影响钠离子电池的性能。由于钠离子电池电解液往往由多种组分构成，因此，弄清楚 Na$^+$ 与什么优先发生溶剂化至关重要。这一规律可以通过施主数的大小来理解。在电解液中，施主数可以衡量溶剂给出电子能力的大小，施主数越大，溶剂越容易给出电子，溶剂分子与 Na$^+$ 相互作用越强。一般认为，介电常数高的溶剂的施主数高。介电常数直接影响着锂盐的溶解和解离过程，介电常数越大，钠盐就越容易溶解和解离。有机溶剂

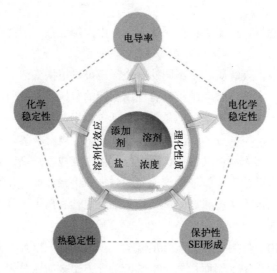

图 3-30　电解质成分（溶剂、盐、添加剂和浓度）和电解质性能关系[65]

的黏度则对离子的移动速度有着重要的影响，黏度越小，离子移动速度越快。因此钠离子电池的电解液倾向选择那些介电常数高、黏度小的有机溶剂，而在实际情况中，介电常数高有机溶剂黏度必然也较大，黏度小的有机溶剂介电常数必然也较小，在实际的应用中，一般都是将介电常数大的有机溶剂与黏度小的有机溶剂混合制成介电常数相对较大，而黏度相对较小的混合溶剂作为钠离子电池的电解液。因此通过优化有机溶剂的组成，能使电解液获得尽可能高的电导率。

钠离子电池电解液最常用的溶剂是碳酸酯和醚类。其中，碳酸酯类由于其抗氧化性强、施主数高等优点，被广泛应用于钠离子电池中，但是其存在分解产气等缺点；而醚类溶剂由于其在高电位下容易分解等缺点，前期研究较少。但是其能够在钠金属表面形成比较薄的固体电解质界面，而且醚类溶剂因能够与石墨匹配等优点又重新进入研究人员的视野中。

（1）碳酸酯类溶剂

碳酸酯类溶剂是钠离子电池中应用广泛的一种有机溶剂。其优点是抗氧化性好，因此，在高电位下也不会分解；介电常数比醚类溶剂整体偏高，钠盐更容易溶解和解离。根据其碳骨架的不同，可以分为环状和链状碳酸酯。环状碳酸酯由于介电常数大，其黏度大，一般需和低黏度溶剂配合使用。表 3-1 列举了一些常见的碳酸酯溶剂的名称、分子式及主要的理化性质[32-36]。

碳酸乙烯酯（EC）和碳酸丙烯酯（PC）是两种环状碳酸酯类有机溶剂典型代表。

PC 在常温常压下是无色透明、略带有芳香气味的液体，闪点为 128 ℃，着火点为 133 ℃。PC 的熔点较低（−49 ℃），含有它的电解液即使在较低的温度下仍具有较高的电导率。在 PC 基电解液中，锂离子嵌入石墨的过程中伴随着 PC 的共嵌入现象。但是在钠离子电池中，则不会出现共嵌从而对电极造成结构破坏，降低了电池的性能。

表 3-1　钠离子电池典型碳酸酯溶剂的名称、分子式及主要的理化性质

名称	分子式	缩写	分子量	介电常数	熔点 /℃	沸点 /℃	密度 /（g·cm⁻³）	施主数 DN
碳酸乙烯酯	$C_3H_4O_3$	EC	88	89.78（40℃）	36.4	248	1.32	16.4
碳酸丙烯酯	$C_4H_6O_3$	PC	102	66.14（20℃）	−48.8	242	1.20	15.1
碳酸二甲酯	$C_3H_6O_3$	DMC	90	3.087	4.6	91	1.06	16
碳酸二乙酯	$C_5H_{10}O_3$	DEC	118	2.82（24℃）	−73	126	0.97	16
碳酸甲乙酯	$C_4H_8O_3$	EMC	104	2.985（20℃）	−55	108	1.01	—

EC 的结构与 PC 非常相似，比 PC 少了一个甲基，是 PC 的同系物。EC 常温下为无色晶体，闪点 160 ℃，热安全性高于 PC，黏度略低于 PC，介电常数远高于 PC，甚至高于水，能够使锂盐充分溶解或电离，这对提高电解液的电导率非常有利。EC 的热稳定性较高，加热到 200 ℃才发生少量分解。但是，其熔点为 36.4 ℃，在常温下为无色晶体，需和其他溶剂配合使用。

常用的链性碳酸酯有碳酸二甲酯（DMC）、碳酸二乙酯（DEC）、碳酸甲乙酯（EMC）和碳酸甲丙酯（MPC）等。链性碳酸酯通常具有低的黏度和低的介电常数，通常与环状的碳酸酯溶剂混用，既降低了溶液的黏度又提高了离子电导率。

DMC 常温下为无色液体，闪点 18 ℃，属于无毒或微毒产品，能与水或醇形成共沸物。DMC 分子结构独特，其分子结构中含有羧基、甲基和甲氧基等官能团，因而具备多种反应活性。DEC 的结构与 DMC 相近，常温下为无色液体，闪点 33 ℃，略高于DMC，但毒性也比 DMC 强。DEC 能溶于酮、醇、醚、酯等，但难溶于水，具有与乙醚相近的气味。EMC 和 MPC 是不对称线型碳酸酯，熔点、沸点、闪点等与 DMC 和DEC 接近。但其热稳定性较差，容易在受热或碱性条件下发生酯交换反应生成 DMC和 DEC。

（2）醚类溶剂

醚类溶剂的抗氧化能力较差，在高电位下易分解，因此，早期对其研究较少。但是，由于其与钠金属的兼容性更好，且其可以采用共嵌入的方式传输钠离子，钠离子与醚类溶剂发生溶剂化并且共嵌入石墨负极中，将钠离子电池与商用石墨负极相匹配，近年来开始重新对其研究。表 3-2 列举了一些常见的醚类溶剂的名称、分子式及主要的理化性质。

醚类有机溶剂分为环状醚、链状醚和冠醚及其衍生物。环状醚主要包括四氢呋喃（THF）、2- 甲基四氢呋喃（2-MeTHF）、1，3- 二氧环戊烷（DOL）和 4- 甲基 -1，3- 二氧环戊烷（4-MeDOL）等。在锂离子电池中，DOL 在路易斯酸的作用下，能够开环聚合，从而在 SEI 上形成低聚物，提升其性能。而在钠离子电池中，其也被证明是一种很好的溶剂。

链状醚主要包括乙二醇二甲醚（DME）、1，2- 二甲氧丙烷（DMP）和二甘醇二甲醚（DG）等。冠醚能与锂离子形成包覆式整合物，较大地提高锂盐的溶解度，实现阴阳离子对的有效分离和锂离子与溶剂分子的分离。这不仅能提高电解液的电导率，而且能降低在充电过程中溶剂的共嵌入和分解的可能性，但在钠离子电池中，使用 15- 冠 -5 醚作共溶剂的钠离子电池几乎没有表现出可逆化容量，可能与溶剂化结构不易嵌入石墨有关[66]。

表 3-2　钠离子电池典型醚类溶剂的名称、分子式及主要的理化性质

名称	分子式	缩写	分子量	介电常数	熔点 /℃	沸点 /℃	密度 / (g·cm⁻³)	施主数 DN
1，3- 二氧戊环	$C_3H_6O_2$	DOL	74	6.79	-95	78	1.06	18
乙二醇二甲醚	$C_4H_{10}O_2$	DME	90	7.30（23 ℃）	-58	85	0.86	23.9
二乙二醇二甲醚	$C_6H_{14}O_3$	DEGDME	134.8	7.23	-64	163	10.94	19.5
三乙二醇二甲醚	$C_8H_{18}O_3$	TRGDME	178	7.62	-44	249	1.05	—
四乙二醇二甲醚	$C_{10}H_{22}O_3$	TEGDME	222	7.68	-30	275	1.01	—

（3）其他溶剂

除上述提到的碳酸酯类和醚类的溶剂，其他溶剂如羧酸酯溶剂也被应用于锂离子电池，如 γ- 丁内酯（BL），液程温度相对较宽，所形成的电解液的电导率与 EC+PC 电解液相近，与碳酸酯一样也能形成钝化膜。而甲酸甲酯（MF）、乙酸甲酯（MA）、丁酸甲酯（MB）和丙酸乙酯（EP）等这些酯类的凝固点平均比碳酸酯低 20 ～ 30℃，且黏度较小，因此用来提高锂离子电池的低温性能。

氟化溶剂也是一种新型的溶剂。由于用 F 取代了非活泼的 H，其抗氧化能力得到一定程度的提高。其中，氟化醚常用作"稀释剂"。如双（2，2，2- 三氟乙基）醚与 DME 作为共溶剂的电解液可能会形成更薄且稳定的 SEI，从而提高钠离子电池的性能。电解液化学、SEI 特性、电极性能和电池性能关系见图 3-31。

3.4.3　电解质盐

钠盐是影响钠离子电池性能的关键因素之一。性能优异的钠盐应该满足以下条件：①在溶剂中完全溶解和电离；②钠离子在电解液中的迁移不受能量和动力学的阻碍；③优良的钠盐不与电池部件（如电极、隔膜和集流体）发生反应；④价格低、稳定性好。

由于钠盐阴离子种类繁多，且还原电位不同，导致钠盐不可避免地会参与到 SEI 膜的形成中，不同的阴离子对 SEI 膜的成分与性能具有显著影响。根据阴离子类别可大致分为：含氟钠盐、含硼钠盐以及其他钠盐三类。其中，含氟钠盐主要有 $NaPF_6$、NaOTf、NaFSI 和 NaTFSI；含硼钠盐主要有 $NaBF_4$、NaBOB 和 NaDFOB；其他钠盐可分为高氯酸钠（$NaClO_4$）这种常见钠盐和不常见的改性钠盐等。

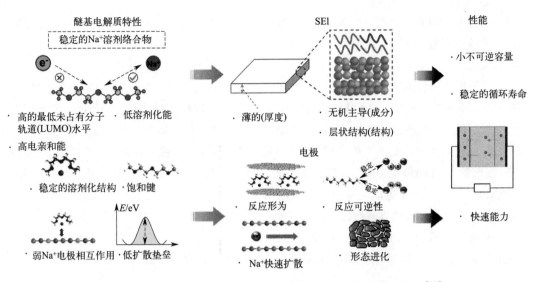

图 3-31　电解液化学、SEI 特性、电极性能和电池性能之间的影响关系[65]

（1）无机钠盐

高氯酸钠（NaClO$_4$）是钠电池中研究时间较长的一种无机盐。溶解后电解液的电导率较高，且稳定性好，在高压下也能稳定存在。因此，高氯酸钠在实验室被广泛使用。但是，由于氯是以最高价态存在的，有很强的氧化性，在一些极端的条件下容易与溶剂发生剧烈的反应，带来安全隐患，限制了其在实际中的应用。

六氟砷酸钠（NaAsF$_6$）也是一种性能优异的钠盐。同高氯酸钠一样，其电导率也较高，热稳定性良好。但是，由于其在还原后产生的砷具有致癌的作用，环境污染大且成本较高，对其研究较少。

四氟硼酸钠（NaBF$_4$）的电解液体系在钠离子电池中研究得也相对较少。这主要是因为其电导率较低。但是，NaBF$_4$ 可以钝化集流体——铝箔，所以，一般和其他钠盐一起使用，以提高钠离子电池的循环稳定性。

另一种最常用的钠盐是六氟磷酸钠（NaPF$_6$）。其在有机溶剂中溶解度高，电导率高。但是其热稳定性较差，在高温下容易分解形成 PF$_5$，其 Lewis 酸性很强，会催化溶剂的分解，从而进一步使电池性能变差。但是，和 NaBF$_4$ 类似，其也能钝化集流体，在较为温和的条件下是一种性能较为优异的钠盐。

（2）有机钠盐

钠离子电池中常见的有机钠盐的阴离子一般具有较大的半径，电荷分布比较分散，电子离域化作用强，这样可以减小钠盐的晶格能，削弱正负离子间的相互作用，增大溶解度，也有助于电池电化学和热稳定性的提高。

常见的有机钠盐一般可看作是在无机钠盐的基础上引入一个或多个吸电子基团，通过调节和控制阴离子的结构而形成。例如，NaCF$_3$SO$_3$ 和 NaN（CF$_3$SO$_2$）$_2$ 均可看作吸电子基团—CF$_3$ 或—SO$_2$CF$_3$ 分别取代 Na$_2$SO$_4$ 和 NaNO$_3$ 阴离子中的氧原子形成的。这些钠盐在钠离子电池中有着良好的应用前景，是人们研究的重点。下面选择性介绍常见有机钠盐的性质和应用。

三氟甲基磺酸钠（NaSO$_3$CF$_3$，一般简写为 NaOTf），拥有和 NaPF$_6$ 类似的电化学性能，但是其在高压下更稳定，即抗氧化性更强。当使用 NaOTf 作为钠盐时，一般库仑效率都不会太低。但是，电解液的电导率略低。NaOTf 会腐蚀集流体，从而限制了它的使用。

与在锂电池中常见的两种有机锂盐双（氟代磺酰基）亚胺锂（LiFSI）和双（三氟甲基磺酰）亚胺锂（LiTFSI）类似的双（氟代磺酰基）亚胺钠（NaFSI）和双（三氟甲基磺酰）亚胺钠（NaTFSI），在钠离子电池电解液中也有应用。不过，也同样存在着上述腐蚀集流体的问题。但可以使用高浓度电解质改善这个问题。

其他的有机钠盐如 NaBOB 和 NaDFOB 等，因为其热稳定好以及电化学窗口大也有一定的研究，但是，由于可能由于其电导率低、需要自主合成等，还没有大量应用。

3.4.4　电解液添加剂

电解液的添加剂是以较小的剂量［通常小于 10%（质量分数或者体积分数）］添加到电解液中的异类分子，可以有效增强电解液某种目标性能，但又不改变其主要的骨架成分。通常电解液中的添加剂很容易发生反应消耗，并且在初始活化周期中促进电极与电解液之间的界面形成，并在电解液 - 电解界面处保留某种特有的化学性质。根据电解液目标功能，可以将电解液添加剂分为下列几种类型：①成膜添加剂；②过充电保护添加剂；③阻燃添加剂等。接下来，对常见的几种添加剂做一个简要介绍。

常见的成膜添加剂主要有氟代碳酸乙烯酯（FEC）、碳酸亚乙烯酯（VC）、丁二酸二甲酯（DMS）等。其工作原理为：成膜添加剂的 LUMO 能级低于电解液中有机溶剂的 LUMO 能级，添加剂会在溶剂分子之前发生还原反应，在电极表面形成 SEI 膜，避免溶剂与电极直接接触，抑制溶剂分解，提升电池的性能。成膜添加剂对电池性能的影响主要取决于其还原产物形成的 SEI 膜的综合性能。Bai 等研究了 VC 添加剂含量对电池性能的影响，他们向 1 mol · L^{-1} NaPF$_6$+DME 电解液中添加 0.5%、1%、5%、10%（体积分数）VC 添加剂，发现当 VC 含量为 0.5% 时电池的性能最好，1 A · g^{-1} 循环 2000 次后比容量为 211 mA · h · g^{-1}，容量保持率为 95.6%。而使用不含添加剂电解液的电池在 1 A · g^{-1} 循环 2000 次后的容量保持率仅为 72.3%。使用 VC 含量过高时，会在硬碳表面形成过厚的 SEI 膜，降低电池的首效[67]。

阻燃添加剂一般是含氟和磷的有机物，在高温时能够生成游离的含磷和含氟自由基，这些自由基会清除氢和氧自由基，终止放热链反应，从根本上发挥阻燃的作用。实际应用中更多是用阻燃溶剂配制电解液，来实现更好的阻燃效果。Liu 等使用磷酸三甲酯（TMP）作溶剂，与 NaClO$_4$ 按照 9∶1，4.5∶1 和 3∶1（摩尔比）配制成电解液，具有良好的阻燃特性，但在 200 mA · g^{-1} 下循环 100 次后就发生了剧烈的容量衰减（容量保持率为 50%），为了改善其循环性能，他们向电解液中添加了 5% FEC，改性后循环 1500 次的容量保持率提升为 84%[68]。

过充保护添加剂是保护电池安全使用的重要角色，主要是某些可以在高电压下发生电聚合或氧化还原穿梭的有机物，本质上还是过充添加剂自身发生反应消耗过充电流，维持电池的电压电流在正常范围内。Feng 等以 1 mol·L⁻¹ NaPF₆+EC/DEC 作为基体电解液，研究了联苯（BP）添加量对电池的氧化电位的影响。CV 曲线表明，使用添加剂前的氧化电位为 4.7 V，而使用 3% BP 添加剂后，氧化电位降至 4.3 V。这是因为 4.3 V 处发生了 BP 的电聚合反应，消耗了过充时产生的电流，导致电压不会继续上升，保证电池安全。电聚合反应在正极表面生成的聚合物能够阻隔电解液与电极直接接触，降低电池热失控的风险[69]。

3.5　新型钠离子电池

3.5.1　全固态钠离子电池及钠离子固态电解质

全固态电池是正负极材料、电解质均为固态材料的新型二次电池。采用固体电解质替代以往的有机液体电解液和隔膜，能够有效解决有机液体电解液易挥发、易燃烧等安全问题，借此提升电池的安全性能。其充放电原理与传统电池相似，充放电时，钠离子经固态电解质完成正负极间脱嵌，同时电子通过外电路对正负极进行电荷补偿，从而保证电荷平衡。而在全固态电池组装过程中，不需要使用电解液、电解质盐和隔膜，由此大大简化了组装电池的步骤，降低了组装电池的难度，由于高安全性和低组装难度，固态钠离子电池具有良好的产业化前景。

此外，固态电解质仍存在急需解决的问题，如界面处高阻抗。在传统液态电池中，电极与电解质界面的接触方式为固/液接触，界面处接触良好，不会产生很大的阻抗，相比较之下，固态电解质与电极之间以固/固界面的方式接触，接触面积较小，与极片的接触紧密性较差，导致界面处阻抗较高，极化增大，钠离子在界面之间的传输受阻，最后导致电池容量降低等问题，因此固态钠离子电池中固态电解质和电极之间的界面问题（图 3-32）成为阻碍固态电解质发展的主要因素。

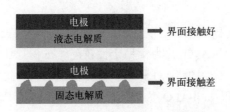

图 3-32　固态电解质和电极之间的界面问题

无机固体电解质通常表现出高的离子电导率，高的离子迁移数，好的力学性能和良好的热稳定性等特点，显著提升了电池的安全性。

钠离子电池氧化物固态电解质主要包括 Na-β-Al$_2$O$_3$ 电解质和 NASICON 结构电解质。其中 Na-β-Al$_2$O$_3$ 电解质具有两种层状晶体结构[70]（如图 3-33 所示），都是由尖晶石结构堆垛而成。一种六方晶系的标记为 β-Al$_2$O$_3$，空间群 P63/mmc，另一种斜方晶系的标记为 β″-Al$_2$O$_3$，空间群是 R$\overline{3}$m。由于 β″-Al$_2$O$_3$ 晶格中有更多的 Na$^+$，能够表现出更高的离子电导率。单晶的 β″-Al$_2$O$_3$ 的离子电导率在 300℃时可高达 1 S·cm^{-1}。而在多晶相中，离子电导率反而会下降，这是由晶界电阻导致。当前 β″-Al$_2$O$_3$ 已经成为固态电解质的主流材料，主要应用于中高温 Na-S 电池中。

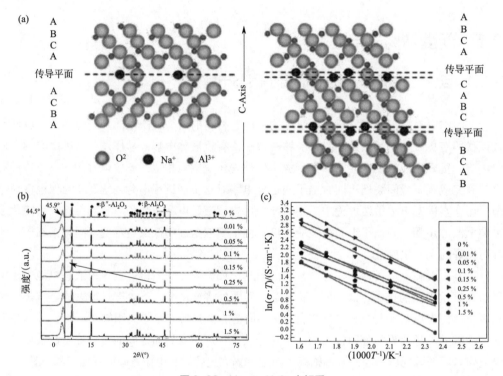

图 3-33　Na-β-Al$_2$O$_3$ 电解质
（a）晶体结构；（b）XRD 图谱；（c）离子电导率

当前合成 Na-β-Al$_2$O$_3$ 固态电解质主要通过固相法、溶胶凝胶法和共沉淀法。固相法是采用最多的方式，然而 β″-Al$_2$O$_3$ 热力学稳定性较差，在 β″-Al$_2$O$_3$ 相和 β-Al$_2$O$_3$ 的晶界处会残留 NaAlO$_2$，容易和空气中的 H$_2$O 和 CO$_2$ 反应。因此，在制备时如何最大限度地提高 β″-Al$_2$O$_3$ 相的比例是提升 Na-β-Al$_2$O$_3$ 性能的关键问题。而在合成过程中添加烧结剂是目前实现高 β″-Al$_2$O$_3$ 相比例的有效策略。

Chen 等通过固相法将 MgO 掺杂获得了高性能的 β″-Al$_2$O$_3$，在掺杂 0.4%MgO 时，可以降低烧结温度到 1550℃，此时制备的 β″-Al$_2$O$_3$ 具有最佳的弯曲程度和离子电导率[71]。

Yi 等在制备 β″-Al₂O₃ 时，添加了适量 TiO_2 和 ZrO_2，同样在降低烧结温度的同时提高了材料的离子电导率。除了上述列举的添加剂外，还有大量关于单种或多种氧化物添加剂的研究，包括 CaO、NiO、Y_2O_3、TiO_2+MnO_2、TiO_2+BaO 等[72-76]。

1976 年，Goodenough 等首次发现具有三维 Na^+ 传输路径的 $Na_{1+x}Zr_2P_{3-x}Si_xO_{12}$[77]（如图 3-34 所示）。因该材料是由 $NaZr_2P_3O_{12}$ 中部分 P 被 Si 取代而得名 NASICON。而 NASICON 材料因其优越的离子电导率和物理化学稳定性，以及宽电化学窗口在固态电解质领域受到广泛关注。

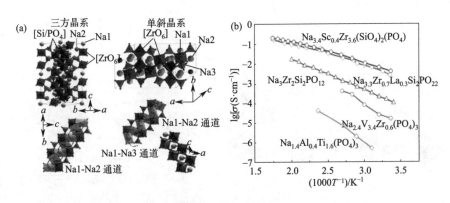

图 3-34　NASICON

（a）晶体结构；（b）离子电导率

在 $Na_{1+x}Zr_2P_{3-x}Si_xO_{12}$ 材料中，当 $x=2$ 时，$Na_3Zr_2Si_2PO_{12}$ 的离子电导率最佳为 $6.7×10^{-4}$ S·cm⁻¹。由于 NASICON 材料中仍存在大量可取代位点，适当地进行替换，可以扩宽离子传输的途径，可以进一步提升离子电导率。近年来，研究发现在 NASICON 材料的 Zr 位点进行稀土元素的取代不仅可以降低烧结温度，提高离子电导率，同时可以抑制杂相产生。

Ma 等选择通过低价阳离子 Sc^{3+} 取代 Zr^{4+}，产生正电荷缺陷，需要额外的 Na^+ 进行电荷补偿，从而提高 Na^+ 浓度，进一步提高离子电导率[78]。而 Sc^{3+} 和 Zr^{4+} 有相近的离子半径，因此在掺杂后不会造成晶体结构的扭曲变形。

Song 等发现碱土金属同样可以占据 NASICON 材料的 Zr^{4+} 位点，由此通过机械化学方法制备一系列碱土金属掺杂的 $Na_{3.1}Zr_{1.95}M_{0.05}Si_2PO_{12}$（M=Mg、Ca、Sr、Ba）等材料[79]。研究表明，随着碱土金属的离子半径增加，NASICON 材料的离子传输通道变窄，不利于 Na^+ 传输，于是选择 Mg^{2+} 掺杂，得到的 NASICON 材料离子电导率可达 $3.5×10^{-3}$ S·cm⁻¹。然而硬度大导致的界面接触差以及相对较低的离子电导率仍是 NASICON 结构固态电解质急需解决的关键问题。

由于 S 的电负性较 O 要小，对 Na^+ 的束缚较小，而 S 的离子半径比 O 大，晶格结构更加扩展，利于 Na^+ 在其中扩散。由此相较于氧化物固态电解质，硫化物固体电解质具有较高的离子电导率和较低的晶界阻抗。此外可以通过粉末冷压制备硫化物固态电解质，使得固态电池制备更加简单，更好地保持结构完整性。然而硫化物会与空气中的水发生分解反应，产生有毒的 H_2S 气体，因此如何提升硫化物固态电解质的离子电导率和空气稳定性是目前急需解决的问题。

Na_3PS_4 是最常见的硫化物固态电解质，事实上 Na_3PS_4 有两种晶体结构，即立方相和四方相（如图 3-35 所示）[80]，立方相为高温下的稳定相，四方相为低温下的稳定相。虽然两相晶胞参数相差不大，但立方相结构中具有更多三维 Na^+ 传输通道，表现为高离子迁移率，而室温下 Na_3PS_4 呈现四方相，离子电导率仅为 10^{-6} $S \cdot cm^{-1}$。直到 2012 年，Hayashi 等通过稳定高温相玻璃态 Na_3PS_4[81]，得到室温下立方相的 Na_3PS_4，离子电导率可达 2×10^{-4} $S \cdot cm^{-1}$。随后，Hayashi 等继续通过采用高纯度（＞99%）前驱剂 Na_2S，将电子电导率进一步提升至 4.6×10^{-4} $S \cdot cm^{-1}$[81]。

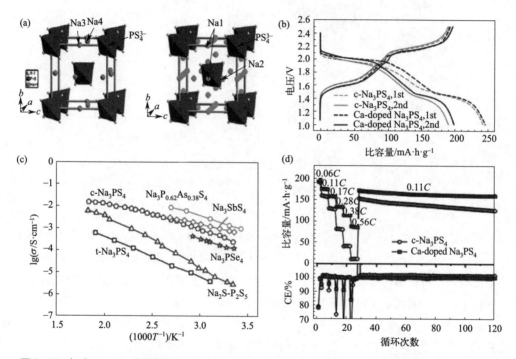

图 3-35 （a）Na_3PS_4 的晶体结构；（b）前两个循环的特征电压曲线；（c）离子电导率；（d）倍率性能

为了进一步提高硫化物电解质的离子电导率，研究人员开始寻找其他的方法，其中掺杂不失为一种有效的方法，我们将其分为阴离子和阳离子掺杂两部分。

2015 年，Zhang 等采用 Se 替代 S，制备出 Na_3PSe_4 固态电解质晶体结构（如图 3-36 所示），Se 原子占据 $8c$ 位点，Na^+ 在四面体中快速扩散。测得该化合物室温离子电导率为 1.16×10^{-3} $S \cdot cm^{-1}$[82]。

阳离子掺杂即对硫化物中的 Na 或 P 原子进行取代。2014 年，Hayashi 等实验结果表明在 Na_3PS_4 中掺杂摩尔分数 6% 的 Na_4SiS_4 时，离子电导率显著提高达到 7.4×10^{-4} $S \cdot cm^{-1}$[83]。2018 年，Lee 等合成出 Ca^{2+} 掺杂的 $c\text{-}Na_{3-2x}Ca_xPS_4$，当 x=0.135 时离子电导率最高，达到 $1 \times$

10^{-3} S·cm^{-1}[84]。由于 Ca^{2+} 的引入形成了 Na^+ 空位，Na_3PS_4 由四方相向立方相转变，因此能够提高离子电导率。

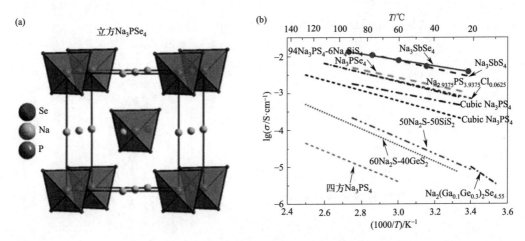

图 3-36　Na_3PSe_4 的晶体结构示意图（a）和离子电导率（b）[82]

Na_3SbS_4 是另一种钠离子硫化物电解质，结构如图 3-37 所示，它不仅具有该体系最高的离子电导率，还能在水中形成稳定的水合物，而不是水解产生 H_2S。就目前来看，具有较好的空气稳定性和卓越的离子电导率，通过 W 掺杂能达到 10^{-2} S·cm^{-1} 量级，而且它是已知唯一能通过水溶液法制备单相的钠离子硫化物，是一种很有前景的硫化物电解质。但是在与金属钠电池循环时发现其界面稳定性较差，电池的长寿命循环面临挑战。

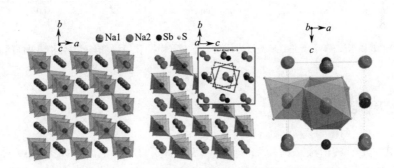

图 3-37　Na_3SbS_4 的晶体结构[84]

聚合物电解质一般由聚合物基底和电解质盐组成，是一种复合物。起初聚合物电解质室温电导率较低，随着研究的深入，开始采用低聚物、纳米无机颗粒对聚合物固态电解质掺杂改性。作为一种常规聚合物基底，PEO 在钠离子固态电解质中得到了广泛的研究。Doeff 等研究认为 PEO 能够与金属钠形成稳定的 SEI 界面，电池失效主要是由于正极材料在循环过程中的结构变化引起的电荷转移阻抗增大[85]。中国科学院物理所胡勇胜等报道了在 80 ℃时 PEO/NaFSi 的电导率达到 4.1×10^{-4} S·cm^{-1}（图 3-38）[86]。

除了 PEO 及其衍生物，人们对含有—OH、—CO 吸电子基团的聚乙烯醇、聚碳酸酯在全固态钠离子电池中的应用展开了研究。Bhargav 等研究了聚乙烯醇（PVA）/NaBr（7∶3，质量比），在 30 ℃时的电导率达到 1.362×10^{-5} S·cm^{-1}[87]。

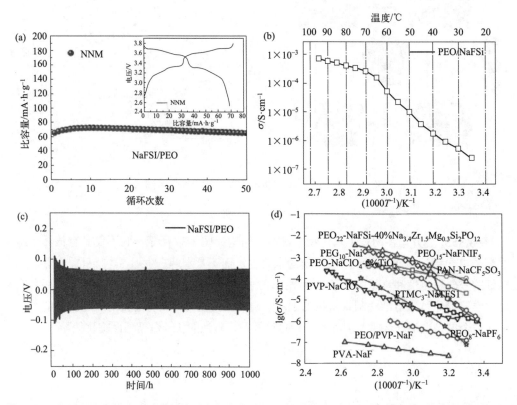

图 3-38 PEO/NaFSI 循环稳定性性能测试（a）、（c）；离子电导率（b）和其他聚合物电解质离子电导率（d）

3.5.2 钠硫电池

钠硫电池是一种由液态钠（Na）和硫（S）构成的熔盐电池（如图 3-39 所示）。传统钠硫电池使用 β″-Al_2O_3 固态电解质陶瓷管作为电解质，兼具正负极隔离以及离子传导的作用，钠金属作为负极置于陶瓷管内，液态硫正极置于管外。该类电池能量密度高（能量密度是铅酸电池的 5 倍），充放电效率高，循环寿命长（＞1000 次），采用廉价无毒材料制造，300～350℃的工作温度和多硫化钠的高腐蚀性，主要使其适用于固定式储能应用。

而室温钠硫电池正极也是采用硫材料，负极为钠金属。然而其在室温环境下，最终放电产物为 Na_2S，因此相较于高温钠硫电池，其具有更高的理论能量密度（1274 W·h·kg^{-1}）。并且其室温的运行环境不需要额外的保温箱，不仅降低了成本，同时也避免了高温带来的安全隐患。尽管如此，室温钠硫电池也面临许多挑战，例如硫正极放电终产物生成 Na_2S 之后体积膨胀约 160%，容易造成电极材料的脱落；中间产物（多硫化物）会溶解于电解液，穿梭至负极发生不可逆的副反应，造成容量快速衰减；钠金属负极在循环过程中产生的钠枝晶会刺穿隔膜，造成短路。因此发展稳定、安全的电极材料对于室温钠硫电池至关重要。

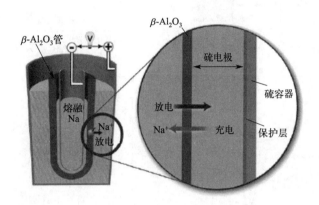

图 3-39　钠-硫电池

在室温钠硫（RT Na-S）电池的研发早期，电极材料的设计借鉴了锂硫电池的研究经验。由金属钠负极、有机溶剂混合钠盐电解质、绝缘隔膜和硫碳复合物正极组成的 RT Na-S 电池放电机理如图 3-40（a）所示[88]。在放电过程中，钠金属在负极被氧化，从而产生钠离子和电子。钠离子通过电池内部电解质移动到正极，而电子通过外部电路移动到正极，从而产生电流。同时，通过在正极接受钠离子和电子，硫单质被还原生成硫化钠（Na_2S/Na_2S_2）。室温钠硫电池中间产物变化的研究起源于高温钠硫电池。Okuno 课题组[89]首次提出在高温（350 ℃）下，由于硫和多硫化钠（Na_2S_5）在该温度下不相混溶，当电池放电至 2.075 V 时会产生一个两相共存区域［图 3-40（b）］。而当电池进一步放电时，S 和 Na_2S_5 都与 Na 反应形成单相（Na_2S_4/Na_2S_3）。持续放电后生成固态 Na_2S_2，这会导致正极电阻增加并阻止进一步的放电反应，因而钠硫电池很难完全放电生成 Na_2S。

进一步研究表明，RT Na-S 电池的充放电过程十分复杂，反应过程中往往生成一系列长链多硫化物（Na_2S_n，$4 \leqslant n \leqslant 8$）和短链（$Na_2S_n$，$1 \leqslant n < 4$）多硫化钠中间体。图 3-40（c）、（d）分别是最具代表性的 Na-S 电池循环伏安图（CV）、放电平台曲线。图 3-40（c）中位于约 2.2 V 和约 1.6 V 处的两个主要还原峰对应于图 3-40（d）中的两个放电平台，结合两个相互对应的氧化峰（约 1.8 V 和约 2.35 V）表明硫电极的氧化还原过程高度可逆[90]。图 3-40（d）中除两个放电平台外，在 2.20 ~ 1.65 V 和 1.60 ~ 1.20 V 的电压范围内表现出两个倾斜的电压放电区间。根据热力学分析和相变的观点来看［图 3-40（d）］，竖直虚线对应于使用低温硫化学方法计算出的理论容量，该放电曲线可被分为四个区域[91]。结合每个过渡步骤的理论容量和实际容量，RT Na-S 电池的放电可以描述为如下过程：

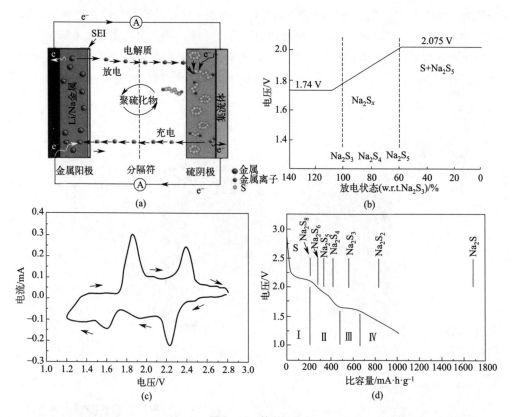

图 3-40　放电机理

（a）充放电过程中钠-硫电池反应；（b）相变过程；（c）循环伏安特性曲线；（d）放电过程中产生的多种硫化物

区间Ⅰ：在约 2.20 V 的高电压平台区对应于从单质硫到可溶 Na_2S_8 的固-液转换。

$$S_8+2Na^++2e^- \longrightarrow Na_2S_8 \tag{3-5}$$

区间Ⅱ：在 2.20～1.56 V 范围的斜坡电压对应于溶解的 Na_2S_8 和 Na_2S_4 之间发生的液-液反应。

$$Na_2S_8+2Na^++2e^- \longrightarrow 2Na_2S_4 \tag{3-6}$$

在这一过程中，有可能包含以下副反应：

$$Na_2S_8+2/3Na^++2/3e^- \longrightarrow 4/3Na_2S_6 \tag{3-7}$$
$$Na_2S_6+2/5Na^++2/5e^- \longrightarrow 6/5Na_2S_5 \tag{3-8}$$
$$Na_2S_5+1/2Na^++1/2e^- \longrightarrow 5/4Na_2S_4 \tag{3-9}$$

区间Ⅲ：在 1.65V 的一个低电压平台区对应于从 Na_2S_4 到不溶解的 Na_2S_3，Na_2S_2 或 Na_2S 的液-固转换，伴随着以下一系列反应：

$$Na_2S_4+2/3Na^++2/3e^- \longrightarrow 4/3Na_2S_3 \tag{3-10}$$
$$Na_2S_4+2Na^++2e^- \longrightarrow 2Na_2S_2 \tag{3-11}$$
$$Na_2S_4+6Na^++6e^- \longrightarrow 4Na_2S \tag{3-12}$$

区间Ⅳ：在 1.65～1.20 V 范围下的第二个斜坡区间对应于在不溶解的 Na_2S_2 和 Na_2S 间的固-固反应。

$$Na_2S_2+2Na^++2e^- \longrightarrow 2Na_2S \tag{3-13}$$

在这四个反应区间中，区间Ⅱ被认为是最复杂的区域，并且其受溶液中各种类型的多硫化物间的化学平衡影响。区间Ⅲ的容量和放电电压取决于式（3-10）、式（3-11）和式（3-12）之间的竞争。由于 Na_2S_2 和 Na_2S 的不导电性质，区间Ⅳ在动力学上较慢，并且可能遭受高极化。针对钠硫电池中正负电极特性，以及充放电过程中复杂的电化学反应，钠硫电池的发展受到了多种因素的阻碍。

尽管 Na_2S 正极材料有许多优点，然而目前 Na_2S 作为室温钠硫电池正极材料的研究尚且处于起步阶段，其本征导电性差，并且在充放电过程中，Na_2S 与多硫化物的转化动力学缓慢，中间产物多硫化物会溶解到电解液中，穿越至负极表面，发生自放电现象，导致活性物质的流失，容量的快速衰减，即"穿梭效应"，限制其实际应用。再者，在钠硫电池充放电过程中，活性材料在循环过程中完全放电到 Na_2S 时体积膨胀达到 170%，而锂硫电池中的硫放电到 Li_2S 仅需要 79% 的膨胀[92,93]，从而导致正极材料结构遭到破坏，活性物质发生损失，导致容量快速衰减，并且正极材料体积增大也会带来安全性问题[94]。为了解决这些问题，改善室温钠硫电池电化学性能，综合国内外近 20 年的研究，找到以下解决办法：

① 用导电材料包覆硫颗粒，增加正极材料的导电性，有利于电池的快速充放电过程，例如碳材料、氧化物等[95-97]；

② 使用离子选择性聚合物膜或 β-氧化铝固体电解质隔膜来抑制多硫化物（Na_2S_n，4＜ n ＜8）的穿梭效应[98-100]；

③ 使用多硫化钠阴极电解液[101,102]；

④ 使用不同的盐（$NaCF_3SO_3$，$NaClO_4$，$NaPF_6$）和引入电解质成膜添加剂［碳酸乙烯亚乙酯（VEC）和 Na_2S/P_2S_5］来改善电解液[103]。

针对当前的室温钠硫电池，国内外的研究者们进行了多方面的研究，表 3-3 列举了近 20 年来国内外对室温钠硫电池的正极材料、电解液及其电化学性能的研究。

表 3-3　室温钠硫电池概述

研究者	正极	电解质凝胶聚合物	首个循环后放电比容量 /(mA·h·g⁻¹)	第十次循环后放电比容量 /(mA·h·g⁻¹)	电压区间 /V
Park 等	70%（质量分数，下同）S，20%C，10%PEO	$NaCF_3SO_3$：PVDF：TEGDME=1:3:6	489	108	1.0～3.0
Park 等	70%S，20%C，10%PEO	PEO：$NaCF_3SO_3$=9:1	505	166	1.0～3.0
Kim 等	70%S，20%ACET，10%PEO	$NaCF_3SO_3$：PVDF-HFP：TEGDME=1:3:6	392	120	1.0～3.0
Ryu 等	60%S，20%C，20%PEO	1mol·L⁻¹ $NaCF_3SO_3$；TEGDME	528	240	1.2～2.3
Lee 等	60%HCS-S，20%ACET，20%PEO	$NaCF_3SO_3$：TEGDME=1:4	1200	600	0.5～2.1

续表

研究者	正极	电解质 凝胶聚合物	首个循环后放电比容量 /(mA·h·g⁻¹)	第十次循环后放电比容量 /(mA·h·g⁻¹)	电压区间 /V
Wenzel 等	50%S, 40%C, 10%PVDF, 42.5%S	(a) 1 mol·L⁻¹ $NaCF_3SO_3$ DME：DOL（1：1）; (b)（a)+β-Al_2O_3	(a) 450 (b) 475	(a) 190 (b) 325	1.0~2.3
Bauer 等	42.5%C, 12%MWCNT, 3%PTFE	(a) 1 mol·L⁻¹ $NaClO_4$ TEGDME; (b)（a)+Nafion 涂层的 PP 隔膜	(a) 340 (b) 400	(a) 210 (b) 360	1.2~2.5
Xingwen Yu 等	60%S, 30%Super-P, 10%PVDF	15 mol·L⁻¹$NaClO_4$+0.3 mol·L⁻¹ $NaNO_3$; TEGDME（a）带夹层（b）无夹层	(a) 960 (b) 400	(a) 580 (b) 200	1.2~2.5
Xingwen Yu 等	60%S, 30%Super-P, 10%PVDF	(a) 1.5 mol·L⁻¹ NaClO+0.3 mol·L⁻¹ $NaNO_3$ TEGDME; (b)（a)+ 夹层 CNT/CNFCCF	(a) 1000 (b) 400	(a) 500 (b) 200	1.2~2.8
Xingwen Yu 等	Na_2S_6/MWCNT（b） 碳硫复合材料	1.5 mol·L⁻¹ $NaClO_4$ + 0.3 mol·L⁻¹ $NaNO_3$ TEGDME	(a) 920 (b) 400	(a) 550 (b) 190	1.2~2.8
Xingwen Yu 等	Na‖ 钠化 Nafion‖CNF/AC	1.0 mol·L⁻¹ $NaClO_4$ + 0.2 mol·L⁻¹ $NaNO_3$ TEGDME +Na_2S_6	1000		1.2~2.8
Icpyo Kim 等	S/C：PVDF：Super-P=6：2：2	TEGDME（a）多孔分离器 （b）固体电解质	(a) 350 (b) 855	(a) 100 (b) 680	1.0~3.0
Icpyo Kim 等	S/C：PVDF：Super-P=6：2：2	1 mol·L⁻¹ $NaCF_3SO_3$ TEGDME	1070	710	1.0~3.0

参考文献

[1] Liu Q, Hu Z, Li W, et al. Energy & Environmental Science, 2021, 14（1）: 158-179.

[2] Goikolea E, Palomares V, Wang S, et al. Advanced Energy Materials, 2020, 10（44）.

[3] Hwang J Y, Myung S T, Sun Y K. Chem Soc Rev, 2017, 46（12）: 3529-3614.

[4] Yabuuchi N, Kubota K, Dahbi M, et al. Chem Rev, 2014, 114（23）: 11636-11682.

[5] Chu S, Guo S, Zhou H. Chem Soc Rev, 2021, 50（23）: 13189-13235.

[6] Bianchini M, Wang J, Clement R J, et al. Nat Mater, 2020, 19（10）: 1088-1095.

[7] Yabuuchi N, Yoshida H, Komaba S. Electrochemistry, 2012, 80（10）: 716-719.

[8] Wang Q, Mariyappan S, Rousse G, et al. Nat Mater, 2021, 20（3）, 353-361.

[9] Zhang X, Qiao Y, Guo S, et al. Adv Mater, 2019, 31（27）: e1807770.

[10] Zhao C, Ding F, Lu Y, et al. Angew Chem Int Ed Engl, 2020, 59（1）: 264-269.

[11] Berthelot R, Carlier D, Delmas C. Nat Mater, 2011, 10（1）: 74-80.

[12] Maitra U, House R A, Somerville J W, et al. Nat Chem, 2018, 10（3）: 288-295.

[13] Rong X, Hu E, Lu Y, et al. Joule, 2019, 3（2）: 503-517.

[14] Zheng W, Liu Q, Wang Z, et al. Energy Storage Materials, 2020, 28: 300-306.

[15] Tsuchiya Y, Takanashi K, Nishinobo T, et al. Chemistry of Materials, 2016, 28（19）: 7006-7016.

[16] Rong X, Liu J, Hu E, et al. Joule, 2018, 2 (1): 125-140.

[17] Lu J, Chung S C, Nishimura S I, et al. Chemistry of Materials, 2013, 25 (22): 4557-4565.

[18] Avdeev M, Mohamed Z, Ling C D, et al. Inorg Chem, 2013, 52 (15): 8685-8693.

[19] Moreau P, Guyomard D, Gaubicher J, et al. Chemistry of Materials, 2010, 22 (14): 4126-4128.

[20] Fang Y, Liu Q, Xiao L, et al. ACS Appl Mater Interfaces, 2015, 7 (32): 17977-17984.

[21] Uebou Y, Kiyabu T, Okada S, et al. Rep Inst Adv Mater Study Kyushu Univ, 2002, 16, 1.

[22] Jian Z, Zhao L, Pan H, et al. Electrochem Commun, 2012, 14, 86.

[23] Barpanda P, Oyama G, Nishimura S I, et al. Nat. Commun, 2014, 5.

[24] Padhi A K, Nanjundaswamy K S, Masquelier C, et al. J Electrochem Soc, 1997, 144: 1609.

[25] Qian J, Zhou M, Cao Y, et al. Adv Energy Mater, 2012, 2, 410.

[26] Qian J, Zhou M, Cao Y. J. Electrochem, 2012, 18, 108.

[27] Song J, Wang L, Lu Y, et al. Removal of interstitial H_2O in hexacyanometallates for a superior cathode of a sodium-ion battery [J]. J Am Chem Soc, 2015, 137 (7): 2658-2664.

[28] Xu S Y, Wang Y S, Ben L B, et al. Fe-based tunnel-type $Na_{0.61}[Mn_{0.27}Fe_{0.34}Ti_{0.39}]O_2$ designed by a new strategy as a cathode material for sodium-ion batteries [J]. Advanced Energy Material, 2015, 5 (22): 1501156.

[29] Oh S M, Myung S T, Yoon C S, et al. Advanced $Na[Ni_{0.25}Fe_{0.5}Mn_{0.25}]O_2/C\text{-}Fe_3O_4$ sodium-ion batteries using EMS electrolyte for energy storage [J]. Nano Letters, 2014, 14 (3): 1620-1626.

[30] Qi Y R, Mu L Q, Zhao J M, et al. Superior Na-storage performance of low temperature synthesized Na_3 $(VO_{1-x}PO_4)_2F_{1+2x}$ ($0 \leqslant x \leqslant 1$) nano particles for Na-ion batteries [J]. Angewandte Chemie International Edition, 2015, 54 (34): 9911-9916.

[31] Wu X Y, Luo Y, Sun M Y, et al. Low-defect Prussian Blue nano cubes as high capacity and long life Cathodes for aqueous Na-ion batteries [J]. Nano Energy, 2015, 13: 117-123.

[32] Kim K T, Ali G, Chung K Y, et al. Anatase titania nanorods as an intercalation anode material for rechargeable sodium batteries [J]. Nano Letters, 2014, 14 (2): 416-422.

[33] Li W H, Yang Z Z, Li M S, et al. Amorphous red phosphorus embedded in highly ordered mesoporous carbon with superior lithium and sodium storage capacity [J]. Nano Letters, 2016, 16 (3): 1546-1553.

[34] Li Y, Lu Y X, Adelhelm P, et al. Intercalation chemistry of graphite: alkali metal ions and beyond [J]. Chem Soc Rev, 2019, 48: 4655-4687.

[35] Asher R C, Wilson S A. Lamellar compound of sodium with graphite [J]. Nature, 1958, 181 (4606): 409-410.

[36] Liu Y, Merinov B V, Goddard W A. Origin of low sodium capacity in graphite and generally weak substrate binding of Na and Mg among alkali and alkaline earth metals [J]. Proceedings of the National Academy of Science of the United States of America, 2016, 113 (14): 3735-3739.

[37] Irisarri E, Ponrouch A, Palacin M R. Review-hard carbon negative electrode materials for sodium-ion batteries [J]. Journal of The Electrochemical Society, 2015, 162 (14): A2476-A2482.

[38] Buiel E, George A E, Dahn J R. On the reduction of lithium insertion capacity in hard-carbon anode materials with increasing heat-treatment temperature [J]. Journal of The Electrochemical Society, 1998, 145 (7): 2252-2257.

[39] Stevens D A, Dahn J R. High capacity anode materials for rechargeable sodium-ion batteries [J]. Journal of The Electrochemical Society, 2000, 147 (4): 1271-1273.

[40] Qiu S, Xiao L, Sushko M L, et al. Manipulating adsorption-insertion mechanisms in nanostructured carbon materials for high-efficiency sodium ion storage [J]. Advanced Energy Materials, 2017, 7 (17): 1700403.

[41] Xiao L, Cao Y, Henderson W A, et al. Hard carbon nano particles as high-capacity, high-stability anodic materials for Na-ion batteries [J]. Nano Energy, 2016, 19: 279-288.

[42] Xiao L, Lu H, Fang Y, et al. Low-defect and low-porosity hard carbon with high coulombic efficiency and high capacity for practical sodium ion battery anode [J]. Advanced Energy Materials, 2018, 8 (20): 1703238.

[43] Li Y, Hu Y S, Qi X, et al. Advanced sodium-ion batteries using superior low cost paralyzed anthracite anode:

toward practical applications［J］. Energy Storage Materials，2016，5：191-197.

［44］Au H，Alptekin H，Jensen A C S，et al. A revised mechanistic model for sodium insertion in hard carbons［J］. Energy & Environmental Science，2020，13（10）：3469-3479.

［45］Li Y，Xu S，Wu X，et al. Amorphous mono dispersed hard carbon micro-spherules derived from biomass as a high performance negative electrode material for sodium-ion batteries［J］. Journal of Materials Chemistry A，2015，3（1）：71-77.

［46］Li Y，Lu Y，Meng Q，et al. Regulating pore structure of hierarchical porous waste cork derived hard carbon anode for enhanced Na storage performance［J］. Advanced Energy Materials，2019，9（48）：1902852.

［47］Li Y，Hu Y S，Li H，et al. A superior low-cost amorphous carbon anode made from pitch and lignin for sodium-ion batteries［J］. Journal of Materials Chemistry A，2016，4（1）：96-104.

［48］Li Y，Hu Y S，Titirici M M，et al. Hard Carbon Microtubes Made from Renewable Cotton as High-Performance Anode Material for Sodium-Ion Batteries［J］. Advanced Energy Materials，2016，6（18）：1600659.

［49］Li Y，Mu L，Hu Y S，et al. Pitch-derived amorphous carbon as high performance anode for sodium-ion batteries［J］. Energy Storage Materials，2016，2：139-145.

［50］Liu P，Li Y，Hu Y S，et al. A waste bio mass derived hard carbon as a high-performance anode material for sodium-ion batteries［J］. Journal of Materials Chemistry A，2016，4（34）：13046-13052.

［51］邱珅，曹余良，艾新平，等. 不同类型碳结构的储钠反应机理分析［J］. 中国科学：化学，2017（5）：573-578.

［52］Bommier C，Ji X，Greaney P A. Electrochemical properties and theoretical capacity for sodium storage in hard carbon：insights from first principles calculations［J］. Chemistry of Materials，2018，31（3）：658-677.

［53］Bommier C，Mitlin D，Ji X. Internal structure Na storage mechanisms electrochemical performance relations in carbons［J］. Progress in Materials Science，2018，97：170-203.

［54］Bommier C，Surta T W，Dolgos M，et al. New mechanistic insights on Na-ion storage in nongraphitizable carbon［J］. Nano Letters，2015，15（9）：5888-5892.

［55］张思伟，张俊，吴思达，等. 钠离子电池用碳负极材料研究进展［J］. 化学学报，2017，75：163-172.

［56］Wang J，Liu X，Mao S，et al. Microstructural evolution of tin nanoparticles during in situ sodium insertion and extraction［J］. Nano Letters，2012，12：5897-5902.

［57］Darwiche A，Marino C，Sougrati M T，et al. Better cycling performances of bulk Sb in Na-ion batteries compared to Li-ion systems：an unexpected electro chemical mechanism［J］. Journal of the American Chemical Society，2012，134（51）：20805-20811.

［58］Marbella L E，Evans M L，Groh M F，et al. Sodiation and desodiation via helical phosphorus intermediates in high-capacity anodes for sodium-ion batteries［J］. Journal of the American Chemical Society，2018，140（25）：7994-8004.

［59］Xia X，Chao D，Zhang Y，et al. Generic synthesis of carbon nanotube branches on metal oxide arrays exhibiting stable high-rate and long-cycle sodium-ion storage［J］. Small，2016，12（22）：3048-3058.

［60］Tao H，Zhou M，Wang R，et al. TiS_2 as an advanced conversion electrode for sodium-ion batteries with ultra-high capacity and long-cycle life［J］. Advanced Science，2018，5（11）：1801021.

［61］Guo S，Yi J，Sun Y，et al. Recent advance sintitanium-based electrode materials for stationary sodium-ion batteries［J］. Energy & Environmental Science，2016，9：2978-3006.

［62］Senguttuvan P，Rousse G，Seznec V，et al. $Na_2Ti_3O_7$: lowest voltage ever reported oxide insertion electrode for sodium ion batteries［J］. Chemistry of Materials，2011，23（18）：4109-4111.

［63］Abouimrane A，Weng W，Eltayeb H，et al. Sodium insertion in carboxyl ate based materials and their application in 3.6 V full sodium cells［J］. Energy & Environmental Science，2012，5（11）：9632-9638.

［64］Wu X，Ma J，Ma Q，et al. A spray drying approach for the synthesis of a $Na_2C_6H_2O_4$/CNT nanocomposite anode for sodium-ion batteries［J］. Journal of Materials Chemistry A，2015，3（25）：13193-13197.

［65］Li Y，et al. Ether-based electrolytes for sodium ion batteries［J］. Chem Soc Rev，2022，51：4484-4536.

［66］Jache B，Binder J O，Abe T，et al. A comparative study on the impact of different glymes and their derivatives as electrolyte solvents for graphite co-intercalation electrodes in lithium-ion and sodium-ion batteries ［J］. Phys Chem Chem Phys，2016，18：14299-14316.

［67］Bai P，et al. Solid electrolyte interphase manipulation towards highly stable hard carbon anodes for sodium ion batteries ［J］. Energy Storage Materials，2020，25：324-333.

［68］Liu X，et al. High capacity and cycle-stable hard carbon anode for nonflammable sodium-ion batteries ［J］. ACS Appl Mater Interfaces，2018，10：38141-38150.

［69］Feng J，Ci L，Xiong S. Biphenyl as overcharge protection additive for nonaqueous sodium batteries ［J］. RSC Advances，2015，5：96649-96652.

［70］Hou W，Guo X，Shen X，et al. Solid electrolytes and interfaces in all-solid-state sodium batteries：Progress and perspective ［J］. Nano Energy，2018，52：279-291.

［71］Chen G，Lu J，Zhou X，et al. Solid-state synthesis of high performance Na-β''-Al$_2$O$_3$ solid electrolyte doped with MgO ［J］. Ceramics International，2016，42（14）：16055-16062.

［72］Zhu C，Hong Y，Huang P. Synthesis and characterization of NiO doped beta-Al$_2$O$_3$ solid electrolyte ［J］. Journal of Alloys and Compounds，2016，688：746-751.

［73］Xu D，Jiang H，Li M，et al. Synthesis and characterization of Y$_2$O$_3$ doped Na–β''-Al$_2$O$_3$ solid electrolyte by double zeta process ［J］. Ceramics International，2015，41（4）：5355-5361.

［74］Erkalfa H，Misirli Z，Baykara T. The effect of TiO$_2$ and MnO$_2$ on densification and microstructural development of alumina ［J］. Ceramics International，1998，24（2）：81-90.

［75］Lu X，Li G，Kim J Y，et al. Enhanced sintering of β''-Al$_2$O$_3$/YSZ with the sintering aids of TiO$_2$ and MnO$_2$ ［J］. Journal of Power Sources，2015，295：167-174.

［76］May G J. The influence of barium and titanium dopants on the ionic conductivity and phase composition of sodium-beta-alumina ［J］. Journal of Materials Science，1979，14（6）：1502-1505.

［77］Goodenough J B，Hong H Y P，Kafalas J A. Fast Na$^+$-ion transport in skeleton structures ［J］. Materials Research Bulletin，1976，11（2）：203-220.

［78］Ma Q，Guin M，Naqash S，et al. Scandium-substituted Na$_3$Zr$_2$（SiO$_4$）$_2$（PO$_4$）prepared by a solution-assisted solid-state reaction method as sodium-ion conductors ［J］. Chemistry of Materials，2016，28（13）：4821-4828.

［79］Zeng L，Chen Y，Liu J，et al. Ruthenium（II）complexes with 2-phenylimidazo phenanthroline derivatives that strongly combat cisplatin-resistant tumor cells ［J］. Scientific reports，2016，6（1）：19449.

［80］Tanibata N，Noi K，Hayashi A，et al. X - ray crystal structure analysis of sodium - ion conductivity in 94 Na$_3$PS$_4$ · 6Na$_4$SiS$_4$ glass - ceramic electrolytes ［J］. Chem Electro Chem，2014，1（7）：1130-1132.

［81］Hayashi K，Fujishima Y，Kaneko M，et al. Self-interference canceller for full-duplex radio relay station using virtual coupling wave paths ［C］. Proceedings of The 2012 Asia Pacific Signal and Information Processing Association Annual Summit and Conference IEEE，2012：1-5.

［82］Hayashi A，Noi K，Tanibata N，et al. High sodium ion conductivity of glass–ceramic electrolytes with cubic Na$_3$PS$_4$ ［J］. Journal of Power Sources，2014，258：420-423.

［83］Zhang L，Yang K，Mi J，et al. Solid electrolytes：Na$_3$PSe$_4$：A novel chalcogenide solid electrolyte with high ionic conductivity ［J］. Advanced Energy Materials，2015，5（24）.

［84］Tanibata N，Noi K，Hayashi A，et al. Preparation and characterization of highly sodium ion conducting Na$_3$PS$_4$–Na$_4$SiS$_4$ solid electrolytes ［J］. RSC Advances，2014，4（33）：17120-17123.

［85］Moon C K，Lee H J，Park K H，et al. Vacancy-driven Na$^+$ superionic conduction in new Ca-doped Na$_3$PS$_4$ for all-solid-state Na-ion batteries ［J］. ACS Energy Letters，2018，3（10）：2504-2512.

［86］Ma Y，Doeff M M，Visco S J，et al. Rechargeable Na/Na$_x$CoO$_2$ and Na$_{15}$Pb$_4$/Na$_x$CoO$_2$ polymer electrolyte cells ［J］. Journal of the Electrochemical Society，1993，140（10）：2726.

［87］Qi X，Ma Q，Liu L，et al. Sodium bis（fluorosulfonyl）imide/poly（ethylene oxide）polymer electrolytes for sodium-ion batteries [J]. Chem Electro Chem, 2016, 3 (11): 1741-1745.

[88] Bhargav P B, Mohan V M, Sharma A K, et al. Characterization of poly (vinyl alcohol) /sodium bromide polymer electrolytes for electrochemical cell applications [J]. Journal of Applied Polymer Science, 2008, 108 (1): 510-517.

[89] Guo Q Y, Zheng Z J. Rational design of binders for stable Li-S and Na-S batteries [J]. Advanced Functional Materials, 2019, 30 (6): 1907931.

[90] Oshima T, Kajita M, Okuno A. Development of sodium-sulfur batteries [J]. International Journal of Applied Ceramic Technology, 2004, 1 (3): 269-276.

[91] Manthiram A, Yu X W. Ambient temperature sodium-sulfur batteries [J]. Small, 2015, 11 (18): 2108-2114.

[92] Yu X W, Manthiram A. Capacity enhancement and discharge mechanisms of room-temperature sodium-sulfur batteries [J]. Chem Electro Chem, 2014, 1 (8): 1275-1280.

[93] Yin Y X, Xin S, Guo Y G, et al. Lithium-sulfur batteries: electrochemistry, materials, and prospects [J]. Angewandte Chemie-International Edtion, 2013, 52 (50): 13186-13200.

[94] Kohl M, Borrmann F, Althues H, et al. Hard carbon anodes and novel electrolytes for long-cycle-life room temperature sodium-sulfur full cell batteries [J]. Advanced Energy Materials, 2016, 6 (6): 1502185.

[95] Elazari R, Salitra G, Talyosef Y, et al. Morphological and structural studies of composite sulfur electrodes upon cycling by HRTEM, AFM and Raman spectroscopy [J]. Journal of the Electrochemical Society, 2010, 157 (10): A1131-A1138.

[96] Hwang T H, Jung D S, Kim J S, et al. One-dimensional carbon-sulfur composite fibers for Na-S rechargeable batteries operating at room temperature [J]. Nano Letters, 2013, 13 (9): 4532-4538.

[97] Zheng S, Han P, Han Z, et al. Nano-copper-assisted immobilization of sulfur in high-surface-area mesoporous carbon cathodes for room temperature Na-S batteries [J]. Advanced Energy Materials, 2014, 4 (12): 1400226.

[98] Lee D J, Park J W, Hasa I, et al. Alternative materials for sodium ion–sulphur batteries [J]. Journal of Materials Chemistry A, 2013, 1 (17): 5256-5261.

[99] Wenzel S, Metelmann H, Rail C, et al. Thermodynamics and cell chemistry of room temperature sodium/sulfur cells with liquid and liquid/solid electrolyte [J]. Journal of Power Sources, 2013, 243: 758-765.

[100] Bauer I, Kohl M, Althues H, et al. Shuttle suppression in room temperature sodium-sulfur batteries using ion selective polymer membranes [J]. Chemical Communications, 2014, 50 (24): 3208-3210.

[101] Yu X, Manthiram A. Na₂S-carbon nanotube fabric electrodes for room-temperature sodium-sulfur batteries [J]. Chemistry-A European Journal, 2015, 21 (11): 4233-4237.

[102] Yu X, Manthiram A. Room-temperature sodium-sulfur batteries with liquid-phase sodium polysulfide catholytes and binder-free multiwall carbon nanotube fabric electrodes [J]. The Journal of Physical Chemistry C, 2014, 118 (40): 22952-22959.

[103] Li W, Zhou M, Li H, et al. A high performance sulfur-doped disordered carbon anode for sodium ion batteries [J]. Energy & Environmental Science, 2015, 8 (10): 2916-2921.

► 第 4 章

锂硫电池

▲ ▲ ▲ ▲ ▲ ▲ ▲

锂硫电池，是一类利用单质硫和金属锂之间的电化学反应进行化学能和电能转化的化学电源。1962 年，美国科学家 Herbet 和 Ulam 首次提出以硫为正极材料[1]。1979 年，美国活动产业委员会（The Events Industry Council，EIC）科学家 R. D. Ruh 等[2] 提出有机电解液在 Li/Li$_2$S$_n$ 原型电池中的应用。早期的锂硫电池被作为一次电池研究，甚至实现了商业化生产。1976 年 Whitingham 等提出以 TiS$_2$ 为正极，金属锂为负极的 Li-TiS$_2$ 二次电池，但最终因为锂枝晶带来的严重安全问题未实现商业化。20 世纪 90 年代，在锂离子电池商业化背景下，锂硫电池的研究因其稳定性和安全性方面的问题一度陷入低谷。经过多年的发展，锂离子电池工艺日益完善，但受限于其理论能量密度，难以满足人类未来对于储能的需求。因此，高能量密度锂硫电池再度受到广泛关注。

4.1 锂硫电池电化学反应

锂硫电池是基于金属锂与单质硫之间的电化学反应来实现化学能与电能之间的转换。锂硫电池结构如图 4-1 所示。负极金属锂被氧化释放出锂离子和电子，同时与电解液接触面形成保护层固态电解质（SEI）膜；锂离子和电子分别通过电解液、外部负载移动到正极；单质硫在正极被还原成放电产物硫化锂。

图 4-2 所示为典型的锂硫电池充放电曲线，详细阐述其反应机理[3]。可以看出，在氧化还原过程中，S$_8$ 分子的组分和结构发生复杂变化，并且涉及系列可溶性多硫化物中间产物（Li$_2$S$_n$，$3 \leqslant n \leqslant 8$）的形成。很明显，图中存在两个放电平台，分别对应固相 S$_8$ 分子到液相多硫化物再到固相 Li$_2$S$_2$ 和 Li$_2$S 的形成过程。对于硫物种的相态变化，放电过程可以被划分为四个部分：

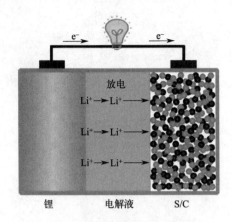

图 4-1　锂硫电池结构示意图[3]

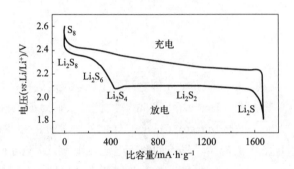

图 4-2　锂硫电池典型充放电曲线图[3]

（1）$S_8 + 2Li = Li_2S_8$

单质硫在自然界中普遍以环状 S_8 形式存在。从 S_8 分子到 Li_2S_8 的固液两相还原过程中，对应 $2.2 \sim 2.3$ V 处较高电压平台。该平台约贡献硫正极理论比容量的 12.5%（209 $mA \cdot h \cdot g^{-1}$）。由于长链多硫化物在电解液中有较高的溶解性，该阶段具有更快的转化速率，生成的 Li_2S_8 溶解于电解液中成为液态活性物质。正极硫的溶解对于电池反应至关重要，密切影响电池的充放电性能，因为表面硫的溶解会使得内部硫暴露于电解液中，进而维持正极的还原反应。

（2）$Li_2S_8 + 2Li = Li_2S_{8-n} + Li_2S_n$

Li_2S_8 溶液到短链多硫化物的液液均相还原过程，对应第一电压平台的下降阶段。伴随着长链多硫化物的转化以及多硫化物阴离子浓度升高，电解液黏度逐渐增加直至该阶段结束。

（3）$Li_2S_n + (2n-4)Li = nLi_2S_2$；$Li_2S_n + (2n-2)Li = Li_2S$

从溶解的短链多硫化物到不溶的 Li_2S_2 和 Li_2S 的两相还原过程，对应 $1.9 \sim$

2.1 V 处较低的电压平台。上述两反应相互竞争，贡献了硫正极理论比容量的 75%（1256 $mA \cdot h \cdot g^{-1}$）。

（4）$Li_2S_2 + 2Li = 2Li_2S$

从 Li_2S_2 到 Li_2S 的固固两相还原过程，对应第二电压平台较陡的下降阶段。由于 Li_2S_2 和 Li_2S 的不溶性以及较差的电导性，该过程反应速率缓慢并且极化程度较大。

随着反应进行，锂硫电池中发生着固 - 液 - 固的化学转换。该电池体系与发生插层化学的锂离子电池等电池体系不同，这也是锂硫电池商业化应用过程颇具挑战性的原因。锂硫电池放电平台的平均电压大约为 2.2 V（*vs.* Li/Li$^+$），尽管这比采用传统正极材料的锂离子电池的工作电压低，但是硫较高的理论比容量（1675 $mA \cdot h \cdot g^{-1}$）弥补了这一点，仍使其成为能量密度较高的固体正极材料。

锂硫电池的提出时间比锂离子电池早，并且在理论比容量和能量密度上都远超锂离子电池，但由于其本身弊端阻碍了在商业化道路上前进的速度。目前，锂硫电池还存在着以下问题和挑战[4-7]：

① 单质硫和硫化锂的电子绝缘性。单质硫的电导率 $\delta = 5 \times 10^{-30}$ S $\cdot$ cm^{-1}，放电产物硫化锂的电导率 $\delta = 10^{-13}$ S $\cdot$ cm^{-1}。单质硫和硫化锂的导电性较差，限制了其发挥出高比容量。

② 单质硫充放电前后体积变化。单质硫常温下密度为 2.07 g $\cdot$ cm^{-3}，而放电产物 Li_2S 常温下密度为 1.66 g $\cdot$ cm^{-3}，这将导致充放电过程中会发生大约 80% 的体积变化，导致硫正极的结构坍塌。

③ 多硫化物在电解液中溶解。锂硫电池充放电过程中产生中间产物多硫化锂，而多硫化锂在醚类电解液中有较好的溶解性，这不仅会导致活性物质脱离集流体，降低活性物质利用率，还会让多硫化锂在正负极之间来回穿梭，引发"穿梭效应"，导致锂硫电池整体库仑效率下降、金属锂负极腐蚀和电化学性能衰退。

通过了解硫正极反应和失效机制，可以推断出硫正极设计的关键所在：a. 硫正极较低的电子和离子电导率；b. 循环过程中硫正极的机械稳定性；c. 控制多硫化物"穿梭效应"，同时充分利用多硫化物自身电化学活性。

4.2　复合正极材料体系

锂硫电池的兴起为硫的开发和使用提供了新的机遇和方向。得益于硫和含硫物种的发展，研究人员设计出更多兼具功能性和稳定性的硫正极。

4.2.1　碳材料复合体系

自从加拿大滑铁卢大学 Nazar 教授团队[8]在 2009 年将 CMK-3 引入硫正极体系并极大改善其循环性能以来，碳基材料被广泛应用于构筑复合硫正极。通过将硫负载在导电碳材料上，可以提升电极导电性；通过设计合适孔结构能够对硫化物起到"物理限域"作用，同时可有效缓解硫的体积膨胀。

（1）碳纳米管复合体系

一维碳纳米管（CNT）在电化学储能装置中具有极大优势。由于高长径比的特性，不仅可以提供用于固硫和多硫化物的高比表面积，还可以提供连续的长程导电网络，从而加快正极的反应速率并提高硫利用率。此外，中空结构 CNT 提供了容纳硫的较大空间，并且一维材料之间的组合可以提供多孔骨架以缓解循环过程中硫的体积形变问题。这些特性为制备柔性、无黏结剂和自支撑正极创造了条件[9]。

Cheng 等[10] 将硫通过机械球磨法嵌入垂直定向排列的 CNT，应用于锂硫电池的复合正极。其中，CNT 作为相互连接的导电支架来容纳硫，该 sp^2 碳支架提高电子的传递速率。图 4-3 为 CNT/S 复合材料的形貌特征以及电化学性能。利用垂直定向排列 CNT 的有序结构和高孔隙率的性质，载硫量为 1.21 mg·cm^{-2} 时，在 0.1 C 下的首次放电比容量为736.8 mA·h·g^{-1}。并且在前 40 周每周的衰减率仅为 0.96 %。倍率测试结果显示，CNT/S复合正极在 0.05 C、0.1 C、0.2 C、0.5 C 和 1 C 下的放电比容量分别为 789.3 mA·h·g^{-1}、611.0 mA·h·g^{-1}、575.4 mA·h·g^{-1}、475.1 mA·h·g^{-1} 和 140.8 mA·h·g^{-1}。

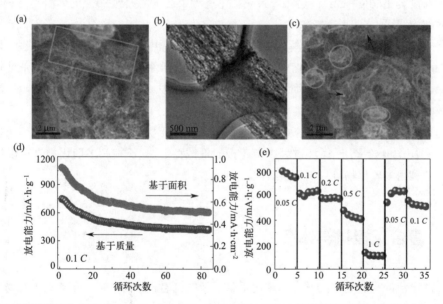

图 4-3　原始垂直排列 CNT 的 SEM（a）和 TEM（b）图像；CNT/S 复合材料的 SEM 图像（c）、循环性能（d）和倍率性能（e）[10]

CNT 材料与其他二维层状材料结合，可以有效束缚多硫化物并提高硫的负载量。Wu等[11] 基于真空抽滤工艺制备自支撑 g-C$_3$N$_4$/CNT 复合膜，研究其在高载硫电极的电化学性能（图 4-4）。结果表明，中空结构 CNT 和二维层状结构 g-C$_3$N$_4$ 的协同作用，强化了对多硫化物的吸附效果，有效抑制其"穿梭效应"，同时降低电极极化效应，改善高载硫电极的循环稳定性。g-C$_3$N$_4$/CNT/Li$_2$S$_6$（载硫量：4.74 mg）复合膜电极在 0.5 C 电流密度下首次放电比容量为 876 mA·h·g^{-1}，300 次循环后放电比容量为 633 mA·h·g^{-1}。此外与 CNT/Li$_2$S$_6$ 电极相比，该复合电极可有效抑制电池自放电行为，提高电极循环稳定性。当复合电极的载硫量提高至 7.11 mg 时，0.2 C 电流密度下首次放电比容量为 850 mA·h·g^{-1}，200次循环后仍可提供 642 mA·h·g^{-1} 的放电比容量，容量保持率 75.5%。

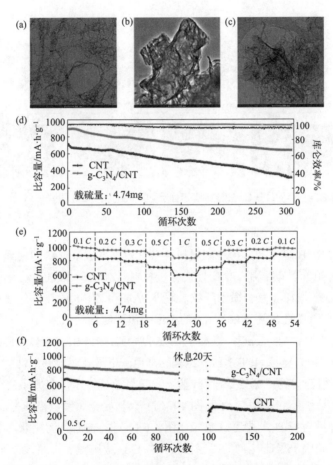

图 4-4　CNT（a）和 g-C$_3$N$_4$（b）的 TEM 图像；g-C$_3$N$_4$/CNT 的 TEM 图像（c）；g-C$_3$N$_4$/CNT@Li$_2$S$_6$ 复合电极循环性能（d）和倍率性能（e）；自放电电化学性能（f）[11]

（2）碳纳米纤维复合体系

由于 CNT 的可渗透性和过小的直径，难以将大量的硫包封在 CNT 内。多数情况下硫主要负载在 CNT 的外表面，导致多硫化物发生严重的穿梭效应。而碳纳米纤维（CNF）的导电性和多孔结构使其易于形成导电的网络结构，可以在循环过程中有效地捕获多硫化物。

Yun 等[12]以聚丙烯腈为前驱体（PAN）通过静电纺丝技术设计出三维网络结构的 CNF 基体，采用热熔融浸渍工艺制备出 CNF-S 复合电极。制备流程以及相应产物的形貌结构如图 4-5（a）和（b）所示，结果显示，硫颗粒缠绕分布在纳米纤维之间。此策略可实现在 CNF 中硫含量的可调控性。所制备的 CNF-S 电极的载硫量分别为 4.4 mg·cm^{-2}、6.0 mg·cm^{-2} 和 10.5 mg·cm^{-2}。载硫量为 4.4 mg·cm^{-2}、6.0 mg·cm^{-2} 和 10.5 mg·cm^{-2} 时，CNF-S 电极在 0.1 C 下具有较高的容量和较好的循环稳定性。在高载硫（10.5 mg·cm^{-2}）时，该电极的初始可逆比容量为 752 mA·h·g^{-1}，对应的高面积容量为 7.90 mA·h·cm^{-2}。

图 4-5　CNF-S 电极的制备流程示意图（a）和 SEM 图像（b）[12]

非金属（N、S、B 等）元素掺杂碳材料，可有效提高碳基材料抑制聚硫化物的"穿梭效应"。Yao 课题组[13, 14]以沸石咪唑骨架有机材料（ZIF-8）为氮源，基于电纺丝技术制备聚丙烯腈（PAN）/ZIF-8 复合微纳纤维，通过 PAN 和 ZIF-8 的热解处理制备高比表面积（142.82 m^2·g^{-1}）和高氮含量（4.09 %）的三维多级孔结构的氮掺杂碳纤维（NCF）。NCF 复合膜电子电导率为 6.7 S·cm^{-1}，远高于 CNF 复合膜（1.5 S·cm^{-1}）。其良好的电化学性能归因于制备的三维自支撑 NCF 多级孔结构、高电子电导及氮掺杂活性位点，提高活性物质利用率、抑制聚硫化物"穿梭效应"。基于光学显微镜技术，研究了复合电极循环后的金属锂负极表面形态，如图 4-6 所示。图 4-6（a）为初始金属锂负极形态，表面平整光滑。CNF 膜电极循环后对应的金属锂 Li 负极 [图 4-6（b）]，表面呈沟壑状，且存在大量孔洞（锂坑或粉化），归因于聚硫化物的"穿梭效应"导致金属锂表面腐蚀。而 NCF 膜电极对应的金属锂负极 [图 4-6（c）]，表面致密。该研究结果表明，NCF 可有效吸附聚硫化物"穿梭效应"，降低金属锂负极粉化，提高负极使用率。

结合静电纺丝与溶液浸渍工艺，Yao 等[13]采用功能树枝状聚合物聚酰胺-胺（PAMAM）改性氮掺杂碳（N-CNF）复合纤维，研究了其在锂硫电池中的应用（图 4-7）。PAMAM@N-CNF 作为连续的三维网络导电骨架，具有较高的锂离子扩散系数和较低的电荷转移电阻，有效促进电子和锂离子的快速转移；表面丰富的官能团提供活性位点，显著改善氧化还原反应动力学，有效抑制了多硫化物的穿梭效应。在 0.2 C 下，载硫量为 4.74 mg 的 PAMAM@N-CNF/Li$_2$S$_6$ 电极表现出较高的初始比容量（998 mA·h·g^{-1}），并且

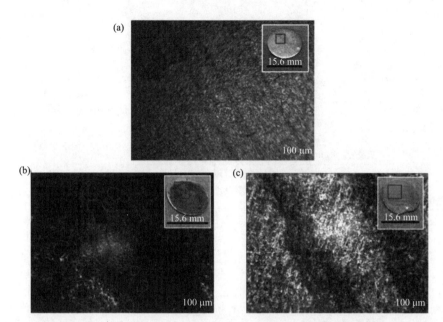

图 4-6　纯锂片表面（a），循环后 CNF（b）和 NCF（c）膜电极对应锂片表面的光学显微镜图片[14]

循环 300 次后容量依然保持在 783 mA·h·g^{-1}。此外，在高载硫体系下（7.11 mg），PAMAM 改性后的复合电极显示 5.77 mA·h 的高容量，循环 400 次后容量保持率为 71.2 %［如图 4-7（a）～（c）所示］。基于 Li$_2$S$_8$ 溶液浸渍 PAMAM@N-CNF 和 N-CNF 复合电极进行 Li$_2$S 沉积测试，旨在深入研究 PAMAM@N-CNF 对多硫化物反应动力学的作用机制。使用上述复合电极组装成纽扣电池，先将其放电至 2.12 V，随后保持在 2.02 V 不变，直至电流下降到 0.05 C。采用不同颜色分别表示 Li$_2$S$_8$ 的还原比容量、Li$_2$S$_6$ 的还原比容量以及 Li$_2$S 的沉积比容量，结果如图 4-7（d）所示。计算得出 Li$_2$S 沉积在 PAMAM@N-CNF 和 N-CNF 上的比容量分别为 541.9 mA·h·g^{-1} 和 367.2 mA·h·g^{-1}，结果说明 PAMAM 通过诱导 Li$_2$S 成核来促进多硫化物向 Li$_2$S 的转化，从而有效抑制多硫化物的穿梭，进而验证了 PAMAM 改性后有效地加速反应动力学，降低氧化硫化锂的过电位。在高真空、高电压的 TEM 测试环境下，PAMAM@N-CNF 表面的沉积物因电子辐照产生的热量而逐渐升华。沉积物升华过程的如图 4-7（e）所示，通过对比框选的区域发现附着物明显逐渐变少，但纤维仍然可见。PAMAM@N-CNF 循环后表面元素分布图如图 4-7（f）所示，显示 C、N、O 和 S 均匀分布在其表面。以上验证了在充放电过程中，PAMAM 改性后有效促进成核过程，从而抑制多硫化物的溶解和提高活性物质的再利用。

这些结果表明，得益于高长径比和硫含量，CNF 是硫材料的理想载体。然而，为了实现更高的性能，CNF 作为正极的复合材料应符合如下要求：①大比表面和封闭结构以"物理限域"多硫化物；②大的孔径分布以提高硫的负载量；③进行功能改性以增强电导率和对多硫化物的化学吸附。

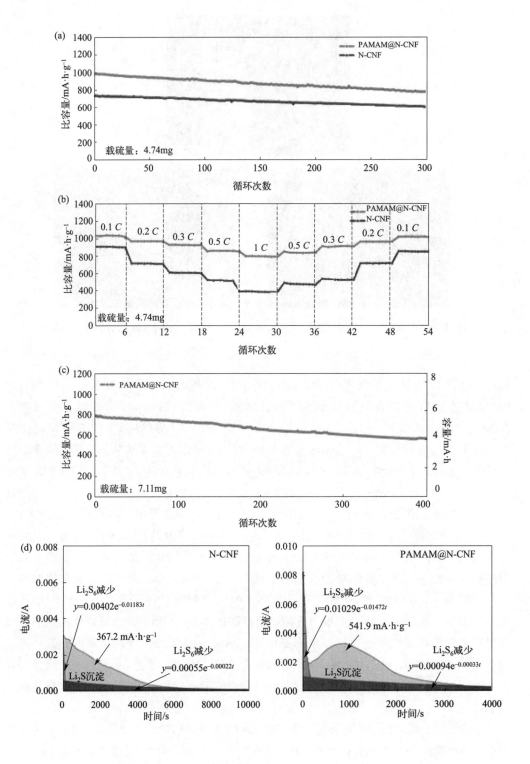

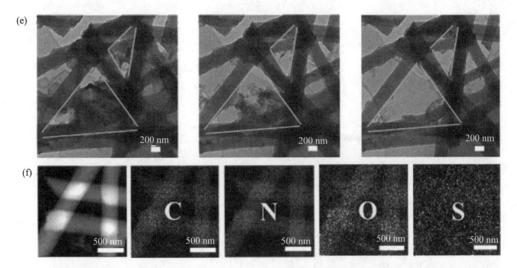

图 4-7　复合电极载硫量为 4.74 mg 时的循环性能（a）; 倍率性能（b）和载硫量为 7.11 mg 时的循环性能（c）; N-CNF 和 PAMAM@N-CNF 电极上 Li_2S 的沉积容量（d）; 循环后的 PAMAM@N-CNF 在不同电子辐照时间下的 TEM 图像（e）及循环后的 PAMAM@N-CNF 的元素分布图（f）[15]

（3）石墨烯复合体系

碳材料中，石墨烯是一种二维蜂窝状 sp^2 杂化的晶格碳。由于优异的导电性（10^6 S·cm^{-1}）、极高的机械强度、柔性结构、超高的比表面积（2600 m^2·g^{-1}）和化学惰性，石墨烯广泛应用于多个领域，这些特性也使得石墨烯及其衍生物适用于锂硫电池电极材料。石墨烯的引入可以增强硫正极的导电性，但石墨烯开放的二维平面结构无法有效束缚多硫化物的扩散，会导致电池容量快速衰退。而且石墨烯片层之间的 π-π 相互作用令石墨烯片相互堆叠，导致其实际比表面积大大减小，无法完全发挥出性能优势。将片层石墨烯自组三维多孔结构，能够为硫及其放电产物提供相对封闭的储存空间，一定程度上可以抑制"穿梭效应"，改善电池电化学性能。清华大学张强教授团队[16]采用真空辅助热膨胀法制备分级多孔石墨烯，石墨烯片层之间松散堆叠弯曲形成三维大孔结构，将活性物质硫封装在该多孔导电网络结构中得到多孔石墨烯@硫复合材料，表现优异的倍率性能，10 C 下放电比容量为 543 mA·h·g^{-1}。随后该研究团队利用煅烧过后的介孔层状双金属氢氧化物（Mg-Al LDF）为模板，采用化学气相沉积（CVD）技术在其表面沉积石墨烯层，其中部分碳被沉积在 LDH 的介孔中形成突起，将模板去除后即可得到被大量突起分隔的两片未堆叠石墨烯（DTG），比表面积高达 1628 m^2·g^{-1}。该片层之间介孔尺寸可有效束缚多硫化物。因此，DTG@硫复合材料在 5 C 和 10 C 的高倍率下，初始放电比容量可达 1034 mA·h·g^{-1} 和 734 mA·h·g^{-1}，循环 1000 次后仍然保持 530 mA·h·g^{-1} 和 380 mA·h·g^{-1}［如图 4-8（a）和（b）］。同时该团队以 CaO 为模板，通过 CVD 技术制备比表面积 572 m^2·g^{-1} 的分级多孔石墨烯（HPG）。该结构表面分布丰富的平面微孔，能够限制多硫化物扩散；片层弯曲褶皱形成大量介孔，有利于离子传输。HPG@硫复合电极材料在 5C 下，放电比容量为 357 mA·h·g^{-1}［如图 4-8（c）和（d）］。

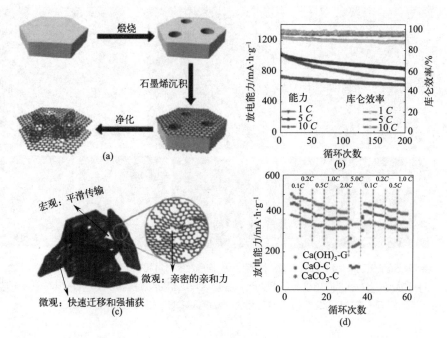

图 4-8 （a）DTG 的合成示意图；（b）DTG/S 正极的循环性能[17]；（c）HPG 的孔结构图示图；（d）HPG/S 正极的电化学性能[18]

4.2.2 聚合物复合体系

聚合物 @ 硫结构可以提供导电基质，有利于电池工作期间的离子 / 电子传输，当聚合物用作硫正极的骨架材料时，由于聚合物结构柔软，该复合材料可以缓冲充放电过程中的体积变化。此外，聚合物材料与多硫化物之间具有物理和化学相互作用，从而更有利于正极的循环稳定性。

导电聚合物复合材料具有非局域化的 π 电子共轭体系，通过将导电聚合物引入复合材料可以提高电极性能。导电聚合物改善硫正极的电化学性能可归因于：①与纯硫电极相比，复合材料可以改善电极的导电性；②由于复合材料中具有特殊结构，如多孔状结构可以有效分散活性物质硫，稳定电极结构并改善电极循环性能；③聚合物表面含有官能团，该官能团可有效吸附电化学反应过程中的多硫化物，缓解其"穿梭效应"，提高活性物质利用率。目前，导电聚合物的研究种类主要有聚吡咯（PPy）、聚苯胺（PANI）以及聚（3,4- 乙烯二氧噻吩）（PEDOT）等。

Xie 等[19] 在硫颗粒周围原位聚合 PPy 层从而成功制备具有 PO_4^{3-} 基团和核壳结构的 S@PPy 复合电极。图 4-9 是核 - 壳结构的 S@PPy 复合电极的合成示意图。实验结果表明，嫁接 PO_4^{3-} 基团后，在硫负载量为 2.6 mg·cm^{-2} 下，S@PPy 复合电极在 0.1 C 下放出 1142.0 mA·h·g^{-1} 的首次放电比容量。An 等[20] 以二氧化硅为模板，沉积 PANI，S 和 PANI，通过刻蚀二氧化硅模板之后制备双壳中空聚苯胺 / 硫 / 聚苯胺（hPANI/S/PANI）复合材料作为复合电极。实验结果表明，该复合电极于 0.1 C 循环 214 次后，其放电比容量仍有 572.2 mA · h · g^{-1}。Luan 等[21] 通过软化学辅助原位合成方法制备聚（3，4-乙二烯二氧噻吩）（PEDOT）包覆二氧化钛（TiO$_2$）纳米颗粒，然后通过热熔融法制备 PEDOT/TiO$_2$/S 复合电极。研究表明，在 1.2 mg · cm^{-2} 的硫负载量下，该复合电极在 Li-S 电池中达到 1110.0 mA · h · g^{-1} 的放电比容量，在 1 C 下循环 500 次之后仍有 532.1 mA · h · g^{-1}。

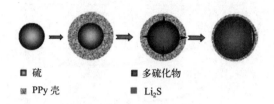

■ 硫　　　　　　■ 多硫化物
■ PPy 壳　　　　■ Li$_2$S

图 4-9　核-壳结构的 S@PPy 复合电极的合成示意图[19]

4.2.3　金属化合物复合体系

为了进一步增强硫正极的振实密度及稳定的电化学性能，纳米结构的极性金属化合物，如金属氧化物、金属氢氧化物、金属硫化物、金属碳化物、金属氮化物和金属有机框架材料都被用作硫载体。与碳材料、掺杂碳材料和导电聚合物相比，这些金属化合物对多硫化物具有更强的吸附能力。此外，与碳材料相比，金属化合物的暴露表面和形貌更易通过化学或物理方法进行调控。因此，多种结构的金属化合物，如空心、棒状、多孔、层状结构等，可更有效地吸附多硫化物。

（1）金属氧化物复合体系

纳米结构的氧化物（如 TiO$_2$、Ti$_4$O$_7$、Fe$_2$O$_3$ 和 MnO$_2$ 等）被证明是有效的极性载体材料，在充放电过程中可有效吸附多硫化物，避免多硫化物溶于电解液造成"穿梭效应"。此外，纳米结构金属氧化物载体可以加速多硫化物向硫化锂转化过程，使得电极具有更高的活性物质利用率和长循环寿命。

Yao 等[22] 采用 TiO$_2$ 纳米颗粒修饰层状 g-C$_3$N$_4$（CN）复合材料作为硫载体，基于极性 Ti—O 键可有效吸附多硫化物（图 4-10）。相比于 CN@ 硫，TOCN@ 硫复合电极材料表现优异的电化学性能。

Nazar 等[21] 采用高比表面积的 Magnéli 相金属氧化物 Ti$_4$O$_7$ 与硫通过热熔融形成 Ti$_4$O$_7$/S 复合材料。相比于碳材料，Ti$_4$O$_7$ 载体促进了 Li$_2$S 的沉积 ［图 4-11（a）和（b）］。与典型的导电碳电极（VC/S）相比，在硫含量达 60%（质量分数）的情况下，Ti$_4$O$_7$/S 循环 250 次后容量保持率加倍 ［图 4-11（c）］。并且在 2 C 高倍率下，Ti$_4$O$_7$/S-60 复合正极表现出 850 mA · h · g^{-1} 的初始放电比容量，循环 500 次后性能依然稳定，每次循环的衰减率仅为 0.06 %。这表明表面相互作用在硫化物的溶解和沉积中所起的作用比物理约束更大。

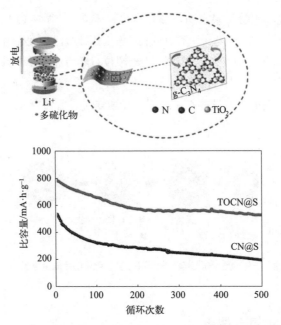

图 4-10 TiO$_2$/g-C$_3$N$_4$@ 硫复合电极吸附多硫化物示意图和循环性能对比[20]

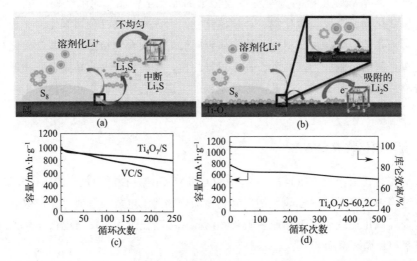

图 4-11 Li$_2$S 在碳基体（a）上和 Ti$_4$O$_7$ 基体（b）上的沉积示意图；VC/S（c）与 Ti$_4$O$_7$/S（d）的循环性能[23]

Yao 课题组[24-26]采用钛盐前驱体分别制备了 Ti$_4$O$_7$ 纳米棒和纳米颗粒，研究不同形貌 Ti$_4$O$_7$ 对硫复合电极电化学行为的影响（图 4-12）。研究结果表明，相比于 Ti$_4$O$_7$ 纳米颗粒，棒状结构 Ti$_4$O$_7$ 可改善电极电子电导，降低电极界面电阻，提高活性物质利用率，改善电极循环稳定性。同时，该课题组采用水热 / 溶剂法制备系列稀土氧化物（La$_2$O$_3$、Y$_2$O$_3$ 和 Gd$_2$O$_3$）纳米棒修饰高比表面 / 高导电碳材料（科琴黑，KB）作为硫载体[27-29]，采用光谱学和电化学分析技术研究了稀土氧化物纳米棒吸附 / 催化多硫化物机制，阐述改性复合电极材料提升电化学性能机制（图 4-13）。

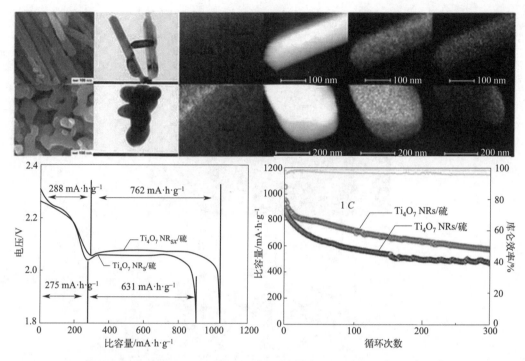

图 4-12　不同形貌 Ti_4O_7 的 TEM 及 $Ti_4O_7@$ 硫复合电极的电化学行为[24-26]

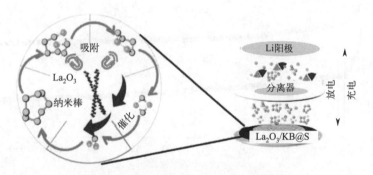

图 4-13　La_2O_3 纳米棒吸附 / 催化多硫化物示意图[27]

　　Zhuang 分别采用水热工艺制备 MoO_2 纳米球和电纺丝工艺制备多孔 MoO_2 纳米纤维[30, 31]，研究了不同形貌 $MoO_2@$ 硫复合电极的电化学行为（图 4-14，图 4-15）。

　　Lou 等[32] 开创性地设计出空心碳纳米纤维（HCF）填充 MnO_2 纳米片（$MnO_2@$HCF）作为硫的基体材料，再通过热熔融工艺制备 $MnO_2@$HCF/S 正极材料［制备流程见图 4-16（a）］。中空碳纳米纤维内部的 MnO_2 纳米片通过化学作用结合多硫化物，对多硫化物兼具物理约束和化学吸附，有效防止其在充放电过程中的溶解［如图 4-16（b）］。载硫量为 $3.5\ mg \cdot cm^{-2}$ 时，$MnO_2@$HCF/S 复合电极在 $0.5\ C$ 下能够循环 300 次并保持循环稳定性。优异的循环性能得益于中空结构对多硫化物的物理捕获以及与 MnO_2 的化学结合。

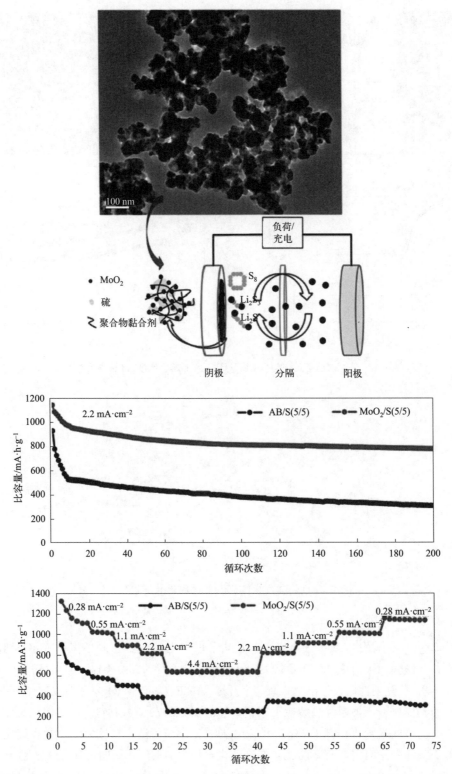

图 4-14 水热工艺制备 MoO₂ 纳米球及 MoO₂@ 硫和炭黑（AB）@ 硫复合电极的电化学性能[30]

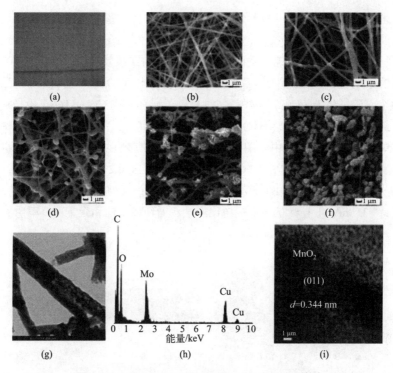

图 4-15　采用电纺丝工艺制备的 MoO_2 纳米纤维[31]

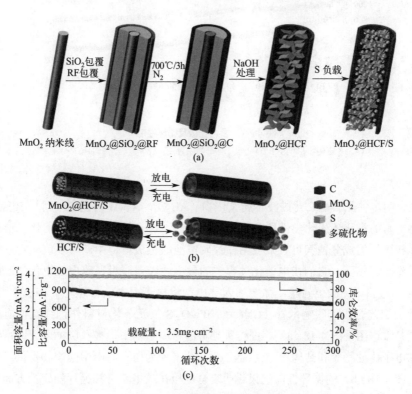

图 4-16　电极制备过程及循环性能

（a）MnO_2@HCF/S 的制备流程图；（b）在充放电过程中与多硫化物化学结合示意图；（c）循环性能[32]

除了上述单金属氧化物，一些多元金属氧化物具有更丰富的活性位点，从而与多硫化物进行更强的化学结合，如 $Mg_{0.6}Ni_{0.4}O$、ITO、$BaTiO_3$ 和 $La_{0.56}Li_{0.33}TiO_3$ 等。研究人员将其应用在正极材料中，有利于多硫化物的锚定，从而抑制穿梭效应。$BaTiO_3$（BTO）是一种被广泛使用的铁电材料，Xie 等[33] 通过水热工艺制备出 BTO 纳米粒子，再与通过热熔融工艺制备的空心碳纳米球/硫复合材料（C/S）机械混合形成 C/S+BTO 正极材料。通过在正极材料中简单地加入铁电材料 BTO，由于 BTO 纳米粒子会自发极化产生内部电场，能将异极性多硫化物锚定在正极中［图 4-17（a）］，从而有效地提高锂硫电池放电比容量和循环稳定性。图 4-17（b）为 C/S+BTO 正极和 C/S 正极在 0.2 C 下的循环性能，载硫量为 $2.4 \sim 3.3\ mg \cdot cm^{-2}$，其中 C/S+BTO 表现出 $1143\ mA \cdot h \cdot g^{-1}$ 的初始放电比容量，循环 100 次后仍然维持 $835\ mA \cdot h \cdot g^{-1}$ 的可逆放电比容量，循环稳定性和容量保持率明显高于 C/S。

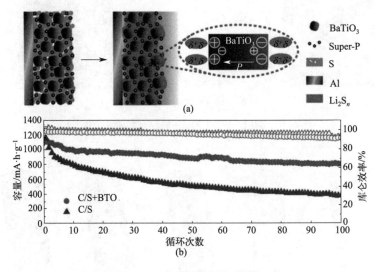

图 4-17　复合正极及循环性能
（a）多硫化物在 C/S+BTO 正极中的分布示意图；（b）复合正极的循环性能[33]

研究表明，尖晶石型二元过渡金属氧化物（AB_2O_4，A、B 为金属）因其丰度高、毒性低、具有丰富的氧化还原化学性质和优异的稳定性，是一类很有前途的催化材料。尖晶石的稳定性和可控的成分使其可有效应用在锂硫电池的正极材料中，与多硫化物进行复杂的界面相互作用。然而，它们在电催化过程中的导电性较差，对锂硫电池电化学性能会产生负面影响。为了解决这个问题，需要加入导电剂将电子引入活性位点。Fan 等[34] 通过水热和热熔融工艺合成了碳纳米管（CNT）/$NiFe_2O_4$-S 三元杂化材料作为锂硫电池复合正极材料［制备流程图见图 4-18（a）］。在这种独特的材料结构中，多孔碳纳米管网络结构提供了快速的电子传导路径和结构稳定性；$NiFe_2O_4$ 纳米片为捕获放电中间产物提供了丰富的结合位点。图 4-18（b）的循环性能结果说明复合电极在放电容量和循环稳定性方面均表现出高性能，且具有高库仑效率。在 1 C 下具体表现出 $900\ mA \cdot h \cdot g^{-1}$ 的初始放电比容量，循环超过 500 次，每次的循环损失达到约 0.009%。继续在 2 *C* 下循环 150 次后容量保持率依然能达到 98.1%。其中载硫量为 1.0 ～ 1.2 mg·cm⁻²。

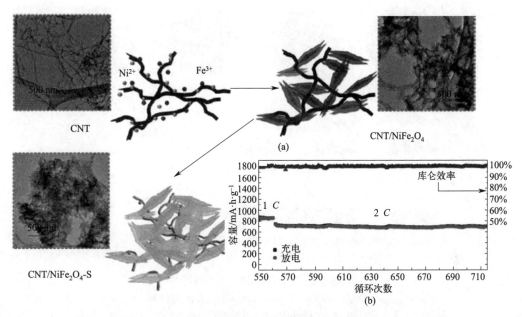

图 4-18　CNT/NiFe₂O₄-S 复合正极的制备流程图（a）和循环性能（b）[34]

（2）金属硫化物复合体系

　　金属硫化物是另一类典型的极性无机化合物，在自然界中广泛存在，如趋向金属键性质的黄铁矿、黄铜矿，以及趋向共价键性质的闪锌矿等。金属硫化物纳米材料因其合适的带隙、能带位置、暴露的活性位点等特点，广泛应用在电催化和光催化等领域。金属硫化物对含硫物质有很好的亲和性，对多硫化物有较高的结合能力，并且其高导电性使得金属硫化物作为辅助材料加入硫正极中，可以用作容纳硫和吸附多硫化物的骨架，有利于提升硫的利用率和面载量，同时还可以保持良好的倍率性能。

　　Xu 等[35]设计了层状碳球（HCS）和超薄极性纳米片 MoS₂ 组成的新型双层结构作为硫的宿主材料。制备过程如图 4-19（a）所示。多硫化物在 MoS₂ 衬底表面的结合能高于 HCS 衬底，说明 MoS₂ 纳米壳结构对多硫化物有强的化学作用，能促进电化学反应动力学[图 4-19（b）和（c）]。结果表明，S/MoS₂@HCS 具有极好的电化学性能。

　　Manthiram 等[36]通过自组装将四硫化钒（VS₄）纳米介质嵌入还原氧化石墨烯（RGO）框架中构建独特三维结构应用在正极材料中［图 4-20（a）］。VS₄@RGO 的高导电性可加快电子的转移，其作为高效的电催化剂能够很好锚定和吸附多硫化物，促进电化学反应动力学［图 4-20（b）］。RGO 的多孔结构能够对多硫化物进行物理吸附。VS₄ 纳米粒子对 Li₂S 的成核和生长过程起到促进作用，可有效改善电极表面沉积。如图 4-20（c）所示，

VS$_4$@RGO/S 在 3 mg·cm^{-2} 的载硫量下表现出极好的电化学可逆性。1 C 下初始比容量为 937 mA·h·g^{-1}（500 次内，每次循环衰减率为 0.07%）。

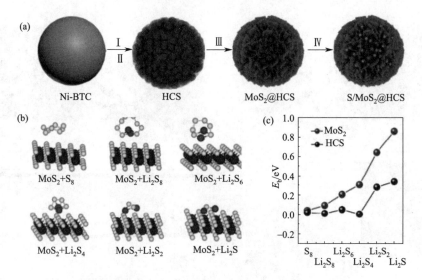

图4-19　Xu 等设计的电极材料[35]

（a）S/MoS$_2$@HCS 复合材料的合成说明；（b）MoS$_2$ 上各种多硫化物构象的示意图；
（c）Li$_x$S$_n$ 物种在 MoS$_2$ 上不同锂化阶段的结合能[35]

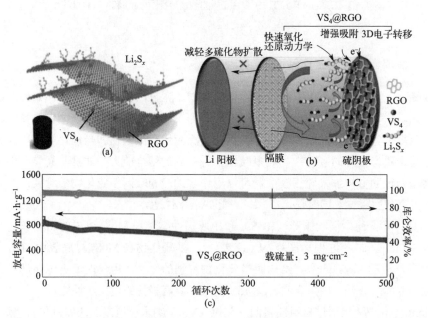

图4-20　（a）VS$_4$@RGO 的框架示意图；VS$_4$@RGO/S 的机理示意图（b）和循环性能（c）[36]

黄铁矿型硫化物由三维金属网络和二硫化物（S$_2^{2-}$）组成，属于 NaCl 型结构。由于黄铁矿型硫化物合成方法简单且具有强的电催化活性而作为电催化剂被广泛应用于析氢和析氧反应中，并取得了很大的进展。同时，黄铁矿型硫化物为金属或半金属相，有利于电子传输。其对含硫物质具有强的亲硫性，能够有效控制多硫化物的溶解而被作为硫宿主材料应用于锂硫电池中。尽管金属硫化物的电导率高于金属氧化物，但仍然需要引入碳基材料以进一步降低内阻并提高活性物质利用率。Yao 课题组商业化纳米结构导电碳——科琴黑（Ketjen black，KB）作为硫载体，改善电极电子电导，探索系列黄铁矿型硫化物 MS_2（M=Co、Ni）改性 KB@S 复合电极的制备，研究其高载硫电极电化学行为（图 4-21）[37, 38]。空心结构 CoS_2 可有效降低电极极化和多硫化物还原过程中的活化能，改善 Li_2S 沉积动力学。CoS_2/KB@S 复合电极在载硫量为 3.1 mg·cm^{-2} 时，0.5 C 首次放电比容量为 886 mA·h·g^{-1}，500 次循环后为 437 mA·h·g^{-1}，容量保持率为 49.3%[37]。

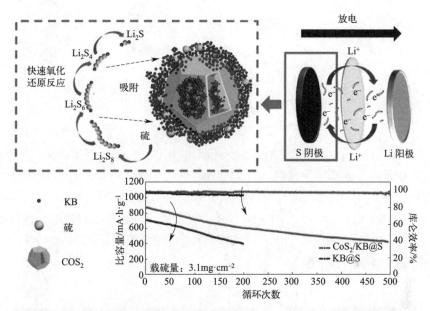

图 4-21　黄铁矿型 CoS_2 吸附/催化多硫化物结构示意图及 Co_2/KB@S 复合电极材料电化学性能[37]

（3）金属碳化物复合体系

金属碳化物具有强的金属导电性而被作为电催化剂，可以实现快速的界面反应，促进多硫化物转换。同时，金属碳化物能够在原子之间形成共价键，有很好的硬度和脆性，能够缓解充放电过程中的体积膨胀。由于这些优良的特性，金属碳化物在储能领域受到广泛的关注。

Fan 等[39]采用氢氟酸（HF）对 Ti_3AlC_2 进行蚀刻，超声剥离得到 Ti_3C_2 MXene 纳米片，用盐酸（HCl）处理三聚氰胺（HTM）作为氮源，通过喷雾干燥合成 N-Ti_3C_2@CNT 微球作为硫宿主，如图 4-22 所示。MXene 纳米片可通过 Lewis 酸碱亲和作用为多硫化物提供强有力的化学固定。CNT 具有多孔和导电网络，可"物理束硫"，促进电极中的电子转移。氮的掺杂可提高电子导电性，还能增强对多硫化物的锚定能力，具有好的循环稳定性。结果表明，N-Ti$_3$C$_2$@CNT 微球 / 硫（3 mg·cm^{-2} 硫负载下）在 0.2 C 下循环 800 次后容量为 665 mA·h·g^{-1}（每次循环 0.039% 的容量衰减率）。

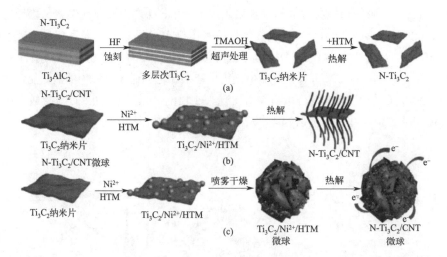

图 4-22　N-Ti$_3$C$_2$（a）、N-Ti$_3$C$_2$@CNT（b）和 N-Ti$_3$C$_2$@CNT（c）微球的制备示意图[39]

Jin 等[40]通过一步碳化工艺合成嵌入超细碳化铁（Fe$_3$C）纳米晶体的有序介孔碳（OMMC）纳米球作为硫宿主材料。图 4-23（a）～（c）分别为 Fe$_3$C/OMMC-S NS 的 SEM 和 TEM 图。Fe$_3$C/OMMC NS 复合材料能够对多硫化物进行强吸附和高效催化，促进 Li$_2$S 的均匀成核，改善电化学性能。如图 4-23（d）所示，Fe$_3$C/OMMC-S NS 复合材料在 1 C 循环 1000 次后比容量为 700 mA·h·g^{-1}（每次循环容量衰减率为 0.033%）。同时，还具有极好的倍率性能（5 C 时为 656 mA·h·g^{-1}）。

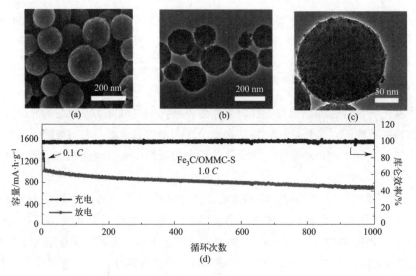

图 4-23　Fe$_3$C/OMMC-S NS 的 SEM 图像（a），低倍率（b）和高倍率（c）TEM 图像，循环性能（d）[40]

（4）金属氮化物复合体系

金属氮化物具有高导电性（高于金属氧化物和碳化物）的优点，并且容易形成氧化物钝化层，其优异的化学稳定性也使其成为载硫材料的良好选择。Cui 等[41] 最先将金属氮化物 TiN 应用于锂硫电池正极材料，采用熔融扩散法制备出 TiN-S 复合电极。该结构中，多孔结构 TiN 的高比表面积有利于对多硫化物的吸附，并且其导电性高，力学性能好，TiN-S 电极表现良好的电化学性能。Li 等[42] 设计出一种 MoN-C-MoN 的三明治夹层结构的载体材料，通过熔融扩散法制备出了 MoN-C@S 复合材料。载体材料外层的 MoN 能有效键合多硫化物并促其转化，内层的 C 能够作为电子传输的快通道，构造出导电和催化协同作用 3D 网络结构，形成吸附 - 转化 - 传导的作用机制，制备流程及作用机理如图 4-24 所示。MoN-C@S 电极在 1.6 mg·cm^{-2} 载硫量，1 C 首次放电比容量达 765 mA·h·g^{-1}，循环 1000 次后，比容量保持在 510 mA·h·g^{-1}，每次循环的容量衰减率仅为 0.033 %。此外，金属氮化物 Co$_4$N、VN、WN 等也被应用于锂硫电池正极材料。

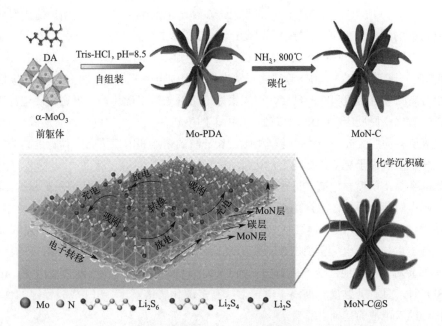

图 4-24 具有 MoN-C-MoN 三层结构的分层 MoN-C 花状自组装的合成方案，以及 MoN-C@S 电极对 S/Li$_2$S$_x$ 的吸附 - 转化 - 传导效应[42]

4.3 复合电解质体系

电解质是电池的重要组成部分，电池的循环寿命、效率、安全性都和电解质息息相关。电解质体系十分复杂，为满足电池正常运行，需要对以下方面性质综合考虑：离子电导率、电子绝缘性、热稳定性、化学稳定性、电化学稳定性、电极 / 隔膜的浸润性、环境友好性、成本价格等。锂硫电池由于存在许多特殊性，电解质标准和传统锂离子电池有很大差别，除了需要满足上述条件外，还需要考虑电解质和锂负极的稳定性、电解质／多硫化物的兼容性、电解质对多硫化物的溶解能力等。

4.3.1　液态电解质

液态电解质是锂硫电池重要的电解质类型。然而，充放电过程中产生的多硫化物溶解在有机溶剂中会导致"穿梭效应"，造成库仑效率低下，锂源不断损失。因此，溶剂的选择对多硫化物的溶解和迁移、提高负极的循环稳定性非常重要，开发高效的电解液有助于提升电池性能。

（1）醚类体系

醚类溶剂对多硫化物有好的化学稳定性，其氧化窗口 [< 4.0 V（$vs.$ Li/Li$^+$）] 可满足锂硫电池电压 [< 3.0 V（$vs.$ Li/Li$^+$）] 的要求，在锂硫电池中应用广泛。无论是线型或环状、短链或长链的醚，如 1,3- 二氧戊环（DOL）、乙二醇二甲醚（DME，G1）、二乙二醇二甲醚（G2）、三乙二醇二甲醚（G3）、四乙二醇二甲醚（TEGMED，G4）、聚乙二醇二甲醚（PEGDME）、四氢呋喃（THF）等都被开发为锂硫电池电解液溶剂。DME 是一种极性溶剂，具有相对高的介电常数和低的黏度，可以很好地溶解长链多硫化物，促进锂硫电池固 - 液 - 固转变的氧化还原反应。DOL 对多硫化物的溶解度较低，但能在负极表面形成较为稳定的固态电解质界面层（SEI）。和短链醚相比，长链醚的熔点和闪点更高，具有更高的安全性；同时，分子中氧原子更多，参与溶剂化能力更强，对锂盐的溶解度更大。例如，TEGDME 具有高的锂盐溶解度，但醚类分子的链段越长，黏度越大，离子迁移越困难。因此在锂硫电池实际电解液体系中，单溶剂组分很难满足电解液的所有需求，常常需要多种溶剂共同优化使用，如 DOL/DME、DOL/TEGDME、DOL/DME/TEGDME 等，从而满足表面张力、黏度、离子电导率、电化学稳定性、安全性等多方面的要求。研究发现，溶剂的种类和混合比例都会对锂硫电池性能产生影响，当 DOL 和 DME 以相同体积混合使用（1 mol·L^{-1} LiTFSI）时，具有低黏度、高离子电导率、高多硫化物溶解度、SEI 成膜稳定的优点，因此被作为锂硫电池的基础电解液。

仅靠锂盐和溶剂组成的电解液往往不能满足锂硫电池对电解液性质的要求，因此需要在电解液中引入少量添加剂进一步改善锂硫电池性能。一种合适的添加剂应该具备多种性质，如可以稳定电极／电解液界面，降低多硫化物溶解度，形成稳定的 SEI，提高电池容量、库仑效率、倍率性能、循环寿命等。

锂硫电池中理想的 SEI 应该具有良好的电子绝缘性、快速的离子导通性和均匀致密的形貌，可以抑制锂金属与多硫化物的反应和锂枝晶的生长。LiNO$_3$ 常作为添加剂或共盐用于醚类电解液中，在充放电过程中，LiNO$_3$ 和多硫化物发生耦合协同效应，在锂金属表面生成致密的 LiN$_x$O$_y$ 和 LiS$_x$O$_y$ 钝化层，抑制电解液和金属锂的副反应进一步发生。此外，LiNO$_3$ 的引入可以抑制充放电过程中的产气问题（充电过程中产生 N$_2$ 和 N$_2$O，放电过程中

产生 CH_4 和 H_2）。然而，当正极电位降到 1.6 V 以下时，$LiNO_3$ 会发生不可逆还原分解，不溶性的还原产物会影响硫正极的氧化还原可逆性；当放电截止电压提升至 1.8 V 时，$LiNO_3$ 在正极不发生还原分解，电池的循环性能显著提升。

（2）酯类体系

碳酸酯类溶剂，如碳酸乙烯酯（EC）、碳酸二乙酯（DEC）、碳酸丙烯酯（PC）、碳酸二甲酯（DMC）等，具有高离子电导率和宽的电化学窗口，常用在锂离子电池中。但碳酸酯类溶剂和硫正极不兼容，在初始放电过程中，高阶多硫化物会和碳酸酯的醚基或羰基碳原子发生亲核反应，不断消耗，导致电池容量迅速衰减，因此，酯类溶剂在锂硫电池中的应用受到限制。但是如果将小分子硫限域在正极材料的纳米孔道内，或者和聚合物通过共价键复合，可以与酯类溶剂相匹配。如硫复合热解聚丙烯腈（S@PAN）电极体系[43]。小分子硫作为正极材料时，电解液可以选用碳酸酯类体系。小分子硫可以直接转化成不溶性的 Li_2S_2 或 Li_2S，避免形成可溶性的高阶多硫化物中间体，在充放电曲线上表现出一个长的平台[44]。

和醚类电解液相比，碳酸酯类电解液锂硫电池的循环寿命更长，而且酯类体系有望降低电解液的体积用量，有利于提升电池的能量密度和安全性。此外，酯类电解液在金属锂负极还原分解形成的稳定 SEI 可以抑制副反应的发生，延缓电解液耗竭。

（3）离子液体体系

室温离子液体在常温下是液体且均由离子组成，离子液体有很多与众不同的性能，如可燃性低、热稳定性高、离子电导率可观、电化学窗口宽等。和溶剂分子不同，离子液体的溶剂性质是由阴阳离子通过静电作用、范德瓦耳斯力（分子间作用力）、氢键等相互作用和离子自身性质决定的。离子液体独特的溶剂行为使得其在锂硫电池中有独特的性能。一些离子液体可以抑制多硫化物的溶解并且具有较高的锂离子电导率。离子液体基电解液最早于 2006 年开始应用于锂硫电池[45]。该电解液由 1 mol·L^{-1} LiTFSI 和 N- 甲基 -N- 丁基哌啶双（三氟甲基酰基）亚胺盐（[PP14][TFSI]）组成，能够有效抑制多硫化物溶解，改善电池循环性能。

但是离子液体存在的一个明显问题是黏度较大，会降低锂离子的迁移速度，增大电池阻抗。温度是影响黏度的重要因素，因此离子液体基锂硫电池性能和温度的关系受到了研究者的关注。提高温度可以降低电解液黏度，改善锂离子移动速度，但是多硫化物的溶解也会加剧，从而导致电池容量的快速衰减和库仑效率降低，因此如何在保证循环性能的基础上提高离子迁移能力值得进一步深入研究。

（4）高盐体系

通常而言，锂盐的浓度在 1 mol·L^{-1} 左右时可以平衡离子电导率和黏度等性质。但研究发现，高盐浓度电解液在锂硫电池中表现出优异的性能[46]。随着电解液中锂盐浓度增加，离子电导率表现出先上升后降低的趋势。在低盐浓度区间，随着盐浓度升高，解离的离子数量增加，离子电导率随之上升直到最大值。当盐浓度继续上升时，离子聚合增强，黏度上升，自由离子的数量下降，离子迁移能力降低。一般认为，当盐和溶剂的体积比与质量比均超过 1.0 时即可认为是高盐体系。高盐体系的构成和溶剂化离子液体相似，具有高黏和离子效应的性质，在热力学和动力学上有抑制多硫化物溶解的优势。

4.3.2 聚合物电解质体系

锂硫电池未来发展中，依托于化学添加剂和界面保护的液态电解质体系能够有效地发挥出锂硫电池的巨大潜力。然而，液态电解质易燃易挥发的缺点限制了其在锂硫电池中的应用。

锂硫电池体系中，高硫面载量的电极材料在电池循环过程中易发生体积膨胀，聚合物电解质体系能较好地缓冲体积膨胀对电极微结构的破坏，同时还能有效抑制多硫化物溶解，避免多硫化物"穿梭效应"所带来的问题。聚合物电解质体系一般以聚合物为基体，溶解在其中的锂盐用以实现电解质中的离子导通[47]。

聚合物电解质体系是由聚合物基质和锂盐组成的电解质，锂盐溶解在起支撑骨架作用的聚合物基质中。在聚合物电解质体系中，常用的聚合物基质包括：聚氧化乙烯（PEO）、聚甲基丙烯酸酯（PMMA）和聚偏氟乙烯 - 六氟丙烯（PVDF-HFP）等。相比于液态电解质，聚合物电解质具有如下独特优势：不易挥发；可改善电池内部安全性，降低电池漏液风险；化学和电化学稳定性好；易发生形变，可改善电解质 / 电极界面稳定性，降低界面阻抗等。

尽管聚合物电解质具有较好的热力学稳定性、安全性、成膜性和黏弹性，对金属锂负极较为稳定，同时较好的力学性能可以缓解电池充放电过程中的体积膨胀问题、抑制锂枝晶的生产，但是，聚合物电解质室温离子电导率较差的问题严重影响了其在固态锂硫电池中的应用。同时，目前对聚合物离子电导的机理进行透彻理解，探索合适工艺提升聚合物电解质综合性能，对全固态聚合物锂硫电池的最终实现具有极为重要意义。

4.3.3 无机固态体系

除有机液态电解质和聚合物电解质外，无机固态电解质也是一类极具发展前景的电解质体系。过去 20 年发展中，高离子电导材料的研究有了很大进步，无机固态电解质的室温离子电导率接近甚至超过了传统液态电解质，采用无机固态电解质取代液态电解质有望实现高能量密度、高安全性电池体系的构建。相比于传统有机电解质，无机固态电解质具有以下三个方面的优势：

① 无机固态电解质可有效抑制多硫化物的溶解，从而控制"穿梭效应"。事实上，全固态锂硫电池中，电化学能量转化直接在 Li_2S 和硫之间发生，而不是通过多硫化物中间体的形成实现。

② 锂离子在无机固态电解质中迁移数接近于 1，对锂在负极上的均匀沉积具有促进作用，且可以有效限制锂枝晶形成，高的锂离子迁移数有助于电池体系的大倍率充放电，使

电池展现出快充潜力。

③ 锂离子在全固态电解质和电极之间的转移不涉及溶解过程,因此可以降低相关活化能并改善锂离子的转移速率。

固态电解质中,离子电导率是评价电解质性能的重要指标。除此之外,较低的电极 / 电解质界面阻抗、高电子绝缘性、高热力学稳定性、更宽的电化学窗口以及简单的制备步骤都是固态电解质必不可少的特性。固态电解质的基本特征可以总结为图 4-25[48]。

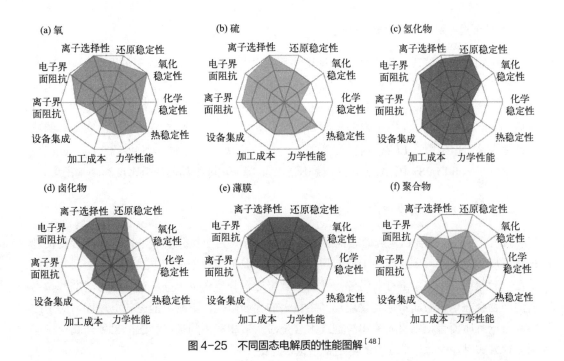

图 4-25　不同固态电解质的性能图解[48]

无机固态电解质中研究最为广泛的为硫化物固态电解质和氧化物固态电解质。硫化物固态电解质具有相对较低的硬度和较高的离子电导率,通过简单的冷压处理可以有效地降低电解质 / 电极界面阻抗,但是对空气中的水氧极为敏感,达到大规模工业化的要求比较困难。氧化物固态电解质则由于高硬度和较差的表面接触,需要经过高温退火处理才能实现电解质的构建。

4.3.4　电解质体系复合

为了迎合高安全性锂硫电池的发展需求,越来越多的电解质体系逐渐被开发出来。这些电解质体系都拥有独特的优势,在锂硫电池的发展中极具研究前景。同时,一些电解质体系也存在固有劣势,如离子电导率低或与金属锂之间的稳定性差等,这也使得其在锂硫电池中的进一步应用受到阻碍。通过将不同类型电解质进行复合的方式可以结合各个优点,有效提升复合体系性能和实用性。譬如，将无机固态电解质与离子液体、有机电解液或者聚合物电解质进行复合，可以改善界面条件，提高电解质性能。在与聚合物复合时，聚合物的柔性特性还能起到缓解电极体系体积变化作用，同时制备工艺要求也会有所降低。

目前研究中，通常用"复合电解质"表示两种或多种电解质复合体系。复合电解质又可以大致分为两类：

① 由至少两种固态离子导体构成的全固态复合电解质；

② 至少含有一种有机电解液或离子液体的准固态复合电解质。

（1）无机/无机复合固态电解质

硫化物固态电解质与硬度更高的氧化物固态电解质进行复合，该无机/无机复合电解质的离子电导率高，省去了高温烧结以提高离子电导率的操作，实用性进一步提高。这类复合电解质是以柔软的多孔 $\beta\text{-Li}_3\text{PS}_4$ 相硫化物固态电解质与质硬的石榴石型氧化物固态电解质 $\text{Li}_7\text{La}_3\text{Zr}_2\text{O}_{12}$（LLZO）为原料通过球磨进行复合，可提高锂离子电导率、增强电解质对锂稳定性。但是由于 LLZO 的密度（5.1 g·cm^{-3}）远高于硫化物 $\beta\text{-Li}_3\text{PS}_4$（2.1 g·cm^{-3}），将 LLZO 引入 $\beta\text{-Li}_3\text{PS}_4$ 中无疑会增加电解质密度，降低电池整体的能量密度和功率密度。

（2）无机/聚合物复合固态电解质

目前，无机/聚合物复合固态电解质主要制备方式为液相分散后进行涂覆或者直接进行热压烧结的方法。上述两种工艺都需要对原料采取干燥预处理的方式去除水分，制备需要在手套箱或者干室中进行。另外，锂金属负极对水分要求也十分严苛，锂与湿空气作用后的产物会在电极表面形成钝化层，产生极大的界面阻抗，影响电池充放电过程。对全固态复合电解质而言，不引入液相溶剂或水分是减少液相干预的最好办法。另外，真空干燥的处理方式对除去体相中残留的溶剂分子也十分必要。

（3）准固态复合电解质

将无机固态电解质与有机液态电解质进行复合得到的复合电解质称为准固态复合电解质。液相组分可以增强无机固态电解质颗粒之间的接触，同时也可以促进锂离子在电解质和电极界面上的传输，一般采用相互之间较为稳定的电解质体系进行复合。通常来讲，复合电解质的离子电导率较无机固态电解质要高，但要低于有机液态电解质。这是由于无机固态电解质的引入会阻碍液相中的离子传输路径，而锂离子在固液面上的传输通常是要比液相传输差，这就导致了在复合体系中离子更趋向于在液相中进行传输。

4.4 复合负极材料体系

金属锂是锂硫电池中最常见的负极材料。锂作为碱金属中最轻（0.543 g·cm^{-3}）的元素，且是所有金属中原子半径最小的元素，在质量比容量上具有天然的优势。金属锂具有非常活泼的化学性质，与水会发生剧烈的反应，产生氢气，易造成火灾甚至爆炸事故。即使在干燥的空气中，金属锂也会与空气中的 N_2 发生反应，生成黑色的 Li_3N，与 CO_2 反应生成白色的 Li_2CO_3，与 O_2 反应生成 Li_2O。

金属锂作为负极材料，具有极高的理论比容量（3860 mA·h·g^{-1}），具有最低的还原电位（-3.04 V），可获得较高的电位差，从而构成高能量密度二次电池。

4.4.1 纯金属锂

在非负极设计的相关评测中，负极材料最常用的是商业化锂片。纯金属锂由于枝晶生长和体积膨胀问题，在实际锂硫电池设计中，往往需要在负极表面形成一层稳定的 SEI 抑制锂金属和电解液的直接接触，或者通过负极骨架结构设计将锂"封存"在骨架内，减缓体积膨胀效应。

4.4.2 纳米结构金属锂

碳骨架是应用广泛的一类导电骨架，碳纳米纤维、碳纳米管、石墨烯（rGO）、多孔碳、石墨颗粒等改性金属锂负极都有相关研究。纳米碳骨架由于比表面积大、孔隙率高，在抑制锂枝晶生长、稳定负极/电解液界面、减小体积变化方面具有优越性。

4.4.3 添加剂保护金属锂

通过在电解液中引入成膜添加剂，可以促进形成致密稳定的 SEI。中国五矿集团长沙矿冶研究院有限责任公司开发的 P_2S_5 作为液体电解液添加剂，可有效改善锂硫实效电池的循环性能。P_2S_5 添加剂在电池充放电过程中在金属锂负极表面生成快离子导体 Li_3PS_4，有效缓解实效电池中金属锂负极的损耗。

4.4.4 人工固态电解质界面层保护金属锂

人工固态电解质界面修饰是通过非原位工艺，在金属锂负极表面包覆一层低电子电导率、高离子电导率、高机械强度的薄膜，达到抑制锂枝晶生长的目的。表面涂层是在金属锂负极表面沉积保护层，是一种简便且经济有效的方法。目前已经有较多涂层方法，将 Al_2O_3、碳材料、聚合物和合金等涂覆于金属锂表面，从而在一定条件下抑制枝晶生长。

4.5　特殊构型锂硫电池与柔性锂硫电池

随着电子、机械技术的不断发展，轻便、小巧、可穿戴的电子设备广泛应用，可折叠、可收卷、可塑造成任意形状的电化学储能器件尤为重要。在各类已有的电化学储能器件中，锂硫电池在柔性、轻便的电池设计中具有独特优势：①锂硫电池具有极高的理论能量密度，远高于传统锂离子电池极限。相同大小的电池，锂硫电池体系比锂离子电池等体系可提供持久的理论续航能力。②锂硫电池中硫正极通常基于力学性能较好的碳基材料，金属锂负极经过特殊处理也可具有很好的力学性能。因此，锂硫电化学储能器件在柔性设备中具有较好的应用前景。

4.5.1　碳基柔性体系

碳基材料的基本结构以碳原子之间的共价键为基础，碳原子可以以 sp^3、sp^2、sp 等多种杂化形式构建多维度和空间结构的材料。该特殊性质使得碳材料具有极为多变的性能特性，如材料的硬度可从较软的石墨到硬度很大的金刚石。低维碳材料中，碳原子之间具有极强的共价键和较弱的分子间相互作用，可以构建同时具有较好强度和柔性的高性能材料。

碳纳米管 / 碳纤维自身共价 C—C 键使其具有良好的导电性、热稳定性和力学性能，从而改善锂硫电池的电化学性能。同时，一维碳纳米管 / 碳纳米纤维拥有特殊的分子尺寸、很高的比表面积。因此，碳纳米管 / 碳纳米纤维可以通过真空抽滤、旋涂、溶剂蒸发等工艺获得碳纳米管膜。近 20 年，碳纳米管的宏观制备技术发展迅速，其成本已大大下降，年产量高，这也为碳纳米管材料在柔性锂硫电池等储能领域的商业化应用提供了极大方便。江苏大学姚山山课题组采用真空抽滤 - 热处理工艺制备氧化石墨烯 / 碳纳米管[48]和碳化物 / 碳纳米纤维柔性膜[49, 50]，采用 Li_2S_6 溶液为活性物质，研究其电化学性能。真空抽滤得到柔性碳纳米管 / 纤维面密度小、轻质、无添加剂加入，极大提高了电池的质量比能量。同时，碳纳米管 / 纤维保证了电子 / 离子的快速传输，降低电极界面电阻；其优异的力学性能使电极在反复变形中具有更高的稳定性和倍率性能。

近年来，许多研究人员利用静电纺丝技术合成一维纳米材料。目前，静电纺丝一维无机纳米材料因具有独特的低纬性、大的长径比和灵活多变等优势，已经在柔性锂硫电池正极材料构造上展现出优异的电化学性能。姚山山课题组采用电纺丝 - 水热工艺金属钴纳米颗粒[51]、金属硫化物[52-54]、尖晶石氧化物[55-60]修饰氮掺杂碳复合纳米纤维，研究功能型纤维膜电极电化学性能（图 4-26、图 4-27）。

静电纺丝工艺较为简单，包含预氧化、碳化工艺，不涉及溶液抽滤，易于大规模生产。商用三维柔性碳材料和聚合物碳化得到的三维碳骨架材料在骨架工艺上具有显著优势，方便大规模制备，原料来源广泛。从有机物和聚合物材料碳化得到的碳材料通常保留了合适的网络结构，具有良好柔性和不错的导电性。这些材料的结构，包括碳原子的杂化、孔道、组装形式、官能团化等，都易于调控，并能够与其他碳材料复合，达到更好的电化学性能与力学性能。

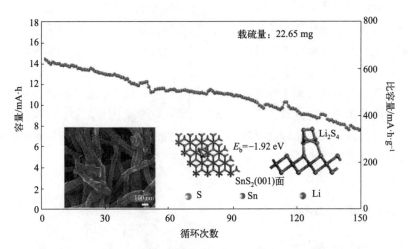

图 4-26　SnS_2 纳米片修饰氮掺杂碳复合微纳纤维柔性电极循环性能图[54]

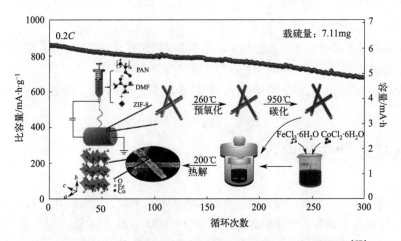

图 4-27　$CoFe_2O_4$ 修饰氮掺杂碳复合微纳纤维柔性电极循环性能图[57]

4.5.2　聚合物基柔性体系

聚合物材料是由一类小分子单体通过共价键相互连接构建的分子量极大的分子组成的材料。与小分子或者原子构成的材料不同，聚合物材料单个分子可以有大量构象，一般可以弯曲，且分子链间可以产生滑移，因此，聚合物材料通常能在适宜温度下展现出充满柔性的特殊物理性质。由于聚合物分子链象熵效应，聚合物材料也可以具有很显著的弹性。聚合物材料通常柔性十足，具有完全可调控的化学性能和微观物理结构，难以具有较好的电子电导能力，因此在柔性电化学器件中常作为固态电解质基质材料和正负极体系的辅助材料。

尽管大多数高分子难以导电，但目前仍发现有一些导电性较好的功能高分子。这些具有导电性的高分子代替聚偏氟乙烯等物质应用于锂硫电池体系时，导电聚合物可以更好维持电子通道，改善电极电化学性能。聚吡咯、聚苯胺、聚乙烯二氧噻吩等导电高分子体系在常规锂硫电池和柔性锂硫电池中有所报道，但这些应用中通常添加炭黑等导电剂以保证活性物质有充分的界面反应。

总之，聚合物材料的可加工性良好，可以使用涂布、辊压、成型和溶液法等多种方式成型制备，一些通用聚合物来源广泛，价格便宜。在化学结构上，聚合物作为有机材料十分易于调控，并具有对多硫化物的吸附性等多功能特性，这些特性使得聚合物仅作为添加剂或者支撑材料就能显著改善柔性电池体系的循环和力学性能。

4.5.3　半固态柔性体系

半固态柔性体系，是由液态材料和骨架材料凝胶化而构建的兼具固态和液态材料性质的一类体系。锂硫电池中，半固态柔性体系主要用于电解质的构建，优势主要在于接近液态体系的离子电导率，不过半固态体系由于包含了大量电解液，安全性相对于纯固态体系而言有显著差异，力学性能也需要进一步改善。

半固态柔性电解质体系的制备过程中，聚合物材料通常是必要的，其主要起到溶胀电解液、阻止电解液析出的作用，同时交联网络提供必要的柔性。这一类材料柔性的强化主要通过分子链之间的交联强度，或者使用强度较高的聚合物或无机填料、骨架等进行复合。

4.6　锂硫电池应用探索

锂硫电池因其具有较高的质量能量密度和体积能量密度，尤其适用于对设备质量和体积敏感的智能或移动设备；用于锂硫电池正极材料的硫单质储量丰富，价格低廉，适宜用作低成本的大规模储能材料。此外，锂硫电池与其他电池体系相比，在工作温度区间、充放电平台等方面都有特殊性，因此在高低温电池等特殊应用环境下有发展空间。

4.6.1　宇航卫星

宇航卫星上有诸多电子设备，它们的正常运转离不开电源，电源失灵也是造成卫星出现故障的原因之一。宇航卫星上的电源通常有太阳能电源、化学电源、核电源等[61]。太阳能电源为卫星的正常运转提供了大部分的能量。然而，当卫星进入地影期，无太阳光照时，需要其他电源补充。相较于燃料电源、核电源，蓄电池拥有充放电特性，能在有太阳光照时充电储能，在地影期为卫星的正常运转提供电能。

相较于低轨道地球卫星（LEO），地球同步轨道卫星（GEOS）由于有长达 92 天的地影期和更长的运行周期，对于蓄电池的能量密度、循环寿命以及存储寿命有更高的要求。此外，蓄电池还需要适应宇航卫星所处的极端条件，如恒加速度、冲击、振动、高低温、热真空等[62]。

相比于传统蓄电池（铅酸电池、镍镉电池和镍氢电池），锂离子电池具有高能量密度、高工作电压以及自放电率低等诸多优点，成为继镍镉电池和镍氢电池之后的第三代空间储能电池。2000 年 11 月英国首次在 STRV-1d 小型卫星上采用锂离子电池。截至 2016 年末，全球共几百颗卫星采用了锂离子电池作为卫星上的储能电源。如法国 Saft 公司共计发射了 227 颗采用锂离子电池作为储能电源的卫星。

宇航卫星上空间有限，同时需要严格控制卫星质量，因此有必要进一步探寻轻质高能量密度和高体积能量密度的蓄电池，锂硫电池即为一种极佳的选择，不过为了满足长时间的太空运行，锂硫电池的循环寿命还应进一步提升以满足卫星的需要。

4.6.2　无人机

无人驾驶飞机简称"无人机"，在军用和民用方面的作用日益凸显。无人机通常采用蓄电池或太阳能电池[63]，由于无人机需克服自身重力做功，对于电池的能量密度要求极高。另外，由于要实现短时间达到最高速度，无人机对于电池的功率密度要求也较高。因而，以高能量密度和高功率密度著称的锂硫电池可作为无人机电源的一种理想选择。

2010 年，Sion Power 公司就将锂硫电池和太阳能应用于大型无人机，并创下了飞行高度高（2 万米以上）、滞留时间长（14 天）和工作温度低（-75℃）三项无人机飞行的世界纪录（图 4-28）。国内的中国五矿集团长沙矿冶研究院有限责任公司通过与江苏大学合作，也实现了锂硫电池样品在无人机的应用。虽然这仅是锂硫电池在无人机上应用的初步尝试，但随着研究的深入，锂硫电池固有的高能量密度和高功率密度特性有望在未来大范围地应用于无人机上。

图 4-28　Sion Power 公司开发的锂硫电池无人机

4.6.3 极端低温电源

低温情况下，锂离子在活性材料中扩散慢，电解液离子电导率急剧下降，锂离子电池的工作温度范围通常为 −20 ～ 60℃，而铅酸电池的低温性能也不尽人意，难以满足一些特殊情况下对于电池的要求，如登山运动、南北极科考等。中国五矿集团长沙矿冶研究院采用改性醚类电解液开发了 −20℃可充放电锂硫实效电池。

4.6.4 电动汽车

随着环境污染和能源危机的进一步加剧，新能源电动汽车逐渐成为世界各国发展汽车工业、提高国民经济整体竞争力的共同选择，成为汽车企业争夺未来市场的战略机遇。相比于传统的燃油车，电动汽车不仅有助于降低温室气体排放，还可以利用当前分布式能源网络结构，有望在未来起到对电网削峰填谷的作用。同时，汽车工业是国家的支柱产业之一，燃油汽车技术在西方国家已有百年历史，但对于电动汽车而言，我国与其他国家处于同一起跑线。因此，大力发展新能源汽车是我国从汽车大国迈向汽车强国的必经之路。

动力电池是电动汽车的关键技术，搭载的动力电池也是整车成本的大头。但目前受限于动力电池能量密度低和成本高，续航里程问题极大阻碍了电动汽车的普及。目前市面上的动力电池多为钴酸锂或磷酸铁锂锂离子电池，受其理论能量密度限制，该类体系的能量密度难以达到单体电池 350 W·h·kg^{-1} 的要求。锂硫电池的高能量密度则能满足人们对长续航动力电池的期望，加上活性物质硫来源广泛，价格低廉，锂硫电池有望在未来的高比能动力电池市场上占据一席之地。阿斯顿·马丁推出了一款 GT 概念车 DBX，其动力单元采用更为环保的锂硫电池（如图 4-29）[64]。中国五矿集团长沙矿冶研究院开发了 300 W·h·kg^{-1}（2.5 A·h）锂硫实效电池（如图 4-30）。但锂硫电池安全性、循环寿命短等是其实现大规模应用亟待解决的问题。

4.6.5 智能设备

手机、笔记本电脑等 3C 智能设备的诞生与革新改变了人们的生活方式。智能设备的功能繁多，外形超薄，但续航能力一直难以得到有效提升，电池的性能成为智能设备发展革新的瓶颈。相较于目前市面上智能设备所普遍采用的锂离子电池，锂硫电池的理论能量密度是其 3 ～ 5 倍，有望大幅提升智能设备的续航能力。近些年来，柔性锂硫电池得到长足进步，有望实现高比能柔性锂硫电池，以期满足未来人们对可穿戴电子设备和微型医疗设备等柔性电子设备的需求。

图 4-29　阿斯顿·马丁公司推出的锂硫电池电动汽车[64]

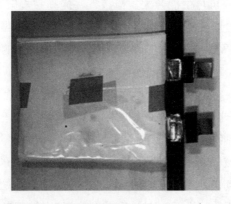

图 4-30　中国五矿集团长沙矿冶研究院开发的 300 W·h·kg⁻¹（2.5 A·h）锂硫实效电池

4.6.6　军事用途

　　复杂军用装备的更新加剧了对轻质化、高能量密度电池的需求。相同体积或重量条件下电池所蕴含的能量更大，可全面提升无人机、水下潜航器、单兵装备等的续航时间与续航里程。2021 年 11 月，《日本经济新闻》报道关西大学与汤浅公司联手研发出了一款"轻型锂硫电池"并应用于油电混动电履带验证车和苍龙级潜艇（图 4-31）[65]。

图 4-31　关西大学与汤浅公司联手研发的锂硫电池用于军事[65]

4.6.7　规模储能

　　发展规模储能是解决可再生能源大规模接入、提高常规电力系统和区域供能系统效率、安全性和经济性的迫切需要，是当前各国为即将到来的工业革命进行重点布局的"前沿阵地"[66]。可再生能源（风能、水能和太阳能）发电占比量的持续增长，需要借助大规模储能系统与之协调优化运行，从而促使可再生能源顺利入网。特别是我国未来特高压交直流混合电网的建设，使得电网结构运行愈加复杂，储能所特有的功率控制能改善可再生能源可调控性，从而提升新型电网的安全可靠运行能力。因此，大规模储能是实现可再生能源普及应用、解决能源危机的关键。

　　由于不受季节、地域限制，能量利用率高，电化学储能是储能中极具竞争力的一种。世界各国也纷纷加紧推动电池用于储能的研究。2018 年，我国首个 10 万千瓦级电池储能电站于江苏省镇江市正式并网投运，这个规模电池储能电站相当于给城市电网安装了大型"充电宝"，开启了我国大型电池储能电站商业化运行的新阶段[67]。该"充电宝"可以在用电高峰时放电，在用电低谷时充电储能，在突发事件时作为备用电源，实现不受地域、季节限制的规模储能，对电力进行灵活稳定调用。

　　由于锂离子电池理论能量密度的限制，势必要研制能量密度更高的新体系以满足人们对于规模储能的需求。锂硫电池具有极高的理论能量密度和较低的材料成本，是极具竞争力的替代体系之一。但是，如何改善锂硫电池安全性，持续降低实用化锂硫电池的成本是其未来广泛应用于规模储能势必要解决的问题。

参考文献

[1] Herbert D, Lama J. Electrical dry cells and storage batteries: US, US3043896 [P]. 1962-07-10.

[2] Rauh R D, Abraham K M, Pearson G F, et al. A lithium/dissolved sulfur battery with an organic electrolyte [J]. Journal of The Electrochemical Society, 1979, 126 (4): 523-527.

[3] She Z W, Sun Y M, Zhang Q F, et al. Designing high-energy lithium-sulfur batteries [J]. Chemical Society Reviews, 2016, 45: 5605-5634.

[4] Wild M, O'Neill L, Zhang T, et al. Lithium sulfur batteries, a mechanistic review [J]. Energy & Environmental Science, 2015, 8: 3477-3494.

[5] Fan X J, Sun W W, Meng F C, et al. Advanced chemical strategies for lithium-sulfur batteries: A review [J]. Green Energy & Environment, 2018, 3 (1): 2-19.

[6] Xu X L, Wang S J, Wang H, et al. The suppression of lithium dendrite growth in lithium sulfur batteries: A review[J]. Journal of Energy Storage, 2017, 13: 387-400.

[7] Kang W M, Deng N P, Ju J G, et al. A review of recent developments in rechargeable lithium-sulfur batteries [J]. Nanoscale, 2016, 8: 16541-16588.

[8] Ji X L, Lee K T, Nazar L F. A highly ordered nanostructured carbon-sulphur cathode for lithium-sulphur batteries[J]. Nature Materials, 2009, 8 (6): 500-506.

[9] Liang J, Sun Z H, Chen H M. Carbon materials for Li-S batteries: Functional evolution and performance improvements [J]. Energy Storage Materials, 2016, 2: 76-106.

[10] Cheng X B, Huang J Q, Zhang Q, et al. Aligned carbon nanotube/sulfur composite cathodes with high sulfur content for lithium-sulfur batteries [J]. Nano Energy, 2014, 4: 65-72.

[11] Wu Z Z, Yao S S, Guo R D, et al. Freestanding graphitic carbon nitride-based carbon nanotubes hybrid membrane as electrode for lithium/polysulfides batteries [J]. International Journal of Energy Research, 2020, 44 (4): 3110-3121.

[12] Yun J H, Kim J, Kim D K, et al. Suppressing polysulfide dissolution via cohesive forces by interwoven carbon nanofibers for high-areal-capacity lithium-sulfur batteries [J]. Nano Letters, 2018, 18 (1): 475-481.

[13] Yao S S, He Y P, Arslan M, et al. The electrochemical behavior of nitrogen-doped carbon nanofibers derived from a polyacrylonitrile precursor in lithium sulfur batteries [J]. New Carbon Materials, 2021, 36 (3): 606-615.

[14] Yao S S, Xue S K, Peng S H, et al. Electrospun zeolitic imidazolate framework-derived nitrogen-doped carbon nanofibers with high performance for lithium-sulfur batteries [J]. International Journal of Energy Research, 2019, 43 (5): 1892-1902.

[15] Yao S S, Zhang C J, He Y P, et al. Functionalization of nitrogen-doped carbon nanofibers with polyamidoamine dendrimer as a freestanding electrode with high sulfur loading for lithium-polysulfides batteries [J]. ACS Sustainable Chemistry & Engineering, 2020, 8 (21): 7815-7824.

[16] Huang J Q, Liu X F, Zhang Q, et al. Entrapment of sulfur in hierarchical porous graphene for lithium-sulfur batteries with high rate performance from -40 to 60 ℃ [J]. Nano Energy, 2013, 2 (2): 314-321.

[17] Zhao M Q, Zhang Q, Huang J Q, et al. Unstacked double-layer template graphene for high rate lithium-sulphur batteries [J]. Nature Communications, 2014, 5: 3410.

[18] Tang C, Li B Q, Zhang Q, et al. CaO-templated growth of hierarchical porous graphene for high-power lithium-sulfur battery applications [J]. Advanced Functional Materials, 2016, 26 (4): 577-585.

[19] Xie Y P, Zhao H B, Cheng H C, et al. Facile large-scale synthesis of core-shell structured sulfur@ polypyrrole composite and its application in lithium-sulfur batteries with high energy density [J]. Applied Energy, 2016, 175: 522-528.

[20] An Y L, Wei P, Fan M Q, et al. Dual-shell hollow polyaniline/sulfur-core/polyaniline composites improving the capacity and cycle performance of lithium-sulfur batteries [J]. Applied Surface Science, 2016, 75: 215-222.

［21］Luan K J，Yao S S，Zhang Y J，et al. Poly（3，4-ethyleendioxythiophene）coated titanium dioxide nanoparticles in situ synthesis and their application for rechargeable lithium sulfur batteries［J］. Electrochimica Acta，2017，252：461-469.

［22］Yao S S，Wang Y Q，He Y P，et al. Synergistic effect of titanium-oxide integrated with graphitic nitride hybrid for enhanced electrochemical performance in lithium-sulfur batteries［J］. International Journal of Energy Research，2020，44（13）：10937-10945.

［23］Pang Q，Kundu D，Cuisinier M，et al. Surface-enhanced redox chemistry of polysulphides on a metallic and polar host for lithium-sulphur batteries［J］. Nature Communications，2014，5：4759.

［24］Zhang Y J，Yao S S，Zhuang R Y，et al. Shape-controlled synthesis of Ti_4O_7 nanostructures under solvothermal-assisted heat treatment and its application in lithium-sulfur batteries［J］. Journal of Alloys and Compounds，2017，729：1136-1144.

［25］Yao S S，Xue S K，Zhang Y J，et al. Synthesis，characterization，and electrochemical performance of spherical nanostructure of Magnéli phase Ti_4O_7［J］. Journal of Materials Science：Materials in Electronics，2017，28：7264-7270.

［26］Yao S S，Guo R D，Wu Z Z，et al. Fabrication of Magnéli phase Ti_4O_7 nanorods as a functional sulfur material host for lithium-sulfur battery cathode［J］. Journal of Electroceramics，2020，44：154-162.

［27］Yao S S，Wang Y Q，Liang Y Z，et al. Modified polysulfides conversion catalysis and confinement by employing La_2O_3 nanorods in high performance lithium-sulfur batteries［J］. Ceramic International，2021，47（19）：27012-27021.

［28］Wang Y Q，Yu H L，Majeed A，et al. Yttrium oxide nanorods as electrocatalytic polysulfides traps for curbing shuttle effect in lithium-sulfur batteries［J］. Journal of Alloys and Compounds，2022，891：162074.

［29］Wang Y Q，Yu H L，Bi M Z，et al. Gadolinium oxide nanorods decorated ketjen black@sulfur composites as functional catalyzing polysulfides conversion in lithium/sulfur batteries［J］. International Journal of Energy Research，2022，46（11）：16050-16060.

［30］Zhuang R Y，Yao S S，Shen X Q，et al. Hydrothermal synthesis of mesoporous MoO_2 nanospheres as sulfur matrix for lithium sulfur battery［J］. Journal of Electroanalytical Chemistry，2019，833：441-448.

［31］Zhuang R Y，Yao S S，Jing M X，et al. Synthesis and characterization of electrospun molybdenum dioxide-carbon nanofibers as sulfur matrix for rechargeable lithium-sulfur battery applications［J］. Belisten Journal of Nanotechnology，2018，9：262-270.

［32］Li Z，Zhang J T，Lou X W. Frontispiece：Hollow carbon nanofibers filled with MnO_2 nanosheets as efficient sulfur hosts for lithium-sulfur batteries［J］. Angewandte Chemie International Edition，2015，54（44）：12886-12890.

［33］Xie K Y，You Y，Yuan K，et al. Ferroelectric-enhanced polysulfide trapping for lithium-sulfur battery improvement［J］. Advanced Materials，2017，29（6）：1604724.

［34］Fan Q，Liu W，Weng Z，et al. Ternary hybrid material for high-performance lithium-sulfur battery［J］. Journal of the American Chemical Society，2015，137（40）：12946-12953.

［35］Hu L Y，Dai C L，Lim J M，et al. A highly efficient double-hierarchical sulfur host for advanced lithium-sulfur batteries［J］. Chemical Science，2018，9（3）：666-675.

［36］Luo L，Li J Y，Asl H Y，et al. In situ assembled VS_4 as a polysulfide mediator for high loading lithium-sulfur batteries［J］. ACS Energy Letters，2020，5（4）：1177-1185.

［37］Liang Y Z，Yao S S，Wang Y Q，et al. Hybrid cathode composed of pyrite-structure CoS_2 hollow polyhedron and ketjen black@sulfur materials propelling polysulfide conversion in lithium sulfur batteries［J］. Ceramic International，2021，47（19）：27122-27131.

［38］Liang Y Z，Ma C，Wang Y Q，et al. Cubic pyrite nickel sulfide nanospheres decorated with ketjen black@sulfur composite for promoting polysulfides redox kinetics in lithium-sulfur batteries［J］. Journal of Alloys and Compounds，2022，907：164396.

［39］Wang J L，Zhang Z，Fan X F，et al. Rational design of porous N-Ti$_3$C$_2$ MXene@CNT microspheres for high cycling stability in Li-S battery［J］. Nano-Micro Letter，2020，12（1）：1-14.

［40］Jin Z S，Zhao M，Lin T N，et al. Ordered micro-mesoporous carbon spheres embedded with well-dispersed ultrafine Fe$_3$C nanocrystals as cathode material for high-performance lithium-sulfur batteries［J］. Chemical Engineering Journal，2020，388：124315.

［41］Cui Z M，Zu C Z，Dou W D，et al. Mesoporous titanium nitride-enable highly stable lithium-sulfur batteries［J］. Advanced Materials，2016，28（32）：6926-6931.

［42］Li R R，Peng H J，Wu Q P，et al. Sandwich-like catalyst-carbon-catalyst trilayer structure as a compact 2D host for highly stable lithium-sulfur batteries［J］. Angewandte Chemie International Edition，2020，59（29）：12129-12138.

［43］Peng S H，Yao S S，Xue S K，et al. Electrochemical behaviors of sulfurized-polyacrylonitrile with synthesized polyacrylonitrile precursors based on the radical polymerization through monomer acrylonitrile［J］. Journal of Nanoscience and Nanotechnology，2020，20（3）：1578-1588.

［44］Xin S，Gu L，Zhao N H，et al. Smaller sulfur molecules promise better lithium-sulfur batteries［J］. Journal of the American Chemical Society，2021，134（45）：18510-18513.

［45］Yuan L X，Feng J K，Ai X P，et al. Improved discharge ability and reversibility of sulfur cathode in a novel ionic liquid electrolyte［J］. Electrochemistry Communications，2006，8（4）：610-614.

［46］Suo L M，Hu Y S，Li H，et al. A new class of solvent-in-salt electrolyte for high-energy rechargeable metallic lithium batteries［J］. Nature Communications，2013，4：1481.

［47］Sun Y Z，Huang J Q，Zhao C Z，et al. A review of solid electrolytes for safe lithium-sulfur batteries［J］. Science China Chemistry，2017，60：1508-1526.

［48］Li Z B，Wu Z Z，Bi M Z，et al. A simple approach to fabricate self-supporting graphene oxide/carbon nanotubes hybrid membrane as efficient polysulfides trapping in lithium/sulfur batteries［J］. Journal of Materials Science：Materials in Electronics，2022，33：12871-12883.

［49］Li Y Y，Yao S S，Zhang C J，et al. Molybdenum carbide nanocrystals modified carbon nanofibers as electrocatalyst for enhancing polysulfides redox reactions in lithium-sulfur batteries［J］. International Journal of Energy Research，2020，44（11）：8388-8398.

［50］Shen B G，Liu Q，Ma C，et al. A facile synthesis of stable titanium carbide-decorated carbon nanofibers as electrocatalytic membrane for high-performance lithium-sulfur batteries［J］. Ionics，2022，28：1173-1182.

［51］Yao S S，Guo R D，Xie F W，et al. Electrospun three-dimensional cobalt-decorated nitrogen doped carbon nanofibers network as freestanding electrode for lithium/sulfur batteries［J］. Electrochimica Acta，2020，337：135765.

［52］Xue S K，Yao S S，Jing M X，et al. Three-dimension ivy-structured MoS$_2$ nanoflakes-embedded nitrogen doped carbon nanofibers composite membrane as free-standing electrodes for Li/polysulfides batteries［J］. Electrochimica Acta，2019，299：549-559.

［53］Yao S S，Zhang C J，Guo R D，et al. CoS$_2$-decorated cobalt/nitrogen co-doped carbon nanofiber networks as dual functional electrocatalysts for enhancing electrochemical redox kinetics in lithium-sulfur batteries［J］. ACS Sustainable Chemistry & Engineering，2020，8（6）：13600-13609.

［54］Yao S S，Zhang C J，Xie F W，et al. Hybrid membrane with SnS$_2$ nanoplates decorated nitrogen-doped carbon nanofibers as binder-free electrodes with ultrahigh sulfur loading for lithium sulfur batteries［J］. ACS Sustainable Chemistry & Engineering，2020，8（7）：2707-2715.

［55］He Y P，Bi M Z，Yu H L，et al. Nanoscale CuFe$_2$O$_4$ uniformly decorated on nitrogen-doped carbon nanofibers as highly efficient catalysts for polysulfide conversion in lithium-sulfur batteries［J］. Chem Electro Chem，2021，8（23）：4564-4572.

［56］He Y P，Yao S S，Bi M Z，et al. Fabrication of ultrafine ZnFe$_2$O$_4$ nanoparticles decorated on nitrogen doped carbon nanofibers composite for efficient adsorption/electrocatalysis effect of lithium-sulfur batteries［J］. Electrochimica Acta，2021，394：139126.

［57］Zhang C J，He Y P，Wang Y Q，et al. CoFe$_2$O$_4$ nanoparticles loaded N-doped carbon nanofibers network as electrocatalyst for enhancing redox kinetics in Li-S batteries［J］. Applied Surface Science，2021，560：149908.

［58］Yao S S，He Y P，Wang Y Q，et al. Porous N-doped carbon nanofibers assembled with nickel ferrite nanoparticles as efficient chemical anchors and polysulfide conversion catalyst for lithium-sulfur batteries［J］. Journal of Colloid and Interface Science，2021，601：209-219.

［59］Bi M Z，Yao S S，Zhang C J，et al. Hybrid of spinel zinc-cobalt oxide nanospheres combined with nitrogen-containing carbon nanofibers as advanced electrocatalyst for redox reaction in litium/polysulfides batteries［J］. Advanced Powder Technology，2022，33（8）：103710.

［60］Yao S S，Bi M Z，Yu H L，et al. Spinel manganese-cobalt oxide nanospheres anchored on nitrogen-containing carbon nanofibers as a highly efficient redox electrocatalyst in lithium/polysulfides batteries［J］. Applied Surface Science，2022，598：153787.

［61］邵爱芬，王振波，王琳，等. 通信技术卫星二号锂离子蓄电池组的特性和应用研究［J］. 储能科学与技术，2018，72（2）：345-352.

［62］王志飞，罗广求. 空间锂离子电池寿命影响因素以及寿命预计［J］. 电源技术，2013，37（8）：1336-1338.

［63］赵保国，谢巧，梁一林，等. 无人机电源现状及发展趋势［J］. 飞航导弹，2017（7）：35-41.

［64］阿斯顿·马丁推清洁能源车涉足节能领域［EB/OL］. https：//auto.ifeng.com/xinwen/20150309/1036777.shtml.

［65］日本锂硫电池新突破，能否撼动我国动力电池霸主地位？ https：//baijiahao.baidu.com/s?id=1747218299130494162&wfr=spider&for=pc.

［66］韩永滨. 规模储能的挑战与对策［J］. 高科技与产业化，2015，12：69-73.

［67］国内大规模电池储能电站投运［EB/OL］. http：//www.bianya.org/news/16164.html.

第 5 章

燃料电池科学与技术

▲▲▲▲▲▲

5.1 燃料电池简介

燃料电池是一种能够直接通过化学反应产生电能的装置，无须进行燃烧。与传统电池不同，燃料电池属于能量转换装置，而非储存装置。它利用外部提供的燃料和氧化剂进行反应，并实时排出生成物，在连续供应燃料和氧化剂的情况下可以持续运行。相较于传统能源转换装置（如内燃机），燃料电池实现了直接将化学能转化为电能的过程，有效减少了能量损失（图 5-1）。

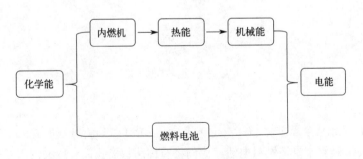

图 5-1 传统发电和燃料电池发电化学能的转化方式对比

燃料电池作为一种清洁能源技术，利用氢气和氧气进行化学反应来产生电力和热能，不会造成环境污染，而唯一的副产品是水蒸气[1]。由于其具有高效能转换、无噪声污染和可持续性等优点，被视为未来能源的理想选择。随着技术的不断发展，燃料电池在交通、发电、航空以及分布式能源等领域具有应用潜力[2]。研究和开发燃料电池将有助于解决能源枯竭、环境污染等问题，实现可持续发展。通过高效能转换、无噪声污染、低温运行和可持续的特性，燃料电池能够最大限度地利用能源资源，提高环境质量，并减少对有限资源的依赖。因此，燃料电池被认为是一种具有巨大潜力的绿色能源选择，有望推动我们迈向更加可持续的能源未来。

5.1.1 燃料电池发展历史

燃料电池的起源可追溯至 19 世纪。1839 年，英国物理学家葛洛夫（W. R. Grove）进行了电解实验，用电将水分解为氢气和氧气（图 5-2）。他猜想，如果使电解过程逆转将有可能产生电。为验证这个理论，他将两条铂带分别置于装有氢气和氧气的密封瓶中，当密封瓶浸入作为电解质的硫酸溶液时，电流开始在两个电极之间产生流动，密封瓶中形成了所谓的"气体伏打电池"，这也是"燃料电池"原型机。

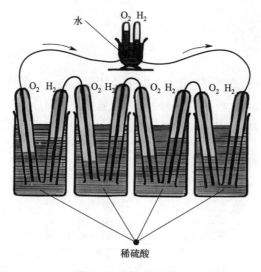

图 5-2 燃料电池草图

1889 年，英国化学家蒙德（L. Mond）和助手兰格（C. Langer）进行了一项重要的实验，首次采用 Grove 装置来制造燃料电池。他们将石棉网状多孔性支持物浸入稀硫酸中，并以粉末铂黑作为电催化剂。利用铂或金片作为电流收集器，他们成功地组装出世界上第一个真正意义上的燃料电池。

到了 1894 年，德国物理化学家奥斯特瓦尔德（F. W. Ostwald）提出了燃料电池的相关理论。他利用空气中的氧气，通过无热电化学原理直接氧化天然燃料，构建一种发电装置。

他还指出，未来电能产生将依赖电化学，不受热力学第二定律限制，从而实现高于热机效率的能量转换。不仅如此，Ostwald 通过实验研究了燃料电池组件（包括电极、电解质、氧化/还原剂以及阴/阳离子）之间的关系。这些工作也是继蒙德与兰格后，真正意义上开启了燃料电池的研究大门。

　　不过在之后的一段时间里，燃料电池实验面临着反应速度缓慢和寿命过短的问题，导致实验难以达到预期结果。而与此同时，热机研究取得了重大突破，使得燃料电池技术在数十年间未能实现显著发展。直至 1923 年，施密特（A. Schmid）提出了多孔气体扩散电极的概念，基于此概念，培根（F. T. BaCon）随后提出了双孔结构电池理论，成功开发出中温培根型碱性燃料电池（图5-3）。自此，燃料电池技术在经历了多年沉寂后，终于得到了迅猛发展。

图 5-3　培根与其发明的功率为 5kW 的碱性燃料电池

　　随后，燃料电池在美国国家航空航天局（NASA）和通用电气等的共同推动下，被应用于众多商业和航天项目中。例如，在 20 世纪 60 年代，普拉特 - 惠特尼公司研发的燃料电池系统成功应用于航天飞行，使燃料电池进入实际应用阶段。到了 1991 年，美国科学家比林斯（Roger E. Billings）制造出了第一辆氢燃料电池驱动的汽车（图5-4），从而正式揭开了氢燃料电池汽车的新篇章。

图 5-4　第一辆氢燃料电池驱动的汽车

5.1.2 燃料电池的分类

如图 5-5 所示，根据燃料电池电解质材料和工作温度不同 [3]，可以将其分为以下五大类：碱性燃料电池（alkaline fuel cell，AFC）、质子交换膜燃料电池（polymer electrolyte fuel cell，PEMFC）、磷酸盐燃料电池（phosphoric acid fuel cell，PAFC）、熔融碳酸盐燃料电池（molten carbonate fuel cell，MCFC）和固体氧化物燃料电池（solid oxide fuel cell，SOFC）。

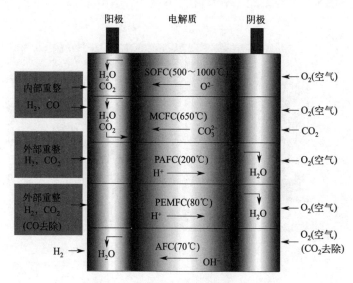

图 5-5　燃料电池类型的总结 [3]

AFC，又称为培根燃料电池，是一种成熟且稳定的燃料电池技术，以英国发明家培根的名字命名。AFC 主要采用氢氧化钾溶液作为电解质，并利用贵金属如金、银、铂，或常见的过渡金属如钴、镍、锰等作为催化剂。在 AFC 的工作过程中，正极产生氢氧根离子，而负极则通过氢气和氢氧根离子的反应生成水，如图 5-6 所示。相较于酸性电解液电池，AFC 具有极高的能量转换效率 [4]。

然而，AFC 对燃料中的杂质，例如二氧化碳等十分敏感。因此，AFC 被主要应用于高端空间任务领域，如航天飞行。这些应用领域的特殊需求使得 AFC 成为理想的选择，其优势在于稳定性和高效性。

PEMFC（图 5-7）使用质子传导的聚合物膜作为电解质，以铂/碳作为工作电极，并采用纯氢气作为燃料。相对于其他类型的燃料电池，PEMFC 具有较低的工作温度、较高的电池功率以及安全和稳定的电解质薄膜等优势 [6]。因此，自 20 世纪 90 年代以来，PEMFC 在便携式电源和车载电源等领域取得了显著发展。然而，PEMFC 使用 Nafion 膜作为电解质和贵金属铂作为催化剂，对燃料中的杂质较为敏感，燃料纯度的要求较高。这一

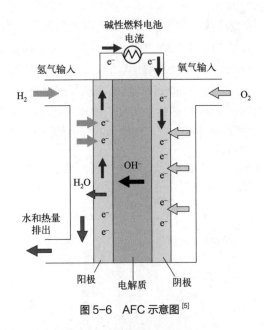

图 5-6　AFC 示意图 [5]

限制在一定程度上影响了 PEMFC 在商业化应用领域的发展。为了解决这个问题，研究人员正在寻找替代材料和非贵金属催化剂，以降低成本并提高 PEMFC 的可持续性和可靠性。尽管面临一些挑战，PEMFC 仍然被广泛看好，并不断进行改进和创新。随着技术的进步，PEMFC 有望在未来实现更广泛的商业化应用，为便携式设备和交通工具等领域提供清洁、高效的能源解决方案。

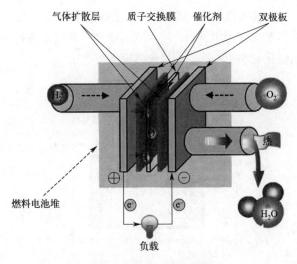

图 5-7　PEMFC 组成示意图

PAFC（图 5-8）自 20 世纪 60 年代初商业化应用以来，逐渐成为商业化程度最高的燃料电池之一。它采用磷酸液体作为电解质，多孔硅酸盐陶瓷作为骨架，工作温度约为 100～200 ℃。PAFC 具有抗 CO_2 毒性能力强、结构简单稳定和电解质挥发性低等优点。尽管其能量转换效率相对较低，启动加热时间较长，但由于其商业化程度高，在特定领域得到广泛应用[7]。PAFC 特别适用于分布式热电联产系统等需要同时提供电力和热能的场景。然而，改善 PAFC 的效率和启动时间仍然是研究的重点，随着技术进步，将有助于扩大其应用范围，并为分布式能源系统等提供更可持续和高效的解决方案。

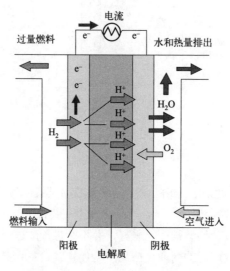

图 5-8　PAFC 示意图[5]

如图 5-9 所示，MCFC 采用 Ni-Al 或 Ni-Cr 合金作为阳极催化剂，氧化镍作为阴极催化剂，并以碱性金属碳酸盐作为电解质。它利用富含氢气的燃料进行工作，具有高本体发电效率、无须贵金属催化剂和能够充分利用余热等优势[8,9]。

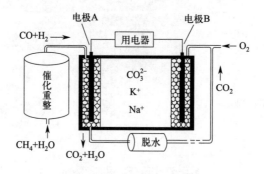

图 5-9　MCFC 工作示意图

　　尽管受到熔融碳酸盐强腐蚀性的限制，MCFC 也已经在石油化工、污水处理和钢铁生产等领域实现了商业化应用。此外，它在高温烟气处理和废气利用等环保技术方面表现卓越。通过材料改进和系统优化，科学家们致力于提高 MCFC 的可靠性和持久性。随着技术的进步，预计 MCFC 将在更多领域实现应用，并为清洁能源转换和环境保护做出重要贡献。

　　SOFC 的装置结构如图 5-10 所示。SOFC 以固态氧化物作为电解质，工作温度范围达到 800 ～ 1000 ℃。相对于其他燃料电池，SOFC 具有明显的优势，包括高效率、全固态结构、可使用多种燃料和不需要昂贵的贵金属催化剂 [10]。此外，SOFC 能够实现接近理论开路电压 96% 的工作电压，这归功于其固体氧化物电解质的低电子电导率和透气率。基于高效率等多种优点，SOFC 已在分布式能源、热电联供和厂区电力等领域得到广泛应用。随着技术的不断发展，SOFC 将在工业和住宅领域进一步扩大应用。它能为工业过程提供高效的电力和热能联产，并在住宅领域实现高效能源利用的潜力。通过不断改进材料和系统设计以提高可靠性和经济性，SOFC 在清洁能源转换中的地位将进一步巩固。

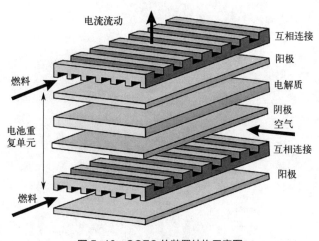

图 5-10　SOFC 的装置结构示意图

5.2　质子交换膜燃料电池

　　PEMFC 采用可传导质子的聚合膜作为电解质材料，利用氢气和空气中的氧气反应来产生电力。作为一种以聚合物电解质为基础的燃料电池，PEMFC 具有诸多优势：

　　首先，由于聚合膜具有高质子传导性能，PEMFC 可以在相对低的温度下工作（通常在 70 ～ 90 ℃）。这使得 PEMFC 不仅能节约能源，还减少了启动时间，提高了系统的效率和响应速度。此外，相较于其他类型的燃料电池，PEMFC 更加稳定并具有较长的寿命。其次，PEMFC 具有更短的启动时间和更快的响应速度，使其非常适合移动应用，例如汽车和便携式设备。PEMFC 在启动时能够迅速达到稳定状态，并根据需求实现快速的动态响应，满足临时功率的需求。

此外，PEMFC 具有高能量密度、良好的功率密度和无噪声等特点。由于聚合膜电解质的特性，PEMFC 能够在相对小型的体积内提供高能量输出，适用于对能源密度有要求的应用。同时，PEMFC 的工作过程几乎没有噪声和振动，使其在需要低噪声操作的场景中具有优势，例如电动汽车和室内设备。

总之，PEMFC 基于聚合物电解质材料，具有高质子传导性、低温运行、快速启动响应、高能量密度、良好的功率密度和无噪声排放等特性。这些特点使得 PEMFC 成为广泛应用于移动和便携式设备等领域的理想选择，并有望推动清洁能源技术的发展。

5.2.1 PEMFC 工作原理

PEMFC 在原理上相当于水电解的"逆"装置，其单电池主要由阴极、阳极和质子交换膜构成。如图 5-11 所示，PEMFC 的工作原理可细分为以下五个过程。

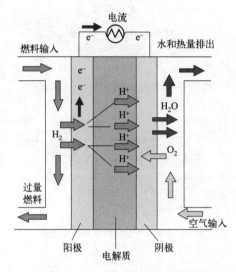

图 5-11 PEMFC 的工作原理[11]

（1）电化学反应

PEMFC 通过氢气在阳极处发生氧化反应，产生质子和电子。同时，在阴极处发生还原反应，将氧气还原为水。整个过程可概括为：$2H_2+O_2 \longrightarrow 2H_2O$。

（2）质子传递

在质子交换膜中，质子可以通过水分子形成的团簇传递到阴极一侧。由于膜具有高选择性和低电导率，只有质子可以通过膜传递，而电子则需要通过外部电路流动。

（3）电子传递

在外部电路中，电子从阳极流向阴极，形成电流。由于阴极上的氧还原反应需要电子参与，因此在阴极上需要提供电子。

（4）氢气供应

PEMFC 需要氢气作为燃料。在阳极上，氢气通过扩散层进入催化剂层，在催化剂层上与水分子发生反应，产生质子和电子。

（5）氧气供应

PEMFC 需要氧气作为氧化剂。一般采用空气作为氧源，将空气输送到阴极处。在阴极上，空气通过扩散层进入催化剂层，在催化剂层上与质子发生反应生成水。

5.2.2　PEMFC 关键材料

（1）膜电极

膜电极是燃料电池中最关键的组成部分，被誉为燃料电池的"心脏"，因为它是电化学反应发生的场所。膜电极的性能直接影响着燃料电池的输出性能，因此提高膜电极的性能是提高燃料电池整体性能的有效途径。如图 5-12 所示，膜电极主要由质子交换膜、气体扩散层和催化剂层三部分构成。在电化学反应中，各层需要协同作用、相互配合，不同功能层的传质、催化和导电能力对 PEMFC 的性能具有重要影响。因此，优化膜电极各层的结构对于提高 PEMFC 性能具有重要意义。

图 5-12　膜电极结构示意图

理想的膜电极应具备以下特性：首先，具有优异的传质性能和小的传质阻力，以保证反应物质的快速传输；其次，具有良好的导电能力和小的内部阻抗，以促进电子的有效传导；再次，催化层应具有充足的三相反应区域，以确保电化学反应的高效进行；最后，膜电极的组件需具有较长的使用寿命，以保证燃料电池的稳定运行。

通过优化膜电极的结构和材料选择，可以改善其性能，进而提高燃料电池的效率、稳定性和耐久性。因此，在燃料电池技术的发展中，不断改进和优化膜电极的设计是一个重要的研究方向，以实现更高效、可靠和持久的燃料电池系统。

质子交换膜（图 5-13）是 PEMFC 的关键组件之一，它不仅是一种隔膜材料，也是电解质和电催化剂的基底。同时，质子交换膜也是一种选择性透过膜，由能够传导质子的固态聚合物制成，其厚度仅为 10 μm，用于分隔氢气和氧气，只允许水和质子在阳极侧和阴极侧之间移动，即水传输和质子传导，直接影响电池的性能和寿命。质子交换膜的主要作用包括[12]：阻止燃料和氧化剂的直接混合而发生化学反应；传导质子；作为绝缘体防止电子在膜内传导，从而使氢气氧化后释放出的电子从阳极的外电路向阴极流动，产生电流供给使用。

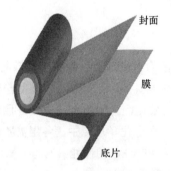

封面

膜

底片

图 5-13　质子交换膜的结构示意图

当然为了实现质子交换膜的作用最大化，它必须符合以下要求：具有较高的质子传导能力；在燃料电池工作条件下，膜结构和树脂组成保持不变，即具有良好的化学和电化学稳定性；具有较低的反应气体渗透性，以保证燃料电池具有高的法拉第效率；具有一定的机械强度。

质子交换膜的厚度是影响燃料电池性能和安全性的重要因素。过厚的膜会增加质子传导阻力，导致性能下降，而过薄的膜则容易损坏，影响燃料电池的寿命和安全性。此外，质子交换膜中的水分子在阳极和阴极之间的扩散也会影响燃料电池的性能。适当控制质子交换膜的厚度和水分子扩散速率可以提高燃料电池的输出性能和安全性能。因此，质子交换膜的选型和参数的确定需要考虑燃料电池的实际应用需求，实现性能和安全性的平衡。

电催化剂是一种能够加速电极与电解质界面上电荷转移的物质。在 PEMFC 中，电催化剂主要包括阴极催化剂和阳极催化剂，用于促进氢气与氧气之间的反应。通常采用纳米级别的铂粉末涂覆在弹性塑料膜或碳布上制备，以提供足够的比表面积和多孔结构[13]。

高效的电催化剂应具备良好的导电性和化学稳定性，以防止过早失活，并且具有一定的催化性能来抑制副反应的发生。在燃料电池中，电催化剂的研究主要关注如何寻找能够有效降低燃料氧化和氢气还原过程中的过电位的材料。由于燃料电池电极必须具备多孔性、气体扩散性和稳定性，所使用的电催化剂必须具备高比表面积、优异的稳定性、抗中毒能力和出色的催化性能。

通过改进电催化剂的合成方法、调控其形貌和表面结构，以及引入合适的催化助剂，可以进一步提高电催化剂的效能。同时，开发替代贵金属电催化剂也是当前研究的重要方向，以降低成本和减少对有限资源的依赖。电催化剂在 PEMFC 中扮演着关键角色，其优化设计和改进将有助于提高燃料电池的性能和稳定性，推动其广泛应用于清洁能源领域。

（2）双极板

双极板是 PEMFC 中的重要组成部分（如图 5-14 所示），也被称为流场板，其主要作用是连接燃料电池中的阴极和阳极，并向电极提供氧气和燃料。双极板需要具备良好的气密性，以确保电池内部的气体不泄漏，同时通过通道使冷却流体流过电池，保持温度均匀并有效排放热量。

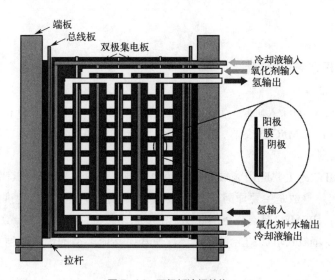

图 5-14　双极板流场结构

在材料选择上，双极板必须采用导电性良好的材料，并且在阳极条件下具有优异的抗腐蚀性，以满足电池组的寿命要求。此外，双极板还应具备出色的热传导性能，以确保温度的均匀分布，并通过流场通道实现气体的均匀分配[12]。双极板还需要分隔氧化剂和还原剂，并具有阻止气体混合的功能，因此通常采用非多孔材料制造。

　　总之，双极板在 PEMFC 中发挥着关键的作用。它连接了阴极和阳极，为燃料电池提供气体和冷却流体。在选择材料时需要考虑导电性、抗腐蚀性和热传导性等因素，以确保双极板的高效性能。同时，双极板还承担着分隔气体和阻止混合的功能，确保燃料电池的稳定运行。通过优化设计和材料选择，可以进一步提升双极板的性能，从而提高整个燃料电池系统的效率和可靠性。

5.2.3　PEMFC电堆

　　质子交换膜燃料电池（PEMFC）电堆是一种高效、环境友好的电化学反应装置，利用氢气和氧气的反应来输出电能、水和热能。它由多个单电池层叠组合而成，每个单电池包含一个阳极、一个阴极和一个质子交换膜。质子交换膜起到分离阴极和阳极的作用，并允许质子在两个电极之间传递，从而使电化学反应得以进行。氢气从阳极进入，经过催化剂层和质子交换膜，在阴极侧与氧气发生电化学反应，产生电能、水和热能。质子交换膜燃料电池电堆具有许多优点，包括高效率、低污染、静音，并适用于各种规模和使用环境。

　　膜电极组件和双极板是质子交换膜燃料电池电堆的核心组件。通过优化设计和选择合适的材料，膜电极组件和双极板能够提高质子交换膜燃料电池电堆的性能和可靠性。同时，它们也具备较低的成本和较长的使用寿命，为质子交换膜燃料电池技术的商业化应用奠定了基础。

5.2.4　PEMFC 技术应用

　　随着对 PEMFC 的深入研究，其性能得到了显著提升，同时在寿命和成本方面也有了不断进步。此外，PEMFC 在交通、便携电源、分布式能源等领域得到广泛应用，并逐渐朝商业化方向发展。

　　当前，PEMFC 的主要应用领域是交通运输领域（图 5-15），其中其潜在的环境效益，例如减少温室气体排放是主要原因。除此之外，还有分布/固定式和便携式发电以及军事领域等其他应用。PEMFC 具有出色的高功率密度和动态特性，因此大多数汽车制造商通常只采用 PEMFC；而 PEMFC 的轻量化优势，使其比其他类型的燃料电池更适合用于交通运输。

　　在固定或移动式发电领域，PEMFC 也展现出了巨大的潜力。如图 5-16 给出了本田公司推出的 PEMFC 移动电源，可以提供 5 kW 的输出功率。

　　虽然 PEMFC 需要高纯度氢气才能运行，但与其他燃料电池相比，它的优点在于更加灵活多变，特别适合小规模系统，有助于促进经济上可扩展的纯氢的应用。此外，PEMFC 还可替代便携式电子产品的电池，实现电池应用的多样性。PEMFC 除了在上述提及的领域得到广泛应用之外，在军事装备领域也表现出了巨大潜力，如单兵作战动力电源、移动

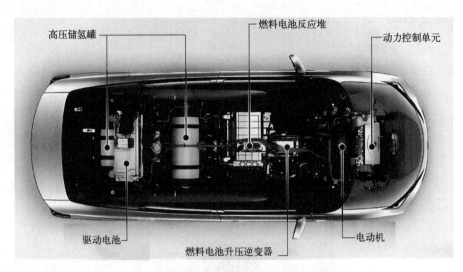

图 5-15　基于 PEMFC 的氢能汽车

图 5-16　本田公司推出的 PEMFC 移动电源

电站、地面军用动力驱动电源等方面。PEMFC 在小规模和移动式系统中都展现了优异的性能，具备广阔的应用前景。

5.3　固体氧化物燃料电池

　　SOFC 是第三代燃料电池，利用全固态电解质，在中高温下高效将燃料和氧化剂的化学能转化为电能。采用全固态电解质的 SOFC 能够在较高温度范围内运行，通常在 600 ～ 1000 ℃之间，这有助于提高反应速率和催化剂活性，增强电池的效率和稳定性。SOFC 具有高效率、低污染、燃料灵活性和长寿命等优点，但也面临着高温操作和制造成本的挑战。随着技术的不断改进和研究的深入，SOFC 在能源领域具有广阔的应用前景。

5.3.1　SOFC 工作原理

图 5-17 所示的 SOFC 单电池由多孔的阳极层和阴极层、致密的电解质层组成，也称为 PEN（positive-pole，electrolyte and negative-pole）结构。SOFC 的工作原理可分为三个步骤：首先，阴极处的氧分子得到电子并被还原为氧离子（氧还原过程）；然后，氧离子在电解质中传递到阳极，与燃料反应，生成水、二氧化碳和电子；最后，电子通过外电路流回阴极，从而产生电能。

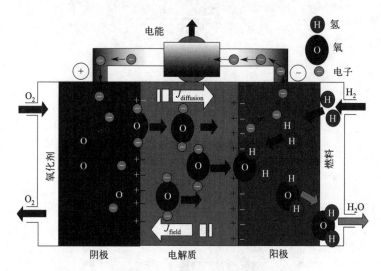

图 5-17　SOFC 的工作原理 [14]

5.3.2　SOFC 关键材料

SOFC 是一种直接将化学能转化为电能的装置，由致密的电解质层、多孔的阳极和阴极层三个部分组成。不同的组成部分要求材料具备相应的物理、化学和电化学性能。以下是 SOFC 关键组件材料的介绍：

（1）SOFC 电解质材料

在 SOFC 系统工作过程中，电解质层发挥着关键作用，它能有效传导氧离子并隔离燃料和氧化剂，同时决定了燃料电池的工作温度。因此，电解质层的材料需要具备以下主要特性 [15]：在氧化和还原环境下具有良好的电子绝缘性；具有高离子导电性且稳定性较高；具备足够的机械强度和较低的成本；具有良好的致密性和高的烧结活性，以形成致密的薄膜；与其他组件材料具有良好的化学兼容性。

为满足对电解质特性的需求，研究人员进行了大量的探索，目前常见的 SOFC 电解质材料主要包括具有立方萤石结构的 ZrO_2、CeO_2 基电解质材料，以及具有立方钙钛矿结构的 LaGaO$_3$ 基电解质材料。这些材料通过调控晶体结构和化学成分，可以达到较高的离子导电性和稳定性，同时满足理想的机械强度、烧结活性以及与其他组件材料的化学兼容性要求。

① ZrO$_2$ 基电解质材料。ZrO$_2$ 基电解质材料因其在高温（800 ～ 1000 ℃）下具有较高的氧离子电导率而被广泛应用于商业化示范的 SOFC 电池堆中。ZrO$_2$ 基材料不仅具备高离子电导率和可忽略的电子电导率，还在氧化和还原环境下表现出良好的稳定性、致密性和机械强度，从而确保了电池长时间运行的可靠性[15]。

然而，ZrO$_2$ 呈单斜晶体结构（图 5-18），由于其离子迁移率相对较低，导致材料电阻较高，电化学性能较差。为了改善其性能，需要大幅度提高工作温度（约 2370 ℃），而简单地提高温度是不切实际的。因此，研究人员采用了多种实验改性方法，其中最常见且简单的方法是通过掺杂低价金属离子来改善性能。这种方法可以使 ZrO$_2$ 在室温到其熔点温度范围内维持良好的立方相结构，并提高其氧离子导电性。常见的电解质材料包括稳定 ZrO$_2$ 的 Sc$_2$O$_3$（SSZ）和 Y$_2$O$_3$（YSZ）等。

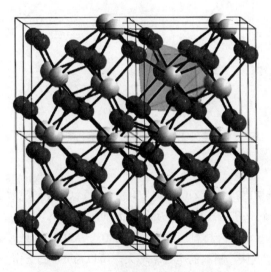

图 5-18　ZrO$_2$ 的单斜晶体结构示意图

② CeO$_2$ 基电解质材料。除了 ZrO$_2$ 基材料外，掺杂 CeO$_2$ 也是一种常见的立方萤石结构电解质材料。如图 5-19 所示，相较于 ZrO$_2$，CeO$_2$ 表现出更高的氧离子电导率和更低的电导活化能，在中低温区域尤为显著，因此常被用于制备中低温 SOFC 材料[16,17]，例如 Ce$_{0.8}$Sm$_{0.2}$O$_{1.9}$ 和 Gd$_{0.1}$Ce$_{0.9}$O$_{1.95}$ 等常见的掺杂电解质。

与 ZrO$_2$ 相比，CeO$_2$ 基电解质不仅具有更高的离子电导率，而且与其他电池组件材料之间表现出更好的化学相容性，这也是 CeO$_2$ 在实验室中更广泛使用的重要原因之一。CeO$_2$ 基电解质材料在中低温 SOFC 系统中发挥着重要作用，提高了氧离子传输速率，并改善了整个电池的性能。

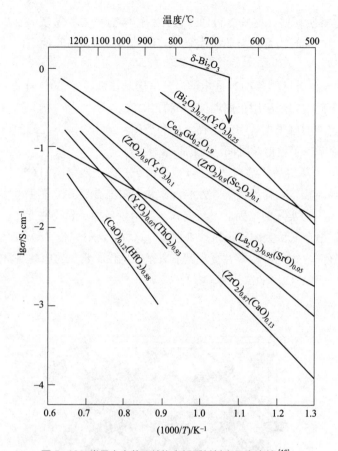

图 5-19　常见立方萤石结构电解质材料电导率比较[16]

③ LaGaO₃ 基电解质材料。与 ZrO₂ 和 CeO₂ 不同，LaGaO₃ 基电解质材料具有 ABO₃ 型钙钛矿结构（图 5-20）。钙钛矿结构的电解质具有高的氧离子电导率和良好的热匹配性等显著特点，如图 5-21 所示，LaGaO₃ 材料的电导率在 600～900 ℃高于立方萤石结构材料。随着温度的升高，反应速率变快，材料的电导率增大，所以 SOFC 的工作温度通常在 600 ℃左右。

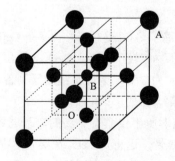

图 5-20　钙钛矿结构的 LaGaO₃

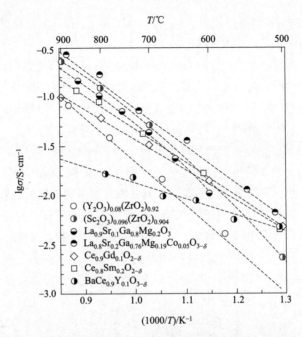

图 5-21　LaGaO$_3$ 基电解质材料的离子电导率随温度的变化 [20]

目前，LaGaO$_3$ 基材料的研究主要集中在 Sr、Mg 共掺杂的 LaGaO$_3$ 基电解质材料上，以进一步提高其氧离子电导率和机械强度，并实现工业化生产的可能 [18,19]。这种共掺杂的方法可以调节晶体结构和化学成分，改善材料的性能。通过优化掺杂比例和制备工艺，可以显著提高 LaGaO$_3$ 基电解质的氧离子传输能力，从而增强 SOFC 系统的效能和稳定性。

（2）SOFC 阳极材料

SOFC 阳极是氢气和碳氢化合物等燃料气体氧化的场所。以氢气为例，其反应式为 $H_2 + O^{2-} \longrightarrow 2e^- + H_2O$。在考虑 SOFC 阳极材料时，主要关注其催化能力和电子导电性能，以促进氧化还原反应的进行。因此，SOFC 阳极材料需要具备以下特点 [21,22]：多孔疏松的结构，可实现燃料与氧离子的有效接触，并顺利排出生成的水和电子；良好的化学相容性，以避免与相邻的电解质发生不良反应；良好的氧离子和电子电导率，以确保有效的反应传递和电子流动。

目前，研究重点主要集中在 Ni 基阳极材料和钙钛矿型金属氧化物上。Ni 基阳极材料因其出色的催化活性和电子导电性而备受关注。而钙钛矿型金属氧化物则因其良好的氧离子导电性和化学稳定性也同样成了目前研究的焦点。

① Ni 基阳极材料。针对阳极的特点，科研人员尝试将具有良好电子导电性的金属催化剂（如 Mn、Fe、Co、Ni 等）作为 SOFC 阳极材料，在还原气氛中进行研究。研究表明，Ni 基阳极材料对氢气的氧化过程具有最佳的催化效果。然而，与传统电解质材料 YSZ 的热膨胀系数（约 $10.5 \times 10^{-6} \text{ K}^{-1}$）相比，金属 Ni 的热膨胀系数（$13.3 \times 10^{-6} \text{ K}^{-1}$）存在一定

的失配。此外，由于 Ni 的熔点相对较低（约 1453 ℃），在 SOFC 系统正常工作下，金属颗粒容易发生烧结和长大，导致电池性能下降。

为了克服这些问题，常见的改进方式是将 NiO 颗粒与电解质材料按一定比例混合，形成复合阳极。其中，最常见的是 Ni-YSZ[23] 复合阳极材料。通过控制 Ni 颗粒的尺寸和分布，可以有效减缓烧结和颗粒长大的趋势，提高阳极的稳定性和使用寿命。此外，通过调节复合阳极材料的组成，还可以进一步优化催化效果和电子导电性能。

② 钙钛矿型金属氧化物基阳极材料。目前，一些钙钛矿阳极材料（图 5-22）由于其在还原气氛中具有良好的离子导电性，被广泛应用作为 SOFC 阳极材料。此外，作为 SOFC 阳极材料，钙钛矿型金属氧化物仍需要同时具备混合离子导电性和足够的燃料气体电化学活性。研究发现，钙钛矿材料在还原气氛中不仅表现出相结构的稳定性，而且与电解质材料具有良好的化学性能和热兼容性。一些常见的钙钛矿材料如 $La_{0.75}Sr_{0.25}Cr_{0.5}Mn_{0.5}O_3$ 和 $Sr_2Mg_{1-x}Mn_xMoO_6$ 等，在 SOFC 阳极材料中得到了广泛研究和应用。此外，它们还具备良好的化学稳定性和热膨胀匹配性，从而提高了阳极材料的稳定性和长期使用的可靠性。

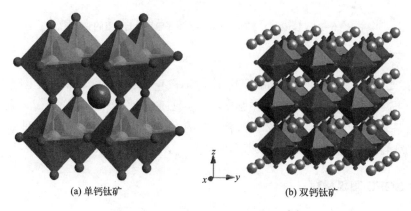

(a) 单钙钛矿　　　　　　　　　　　(b) 双钙钛矿

图 5-22　钙钛矿阳极材料晶体结构图 [24]

（3）SOFC 阴极材料

与 SOFC 阳极不同，阴极是氧化剂（通常为空气）中的氧气发生还原反应的地方。阴极对氧气的催化过程包括氧气在电极表面及孔洞内的扩散、吸附 / 脱附、解离以及解离态氧在电极表面的扩散氧化和进入晶格等复杂过程。以氢气为例，反应式为 $O_2 + 4e^- \longrightarrow 2O^{2-}$。阴极材料应具备较高的电子电导率和氧还原活性，而且在氧还原气氛和有工作负载的情况下，具有一定的稳定性。此外，阴极材料需要与电解质和连接体材料具有良好的化学相容性，热膨胀系数也需相互匹配[25,26]。按照阴极传导粒子的不同，可以将常见阴极分为电子导体阴极、电子 - 离子混合导体阴极以及复合阴极。

① 电子导体阴极。对于由纯电子导体构成的阴极材料，其氧还原过程如图 5-23（a）所示。首先，空气中的氧分子通过扩散到阴极表面发生吸附 - 解离反应。由此产生的氧离

子在三相界面（triple phase boundary，TPB）处进行扩散。在 TPB 处，氧离子与阴极提供的电子以及电解质提供的氧空位共同作用，引发还原反应并进入电解质晶格。需要特别注意的是，纯电子导体阴极只能传导电子而无法传导离子。因此，在这种类型的阴极中，氧的还原活性位点仅限于电解质表面的 TPB 处。尽管整个阴极材料具有良好的电子导电性，但氧还原反应仅在 TPB 处发生。因此，为了提高氧还原反应速率和 SOFC 性能，关键之一是设计和优化纯电子导体阴极的结构和性能，以增加 TPB 的数量和有效面积。

　　贵金属材料（如 Pt、Ag）最初用作 SOFC 阴极，表现出优异的氧催化性能。然而，由于价格昂贵、高温易挥发以及与电解质热膨胀系数不匹配等问题，限制了其大规模商业化应用。近年来，人们将目光转向具有高电子导电性的钙钛矿型金属氧化物材料，其中 Sr 掺杂的 $LaMnO_{3-\delta}$（LSM）最为成功。LSM 除了具有高电子导电性和氧催化还原活性外，还具有良好的热稳定性和与常用电解质材料（如 YSZ 和 LSGM）的化学和热膨胀匹配性。因此，LSM 阴极材料被广泛应用于高温 SOFC 中。然而 LSM 在较低工作温度下的氧催化活性差，需要进行材料优化或寻找更优异的阴极材料 [27]。

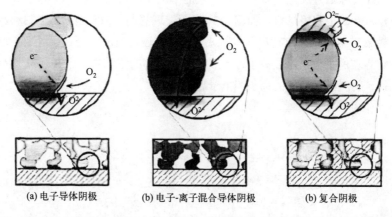

图 5-23　电子导体阴极（a）、电子 - 离子混合导体阴极（b）和复合阴极（c）氧还原过程示意图

　　② 电子 - 离子混合导体阴极。由混合离子导体（MIEC）材料组成的 SOFC 阴极对氧的催化还原过程如图 5-23（b）所示。与纯电子导体阴极不同，氧的还原过程在 MIEC 阴极中一般认为存在两个通道：表面扩散通道和体扩散通道。通过表面扩散通道，氧分子在阴极表面和孔洞内扩散，经过吸附、解离或部分还原后，解离态或部分还原的氧在阴极表面扩散到传统的 TPB 处，然后被还原并进入电解质晶格。通过体扩散通道，氧分子在阴极表面和孔洞内扩散，经过吸附、解离或部分还原后，解离态或部分还原的氧扩散到氧还原活性位，接着在活性位上被还原为氧离子并进入阴极晶格，最终在化学势的作用下氧离子沿着阴极 / 电解质界面向阴极 / 电解质界面扩散，并通过该界面进入电解质。

　　实际的混合离子导体阴极中，这两个扩散通道同时存在，并与阴极材料的氧表面交换系数（k）、体扩散系数（D^{*}）以及几何形貌（孔隙率、扭曲因子、比表面积）等因素密切相关。值得注意的是，由于 MIEC 材料中存在离子导电，氧的还原活性位从传统的 TPB 处扩大到离电解质一定距离的阴极区域，大大增加了氧的还原活性点数量。

③ 复合阴极。为了提升 SOFC 阴极的综合性能，常引入电解质材料形成复合阴极，这包括电解质与电子导体阴极材料的复合以及与 MIEC 材料的复合。图 5-23（c）展示了典型的电解质 - 电子导体复合材料阴极的氧还原示意图。从图中可以看出，引入离子导体相能有效增加 TPB 面积和氧还原活性位点数量，显著改善阴极对氧的催化还原性能。同时，电解质材料的引入不仅改善了氧的催化还原性能，还提高了阴极与电解质之间的热膨胀匹配性。

在 SOFC 中，为了实现高效的氧还原反应和提高阴极性能，常见的阴极材料可分为如下几种：

① 贵金属阴极材料。最初，具有高电子导电性的贵金属材料（如 Pt、Ag 等）被广泛地应用于 SOFC 阴极材料中。这些材料在高温下表现出了优异的氧化还原催化性能。但由于其价格昂贵、高温下易挥发以及与电解质材料热膨胀系数不匹配等问题，很难实现大范围的商业化应用。为了克服这些问题，人们开始将目光转向其他类型的阴极材料，如混合离子导体材料和电解质 - 电子导体复合材料。这些材料结合了电子传导和离子传导的特性，具有较好的氧化还原活性和热膨胀匹配性，从而提高了阴极的性能和稳定性。

② ABO$_3$ 钙钛矿型阴极材料。如图 5-24 所示，理想的 ABO$_3$ 型钙钛矿材料具有简单立方结构。在钙钛矿结构中，BO$_6$ 八面体通过共顶点相连，形成了钙钛矿骨架，这是钙钛矿结构能够稳定存在的关键。A 位离子位于 8 个氧八面体的空隙中心，其配位数为 12。这种结构使得钙钛矿材料具有良好的离子和电子导电性。

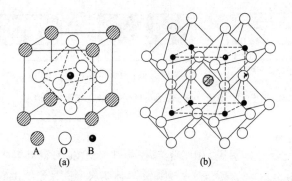

○ A   ○ O   ● B

(a)   (b)

图 5-24 （a）ABO$_3$ 钙钛矿型金属氧化物结构示意图；（b）BO$_6$ 八面体结构示意图

典型的钙钛矿型阴极材料包括 La$_{1-x}$Sr$_x$MnO$_{3-\delta}$ 和 La$_{1-x}$Sr$_x$CoO$_{3-\delta}$ 等。这些材料通过在 A 位掺入稀土元素（如 La、Sr）和过渡金属元素（如 Mn、Co），实现了阴极材料性能的调控。通过调控成分和晶格结构，可以改变材料的电子传输性能和氧阴极反应活性。

③ 双钙钛矿型阴极材料。双钙钛矿型阴极材料是指具有 ABO$_3$-B′O$_{2.5}$ 化学式的双钙钛矿结构的材料。在这种结构中，B 和 B′ 分别代表两种不同的过渡金属离子，而 A 通常是稀土离子或碱土金属离子。双钙钛矿型阴极材料具有优异的离子和电子导电性能以及卓越

的氧还原催化活性，因此成为目前 SOFC 阴极领域研究和开发的热点之一。

常见的双钙钛矿型阴极材料包括 $LaBaCo_2O_{5+\delta}$（图 5-25）和 La_2CoMnO_6 等。通过在双钙钛矿结构中掺入不同的过渡金属元素，实现了阴极材料性能的调控。通过合理选择 B 和 B′ 离子的组合和配比，可以调节阴极材料的电子传输性能和化学稳定性。

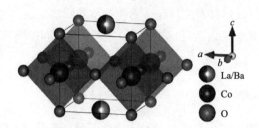

图 5-25　双钙钛矿型阴极材料 $LaBaCo_2O_{5+\delta}$ 结构示意图[28]

④ $A_{n+1}B_nO_{3n+1}$ 类钙钛矿型阴极材料。如图 5-26 所示，$A_{n+1}B_nO_{3n+1}$ 类钙钛矿型阴极材料可以看作是由钙钛矿结构的 ABO_3 层和岩盐结构 AO 层沿 c 轴方向交叠而成的复合氧化物。在这种结构中，较小的 B 位离子通常为 5 配位，而较大的 A 位离子分别为 12 和 9 配位。这种特殊结构使得该类材料具有特殊的离子和电子导电性。在 $A_{n+1}B_nO_{3n+1}$ 类钙钛矿阴极材料中，AO 层可容纳超过化学计量比的间隙氧，并表现出一定的氧离子导电性，以平衡因间隙氧引入带来的负电荷。同时，在部分 B 位金属离子的高价态氧化下，该材料还具备一定的电子导电性。

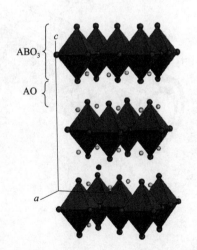

图 5-26　A_2BO_4 型钙钛矿金属氧化物结构示意图[29]

常见的 $A_{n+1}B_nO_{3n+1}$ 类钙钛矿型阴极材料包括 Sr 掺杂的 $LaMnO_3$（LSM）、Sr 掺杂的

$LaCoO_3$（LSC）和 $LaNiO_3$（LNO）等。通过在钙钛矿结构中掺入不同的稀土或碱土金属元素，实现了阴极材料性能的调控。

5.3.3　SOFC 电堆

SOFC 电堆的结构与外形具有多样化，常见的有管式和平板式 SOFC 电堆。电堆的优点包括高效、环保、灵活性强等，并已在能源、航空、燃料电池车等领域得到了广泛的研究与应用。

（1）管式 SOFC 电堆

管式 SOFC 电堆（图 5-27）是由多个基本电池单元串联并联组装而成。每个电池单元由多孔的钙稳定氧化锆（CSZ）支撑管、LSM 空气电极、YSZ 固体电解质膜和 Ni-YSZ 陶瓷阳极组成。燃料气体通过管壁中的孔进入阳极与 Ni 发生反应，产生电子和离子。电子通过外部电路流回阴极，而离子穿过 YSZ 固体电解质膜进入空气电极与氧气发生反应，生成水和电子。通过将多个电池单元组合成电池系统，可以实现更高的输出电压和功率。

管式 SOFC 电堆具有组装简便、运行稳定和能源效率高等优点，因此在能源领域得到了广泛应用。然而，它也存在一些问题，如成本较高和制造过程复杂[30]。为了降低成本，改进的设计和制造技术正在不断研究和发展中。总之，管式 SOFC 电堆作为一种高效、环保的能源转换装置，具有巨大的潜力，并且在能源领域的应用前景广阔。

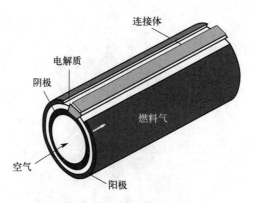

图 5-27　管式 SOFC 电堆的结构图

（2）平板式 SOFC 电堆

平板式 SOFC 电堆是一种具有空气电极、固体电解质和燃料电极三合一结构的电池。该电池通常由多个单电池板块组成，如图 5-28 所示。相比其他类型的电池，平板式 SOFC 电堆具有简单的结构和相对较低的制造成本，并且能够提供较高的功率密度，因此适于中小型应用[31]。

　　然而，平板式 SOFC 电堆在高温下容易发生泄漏问题，这使得对材料的要求更为严格。此外，该电堆还需要解决密封和热循环等问题。另一个挑战是由于每个单电池板块的面积较小，因此需要大量的单元组合才能实现较高的电压和功率输出。因此，为了进一步提高性能和可靠性，需要针对泄漏问题进行改进并解决密封和热循环方面的挑战。同时，还需探索如何增加单电池板块的尺寸，以减少单元组合的数量，从而提高整体电压和功率输出水平。

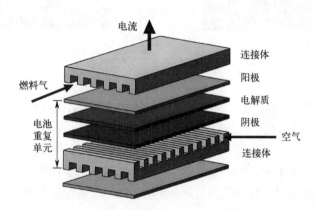

图 5-28　平板式 SOFC 电堆的结构图

5.3.4　SOFC 技术应用

　　SOFC 因其高效的发电效率和热电联供效率、环保性、易于组装以及多种燃料可供选择（如天然气、生物质气、煤制气和甲醇等）等备受关注。此外，SOFC 还具有不需要贵金属催化剂等特点，进一步增加了其吸引力。

　　SOFC 的应用领域非常广泛，主要包括便携式电源、热电联产／分布式发电以及大型发电站（图 5-29）等。其中，固定式发电是 SOFC 最常见的应用领域，特别适用于兆瓦以下的中小型 SOFC 产品，如家庭热电联供系统、数据中心备用电站和工业用固定式发电站等。未来，随着技术进一步发展，SOFC 将扩大应用范围，主要用于中大型分布式发电、大规模电力供应以及与煤炭气化结合的燃料电池发电系统等领域。这些发展前景使得 SOFC 成为引人注目的能源解决方案之一。

　　此外，SOFC 在航空和航天领域展现出巨大的应用潜力。由于其高效能、高能量密度和长寿命的特点，SOFC 可作为无人机（图 5-30）、卫星等航空器和太空探索任务中的动力源，满足长时间、高效稳定运行的能源需求，这对于航空和航天领域具有重要意义。SOFC 技术的广泛应用为航空和航天行业带来了新的发展机遇，并有望推动这一领域的进一步创新和进步。

图 5-29 SOFC 发电站

图 5-30 日本研究团队的 SOFC 无人机

SOFC 在海洋领域（图 5-31）同样展示了应用前景，尤其是在海上油气平台和船舶等场景中。SOFC 具有高效能、高能量密度和长期运行的特点，适合满足复杂海洋环境下的能源需求。它具有低排放、无噪声的环保特性，并能适应海洋环境的挑战。在海上油气平台上，SOFC 可为设备和生活需求提供稳定的电力来源。对于船舶而言，SOFC 可以提供高效、低排放的电力驱动，减少能源消耗和环境影响。这些特点使得 SOFC 成为海洋领域可靠的能源解决方案，推动该领域的进步和创新。

图 5-31 SOFC 为运输船提供动力

参考文献

［1］Minh N Q. Ceramic fuel-cells［J］. Journal of the American Ceramic Society，1993，76：563-588.

［2］Lang M，Auer C，Eismann A，et al. Investigation of solid oxide fuel cell short stacks for mobile applications by electrochemical impedance spectroscopy［J］. Electrochimica Acta，2008，53（25）：7509-7513.

［3］Steele B，Heinzel A. Materials for fuel-cell technologies［J］. Nature，2001，414（6861）：345-352.

［4］Li M，Qiang X，Xu W，et al. Synthesis，characterization and application of AFC based waterborne polyurethane［J］. Progress in Organic Coatings，2015，84：35-41.

［5］DOE-EERE. FCT fuel cells：types of fuel cells［EB/OL］. http：//www1.eere.energy.gov/hydrogenandfuelcells/fuelcells/fc_types.html［05.28.10］.

［6］Sharma S，Pollet B G. Support materials for PEMFC and DMFC electrocatalysts- A review ［J］. Journal of Power Sources，2012，208：96-119.

［7］Yang J，Park Y，Seo S，et al. Development of a 50 kW PAFC power generation system ［J］. Journal of Power Sources，2002，106（1-2）：68-75.

［8］Bischoff M，Huppmann G. Operating experience with a 250 kW（el）molten carbonate fuel cell（MCFC）power plant ［J］. Journal of Power Sources，2002，105（2）：216-221.

［9］Cavallaro S，Chiodo V，Freni S，et al. Performance of Rh/Al_2O_3 catalyst in the steam reforming of ethanol：H_2 production for MCFC ［J］. Applied Catalysis A：General，2003，249（1）：119-128.

［10］Singhal S C. Materials for high-temperature solid oxide fuel-cells ［J］. J Electrochem Soc，1987，134：C414.

［11］Wang Y，Chen K S，Mishler J，et al. A review of polymer electrolyte membrane fuel cells：Technology, applications，and needs on fundamental research ［J］. Applied Energy，2011，88（4）：981-1007.

［12］杜真真，王珺，王晶，等. 质子交换膜燃料电池关键材料的研究进展［J］. 材料工程，2022，50（12）：35-50.

［13］童鑫，熊哲，高新宇，等. 质子交换膜燃料电池研究现状及发展［J］. 硅酸盐通报，2022，41（9）.

［14］赵雪雪，门引妮，邢亚哲. 固体氧化物燃料电池铈基电解质的研究进展［J］. 表面技术，2020，49（9）.

［15］尚凤杰，李沁兰，石永敬，等. 固体氧化物燃料电池电解质材料的研究进展［J］. 功能材料，2021，52（6）.

［16］Inaba H，Tagawa H. Ceria-based solid electrolytes-Review ［J］. Solid State Ionics，1996，83：1-16.

［17］Steele B. Appraisal of $Ce_{1-y}Gd_yO_{2-y/2}$ electrolytes for IT-SOFC operation at 500 ℃ ［J］. Solid State Ionics，2000，129：95.

［18］Huang K Q，Feng M，Goodenough J B. Sol-gel synthesis of a new oxide-ion conductor Sr- and Mg-doped $LaGaO_3$ perovskite ［J］. J Am Ceram Soc，1996，79：1100-1104.

［19］Matraszek A，Singheiser L，Kobertz D，et al. Phase diagram study in the La_2O_3-Ga_2O_3-MgO-SrO system in air ［J］. Solid State Ionics，2004，166：343-350.

［20］Gómez S Y，Hotza D. Current developments in reversible solid oxide fuel cells ［J］. Renewable and Sustainable Energy Reviews，2016，61：155-174.

［21］Cowin P I，Petit C T，Lan R，et al. Recent progress in the development of anode materials for solid oxide fuel cells ［J］. Advanced Energy Materials，2011，1（3）：314-332.

［22］Jiang S P，Chan S H. A review of anode materials development in solid oxide fuel cells ［J］. Journal of materials science，2004，39（14）：4405-4439.

［23］王凤华，郭瑞松，魏楸桐，等. Ni/YSZ 阳极材料的制备及性能研究［J］. 电源技术，2004，28（11）：3.

［24］Afroze S，Karim A，Cheok Q，et al. Latest development of double perovskite electrode materials for solid oxide fuel cells：a review［J］. Frontiers in Energy，2019，13（4）：770-797.

［25］Bucher E，Egger A，Caraman G，et al. Stability of the SOFC cathode material（Ba，Sr）（Co，Fe）$O_{3-\delta}$ in CO_2-containing atmospheres ［J］. Journal of The Electrochemical Society，2008，155（11）：B1218.

［26］Rembelski D，Viricelle J P，Combemale L，et al. Characterization and comparison of different cathode materials for SC‐SOFC：LSM，BSCF，SSC，and LSCF ［J］. Fuel Cells，2012，12（2）：256-264.

［27］Jiang S P. Development of lanthanum strontium manganite perovskite cathode materials of solid oxide fuel cells：a review ［J］. J Mater Sci，2008，43：6799-6833.

［28］Dou Y N，Xie Y，Hao X F，et al. Addressing electrocatalytic activity and stability of $LnBaCo_2O_{5+\delta}$ perovskites for hydrogen evolution reaction by structural and electronic features ［J］. Applied Catalysis B：Environmental，2021，297：120403.

［29］Tarancon A，Burriel M，Santiso J，et al. Advances in layered oxide cathodes for intermediate temperature solid oxide fuel cells ［J］. J Mater Chem，2010，20：3799-3813.

［30］宋世栋，韩敏芳，孙再洪. 管式固体氧化物燃料电池堆的研究进展［J］. 科学通报，2013，58（21）：2035-2045.

［31］宋世栋，韩敏芳，孙再洪. 固体氧化物燃料电池平板式电池堆的研究进展［J］. 科学通报，2014，59（15）：1405-1416.

▶ **第 6 章**

超级电容器

▲▲▲▲▲▲▲

6.1 概述

超级电容器，也被称为超大容量电容器或电化学电容器，代表着一种革新性的储能技术，它填补了传统电容器与电池之间的技术空白。相较于传统电容器，超级电容器的存储容量大幅提升，能量密度（或比能量）也显著增强，容量可轻易达到数法拉，甚至高达数千法拉，远超传统电容器的微法级别。而与充电电池相比，超级电容器又展示了更高的功率密度和惊人的循环寿命，可经受超过 10 万次的充放电周期。它支持大电流快速充放电，且能在 −40 ～ 70 ℃的广泛温度范围内稳定运行。这些卓越的特性使其在国防军工、航空航天、交通运输、电子信息和仪器仪表等多个领域展现巨大的应用潜力，因此已成为全球科研的热点。值得一提的是，我国已将"超级电容器关键材料的研究和制备技术"纳入《国家中长期科学和技术发展纲要（2006—2020 年）》，并将其定位为能源领域的前沿技术之一；2016 年工业和信息化部印发《工业强基 2016 专项行动实施方案》，将超级电容器列入扶持重点，足见其重要性。

超级电容器以其独特的性能在储能领域占据了一席之地。在放电效率上，普通电容器优于超级电容器，而超级电容器又优于电池。在功率密度方面，超级电容器与普通电容器相当，且均高于电池。然而，在能量密度上，电池则占据优势，其次是超级电容器，最后是普通电容器。就使用寿命而言，超级电容器与普通电容器相当，并且都长于电池。此外，在温度适应性方面，超级电容器的表现最佳，其次是普通电容器，最后是电池。这些特性共同决定了超级电容器在短时大功率储能场景中的优势，它能够迅速捕捉峰值功率释放的能量，并在相对较短的时间内快速释放这些能量。表 6-1 给出了超级电容器、普通电容器和电池的性能对比。

表 6-1 超级电容器、普通电容器和电池的性能对比

参数	超级电容器	普通电容器	电池
实例	基于活性炭电极和 $TEABF_4/ACN$	铝电解电容器	铅酸电池，锂电池，钠电池
储能机制	物理静电吸脱附	物理静电吸脱附	电化学
容量优化机制	电极材料表面积、官能团、稳定性，电极/电解液界面，电解液	极间距，电极的几何面积，电介质	电池正负极活性物质的热动力学
能量存储	瓦秒能量	瓦秒能量	瓦时能量
库仑效率	$0.85 \sim 0.99$	1	$0.7 \sim 0.999$
功率提供	快速放电，线性或指数电压衰减	快速放电，线性或指数电压衰减	在长时间内保持恒定电压
充电放电时间	毫秒至分钟	皮秒至毫秒	$10\,min \sim 10\,h$
能量密度	$1 \sim 10\,W \cdot h \cdot kg^{-1}$	$0.01 \sim 0.05\,W \cdot h \cdot kg^{-1}$	$8 \sim 600\,W \cdot h \cdot kg^{-1}$
功率密度	高，$500 \sim 10000\,W \cdot kg^{-1}$	高，$> 10000\,W \cdot kg^{-1}$	低，$100 \sim 3000\,W \cdot kg^{-1}$
工作电压	$2.3 \sim 3\,V$（每节）	$6 \sim 800\,V$	$1.2 \sim 4.2\,V$（每节）
寿命	> 10 万个周期	> 10 万个周期	$150 \sim 1500$ 个周期
工作温度	$-40 \sim 85\,℃$	$-20 \sim 100\,℃$	$-20 \sim 65\,℃$
自放电	中等	低	低

6.2 超级电容器原理

超级电容器从本质上来讲依然是一种电容器，因此它依然遵循电容器的基本物理规律。

电容器最初是由两个简单的导电板（分别带正电和负电）以及它们之间夹着的介电材料组成的。当在这两个极板上施加外部偏压时，便实现了电荷的分离。随后，这些电荷便在外部驱动力的作用下"存储"于极板表面，如图 6-1 所示。

图 6-1 电容器原理示意图

电容器的电容 C [单位为 F]，是每个电极上带的电荷 Q 与两极之间的电势差 V 之比：

$$C = \frac{Q}{V} \tag{6-1}$$

对于典型的平板电容器而言，其电容 C 与每个电极的面积 A 以及电介质的介电常数 ε

成正比，而与两个电极之间的距离 D 成反比关系，可以表达为：

$$C=\frac{\varepsilon_0\varepsilon_r A}{D} \tag{6-2}$$

式中，ε_0、ε_r 分别为真空中的介电常数、介电材料的相对介电常数，$F\cdot m^{-1}$。

超级电容器（EC）采用多孔碳和一些金属氧化物等高比表面积材料，利用电极与电解液的交互界面进行高效充放电[1]。它虽然基于传统电容器的运作原理，但特别适合电能的迅速储存与释放。由于电极设计增大了有效比表面积并采用了更薄的电介质，其电容和储能能力远超常规电容器，甚至可以达到传统电容的 10000 倍以上。传统电容的容量通常仅限于微法拉至毫法拉，而超级电容器的额定容量可以轻松达到数十、数百甚至上千法拉。此外，超级电容器还能以高度可逆的方式存储电荷，并且由于其等效串联电阻（ESR）低，可以在极高的比功率下工作，这一特性远胜于大多数电池。超级电容器的两个核心指标就是能量密度和功率密度，如何在保持高功率密度的同时提高能量密度，一直是超级电容器研发与产业发展中急需解决的关键问题。超级电容器的比能量 E（单位质量下的能量）与其工作电压 V 和比电容量 C（单位质量下的电容）密切相关，可表达为：

$$E=\frac{CV^2}{2} \tag{6-3}$$

为了提高超级电容器的比能量，需要在提高其工作电压的同时，提高其比电容量。

功率 P 是单位时间内能量传输的速率。在确定某超级电容器的功率大小时，必须考虑电容器内部组件的电阻（如集流体、电极材料、电介质 / 电解质和隔膜的电阻）。所有这些组件的电阻之和，称为等效串联电阻（ESR），单位为欧姆（Ω）。ESR 会导致超级电容器放电瞬间的电压降，从而决定电容器在放电过程中的最大电压。电容器的最大功率 P_{max} 可表示如下：

$$P_{max}=\frac{V_{max}^2}{4ESR} \tag{6-4}$$

由式（6-2）～式（6-4）可知，提升超级电容器的能量密度和功率密度可以采取以下三种主要方法：首先，可以升级电极材料，选择具有更高电容量和更高电导率的碳材料或其他氧化还原材料；其次，改进电解液，使用耐高压的新型电解液或离子液体；最后，开发混合电容器系统，这种系统通常采用具有氧化还原活性的材料，例如石墨、金属氧化物、导电聚合物等，和超容碳材料配合使用。因此，超级电容器按照电荷存储和储能机制的不同，可分为纯物理形式的双电层超级电容器，氧化还原反应型的赝电容器，以及赝电容材料、电池材料和双电层超容碳混合的混合型电容器[2]，其具体分类如图 6-2 所示。

6.2.1 双电层超级电容器

（1）现代双电层模型

双电层模型，作为电化学双电层超级电容器（EDLC）的理论基础，最初由 19 世纪的 Von Helmholtz 在研究胶体悬浮液时提出。尽管该理论早已存在，但直到 1957 年，通用电气公司的 H. I. Becker[3] 才通过专利证实了双电层电容器的实用性，实现了有效的电荷储存，

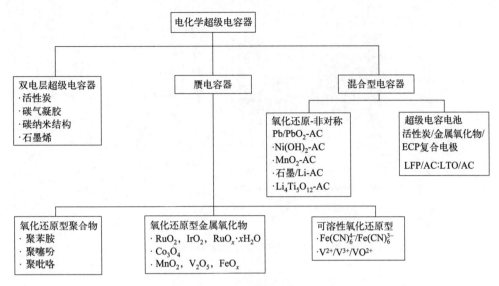

图 6-2　电化学超级电容器的分类图

其中使用了多孔碳作为电极，并在水系电解液中运行。而双电层电容器在电极与电解液界面间真正储存能量的能力，则是由俄亥俄州标准石油公司的 R. A. Rightmire 和 D. L. Boos 在 1966 年通过专利确认[4]，此过程为非法拉第性质的。

　　最早期的 Helmholtz 双电层模型由沿着界面轴相隔原子级微小距离的两个相反电荷层构成[5]，如图 6-3 所示。这一模型揭示了电极/电解质界面处的电荷分布概念，它假定表面电荷被一层强吸附的相反价态离子（即抗衡离子）精确补偿。之后，Gouy 和 Chapman 提出了另一个模型作为补充[6]，如图 6-3 所示，该模型在电极和本体溶液之间引入了一个扩散层。此模型考虑了离子（被视为点电荷）的布朗运动。在此框架内，用于中和表面电荷的离子分散在溶液中，从而形成一个扩散层。Grahame 则进一步细分了 Helmholtz 紧密层，区分出内层和外层。随后，Stern[7] 的研究催生了一个综合模型（见图 6-3），该模型融合了 Helmholtz 模型和 Gouy-Chapman 模型，并考虑了离子的有限尺寸。总的来说，这些模型共同构成了当前人们对电化学双电层结构的理解，也更接近于实际情况。

　　在这个模型（图 6-3）中，可以区分出三个区域：①由紧贴碳层表面的强结合离子组成的 Helmholtz 层；②由更分散的离子组成的扩散层；③可能存在的自由溶液。因此，电化学双电层（EDL）的总电容 C_{EDL} 可以通过等效电路来表示，该电路是紧凑的 Helmholtz 层电容 C_H 和 Gouy-Chapman 扩散层电容 C_{diff} 的串联组合，如图 6-3 所示，可得到的相应公式为：

$$\frac{1}{C_{EDL}} = \frac{1}{C_H} + \frac{1}{C_{diff}} \tag{6-5}$$

当电解液为浓溶液时，不存在扩散层，则 $C_{EDL} \approx C_H$。

　　根据 Helmholtz 的浓缩溶液模型，每个电极界面的 Helmholtz 层电容 C_H 可以通过以下公式表示：

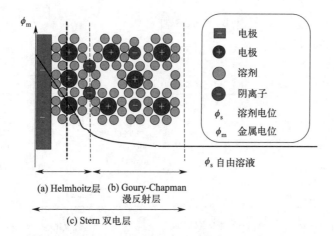

(a) Helmhoitz层　(b) Goury-Chapman
漫反射层

(c) Stern 双电层

图6-3　Stern 模型（融合 Helmholtz 模型和 Gouy-Chapman 模型）

$$C_{\mathrm{H}} = \frac{k_0 \varepsilon S_{\mathrm{A}}}{\delta_{\mathrm{dl}}} \qquad (6\text{-}6)$$

式中，k_0 是真空介电常数（8.85×10^{-12} F·m^{-1}）；ε 是双电层区域的介电常数；S_{A} 是电极的表面积；δ_{dl} 是双电层的厚度。

由上式可知，双电层电容的大小主要由 Helmholtz 层电容决定，那么较大的碳电极比表面积、较高的碳电极电导率、较好的润湿性能、较薄的双电层厚度等都是提高双电层电容的关键因素。

（2）双电层超级电容器基本公式

EDLC 的储能机制与传统的电容器类似，都是通过电荷分离的方式实现电能存储。然而，与传统的二维平板电容器不同，EDLC 采用了具有高表面积的多孔材料（以活性炭为主），从而显著提升了电容值。EDLC 之所以能比传统电容器储存高出几个数量级的能量，主要得益于以下两点：首先，由于高表面积电极材料中含有大量的孔结构，更多的电荷可以储存在高度扩展的电极表面上；其次，电极与电解液界面之间形成的双电层非常薄，这也有助于提高电容器的储能能力。EDLC 的结构设计参考了电池的结构，都包含两个电极浸泡在电解液中，而电介质材料被聚合物隔膜所取代，该隔膜完全浸没在电解质离子的海洋中，隔膜分隔开正负极以防止电子导通，并允许离子通过（如图6-4所示）。

在充电状态下，电解液中的阴离子和阳离子会分别向正极和负极移动，最终在两个电极与电解液的交界处形成各自的双电层。双电层的最大电荷密度累积在 Helmholtz 层，该层形成在带电的碳粒子表面与电解质离子的相应相反电荷之间，如图6-4所示。每个电极/电解液界面都代表一个电容器，因此整个 EDLC 可以大致看作是两个电容器和一个电阻的串联。因此，EDLC 的电容（C_{sc}）取决于两个电极的电容（正极电容 C_+ 和负极电容 C_-）：

$$\frac{1}{C_{\mathrm{sc}}} = \frac{1}{C_+} + \frac{1}{C_-} \qquad (6\text{-}7)$$

一般认为双电层超级电容器的正负极电容值相等，即

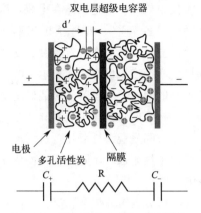

图6-4　双电层超级电容器原理示意图

$$C_e = C_+ + C_- \tag{6-8}$$

$$C_{sc} = \frac{C_e}{2} \tag{6-9}$$

假设 m_e 是单个电极的活性物质的质量（g），则整个 EDLC 的活性物质质量 $m_{sc} = 2m_e$，整个 EDLC 的比电容值和单个电极的比电容值的关系可表达如下：

$$\frac{C_{sc}}{m_{sc}} = \frac{1}{4} \times \frac{C_e}{m_e} \tag{6-10}$$

因此，文献报道的比电容值需要强调说明是单个碳电极的比电容值还是整个 EDLC 器件的比电容值，这两个值相差了 4 倍。单个碳电极的比电容值可以采用三电极的测试方法获得，而整个 EDLC 器件的比电容值通常采用双电极的测试方法直接获得。另一个比较关键的 EDLC 术语是活性材料的标称比电容量 C_{SA}，指材料单位面积的比容量，反映了电极材料的性能，可以表达如下：

$$C_{SA}(\mu F \cdot cm^{-2}) = \frac{C_e(F)}{m_e(g) \, S_A(m^2 \cdot g^{-1})} \times 10^2 \tag{6-11}$$

式中，S_A 为电极活性物质的比表面积。对于常用的椰壳碳材料，比表面积为 1700 $m^2 \cdot g^{-1}$，单电极比电容量是 200 $F \cdot g^{-1}$，则椰壳碳材料的标称比电容量可达 11.8 $\mu F \cdot cm^{-2}$。

综上所述，EDLC 仅基于极化电极表面电荷与形成双电层的对应带相反电荷的电解质离子之间的简单静电吸引来存储电荷。由于多孔碳电极上有效表面积大，且 Helmholtz 层厚度小，与传统电容器相比，EDLC 存储的能量非常大。尽管 EDLC 被视为电化学设备，但其储能机制中并不涉及化学反应。储能机制是一种物理现象（非法拉第过程），因此具有高度可逆性，这赋予了 EDLC 极长的循环寿命。由于充放电速率仅取决于离子的物理移动，因此 EDLC 可以比依赖较慢化学反应的电池更快地存储和释放能量（即提供更多功率）。EDLC 作为成功的商业化超级电容器将是本章的重点，并将在以下章节中进一步详细阐述。

6.2.2　赝电容对称型超级电容器

赝电容是利用材料表面快速且可逆的氧化还原反应来储存和放出能量的一种电容[8]。

它与双电层电容有所区别，不仅仅依赖于静电来储存电荷。这种电容特别有意义，因为它的工作机制并非基于静电（因此得名"赝"，即与静电的双电层电容相区别）。赝电容的充放电过程涉及电化学电荷迁移，并且其性能在一定程度上受限于活性物质的质量和有效表面积。简言之，赝电容是通过化学反应来储存和放出电荷的，这比传统的静电电容更为高效，但同时也受到材料本身特性的限制。赝电容的储能机制是一种法拉第过程，但它并不会像传统的法拉第过程那样产生持续的法拉第电流。其充放电过程展现出了电容器的典型特征。首先，赝电容器的电压随时间呈现线性变化，这反映了其电荷存储的速率与电压变化之间的直接关联。其次，当对电极施加一个随时间线性变化的外电压时，可以观察到一个近乎恒定的充放电电流或电容值。

赝电容对称型超级电容器，可分为过渡族金属氧化物体系（以氧化钌为成功的工程化代表）和导电聚合物型超级电容器。

（1）氧化钌对称型超级电容器

氧化钌对称型超级电容器是以 RuO_2 作为电极材料，并使用 H_2SO_4 作为电解质的超级电容器，其电容性能主要依赖于法拉第准电容[9]。此类电容器的显著特征在于其循环伏安曲线展示出对称的矩形形状，并未显现出尖锐的氧化还原峰。相反，我们只能观察到较弱且宽度较大的峰，这些峰呈现出完美的对称性，这反映了电极上发生的法拉第反应。这种反应被认为是在 RuO_2 的微孔中通过可逆的电化学离子注入过程实现的，其化学方程式可以表示为：

$$RuO_2+xH^++xe^-\!=\!\!=\!RuO_{2-x}(OH)_x \qquad 0 \leqslant x \leqslant 1 \qquad (6-12)$$

这种机制使得 RuO_2 超级电容器能够快速储存和放出大量电荷，从而实现高效的能量存储与转换。RuO_2 超级电容器以超高的电容值（$> 1300 \ F \cdot g^{-1}$），出色的电化学可逆性和在 H_2SO_4 溶液中优越的循环性能，展现出极高的电荷存储能力和使用稳定性，而被视为一种性能非凡的电极材料。例如，Zheng 等[10]通过溶胶-凝胶（sol-gel）法，在低温条件下，成功地制备出了无定形的 $RuO_2\cdot _6H_2O$，其单电极比电容竟高达 $768 \ F \cdot g^{-1}$。Wei-Chun Chen 等[11]通过热处理技术，使得 $RuO_2\cdot _6H_2O$ 颗粒的比电容从 $470 \ F \cdot g^{-1}$ 显著提升至 $980 \ F \cdot g^{-1}$。

然而，RuO_2 的昂贵价格和环境毒性问题限制了它在更广泛领域的应用，目前主要被局限在军事和航空航天等特定领域。为了突破这一局限，研究者们正致力于通过多种途径来优化 RuO_2 的应用，包括提升其比表面积、与其他材料复合以减少用量并提高整体性能，以及积极寻找成本更低的替代材料。在这些探索中，已经涌现出不少令人瞩目的研究成果，如将多孔碳材料融入 $RuO_2\cdot _6H_2O$ 制成的复合电极[12]，其孔隙率和电解液吸附能力均有显著提升；还有研究者通过将 RuO_2 与碳纳米管等先进材料结合[13]，不仅保留了碳纳米管的高有效孔隙率，还充分发挥了水合氧化钌的高容量密度优势，从而大幅提高了超级电容器的能量密度。同时，为降低 Ru 的用量和成本，研究者们还尝试在 RuO_2 中添加其他金属元素，制备出性能优异的复合金属氧化物。如 Manthiram 等通过沉淀法制备的无定形 $WO_3\cdot 6H_2O/RuO_2$ 复合氧化物，在 RuO_2 含量仅为 50% 时，其比电容便高达 $560 \ F\cdot g^{-1}$。此外，Yoshio Takasu 等[14]也通过溶胶凝胶法制备了多种 RuO_2 与其他金属氧化物的复合材料，均在不降低性能的前提下有效减少了 RuO_2 的用量。

（2）导电聚合物型超级电容器

导电聚合物，如聚吡咯、聚苯胺和聚噻吩及其衍生物等是一种特殊的有机聚合物材料，它通过聚合物主链上的共轭键实现电流的传导。聚合物合成过程中通过单体的化学氧化来实现，例如使用氯化铁或者电化学氧化的方法，聚合过程中会同时发生单体的氧化和聚合物的氧化[15]。在这个过程中，还会伴随着掺杂离子（如 Cl^-）的嵌入。值得注意的是，在这类 p 型导电聚合物中，掺杂剂或掺杂水平往往低于每个聚合物单元 1 个掺杂剂，大约在 0.3～0.5 个的范围内，即每个掺杂剂大约对应 2～3 个单体单元。这一限制主要由正电荷（极化子）能沿着聚合物链的间隔决定。导电聚合物型超级电容器与碳基超级电容器相比，导电聚合物通过氧化还原反应在材料本体中存储电荷，这一机制不仅增加了存储的能量，还有效地减少了自放电现象。然而，离子在导电聚合物电极本体中的扩散速度相对较慢，这在一定程度上影响了其功率输出，即充放电的速度较慢。尽管如此，导电聚合物依然被认为可以弥补电池和双电层电容器之间的性能差距，因为导电聚合物电极的动力学特性优于几乎所有的赝电容无机材料。

导电聚合物因其高电荷密度和相对较低的成本（与价格较高的金属氧化物相比）而备受关注，有望开发出具有低等效串联电阻（ESR）、高功率和高能量的超级电容器件。例如，聚苯胺能表现出高达 $1500\ F \cdot g^{-1}$ 的比电容量，这一数值远高于活性炭的比电容量（$200\ F \cdot g^{-1}$）。当超容器件完全封装后，基于聚苯胺的导电聚合物超级电容器虽然功率相对双电层超级电容器稍低，为 $2\ kW \cdot kg^{-1}$，但其比能量却可翻 1 倍，达到 $10\ W \cdot h \cdot kg^{-1}$。

在可循环性方面，导电聚合物赝电容器的性能通常在不到 1000 次循环后就开始退化，这主要是由于离子的掺杂 / 去掺杂过程引起的物理结构变化。尽管提高掺杂水平可以使导电聚合物电极实现更高的比能量，但这也会带来更大的掺杂离子嵌入和脱出，以及伴随的更大体积变化，长时间循环下会导致电极发生机械劣化。但需要特别指出的是，基于离子液体的电解质的导电聚合物超级电容器在循环寿命方面表现要好得多。

导电聚合物因其良好的本征电导率（在掺杂状态下可达几至 $500\ S \cdot cm^{-1}$）而备受瞩目。与常规聚合物（带隙为 10 eV）相比，导电聚合物的带隙较低（1～3 eV）。此外，它们还展现出相对较快的充放电动力学、适宜的形态以及快速的掺杂和去掺杂过程。导电聚合物同时也保留了塑料的特性，因此易于制造，特别适合作为薄膜材料。在被氧化时，导电聚合物可与阴离子（A^-）进行 p 型掺杂，而在被还原时则可与阳离子（C^+）进行 n 型掺杂。这两个充电过程可以简化为以下方程：

①p 型掺杂：
$$C_p \longrightarrow C_p^{n+}(A^-)_n + ne^- \tag{6-13}$$

②n 型掺杂：
$$C_p + ne^- \longrightarrow (C^+)_n C_p^{n-} \tag{6-14}$$

放电过程则为式（6-13）和式（6-14）的反向过程，以 p 型掺杂的聚苯胺（PANI）材料为例，其充放电机制[16]如图 6-5 所示，在充电阶段，掺杂剂 AH 与 PANI 的 NH 基团相互作用，通过吸附电荷和质子使 PANI 发生掺杂。而在放电阶段，PANI 则经历去掺杂过程，并伴随电子的释放。这一过程确保了超级电容器中电荷的储存与释放，从而实现能量的有效转换与利用。

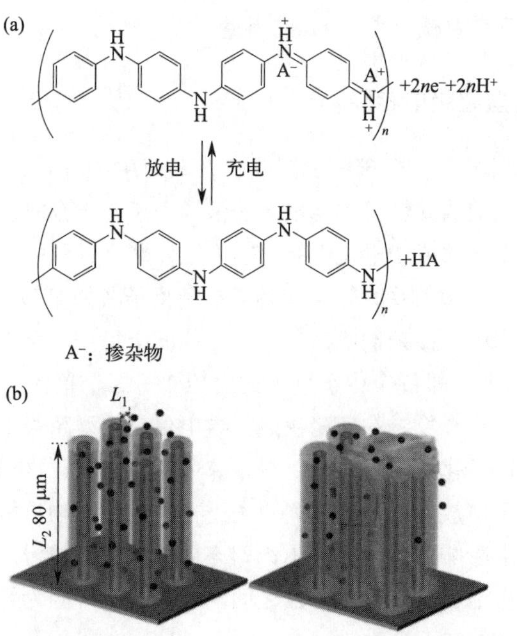

图6-5　（a）p型掺杂的聚苯胺（PANI）的充放电机制；（b）在碳纳米管阵列上的聚苯胺[16]

由导电聚合物构成的超级电容器可设计为四种类型[17]：

类型Ⅰ（对称无极性型）：正负极均采用相同的可进行p型掺杂的聚合物。

类型Ⅱ（非对称有极性型）：两极采用不同的可进行p型掺杂的聚合物。

类型Ⅲ（对称无极性型）：正负极使用相同的聚合物，但正极采用p型掺杂，负极则采用n型掺杂。

类型Ⅳ（非对称有极性型）：正负极使用不同的聚合物，正极采用p型掺杂，负极则采用n型掺杂。

在类型Ⅰ超级电容器充电过程中，正极会经历完全氧化，而负极则维持中性状态，电容器电压大约为0.5～0.75 V。当超级电容器完全放电后，正负极都处于半氧化状态，因此仅能够利用聚合物总p型掺杂能力的50%。对于类型Ⅱ超级电容器，具有更高正氧化电位的聚合物被用作正极，而较低正氧化电位的聚合物则作为负极。在充电时，正极完全氧化，负极保持中性，电池电压通常较高，约为1.0～1.25 V。放电完全后，正极氧化程度低于50%，而负极氧化程度高于50%，使得大约75%的聚合物p型掺杂能力得到利用（具体取决于聚合物组合）。当类型Ⅲ和Ⅳ超级电容器完全充电时，正极会经历完全氧化（p型掺杂），负极则完全还原（n型掺杂），此时电池电压范围为1.3～3.5 V。放电状态下，两个电极都变为中性，从而能够充分利用聚合物100%的p型和n型掺杂能力。因此，这些超级电容器的比能量通常遵循以下顺序：类型Ⅰ＜类型Ⅱ＜类型Ⅲ＜类型Ⅳ。需要注意的是，"完全氧化"或"完全掺杂"指的是聚合物所能达到的最大掺杂水平，这是聚合物的固有特性。

超级电容器常用的导电聚合物包括聚苯胺（PANI）、聚吡咯（PPy）、聚噻吩（PTh）

以及 PTh 的衍生物。其中，只有 PTh 具有进行 n 型掺杂的能力，可以在类型Ⅲ和Ⅳ超级电容器中使用。然而，由于 PANI 和 PPy 的还原（n 型掺杂）电位比常用有机溶剂（如 ACN 和 PC）的分解电位更负，因此这些聚合物仅适合类型Ⅰ和Ⅱ超级电容器。

　　PANI 理论比电容量高，是研究最为广泛的类型Ⅰ超级电容器电极材料，它制备方法简单，可以很容易通过化学和电化学方法从水溶液中获得，具有高掺杂水平（约 0.5）、良好的电导率（$0.1 \sim 5\ S \cdot cm^{-1}$）、高比电容，以及出色的环境稳定性[18]。通过电化学方法制备的 PANI，比电容甚至可达到 $1500\ F \cdot g^{-1}$。PANI 在充放电过程中需要质子进行掺杂/去掺杂，使其在酸性水溶液电解质中表现出更高的比电容，然而在实际的 PANI 电极工程化试验过程中，由于 PANI 颗粒在充放电过程中对体积膨胀和收缩的耐容性较差，电极很容易发生机械劣化，显示出较差的倍率性能、电容值和循环。因此大量工作集中在 PANI 和多种碳材料（如石墨烯、碳纳米管等）的复合上，碳材料在改善 PANI 电极的比电容量、倍率性能和循环上效果非常明显，其中以 Huang 等[19]的工作最具代表性，通过在家用铝箔上生长碳纳米管阵列（ACNT），并用电化学的方法在 ACNT 表面生长 PANI，实现三维电极结构，如图 6-6 所示，该结构可以提供规则的孔隙、优良的电解液浸润通道和 PANI/ACNT 的强相互作用，从而大幅降低电极的电阻，提高比电容量，实现了类型Ⅰ超级电容器的高比功率、高比能量和稳定的循环性能。在水性电解液中表现出 $18.9\ W \cdot h \cdot kg^{-1}$ 的高比能量、在 $1.0\ A \cdot g^{-1}$ 的电流密度下具有 $11.3\ kW \cdot kg^{-1}$ 的最大比功率，以及出色的倍率性能和循环稳定性。在有机电解质中，获得了 $72.4\ W \cdot h \cdot kg^{-1}$ 的高比能量、$24.9\ kW \cdot kg^{-1}$ 的最大比功率，以及良好的循环性能。

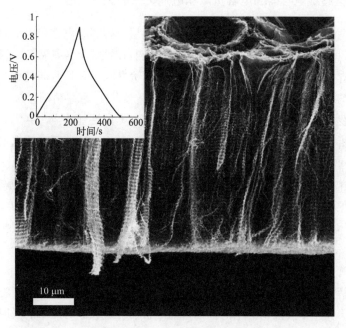

图 6-6　厚度为 50 μm 的 ACNT@PANI 阵列的扫描电镜图像（插图显示了超级电容器
在 $1.0\ A \cdot g^{-1}$ 从 $0 \sim 0.9\ V$ 对 NHE 参比电极的充放电曲线）

6.2.3　混合型超级电容器

混合型超级电容器也可以称作非对称型超级电容器，是一种结合了双电层超级电容器（EDLC）和赝电容超级电容器或电池特性的能量储存器件[20]。它们能够提供介于传统电池和超级电容器之间的能量密度和功率密度，同时具有优异的充放电性能和循环稳定性。混合型超级电容器的核心构造在于其电极材料的设计。通常，它采用一种材料作为双电层电容的电极，而另一种材料则作为赝电容或电池的电极。这种设计使得混合型超级电容器能够同时利用双电层电容的高功率密度和赝电容或电池的高能量密度。

在混合型超级电容器中，双电层电容是通过在电极表面吸附电荷来储存能量的。这种机制不涉及化学反应，因此充电和放电过程都非常快，能够实现高功率输出。而赝电容则是通过电极材料表面发生的快速、可逆的氧化还原反应来储存能量的，电池则是以离子嵌入/脱出或溶解/沉积的方式来储存能量。这种机制能够提供比双电层超级电容器更高的能量密度。

在实际应用中，混合型超级电容器因其独特的性能优势而被广泛用于电动汽车、可再生能源系统、电子设备等领域。它们能够快速响应能量需求的变化，提供瞬间的功率输出，同时在能量储存方面也具有较长的使用寿命和较高的稳定性。

总的来说，混合型超级电容器结合了双电层超级电容器和赝电容超级电容器的优点，提供了更高的能量密度和功率密度，同时保持了优异的充放电性能和循环稳定性。随着技术的不断进步，混合型超级电容器有望在未来能量储存领域发挥更大的作用。

（1）混合型超级电容器的电容贡献和电池贡献的区分方法

随着混合型超级电容器概念的引入，各种双电层电容、赝电容和电池的组合形式也应运而生。这些组合形式不仅在结构上有所不同，而且在性能上各具特色。因此，相关的研究报告如雨后春笋般涌现，成为超级电容领域的研究热点。在这些研究中，辨别特定器件中的双电层电容贡献和法拉第电池贡献显得尤为重要[21]。通过精确分析这两种储能机制的贡献比例，我们可以更深入地理解混合型超级电容器的性能特点，并为其合理设计提供指导。这种分析不仅有助于优化器件结构，提高储能效率，还能帮助筛选出最佳的组合形式，以满足不同应用场景的需求。

双电层电容行为（即电容贡献），指发生在电极材料表面/亚表面的电荷储存过程，不受半无限扩散限制，具有极快的动力学[21]。相反，法拉第电池行为（即扩散贡献），指发生在电极材料体相内的电荷储存过程，电化学反应动力学缓慢，受半无限扩散的限制。最常用的方法是循环伏安曲线（CV）法。

以一种锌离子混合型超级电容器为例[22]，它的正极是表面富含官能团的活性炭，负极是金属锌，电解液采用 $1 \, mol \cdot L^{-1}$ $ZnSO_4$ 溶液，该电容器中质子的嵌入/脱出和负极锌的溶解沉积，属于体相扩散控制的电池行为，而正极活性炭表面对离子的吸脱附过程属于非扩散控制的电容行为。当对该锌离子混合型超级电容器进行 CV 曲线测试时，会在不同的扫描速率 v 下得到不同的 CV 曲线，如图 6-7 所示。

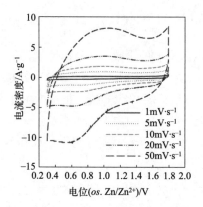

图 6-7　锌离子混合型超级电容器在不同的扫描速率 v 下的 CV 曲线

电流（i，单位 A）和扫描速率（v，单位 mV·s^{-1}）之间的关系可以表达为：

$$i=av^b \tag{6-15}$$

式中，a，b 为常数。在 CV 实验中，电流 i 与扫描速率 v 之间的关系是区分电荷存储机制的有效方法。对于严格的电池型法拉第反应，离子嵌入受限于固态离子扩散过程。因此，伏安电流 i 与扫描速率 v 的平方根成正比。详细的关系可以描述为

$$i = \left[nFACD^{\frac{1}{2}} \left(\frac{\alpha n_a F}{RT} \right)^{\frac{1}{2}} \pi^{\frac{1}{2}} \chi(bt) \right] v^{\frac{1}{2}} \tag{6-16}$$

通过比较式（6-15）和式（6-16），当斜率 $b=1/2$ 时，则满足 Cottrell 方程：

$$i = av^{\frac{1}{2}} \tag{6-17}$$

该式表明其电流响应遵循半无限扩散主导的电荷存储，跟在电池材料内部的扩散过程一致。

而电容电流响应与扫描速率呈线性依赖，即 $b=1.0$，如下所示：

$$i=vC_{EDL}A \tag{6-18}$$

式中，C_{EDL} 是电容；A 是活性物质的表面积。在这种情况下，电荷存储的特点是电容行为。

可以从式（6-15）推导出：

$$\lg i=\lg a+b\lg v \tag{6-19}$$

因此对于一个超级电容器在不同电压下的 b 值可以通过计算 $\lg i$ 与 $\lg v$ 直线的斜率来得到。如图 6-7 所示，在 CV 曲线的峰值电位 1.0 V 时，且 $v=5$ mV·s^{-1} 时，b 值为 0.82，表明该锌离子混合型超级电容器此时电流的主要贡献来自电容控制的非扩散过程。在其他电位下，b 值在 0.8～1.0 范围内变化，这说明电荷存储主要由电容过程贡献。

由上面的论述可知，对于一个确定的电压值 V 下，电容器的电流 $i(V)$ 是两种电荷贡献的总和，这两种贡献分别来自双电层电容贡献和以固态扩散为主的电池贡献。双电层电容过程的电流与扫描速率 v 成正比，而扩散控制的电池过程的电流与 $v^{1/2}$ 成正比，电流 $i(V)$ 可以分为以下两部分：

$$i(V)=k_1v+k_2v^{1/2} \tag{6-20}$$

也可表达为：

$$\frac{i(V)}{v^{1/2}} = k_1 v^{1/2} + k_2 \qquad (6\text{-}21)$$

式中，k_1、k_2 是确定的电压值 V 的常数；$k_1 v$、$k_2 v^{1/2}$ 的比值是电容过程的电流和扩散控制过程电流的比值。基于式（6-21）和 CV 曲线（图 6-7）实测的数据（扫描速率从 $1 \sim 50$ mV·s^{-1}），可以计算出不同电压值下的 k_1 和 k_2 值。根据氧化过程电压从 $0.3 \sim 1.8$ V［图 6-8 的（a）～（c）］，还原过程电压从 $1.8 \sim 0.3$ V［图 6-8 的（d）～（f）］，可以绘制出 $i(V)/v^{1/2}$ 与 $v^{1/2}$ 之间的关系图。该直线的斜率和截距分别代表 k_1 和 k_2 的值。

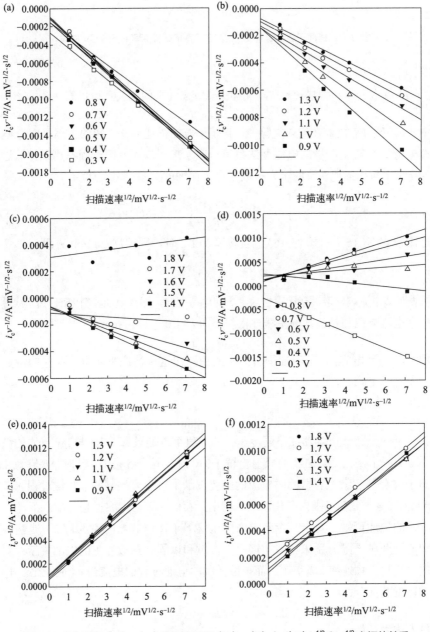

图 6-8　氧化过程（a）～（c）和还原过程（d）～（f）中 $i(V)/v^{1/2}$ 和 $v^{1/2}$ 之间的关系

对于一个确定的扫描速率 v，再根据每个电压值下的 k_1v 和 $k_2v^{1/2}$ 值，可以进一步计算出电容过程电流值和电池过程电流值，实验测得的 CV 曲线的积分面积，减掉电容过程电流围成的闭合曲线的积分面积就是电池过程电流积分面积，就可以得到电容过程贡献和电池过程贡献的比值，如图 6-9 所示。

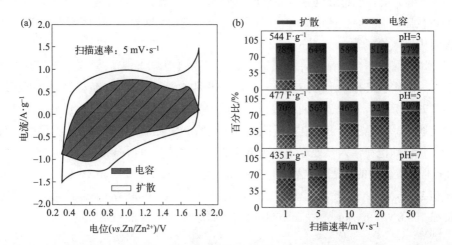

图 6-9　（a）在扫描速率为 5 mV · s⁻¹ 时，对于使用水系电解液的锌离子混合超级电容器（SC）的正极活性炭纤维（FAC），其电容电流（k_1v，阴影区域）和扩散电流（$k_2v^{1/2}$，空白区域）的分离情况；（b）在循环伏安（CV）过程中，对于 pH 值为 3、5 和 7 的三个 SC 样品，总电荷中扩散和电容的贡献率随扫描速率的变化情况

（2）基于 MnO₂ 的混合型超级电容器

MnO₂ 由于其廉价环保和高比电容量的优势，一直是混合型超级电容的研究热点，MnO₂ 自身可以通过表面吸附和体相中嵌入/脱出正离子（Li^+、Na^+、K^+、H^+）等来体现出赝电容效应，表现出 200 ～ 300 F · g⁻¹ 的比电容量，其反应方程可表达如下：

$$MnO_2+X^++e^- \underset{充电}{\overset{放电}{\rightleftharpoons}} MnOOX \tag{6-22}$$

然而众多研究发现 MnO₂ 的赝电容反应中，更多的是在表面实现，正离子（Li^+、Na^+、K^+、H^+）在体相中的迁移比较难，特别是 MnO₂ 在电化学充放电循环过程中会发生晶格畸变、相变，Mn^{2+} 溶解到电解液中，以及循环过程中微应变的不断扩展导致粉化，因此 MnO₂ 混合型超级电容器的循环性能往往很差。常用的改善手段包括 MnO₂ 掺杂、表面包覆、纳米化 MnO₂，而其中最成功的改性方式是将 MnO₂ 和高导电的纳米碳材料复合。

例如，Lou 等[23] 首先在铝箔上直接生长碳纳米管阵列（ACNT）作为三维集流体。然后，通过高锰酸钾的自发还原，在 ACNT 上涂覆一层薄的 MnO₂ 薄膜。这种设计得到的无粘接剂 MnO₂/ACNT/ 铝箔三维复合电极具有许多显著的优势。首先，薄 MnO₂ 层具有极大的表面积，这有助于增加电极与电解质的接触面积，从而提高电池的容量和性能；其次，这种结构的电极具有非常低的电阻，这有助于减少电池在工作过程中的能量损失，提高电池的效率；最后，锰氧化物层和纳米管之间的通道为锂离子提供了优秀的扩散路径，使得 MnO₂ 的混合型超级电容器在充放电过程中能够更快响应，碳纳米管可容忍充放电过程中的大体积变化。因此，电容器的倍率性能和稳定性得到了显著提升。这种薄膜电极在 0.1 C 的倍率下能提供 308 mA·h·g^{-1} 的比容量，几乎达到 MnO$_2$ 的理论比容量，在 20 C 的倍率下能提供 95 mA·h·g^{-1} 的比容量，并且在 1 C 的倍率下循环 100 次后仍能保持 133 mA·h·g^{-1} 的比容量。

由于 MnO$_2$ 混合型超级电容器的充放电曲线没有平台，无法像电池那样直接计算出正负极的质量比，而正负极的配比和电极的初始电位直接影响到器件的整体能量密度和稳定性，需要更深入的探索。

因此，为了进一步提高器件的整体比能量和稳定性，Zhou 等 [24] 又进一步延伸了 Lou 等的工作，制作了带有预锂化 ACNT@MnO$_6$ 正极和 C/MnO$_y$/ACNT 负极的混合型超级电容器，如图 6-10 所示，研究人员首先根据对金属锂的半电池结果，计算并预测了超级电容器的理论比容量，推导出了正负电极活性物质负载的 P/N 质量比和初始电位的函数。具有不同 P/N 质量比和电荷注入预处理的超级电容的实验比容量与预测线吻合得很好。P/N 质量比为 1.6 且经过优化的电化学电势窗口的超级电容器，提供了 217 mA·h·g^{-1} 的最大比放电容量和 208.6 W·h·kg^{-1} 的能量密度。该超级电容器在 3000 W·kg^{-1} 的超高功率密度下仍保持在 105.8 W·h·kg^{-1}，并在 1000 次循环后保持了 80% 的初始容量。

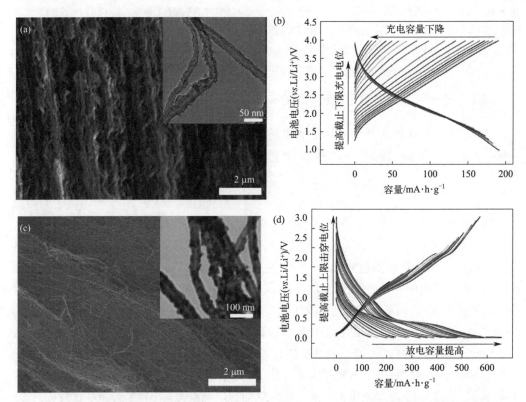

图 6-10 （a）ACNT@MnO$_x$ 在低倍和高倍（插图）下的扫描电子显微镜（SEM）和透射电子显微镜（TEM）图像；（b）ACNT@MnO$_x$ 在不同截止最低充电电位（1～3 V）至 4 V 相对于 Li/Li$^+$ 的充电 / 放电曲线；（c）C/MnO$_y$/ACNT 在低倍和高倍（插图）下的 SEM 和 TEM 图像；（d）C/MnO$_y$/ACNT 在不同截止最高放电电位（1～3 V）至 0.01 V 相对于 Li/Li$^+$ 的放电 / 充电曲线

（3）基于金属负极的混合型超级电容器

近年来，碳基材料 / 金属型混合电容器备受关注。在这种电容器中，碳基材料电极通过吸附电解液离子来进行双电层储能，而金属电极则通过沉积或嵌入电解液中的阳离子来储能。

近年来，钾离子混合电容器得到了迅速发展。研究人员采用模板法 [25] 制备多孔碳的工艺，并利用化学气相沉积技术成功制备了碳纳米片负极材料。这种材料具备出色的导电性、丰富的缺陷、较大的层间距以及高氧含量等特点，这些优势有助于电解液离子的传输与吸附。基于这种碳纳米片材料作为负极的钾离子混合电容器，展现出了卓越的电化学性能，其能量密度和功率密度分别高达 149 W·h·kg^{-1} 和 21 kW·kg^{-1}。此外，它还展现了出色的循环稳定性，经过 5000 次充放电循环后，容量保持率仍然高达 80%。

钠离子混合电容器在近几年也取得了显著进展。例如，Wang 等 [26] 成功以 3D 多孔碳和 TiO$_2$/C 为电极材料制备了电压窗口高达 4 V 的钠离子混合电容器，其循环性能非常出色，经过 10000 次循环后容量保持率高达 90%。

同时，镁离子混合电容器和铝离子混合电容器也取得了快速发展。Zhang 等 [27] 采用石墨烯复合材料作为阴极，金属镁为阳极，以及 Mg（NO$_3$）$_2$ 水溶液作为电解液，成功制备了高性能的镁离子混合电容器。该电容器的比容量高达 232 mA·h·g^{-1}（0.02 A·g^{-1}），并且在 0.1 A·g^{-1} 的电流密度下循环 500 次后，比容量保持率高达 95.8%，显示出优异的循环性能。然而，其倍率性能有待提高，因为在 1 A·g^{-1} 的电流密度下，容量仅为 50 mA·h·g^{-1}。这种相对较差的倍率性能意味着其功率密度较低，远低于其他类型的超级电容器和混合电容器。

虽然钠、钾、锂作为电极材料的混合电容器储能器件具有较高的容量，但这些碱金属的稳定性较差，存在安全隐患，并且在制作过程中对外部条件要求非常苛刻。相比之下，金属锌具有诸多优势：储量丰富、化学性质稳定（其氧化还原电位为 −0.76 V）、理论比容量高（达 823 mA·h·g^{-1}），而且锌的提取和制备过程更为安全环保。

近年来，锌离子混合电容器得到了快速发展。锌离子混合型超级电容器按照电解液的不同，可分为水系、有机系和离子液体锌离子超级电容器，其稳定性也呈现逐渐优化的趋势。

例如，康飞宇团队 [28] 开发了一种低成本的锌离子混合超级电容器（ZHS），该电容器采用商业活性炭为正极，金属锌为负极，以及硫酸锌水溶液为电解液。由于锌的氧化还原电位较低，该水系电解液的电压窗口高达 1.8 V。其比容量高达 121 mA·h·g^{-1}（转换为能量密度为 84 W·h·kg^{-1}，基于活性炭电极质量），功率密度高达 14.9 kW·kg^{-1}，并能在 15 s 内完成充放电。在 1 A·g^{-1} 的电流密度下，经过 10000 次充放电循环后，其容量保持率仍然高达 91%。这种锌离子混合电容器展现出了卓越的电化学性能和稳定性。Liu 等 [22] 成功地将质子转移机制整合到使用 ZnSO$_4$ 水性电解质和功能化活性炭阴极材料（FAC）的锌离子混合超级电容器中。研究发现，调控活性炭材料的微孔结构以及增加含氢官能团（例如羟基和氨基），可以有效提升其电化学性能。采用 FAC 的锌离子 SC 展现了高达 435 F·g^{-1} 的比电容，并且在经过 10000 次循环后仍能保持 89% 的比电容，显示出优异的稳定性，如图 6-11 所示。此外，通过向电解质中添加额外的氢离子（即降低 pH 值），成功地进一步强化了质子转移效果，当 pH 值调至 3 时，比电容达到了最高的 544 F·g^{-1}。根据密度泛函理论（DFT）的计算结果显示，质子转移过程更易于在羟基上发生。这些研究成果对于开发更高性能的、经济且安全的锌离子混合超级电容器的碳材料具有重要的指导意义。

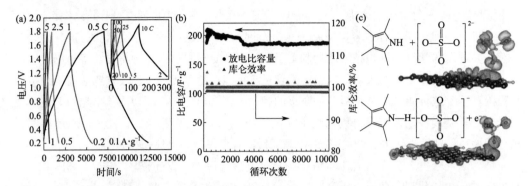

图6-11 （a）在低电流密度为 0.1 A·g⁻¹、0.2 A·g⁻¹、0.5 A·g⁻¹ 和 1 A·g⁻¹ 和高电流密度为 2 A·g⁻¹、5 A·g⁻¹、10 A·g⁻¹、20 A·g⁻¹ 的情况下，FAC 基锌离子混合 SC 的 GCD 曲线；（b）基于 FAC 样品的锌离子混合电容器在电解液 pH 值分别为 7、5、3 条件下的循环曲线；（c）对—OH 基团和—NH 基团从初始吸附状态到松弛状态的质子转移过程进行 DFT 模拟

针对有机系锌离子超级电容器，唐永炳团队[29]采用椰壳活性炭作为正极，金属锌作为负极，以及 Zn（CF₃SO₃）₂/AN 作为电解液，成功研制出性能卓越的锌离子混合电容器。该电容器的比电容高达 170 F·g⁻¹，功率密度可达 1725 W·kg⁻¹（均基于活性炭的质量）。在稳定循环 10000 次后，其容量保持率仍高达 91%。

Zhou 等[30]进一步将质子转移诱导的赝电容机制引入离子液体系和有机系锌离子混合超级电容器中，该工作使用功能化碳纳米海绵作为阴极材料，并使用离子液体（IL）和乙腈（AN）中的 Zn（CF₃SO₃）₂作为电解质。研究揭示了通过控制碳海绵的大孔 / 中孔结构和表面化学性质，以及通过质子转移机制，可以显著提高性能。使用离子液体（2.4 V）的全封装电池的预估体积能量密度高达 54.3 W·h·L⁻¹。通过将离子液体替换为乙腈，实现了 17.7 kW·L⁻¹ 的超高功率密度和 18.8 W·h·L⁻¹ 的能量密度。使用乙腈的超级电容器完成一次完整的充放电仅需 11 s；更重要的是，在 60000 次循环中没有电容衰减，从而实现了非常稳定的性能。

（4）超级电容电池

随着环境污染和高能耗问题的日益凸显，研发既具有卓越电化学性能又具备环保制造流程的储能设备显得尤为重要。近年来，备受瞩目的锂离子电池（LIB，能量密度为 $200 \sim 500$ W·h·L⁻¹）是研究最为广泛的储能设备[31]。然而，其仍然面临着低比功率密度（< 500 W·kg⁻¹）、相对较差的循环稳定性（< 3000 次循环）以及在低温环境下性能衰减的问题。与锂离子电池由于锂离子扩散的动力学障碍和结构不稳定（由重复的锂离子嵌入 / 脱嵌引起）而导致的缓慢氧化还原反应不同，超级电容器（SC）不依赖法拉第反应，而是依靠非法拉第形式的能量存储，因此它们展现出高达 10 kW·kg⁻¹ 的功率密度、超过

100000 次循环的出色循环性能，以及宽泛的工作温度范围。但遗憾的是，其能量密度相对较低，仅为 $6 \sim 10\,W \cdot h \cdot L^{-1}$，这在一定程度上限制了其应用 [32-34]。

锂离子电容器（LIC）融合了锂离子电池和超级电容器的优势，成为一种新型储能设备。它由电池型电极和电容器型电极组成，前者提供比超级电容器更高的能量密度，后者则贡献比锂离子电池更高的功率密度。这种独特的组合吸引了学术界和工业界的广泛关注 [35-37]。

尽管富士重工早在 2005 年就公开了锂离子电容器的制造技术 [38]，但仍存在体积能量密度较低（$10 \sim 20\,W \cdot h \cdot L^{-1}$）的问题。此外，与锂离子电池和超级电容器相比，锂离子电容器在制造过程中还需要额外的预锂化工序，这不仅增加了操作的复杂性，还提高了成本，并存在使用锂金属的安全风险 [39,40]。

为了克服这些问题，工程上往往采用锂电池和超级电容结合的方式，锂电池和超级电容的结合可以分为外结合（器件层面的结合）和内结合（电极层面的结合）。尽管在电 - 电混合动力汽车、混合式脉冲电源和新能源电网等领域中，锂离子电池和超级电容器的外并联组合方式被广泛采用，以满足对功率和能量的双重需求，但这种方式仍存在一些不足，如功率密度不足、重量和体积过大、电源管理系统复杂以及成本较高等问题，效果并不十分理想。与外结合相比，内结合方式不仅能确保单体的一致性，还能简化电源管理系统。它主要分为内串联和内并联两种形式。特别值得一提的是，内串联结构又被称为超级电容电池。这种结构在保持高能量密度的同时，也具备了高功率密度的特点，为储能设备的应用提供了更多的可能性。

与在单个电极中仅使用一种材料不同，超级电池在一个电极中同时结合了超级电容器和锂离子电池的电极材料。这种独特的设计不仅省去了预锂化的步骤，还能提供更高的能量密度。例如，有研究者提出了双重混合的概念，并成功地将法拉第材料和电容器材料结合在单个电极中，因其展现出了出色的循环稳定性。因此，超级电池不需要预锂化过程，并且可以提供更高的能量密度。例如，Dubal 等 [41] 提出了双重混合的概念，并通过在单个电极中串联结合法拉第材料和电容器型材料来制备阳极，然后与电容性阴极并联。特别是，将尖晶石 $Li_4Ti_5O_{12}$（LTO）与超容活性炭（AC）混合作为阳极在混合阳极的研究中受到了广泛关注 [42]，因为其具有出色的循环稳定性，例如由 LTO-AC 纳米管和电容性 AC 阴极组装的电池 [43]，或者使用电纺丝工艺获得 LTO/ 碳混合纳米纤维 [44]，甚至通过共聚和后活化过程制备 LTO-AC 混合阳极 [45]。其他同行也展示了通过结合电池和电容器型材料来制造混合阴极的相同概念，还广泛研究了各种 $LiFePO_4$（LFP）/AC（或 CNT）复合阴极的性能 [46-52]。

我国在超级电容电池的研发和产业化方面一直处于领先地位，早在 2012 年，朝阳立塬新能源有限公司研发生产出世界上首批有机体系电容型锂离子电池。经国家"863"计划电动汽车动力电池测试中心评价、检测和成果鉴定专家认定，电容型锂离子电池具有功率密度高、能量密度大、寿命长、充电时间短等优异性能，是目前综合性能最优、性价比最高的环保储能电池。

2018 年，上海奥威科技开发有限公司国家车用超级电容器系统工程技术研究中心夏恒恒等 [53] 对超级电容电池做了深入研究和性能评测，他们选择了 AC/NCM 为 1/3 配比的复合正极与硬碳（HC）负极进行组合，构建了超级电容电池。测试结果显示，该电池的循环伏安（CV）曲线近似矩形，显示出典型的容性特征。在恒流充放电过程中，电压随时间的变化曲线（*V-t* 曲线）表现出良好的线性关系。在 83.4 W·kg⁻¹ 的功率密度下，该电池的能量密度高达 66.6 W·h·kg⁻¹。在最大功率密度 6.5 kW·kg⁻¹ 下，其能量密度仍能保持在 21.5 W·h·kg⁻¹。此外，该器件在充满电后，即使在 65 ℃的高温下存储 168 h，其能量保有率仍能达到 97.4%，且无任何胀气现象，平均自放电率仅为 27.5 mV·d⁻¹，显示出卓越的高温性能。经过 14 *C* 和 50 *C* 电流循环充放电 1000 次后，其能量保有率分别为 99.06% 和 96.45%，这充分体现了该超级电容电池的长寿命优势。且该超级电容电池在 12 kW·kg⁻¹ 的平均放电功率密度下，可连续放电 100 次。

超级电容电池结合了高功率和高能量密度的优势。然而，电极的制造通常使用高表面积材料和传统的浆料涂覆方法，这些方法包括溶剂混合和干燥过程，这些过程较难控制，既耗能又不环保。江苏大学 Zhou 等 [54] 报告了一种无溶剂干法电极手段制造超级电容电池的极片，该方法结合了超音速气流纤维化、热压自支撑膜和热覆工艺。在 LiFePO₄- 活性炭阴极和 Li₄Ti₅O₁₂- 活性炭阳极中分别混合了含量为 40% 的碳材料，如图 6-12 所示。这种无溶剂厚电极（单面 120 μm）的压实密度是湿法涂覆电极的 1.6 倍。无溶剂全电池在电池电压达到平稳之前显示出电容性线性充放电曲线。并且这些线性曲线在使用乙腈辅助的碳酸盐基共晶电解质时，进一步缓解了 –40 ℃下的内阻下降。全电池提供了 1.4 mA·h·cm⁻² 的高面容量和 95 W·h·L⁻¹ 的体积能量密度。此外，由于自钝化的固体电解质界面形成和稳定的纤维状聚四氟乙烯网状结合结构，使用乙腈辅助电解质的超级电池在超过 5000 次循环后仍能保持 92% 的循环保持率。

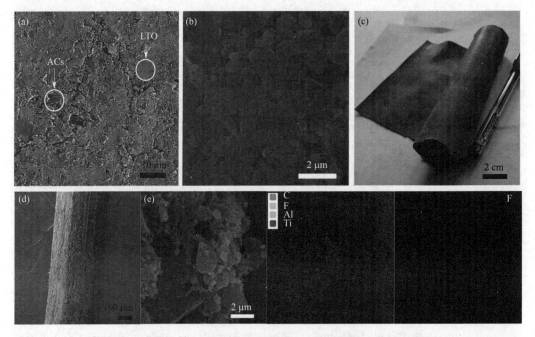

图 6-12　（a）低倍率下 LTO-AC-SF 电极的扫描电子显微镜（SEM）图像；（b）高倍率下 LTO-AC-SF 电极的 SEM 图像；（c）中试生产线生产的宽度可控的 LTO-AC 自立膜；（d）低倍率下 LTO-AC-SF 电极横截面的 SEM 图像；（e）石墨保护蚀刻铝集流体与 LTO-AC 薄膜界面处 LTO-AC-SF 电极的 SEM 图像，以及对应的 C、F、Al 和 Ti 的元素能量色散谱（EDS）映射图

超级电容电池由于结合了电池的高能量密度和电容的高功率，因此在市场应用端的推广比超级电容器还要成功些，例如，上海奥威科技开发有限公司生产的 UCK 系列能量型超级电容产品，在性能上有较强的市场竞争优势，如图 6-13 所示。该产品已经通过了 CE、UL、RoHS 等多项认证，展现出卓越的性能和安全性。其最大能量密度高达 $100\,W\cdot h\cdot kg^{-1}$，同时能在 $-25\sim 55℃$ 的宽工作温度窗口内稳定运行。此外，该产品在 $2.8\sim 4.0\,V$ 的电压范围内，$5\,C$ 循环寿命可达 50000 次，全寿命周期内能释放高达 $3195\,kW\cdot h\cdot kg^{-1}$ 的比能量，充分兼顾了比功率和比能量的需求。其还具有良好的线性充放电特性，使得精准的 CMS 调控成为可能，是高效、稳定、可靠的能源解决方案。超级电容电池产品已广泛应用在快充式电动自行车、AGV 物流车、3C 数码产品、无人机、应急备用电源、风电 / 光伏等可再生能源储能、铅酸电池的替代产品等多领域。

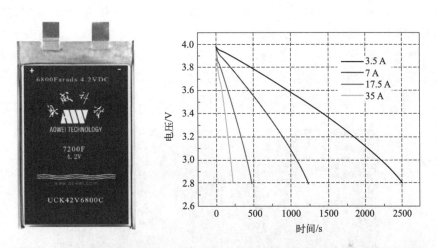

图 6-13 上海奥威科技开发有限公司生产的 UCK 系列能量型超级电容产品及其倍率放电曲线

2024 年，工业和信息化部公示了第八批制造业单项冠军企业名单，亿纬锂能凭借其超级电容电池产品再次荣获国家级制造业单项冠军企业的称号。亿纬锂能此次获奖的电池电容器 SPC，是其自主创新研发的成果。这一产品打破了国际技术垄断，融合了锂离子电池的高比能量和超级电容器的高比功率特性，具备大电流放电、长寿命和宽温度范围等电源特性，对数据的发送、传输、接收与反馈提供重要支持，因而成为国家信息化和智能化技术发展的关键。该产品从材料选择到最终生产，全过程均实现了自主知识产权，并已获得多项发明专利和实用新型专利，荣获广东省科学技术一等奖、中国专利优秀奖和广东省专利优秀奖。亿纬锂能的电池电容器 SPC 在国家电网升级、智能交通 ETC 系统更新等方面发挥了重要作用，并已经广泛应用于混合动力农用机械、射频识别系统 RFID、车辆紧急呼叫系统以及智能物流追踪等领域，成为构建 5G 物联网不可或缺的能源供应器件。据中国化学与物理电源行业协会的统计数据显示，亿纬锂能的 SPC 产品在全球市场占有率位居第一。

6.3　双电层超级电容器用碳材料

超级电容历经 30 余年的发展至今，应用和市场推广最为广泛的超级电容器依然是基于多孔碳的双电层超级电容器，因此本节将重点讲解双电层超级电容器的碳材料现代理论模型和制造工艺。

6.3.1　圆柱状孔隙模型

在此，我们将深入讨论双电层超级电容器电极中的核心组件——纳米多孔碳材料。这些碳材料的颗粒大小在 2 ～ 10 μm，每个颗粒内部却布满了直径在纳米级别的微小孔隙[55]，如图 6-14（a）所示（根据国际纯粹与应用化学联合会，即 IUPAC 的标准，纳米多孔材料可以根据其孔径大小细分为三类：直径小于 2 nm 的称为微孔，2 ～ 50 nm 的为介孔，大于 50 nm 的则为大孔）[56]。这些碳材料拥有高达 1500 ～ 3000 $m^2 \cdot g^{-1}$ 的超高比表面积，这主要得益于颗粒内部的丰富孔隙，而颗粒表面的贡献则相对较小。

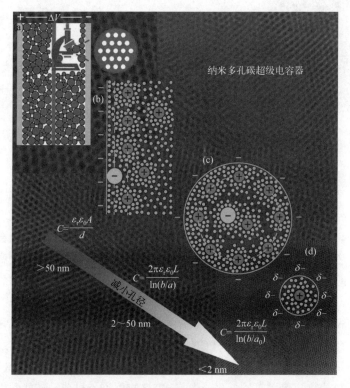

图 6-14　一个适用于各种孔隙结构、碳材料和电解质的通用模型，用于描述纳米多孔碳超级电容器

（a）极片放大示意图；（b）在考虑孔隙曲率效应的情况下，在大孔（＞50 nm）中则可简化为常用的电双层电容器（EDLC）；（c）该模型在中孔（2 ～ 50 nm）中表现为双圆柱形电容器（EDCC）；（d）在微孔（＜2 nm）中表现为电线柱形电容器（EWCC）

在 6.2.1 节中，尽管我们可以将碳与电解质的交互界面简化为一个双电层电容器（EDLC）模型，但这样的模型并未将孔隙的曲率纳入考量。因此，在这个简化的平行板电容器模型中，我们忽略了孔壁间的紧密相互作用。需要注意的是，式（6-6）可能并不能真实反映介孔和微孔的实际工作情况。然而，对于孔径超过 50 nm 的大孔来说，双电层仍然可以作为模拟碳与电解质交互界面的一个有效近似。

为了更精确地描述超级电容器碳材料的电容特性，我们有必要超越简单的平面电容器模型，进一步考虑孔隙曲率的影响。纳米多孔碳材料可以展现出多样的孔隙形态，如圆柱形、缝隙形和球形等，这主要取决于其合成方法[57]。通过特定模板技术获得的介孔碳材料，通常具有类似蚂蚁洞穴的复杂结构，其横截面呈现出圆柱形状[58]。在理论研究中，圆柱形孔隙常被用作气体物理吸附和阻抗谱分析的基础假设。基于这样的假设，当溶剂化的反电荷离子进入介孔并接近其孔壁时，便会形成双圆柱形电容器 [electric double-cylinder capacitor，EDCC，如图 6-14（c）所示]。双圆柱电容的计算公式如下：

$$C = \frac{2\pi \, \varepsilon_r \varepsilon_0 L}{\ln(b/a)} \qquad (6\text{-}23)$$

式中，L 为孔隙的长度；b 和 a 分别为外圆柱和内圆柱的半径。在分析实验数据时，采用考虑了比表面积归一化的标称比电容量 C_{SA}：

$$C_{SA} = \frac{\varepsilon_r \varepsilon_0}{b \ln\left[b/(b-d)\right]} \qquad (6\text{-}24)$$

然而，在微孔的情况下，由于其孔径过小，无法形成双圆柱结构。假设这些微孔为圆柱形，溶剂化（或去溶剂化）的反电荷离子会进入孔隙并在其中整齐排列，从而构成电线柱形电容器 [electric wire-in-cylinder capacitors，EWCC，如图 6-14（d）所示]。尽管反电荷离子的几何特性是各向异性的，但由于它们在孔轴方向上的平移或室温下的旋转，孔壁会受到一种平均效应的作用，进而形成一个内圆柱。相反地，如果微孔的形状略微偏离圆柱形，那么反离子也会受到一种平均效应的影响，从而形成一个外圆柱。从某种角度来看，EWCC 也可以被视为一种特殊的 EDCC。但在这里，关键参数不再是 d，而是内圆柱的半径 a_0，它代表了反电荷离子的有效尺寸，即离子周围的电子密度范围。通过引入 a_0，我们可以将式（6-24）转化为式（6-25）。

$$C_{SA} = \frac{\varepsilon_r \varepsilon_0}{b \ln\left[b/a_0\right]} \qquad (6\text{-}25)$$

最后，我们利用式（6-24）和式（6-25）来拟合各种孔径大小和电解质类型的纳米多孔碳材料超级电容器的实验数据。

（1）无溶剂参与的电解质下的圆柱形孔隙超容碳的模拟

基于圆柱形孔隙超容碳的模型已经被广泛研究，其中以挪威科技大学 De Chen 课题组提出的孔道堆积模型最为细致全面[59]，与已经发表出的实验数据吻合非常好，对无溶剂体系的电解质，特别是离子液体电解质下的圆柱形孔隙超容碳设计有很强的指导意义。这里我们进行详细的讲解。

　　该模型将现实中非理想形状类圆柱的孔隙简化成理想的圆柱孔隙，认为离子以层层堆叠的方式，在超容碳圆柱形孔隙中形成了特殊的孔表面积最密堆积构型，从而形成规则的电线柱形电容器 EWCC。在这种构型中，每一层的孔径都恰好能容纳整数个离子（NPL）。第二层离子通过旋转一个特定的扭曲角，以最大限度地接近第一层［如图 6-15（a）Ⅱ 所示］。每一层都遵循相同的排列方式，沿着圆柱形管道形成有序的图案［参见图 6-15（b）方案 A 和 C、图 6-15（a）Ⅱ］。此外，还存在其他几种非特殊的最密堆积构型（Ⅱ、Ⅲ、Ⅳ）［如图 6-15（b）方案 B 和 D］。

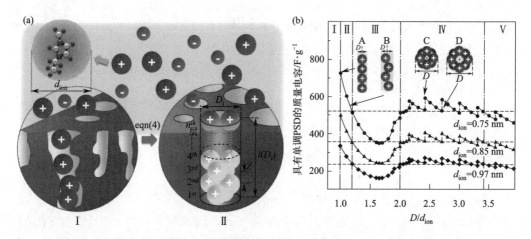

图 6-15　（a）现实中带电碳电极上分布的无规则形状的孔隙示意图（Ⅰ），以及相对孔径为 $D/d_{ion}=2$ 的转换后的规则圆柱形孔隙示例（Ⅱ）；离子被填充在孔径为 D_i、孔隙长度为 $l(D_i)$ 的孔隙中（b）

　　在特定条件下，这些构型展现出独特的排列特点：

　　Ⅱ：当 D/d_{ion} 小于 1.00 时，孔径过小，无法容纳任何离子，因此没有离子能够进入孔内。其中，D 为孔径大小，d_{ion} 为离子的直径。

　　Ⅲ：当 D/d_{ion} 在 1.00～2.00 之间（或 NPL 小于 2）时，离子排列变得尤为紧密，形成了体积最密堆积，此时所有离子都与圆柱形内表面紧密接触。这个范围内的离子排列方式经过深入模拟研究，已被划分为三种不同的最密堆积模式：A，正常之字形（$1.00 < D/d_{ion} < 1.87$）；B，单螺旋形（$1.87 < D/d_{ion} < 1.99$）；C，双螺旋形（$1.99 < D/d_{ion} < 2.00$）。

　　Ⅳ：当密集堆积的离子环（NPL > 2）稍有膨胀，并引入额外空间时，这些空间会被同一层内的所有离子均匀分配，形成一种稳定的构型。为了处理 NPL 大于 2 或 D/d_{ion} 大于2.00 的情况，我们假设每一层都遵循相同的稳定排列方式［如图 6-15（b）方案 D 所示］。在这种构型中，NPL 始终为整数，且每一层都与第一层保持一致，仅通过旋转一个特定的扭曲角来尽可能紧密相邻排列。

　　基于离子堆积构型，我们能够通过计算确定孔径为 D、孔长为 l 的孔中所能吸附的离子数 N，其中有效离子的尺寸为 d_{ion}。具体公式如下：

$$N = \frac{3D^2 l \varphi}{16 d_{ion}^3} \qquad (6\text{-}26)$$

在这个公式中，φ 代表体积分数，它是由吸附离子的总体积与孔的总体积之比计算得出的。

当孔径与离子直径的比值（D/d_{ion}）处于 $1.87 \sim 2.00$ 之间时，这对应于构型 III -B 和 III -C，φ 的值可以直接从相关文献中根据体积最密堆积的数据获得。

对于 D/d_{ion} 在 $1.00 \sim 1.87$ 之间，以及大于或等于 2.00 的情况，即对应于构型 I、III -A 和 IV，某些表面最密堆积的 φ 值是未知的。但我们可以根据离子堆积构型的特性来推导吸附离子的数量，具体公式为：

$$N = \frac{\text{NPL} \cdot l}{Z} \qquad (6\text{-}27)$$

在这个公式中，NPL 代表每一层的离子数，而 Z 代表相邻层之间的距离。根据几何计算可以得到：

$$\text{NPL} = 1 \quad (\text{当 } 1.00 \leqslant D/d_{ion} < 1.87) \qquad (6\text{-}28)$$
$$\text{NPL} = n \quad (n = 2,\ 3,\ 4,\ 5,\ \cdots) \qquad (6\text{-}29)$$

$$\left\{ \text{当 } \frac{1}{\sin(\frac{360°}{2n})} + 1 \leqslant D/d_{ion} < \frac{1}{\sin\left[\frac{360°}{2(n+1)}\right]} + 1 \right\}$$

$$Z = (2D d_{ion} - D^2)^{\frac{1}{2}} \quad (\text{当 } 1.00 \leqslant D/d_{ion} < 1.87) \qquad (6\text{-}30)$$

$$Z = \left\{ d_{ion}^2 - \frac{1}{4}\left[\cos(\frac{360°}{2n}) - 1 \right]^2 (D - d_{ion})^2 - \frac{1}{4}\sin(\frac{360°}{2n})^2 (D - d_{ion})^2 \right\}^{\frac{1}{2}} \quad (\text{当 } D/d_{ion} \geqslant 2) \qquad (6\text{-}31)$$

式（6-27）中的孔长 l，可以根据比表面积吸附脱附试验得到，以一种碱活化的介孔型超容碳（CNS）为例，由其 N_2 和 CO_2 等温吸脱附曲线得到的累积孔体积曲线如图6-16所示。

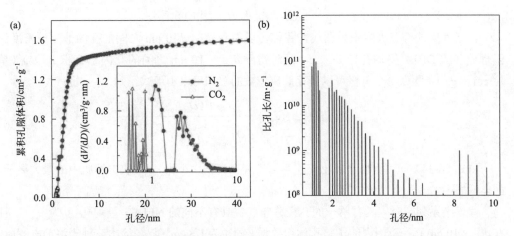

图6-16　（a）由 N_2 和 CO_2 等温线得出的累积孔隙体积曲线，以及孔径范围为 $0.5 \sim 10$ nm(插图)的 PSD 曲线；（b）基于式（6-32），由图（a）中的累积孔隙体积曲线或 PSD 曲线转换得到的超容碳 CNS 的孔隙（$0.5 \sim 10$ nm）累积长度分布

如图 6-15 Ⅰ 所示，实际的碳材料内部存在各种形状的类圆柱形的孔，其直径和深度各不相同。出于理论建模的目的，我们根据以下公式转换累积孔体积曲线（图 6-16）：

$$l(D_i) = \frac{4[V_C(D_i) - V_C(D_{i-1})]}{\pi D_i^2} \quad (其中，i = 1，2，3，\cdots，n，且 D_0 = d_{ion}) \quad (6\text{-}32)$$

式中，V_C 是累积孔体积。因此，$l(D_i)$ 代表具有相同孔径的孔的累积长度（因为 D_i 非常接近 D_{i-1}）。理论上，非理想的圆柱形孔可以转换为一系列理想的圆柱形孔，这些圆柱形孔的孔径为 D_i，对应的孔长为 $l(D_i)$（图 6-15 Ⅱ），并由图 6-16 和式（6-32）得出孔径长度分布曲线（如图 6-16 所示），我们可以发现孔长 l 与孔径 D_i 之间存在一定的对应关系，则参数 φ、NPL、Z 以及 N 都是孔径 D_i 和有效离子的尺寸为 d_{ion} 的函数。多孔材料表面吸附的离子总数（N_{total}）可以通过计算样品上所有可被离子进入的孔［在孔径分布曲线（pore size distribution，PSD）上从 $D_1 \sim D_i$］中储存的离子数的总和 N_{total} 来得出，具体公式为：

$$N_{total} = \sum_{d_{ion}}^{D_i} N(D_i, d_{ion}) \quad (其中，i = 1，2，3，\cdots，n，且 D_0 = d_{ion}) \quad (6\text{-}33)$$

值得注意的是，在实际应用中，超容碳内部大于 10 nm 的孔对电容的贡献非常小（小于 5 F·g^{-1}），与 $d_{ion} \sim 10$ nm 之间的孔相比，其贡献可以被忽略。

因此，单个电极的估计质量比电容可以通过以下公式表示：

$$C'_{sp,electrode} = \frac{Q}{U} = \frac{2eN_{total}}{U} \quad (6\text{-}34)$$

在这个公式中，Q 代表两个电极上的总电荷，U 代表单个电极的电位绝对值（大约为电容峰值电压的 1/2），而 e 代表一个电子的电荷量（等于 1.6×10^{-19} C）。

我们将式（6-28）～式（6-32）与式（6-27）结合，推导出一个更为通用的公式，用于表达孔径为 D_i 的孔中所能吸附的离子数：

$$N(D_i, d_{ion}) = NLP(D_i, d_{ion}) \frac{V(D_i)}{Z(D_i, d_{ion})\pi\left(\dfrac{D_i}{2}\right)^2} \quad (6\text{-}35)$$

式中，$V(D_i)$（单位 cm^3·g^{-1}）代表孔径为 D_i 的孔的孔体积。

由活性炭的等温吸附脱附曲线，我们可以得到 $d_{ion} \sim 10$ nm 之间的孔的非定域密度泛函理论（NLDFT）平均孔径 $D_{average}$，同时得到 $d_{ion} \sim 10$ nm 之间的孔的总容积 $V(D)$（单位 cm^3·g^{-1}）。那么单个电极可以储存的离子数的总和可以由下式得到：

$$N_{total} = NLP(D_{average}, d_{ion}) \frac{V(D_{average})}{Z(D_{average}, d_{ion})\pi\left(\dfrac{D_{average}}{2}\right)^2} \quad (6\text{-}36)$$

由式（6-34）即可近似计算出该超容活性炭在离子大小为 d_{ion}（取电解质中的最大离子）的电解质中的理论质量比电容。

假设某系列超容碳具有单一的孔径分布（或具有不同的 NLDFT 平均孔径 $D_{average}$），且在 $d_{ion} \sim 10$ nm 孔径范围内的实验孔体积数据 V 固定为 1.5 cm^3·g^{-1}。给出三种无溶剂电解质，其最大 d_{ion} 分别为 0.75 nm、0.85 nm、0.97 nm，我们就可以计算出所有超容碳的理论比电容，这一结果在图 6-15 中进行了展示。图 6-15 定义了五个区域，基于质量比电容随 D/d_{ion}

（在水平虚线以上或以下）的变化。在区域 I（D/d_{ion} < 1.00），由于电解质离子尺寸大于孔径，离子无法进入孔内部。由于离子的高孔体积利用率，形成了一个狭窄的电容有利区域（区域 II），其中孔径等于或略大于离子尺寸，如图 6-15 中方案 A-B 所示。当 d_{ion} =0.97 nm（室温下 EMIM$^+$ 的离子大小）时，模型预测在 D=0.97 nm 时达到最大电容。同样值得注意的是，在 1.00 ≤ D/d_{ion} < 1.70 范围内，电容随 D/d_{ion} 的减小而异常增加，这与 Largeot 等的实验观察结果非常一致。随着 D/d_{ion} 从 1.70 增加到 2.00，电容也急剧增加，形成了一个"谷底"电容区域 III。在区域 IV（2.00 ≤ D/d_{ion} < 3.40），有五个局部最大电容，对应于五种最密表面离子堆积构型，当孔径可以恰好容纳整数（3、4、5、6 或 7）个离子时。由于体积利用率分数的降低，在这五种特定情况之间，电容随 D/d_{ion} 的增加而降低，图 6-15 中的方案 C-D 就是一个例子。

当更多的特定孔体积来自图 6-15 中电容有利的区域 II 和 IV 时，离子堆积将更为有利，进而显著提升电容性能。尽管区域 II 的理论电容值高于区域 IV，但值得注意的是，设计碳 -IL 系统的 PSD 以接近区域 IV 更为优越，因为此区域的电容对 PSD 变化不敏感，从而能够容纳更宽泛的 PSD 分布。此外，与微孔相比，介孔更有利于离子的快速传输，赋予超级电容器（SC）卓越的倍率性能。例如，图 6-16 中的超容碳 CNS 的平均孔径为 2.55 nm，富含介孔而非微孔。尽管其 PSD 分布相对宽泛，但实验测得的电容值达到 268 F · g^{-1}，接近图 6-15 中区域 IV 所预测的第二理论最大比电容值（273 F · g^{-1}，以 EMIM$^+$ 的 d_{ion}=0.97 nm 为基准）。这归因于其 PSD 双峰恰好位于两个电容有利区域（II 和 IV）附近，同时远离电容不利的区域 III。由于该超容碳中介孔占主导，展现出优异的倍率性能。

离子堆积模型进一步揭示了 d_{ion} 是另一个关键参数，可通过调整电解质成分来优化离子堆积。在给定的 PSD 条件下，d_{ion} 的减小意味着单位体积的可进入纳米孔内能存储更多的离子，从而增加电容。然而，目前市场上具有可变离子尺寸的合适商业离子液体（IL）仍十分有限，因此，开发具有更小离子尺寸的 IL 成为迫切的需求。

（2）含溶剂电解质下的超容碳孔隙去溶剂化过程

实际上，不含任何溶剂的纯离子液体作为电解质仅用来在实验室做理论研究，真正商业化应用的电解质都是含有溶剂的，四氟硼酸四乙胺 / 乙腈（TEABF$_4$/AN）有机电解液具有较高导电性，良好的电化学稳定性和低温性能，是应用最为广泛的商业电解液[60,61]。因此，研究活性炭孔隙内部的去溶剂化机制，并探究温度对去溶剂化的影响非常重要。

针对活性炭基超级电容器来说，除了比表面积（SSA）和孔体积，孔径分布（PSD）对超级电容器的电化学性能也有很大的影响[30,59,62]。当活性炭用作电极材料时，电解液离子的去溶剂化效应能够使电解材料吸附更多的电解液离子[63-65]。当孔隙的尺寸小于溶剂化离子的尺寸时，去溶剂化效应可以使狭窄的孔隙容纳电解质中的裸离子，并使有效孔隙体积最大化。早在 2006 年，Y. Gogotsi 团队[66] 发现针对商业有机电解液四乙基四氟硼酸胺（TEABF$_4$）来说，电极材料吸附电解液离子时电解液离子能够完全去溶剂化。2015 年，Simon 等[67,68] 根据去溶剂动力学计算发现当溶剂化离子基团含溶剂分子数较多时，改变离子周围溶剂分子数所需的时间在 1 ～ 3 ps 之间，这表明溶剂分子与电解质离子的结合能不强，去溶剂化容易实现。然而，在低温下去溶剂化较难实现，最近徐等[68]用阿伦尼乌斯方程建立了室温和低温条件下的去溶剂模型，很好地解释了溶剂化离子基团进入不同尺寸的孔隙时温度对去溶剂化的影响。通过该模型可以确定，根据电解质中溶剂化离子的有效几何结构来调整活性炭的孔形和孔尺寸可以显著提高超级电容器在低温条件下的容量保持率。

在有机电解液中，电解质中的离子以溶剂化基团的形式存在。在充电过程中，去溶剂过程使溶剂化基团的尺寸减小，使其能够进入较小的碳孔。对于不同的孔隙结构，去溶剂过程也应该是不同的，特别是在低温条件下。为了研究低温条件下去溶剂过程与碳孔结构以及孔径分布的关系，首先需要计算含有不同溶剂分子数的溶剂化基团的几何尺寸（电解质离子周围的溶剂分子数由 0 ～ 4），计算结果如表 6-2，同时，计算了不同数量的溶剂分子和离子的结合能。

表 6-2 溶剂化的 TEA⁺ 的溶剂化能及其几何尺寸

溶剂分子数	能垒 /eV	几何尺寸 /Å×Å×Å
0	0	5.1×5.1×6.7
1	−0.28	5.1×6.8×10.5
2	−0.47	7.0×11.2×11.5
3	−0.78	10.0×11.2×12.8
4	−1.00	13.1×13.1×13.5

选择狭缝孔隙模型进行去溶剂模拟计算。在狭缝孔隙的模型下，溶剂化离子进入孔隙时只有一个方向被限制，因此溶剂化离子三个方向中的最小尺寸决定该溶剂化基团是否能够进入孔隙。对于一步去溶剂的过程来说，去溶剂化需要的能量由溶剂离子 $E(A^+nB)$、裸离子 $E(A^+)$ 和溶剂分子 $E(B)$ 之间的结合能来确定：

$$\Delta E = E(A^+nB) - E(A^+) - nE(B) \tag{6-37}$$

式中，n 是溶剂离子基团含有的溶剂分子数，所有的能量都是由 DFT 计算得到。对于逐步去溶剂化的过程，如图 6-17 所示。溶剂化离子基团在亚微孔中逐一去除溶剂分子以使电解质离子进入较小的空隙。对于每一步过程的去除溶剂分子的能量变化可以表示如下：

$$DE_{n \to n-1} = E(A^+nB) - E[A^+(n-1)B] - E(B) \tag{6-38}$$

每一过程对应的能量值列于表 6-3 和表 6-4 中。

基于实验结果，采用阿伦尼乌斯方程确定去溶剂速率 k，该值和温度关系可表示为[68]：

$$k = A e^{-\frac{\Delta E}{k_b T}} \tag{6-39}$$

式中，A 是指数前因子，可以据此估计与 TEA 离子结合的溶剂分子的振动频率 v（取 $2.5×10^{10}$ Hz）；ΔE 是去溶剂化过程中的活化能（离子与溶剂分子之间的结合能变化）；k_b 是玻尔兹曼常数；T 是热力学温度。

用谐波模型计算振动频率 v：

$$v = \frac{1}{2\pi}\sqrt{\frac{k_f}{m}} \tag{6-40}$$

$$k_f = \frac{2\Delta E_{\text{equilibrium}}}{\Delta x^2} \qquad (6\text{-}41)$$

式中，k_f 是弹性常数；$\Delta E_{\text{equilibrium}}$ 是溶剂分子偏离平衡位置的距离达到 $\Delta 6$ 时的结合能变化；m 是溶剂分子的质量。在本工作中，k_f 由第一性原理密度泛函理论（DFT）计算得出，约 0.0028 N·m^{-1}，振动频率计算结果为 2.5×10^{10} Hz。用 $t=1/k$ 计算的去溶剂时间，由方程导出。因为逐步去溶剂过程是每个过程的时间之和，因此可以表示为：

$$t_{\text{gradual}} = t_{n \to n-1} + t_{n-1 \to n-2} + \cdots + t_{1 \to 10} \qquad (6\text{-}42)$$

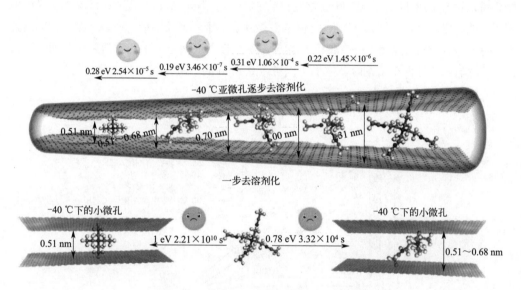

图 6-17　逐步和一步去溶剂过程机理示意图

表 6-3　在 25 ℃ 和 -40 ℃ 条件下逐步去溶剂化的时间　　　　单位：s

溶剂分子数	去溶剂化能垒 /eV	去溶剂化时间（25 ℃）	去溶剂化时间（-40 ℃）
4 → 4	0	3.93×10^{-11}	3.93×10^{-11}
4 → 3	0.22	2.09×10^{-7}	1.45×10^{-6}
3 → 2	0.31	6.92×10^{-6}	1.06×10^{-4}
2 → 1	0.19	6.49×10^{-8}	3.46×10^{-7}
1 → 0	0.28	2.15×10^{-6}	2.54×10^{-5}

表 6-4　一步去溶剂化和逐步去溶剂化在 25 ℃ 和 -40 ℃ 所需时间　　　　单位：s

溶剂分子数	逐步去溶剂化		一步去溶剂化		
	去溶剂化时间（25 ℃）	去溶剂化时间（-40 ℃）	去溶剂化能垒 /eV	去溶剂化时间（25 ℃）	去溶剂化时间（-40 ℃）
0	9.35×10^{-6}	1.33×10^{-4}	1.00	3.16×10^{6}	2.21×10^{10}
1	7.19×10^{-6}	1.08×10^{-4}	0.78	5.86×10	3.32×10^{4}
2	7.12×10^{-6}	1.07×10^{-4}	0.47	3.61×10^{-2}	3.84
3	2.09×10^{-7}	1.45×10^{-6}	0.28	2.09×10^{-7}	1.45×10^{-6}
4	3.93×10^{-11}	3.93×10^{-11}	0	3.93×10^{-11}	3.93×10^{-11}

为了更好地比较在 25 ℃和 –40 ℃条件下的去溶剂化过程，以去溶剂化时间为纵坐标，以溶剂分子数为横坐标列出了逐步去溶剂化和一步去溶剂化在不同程度去溶剂化的情况下所需要的时间（图 6-18 中的曲线表示）。电化学试验表明，对于小微孔级超容活性炭样品在 –40 ℃条件下容量保持率较差，这些样品的绝大多数孔隙的尺寸为 0.6 nm，这意味着溶剂化离子在进入孔隙之前需要从离子中除去两个或三个溶剂分子，这个过程在 25 ℃条件下需要 0.04 s。然而，如果温度降低到 –40 ℃，则需要 33200 s 才能跨越 0.47 ～ 0.78 eV 的势垒，这是很难实现的。对于具有窄孔和亚微孔的超容活性炭样品，在 –40 ℃下的容量保持率可以达到 80% 以上，这意味着这些样品 PSD 峰值为 0.6 nm 的孔隙在低温下能吸附电解质中的离子。大量尺寸为 0.7 ～ 2 nm 的亚微孔有助于逐步除溶剂。在逐步去溶剂的过程中，每一步都需要克服 0.19 ～ 0.31 eV 能垒，从而极大地缩短了总的去溶剂化时间。当溶剂离子含有一个或两个溶剂时，它们可以进入 0.6 nm 的小微孔，总的去溶剂化时间在 10^{-4} s 范围内，这是很容易发生的。

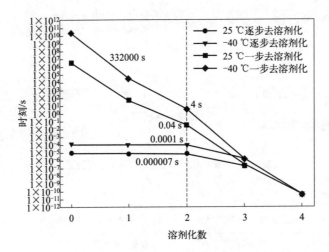

图 6-18　根据 DFT 计算在 25 ℃和 –40 ℃条件下逐步去溶剂化和一步去溶剂化在不同程度条件下去溶剂时所需时间

　　溶剂分子在活性炭孔隙中的逐步去溶剂化机制，有助于选择具有适当孔隙结构的超容碳材料以提高超级电容器的低温性能，这对超容材料的设计具有指导意义。

6.3.2　物理活化椰壳超容碳

　　超容碳的孔隙结构对超容材料的性能发挥起到了决定性作用，因此超容碳的造孔技术是超容碳生产技术的核心，现有的造孔技术包括活化法和模板法，活化法已经被广泛的商业化，而模板法由于成本的原因依然处在实验室阶段，因此本章将重点阐述超容碳活化法工艺。

超级电容炭的活化工艺在活性炭行业内通常被划分为物理活化和化学活化两类方法[69]。尽管化学活化法产率高且产品中介孔占比较大，但存在活化剂对设备的腐蚀、碳材料后续清洗处理的复杂性，以及清洗过程可能对水资源造成的污染等问题，这些都限制了其大规模应用。

相较于化学活化法，物理活化法在某种程度上显得更为环保。尽管习惯上称其为"物理活化"，但从原理上讲，它依然涉及化学反应。具体而言，物理活化采用的是氧气（O_2）、二氧化碳（CO_2）、空气、水蒸气等氧化性气体或它们的混合物作为活化剂，在 $600 \sim 1200$ ℃的温度范围内，以炭化产物作为前驱体来制备活性炭材料[70]。物理活化的基本过程是通过氧化性气体与碳原子之间的氧化还原反应来创建和扩大孔隙，同时清除炭化产物孔内堵塞的木焦油等杂质，从而实现开孔。与化学活化法不同，物理活化剂是从外向内对前驱体进行刻蚀，因此所制备的产物中小微孔（小于 1 nm）占据多数，比表面积在 $1000 \ \text{m}^2 \cdot \text{g}^{-1}$ 以上。如图 6-19 所示。相较于化学活化法，物理活化剂由外而内对前驱体进行刻蚀，所制备产物的孔结构中微孔占比居多。

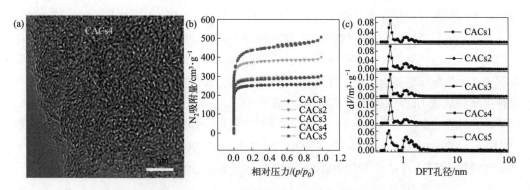

图 6-19　物理活化椰壳超容碳的 TEM 图（a），吸脱附曲线（b）和 DFT 孔径分布图（c）[71]。

但值得注意的是，物理活化法制备的活性炭的孔结构受活化剂和活化条件选择的影响显著。一般来说，燃烧程度越高，所制备材料的孔隙率也越大。在多种活化剂中，O_2 和空气与碳原子的反应属于放热反应，这使得反应过程难以掌控，且产率偏低。而水蒸气和 CO_2 虽然需要的活化能更高，但它们与碳原子的反应更为稳定且容易控制，有效减少了过度燃烧的风险并提升了活性炭的产率。尤其是 CO_2，其分子热运动速率相对较慢，因此所制备的微孔材料拥有更大的比表面积和更高的微孔体积。水蒸气和 CO_2 的活化原理分别如式（6-43）和式（6-44）所示。

$$2H_2O + C \xrightarrow{\text{活化}} CO_2 + 2H_2 \tag{6-43}$$

$$CO_2 + C \xrightarrow{\text{活化}} 2CO \tag{6-44}$$

物理活化法活化使用图 6-20 所示的回转炉进行。把椰子壳碳破碎到容易活化的几毫米大小后，加入回转炉中，与 900 ℃左右的活化气体接触几小时，就加工成超容碳，该窑炉可以实现连续化生产。

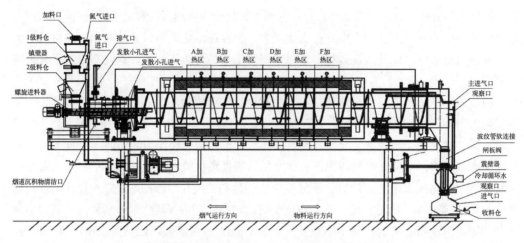

图 6-20   生产椰壳超容碳的物理活化回转炉（咸阳鸿峰窑炉设备有限公司）

然而，在采用单一活化剂的情况下，由于活化分子尺寸相对较小且活化程度受到一定限制，所得碳材料中往往含有大量的盲孔以及无效的比表面积。正因如此，相较于化学活化法，通过物理活化法制备的材料在超级电容器的容量性能方面略显不足。不过，值得注意的是，物理活化椰壳超容碳在经过 700 ～ 900 ℃的后处理之后，相较于化学活化法，其表面官能团数量显著减少。这一特性使得物理活化椰壳超容碳在超级电容器的充放电循环过程中产气量较小，从而赋予了其更长的循环寿命。因此，在容量达到 350 F 及以上的大容量、高品质超级电容器市场中，物理活化椰壳超容碳占据了主导地位，尤其是比表面积在 1500 ～ 1700 $m^2 \cdot g^{-1}$ 的可乐丽公司的 YP50 型椰壳超容碳，其应用尤为广泛。然而由于高品质椰壳原料的限制，这种超容碳始终无法降低成本，进而限制了其更广泛的应用。

6.3.3   碱活化超容碳

化学活化法是一种制备碳材料的常用技术，该方法采用 KOH、氯化锌、磷酸等作为活化剂。在实施过程中，原料需按照特定的质量比例浸泡于这些活化剂配制的溶液中，随后经历由内而外的高温活化处理，温度范围通常控制在 400 ～ 800 ℃之间。在这一系列步骤中，KOH 因其高度的活性而被视为最常用的活化剂，它能够促使所制备的材料形成发达的孔隙结构[70]。廉价的石油焦炭是碱活化超容碳最常用的碳源，其形成的孔隙中大微孔（1 ～ 2 nm）占多数，比表面积在 2000 $m^2 \cdot g^{-1}$ 以上，其孔径分布如图 6-21 所示。

KOH 的活化机理可以详细阐述如下：首先，在大约 500 ℃的温度下，原料发生脱水反应，同时 KOH 与碳原子开始初步反应，这一步骤为材料内部孔隙结构的形成奠定了基础。随后，K_2O 和 K_2CO_3 的热解过程，以及 CO_2 与碳原子的进一步反应，共同作用于材料内部，由内而外地进行刻蚀，促进了孔隙结构的深入发展。最终，通过清洗处理步骤，可以有效去除孔隙中的金属原子和堵塞物，从而得到最终的活性炭产品。这一系列的反应过程，大致可以通过以下反应式来描述。

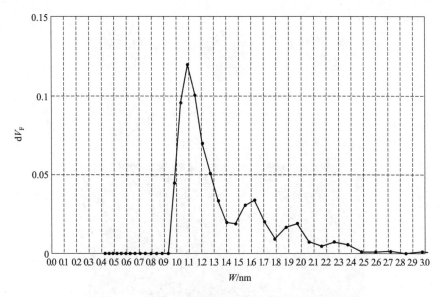

图 6-21　碱活化石油焦超级电容碳 DFT 孔径分布图

$$2KOH \longrightarrow K_2O+H_2O \tag{6-45}$$
$$C+H_2O \longrightarrow H_2+CO \tag{6-46}$$
$$CO+H_2O \longrightarrow H_2+CO_2 \tag{6-47}$$
$$K_2O+CO_2 \longrightarrow K_2CO_3 \tag{6-48}$$
$$K_2O+H_2 \longrightarrow 2K+H_2O \tag{6-49}$$
$$K_2O+C \longrightarrow 2K+CO \tag{6-50}$$

　　碱活化超级电容碳材料的显著优势在于其拥有较大的比表面积和较高的比电容量，具体而言，单电极的比电容量能够达到 220 F·g^{-1}。然而，该材料也存在一个明显的劣势，即其表面官能团含量相对较高，这导致在超级电容的循环过程中产气量较大，进而影响了其循环性能。因此，碱活化超级电容碳并不适用于对循环性能要求较高的应用场景，例如风机变桨超级电容系统、高铁能量回收系统等。尽管如此，该材料在小型电子设备用的超级电容上得到了广泛应用，如 ETC 系统、门禁系统、智能电表等。为了进一步提升大圆柱形超级电容的容量性能并降低成本，一些超级电容单体制造商会选择在椰壳超级电容碳中掺入一定比例（5%～30%）的碱活化超级电容碳，以实现两者优势的结合。

6.3.4　离子液体海绵碳

　　一些超容为了实现更高的电压和能量密度，采用耐压性能更好的离子液体作为电解液（大于 3.8 V），然而这种电解液的黏度大，阴离子的半径大，因此就需要采用孔径更大的超容碳。Wang 等[59]以聚苯胺前驱体采用 KOH 活化的方法，制备了具有大孔框架的高比表面积活性炭，如图 6-22 所示，其比表面积高达 3014 m^2·g^{-1}，当采用离子电解液 EMIMBF$_4$ 时比电容量高达 291 F·g^{-1}（0.1 A·g^{-1}）。当电流密度增加到 10 A·g^{-1} 时，容量保持率高达 70%。这说明丰富的大孔结构有利于电解液离子的存储且在离子传导过程中减小离子的传导阻力。

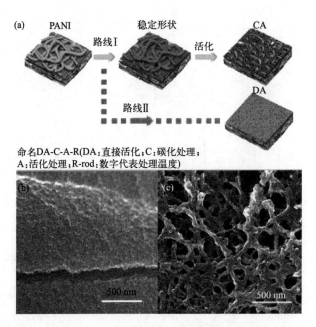

图 6-22 KOH 活化离子液体海绵碳 SEM 图

刘超等[72]在 Wang 的研究工作基础上，分别采用了 H_2O-CO_2 共活化的物理活化法以及 KOH 活化法，以聚苯胺作为前驱体，成功制备了离子液体海绵碳，如图 6-23。所制得的样品展现出了多级孔道结构，其中大微孔均匀地分布在丰富的介孔（大于 2 nm）和大孔（大于 10 nm）的框架之上。这种具有多级孔道结构的活性炭对于提升超级电容器的综合电化学性能具有显著效果。其丰富的中孔和大孔结构能够大幅降低离子的传输阻力，进而提升倍率性能和循环稳定性。尤为值得一提的是，H_2O（gas）-CO_2 共活化的方式不仅更加环保，而且其活化产物无须酸洗处理，且不含任何活化剂残留。

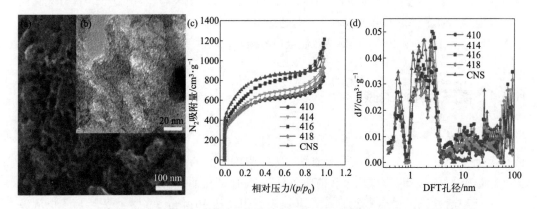

图 6-23 H_2O-CO_2 共活化的物理活化法的离子液体海绵碳 SEM 图（a）和 TEM 图（b）；
N_2 吸附脱附曲线（c）和孔径分布曲线（d）

在采用离子液体的条件下，该样品的比电容量达到了 203 F·g^{-1}，能量密度也高达 160 W·h·kg^{-1}。即便在经历 10000 次循环后，其容量保持率仍高达 95%，表现出了优异的循环稳定性。此外，较大的孔体积使得该材料能够吸附更多的电解质离子，从而进一步增加了超级电容器的容量。

6.4 超级电容器的制造

在拥有了超容活性炭材料之后，我们需将其负载至集流体之上，以制作出电极。随后，需取两个对称的电极，并使用隔膜将它们妥善分离开来。最后，将这一结构装入壳体之中，并进行注液与封装操作，至此，超级电容器件的基本构造便如图 6-24 所示。

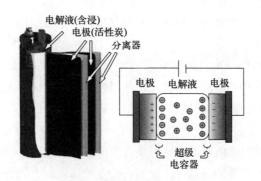

图 6-24 超级电容器件的基本结构

6.4.1 湿法电极

湿法涂布技术依然是实现电极制造目标的一种最为简便的方法。早在 1988 年，Morimoto 等 [73] 便提出了一项电极制造技术，即采用水系 PTFE- 活性炭混合物对集流体进行涂覆，以制造能在有机介质（如 TEABF$_4$/PC 或乙腈）中有效工作的 EDLC（电化学双层电容器）。此项专利被视为超级电容器涂覆技术领域中的基础性专利，对后续发展具有深远影响。

超级电容器电极的湿法涂布实际上是沿用了锂电池负极湿法涂布技术，在极片制造工艺阶段，可细分为浆料制备、浆料涂覆、极片辊压、极片分切、极片干燥五道工艺。

（1）浆料中的材料和集流体

其中浆料制备过程是工艺核心和超级电容器制造技术难点，浆料中溶剂是去离子水，固相为超级电容碳、粘接剂和导电剂。

当前最成熟的超级电容碳浆料选用的粘接剂是丁苯橡胶（SBR）水乳液和羧甲基纤维

素（CMC）溶液的混合液，两者加在一起的比例根据超级电容碳比表面积的不同有变化，一般比表面积越大所需的粘接剂的量越大，一般粘接剂在固相中的质量占比在 2% ～ 10%。CMC 具有增稠、分散、悬浮等优良性能，但作为负极粘接剂时，因其脆性大，在高压实密度下易导致极片结构坍塌。SBR 能将超级电容碳、导电剂等黏合，但无分散功能，且过多会使极片在电解液中溶胀。因此，工业上常将 CMC 和 SBR 结合使用，以解决浆料黏度不稳定、极片溶胀、脆性大等问题。CMC 作为分散剂和增稠剂，提高浆料悬浮稳定性，而 SBR 增强粘接性和极片韧性。使用时需注意 SBR 乳液的加入时机，避免长时间高剪切力导致破乳，降低粘接性。

超级电容器的极片里导电剂的选择同样至关重要。目前，常规导电剂 Super-P（SP）炭黑仍占主导地位，SP 因其较大的比表面积和独特的支链结构，展现出了优越的离子和电子导电能力，有助于提高超级电容器的性能。同时，人造石墨作为导电剂，其较小的颗粒度有利于电极材料的压实，进一步改善电容器的电导率。而 CNT 导电剂，尽管在动力电池中应用比例较低，但在超级电容器高端应用中正逐渐受到关注。科琴黑，以日本狮王的JD-600 为代表，作为导电炭黑中的极品，其高导电性和独特结构，在超级电容器领域也展现出了广阔的应用前景。

超级电容器最常用的集流体是涂碳铝箔[74]，也被称为导电涂层铝箔，是一种复合材料，主要由纳米导电碳和粘接剂等构成。在超级电容器的电极制造过程中，涂碳铝箔被用作集流体。通过机器将特制的浆料均匀地涂抹在集流体的两面，以便于后续的超级电容器装配。

涂碳铝箔的使用对超级电容器性能有多方面的提升效果，包括：降低内阻，涂碳铝箔能够有效地降低超级电容器的内阻，并抑制充放电循环过程中的动态内阻增幅；提高一致性，通过使用涂碳铝箔，可以显著提高超级电容器的一致性，从而降低电容器组的整体成本；增强粘接附着力，涂碳铝箔能提高活性材料和集流体之间的粘接附着力，进而降低电极的制造成本；优化电容器性能，涂碳铝箔能减小超级电容器的极化现象，提高倍率性能，并减少产热效应，从而稳定电压平台，无论是在高倍率、高低温还是常规放电等条件下；防腐蚀，涂碳铝箔还能有效地防止电解液对集流体的腐蚀；延长使用寿命，通过使用涂碳铝箔，可以显著延长超级电容器的使用寿命；提升低温性能，涂碳铝箔特别适用于以超级电容碳为电极材料的超级电容器，能显著提升其在低温环境下的性能。综上所述，涂碳铝箔在超级电容器制造中发挥着重要作用，并对电容器性能有多方面的积极影响。

（2）浆料的性质

浆料的黏度是浆料受到的剪应力与剪切应变率的比值，超级电容的浆料是一种由多种不同密度、不同粒度的原料组成，又是固 - 液相混合分散，形成的浆料属于非牛顿流体。非牛顿流体，是指不满足牛顿黏性实验定律的流体，即其剪应力与剪切应变率之间不是线性关系的流体[75]。非牛顿液体的黏度除了与温度有关外，还与剪切速率、时间有关，并有剪切变稀或剪切变稠的变化。电极浆料需要具有稳定且恰当的黏度，其对极片涂布工序具有至关重要的影响。黏度过高或过低都是不利于极片涂布的，黏度高的浆料不容易沉淀且分散性会好一点，但是过高的黏度不利于流平效果，不利于涂布；黏度过低也是不好的，黏度低时虽然浆料流动性好，但干燥困难，降低了涂布的干燥效率，还会发生涂层龟裂、浆料颗粒团聚、面密度一致性不好等问题。超级电容通常理想的涂布黏度在 $1000 \sim 3000\,\mathrm{mPa \cdot s}$。

（3）涂布

超级电容的涂布采用转移式涂布机或挤出式涂布机来完成，其具体原理如图 6-25 所示。

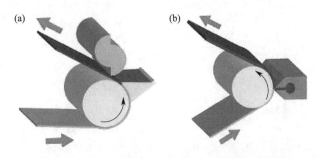

图 6-25 （a）转移式涂布机机头和（b）挤出式涂布机机头

在涂布工序完成后，极片需经由涂布机头后端配置的多级烘箱，以实现逐步烘干并最终收卷。然而，湿法涂布技术在应用于超级电容器电极制造时，面临着一系列难以克服的挑战。首要问题在于，该工艺采用了去离子水作为溶剂，这就要求后续过程中极片必须完全烘干。若烘干不彻底，残留的水分（大于 10×10^{-6}）将对超级电容器的循环性能构成严重影响，导致在充放电过程中产生大量气体，进而使得湿法涂布工艺下的超级电容器成品率低下且一致性欠佳。此外，超级电容器所用碳材料的比表面积庞大，因此吸液量显著，这使得浆料的黏度控制变得极为困难。当固含量较高时，浆料容易出现果冻状，从而无法进行涂布作业；而当固含量较低时，烘干后的电极粘接性能减弱，面密度的一致性也难以保证。鉴于上述原因，超级电容器电极的制造工艺正逐步被干法电极工艺所取代。

6.4.2　干法电极

干法电极技术是超级电容器制造技术中最核心、最领先的技术；该技术能确保电极在生产过程中不掉粉、不脱落、不反弹，特别是针对比表面积大的超级电容活性炭材料的吸液量大，湿法极片制造困难的问题，干法技术有效提高该类材料极片的可加工性；相比湿法制备技术可将面密度提高 $20\% \sim 30\%$，有效提高单位体积电极中活性物质的质量，极大提高单体的比容量；该技术确保电极制备中无液相过程，避免了水分的引入导致极片性能下降，有效提高单体的窗口电压，保证超级电容器的超长使用寿命；干法技术相对于湿法技术由于省略了溶剂干燥的过程，相同生产效率下，可以节省电费达到 $50\% \sim 70\%$。同湿法涂布电极的具体比较如表 6-5 所示。

表6-5　超级电容不同电极制造工艺的比较

项目	干法电极	涂布电极
力学性能	非常柔软，高粘接强度，耐颠簸服役	易脆断，粘接性较差，长期颠簸服役容易粉化、剥离
粘接剂	线型，确保良好的浸润通道	球粒，容易堵塞浸润通道
电极厚度	可以做厚电极（150～200 μm）	电极不能做厚，大于 100 μm 时分层
压实密度	高压实（0.6 g·cm⁻³），低孔隙	低压实（0.5 g·cm⁻³），孔隙率降低有极限，辊压裙边
倍率性能	高电导率，高倍率，可以引入高传输介质	匀浆限制，功能添加剂加入困难
加工助剂	无助剂	有机有毒性溶剂
加工设备功耗	节能 50%（无烘干，无干燥间）	高功耗（干燥间制造电极）
污染排放	零排放	高排放（NMP 生殖系统损害）
材料利用率 /%	100（边料可回收后重新压膜）	85（废料回收困难）
制造成本	降低 50% 以下	高

近年来，文献中报道的干法电极工艺都是采用静电喷涂、气流喷涂等方法将粉料喷到集流体上，再通过辊压机压实。该技术无法量产的核心问题是无法精确控制单位面积上的上料量，喷涂的上料率是一个波动值，且上料速度慢，无法跟涂布速度相比，粉料容易随气流飞散，工作环境粉尘难以控制。因此当前最成熟的干法工艺还是 Maxwell 公司在 2003 年公布的，采用高速气流对 PTFE 进行纤维化，再热压制成自支撑膜。直到 2020 年，由 Zhou 等报道了一种中试级无溶剂干法成膜工艺制造低温超级电容电池[54]，如图 6-26 所示，该工艺采用超声速干燥气流将聚四氟乙烯（PTFE）颗粒纤维化，形成缠结网络结构，并将正负极材料捆扎形成粉料，粉料再经过卧式辊压机，即可在相对较低的温度下制得自支撑膜，膜材和集流体经过热辊压机热覆合后，制成极片。

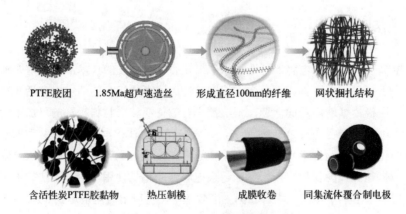

图 6-26　干法电极原理示意图

（1）干法电极粉料纤维化工艺和设备

超级电容电极粉料纤维化的制备过程[76,77] 如图 6-27 所示。

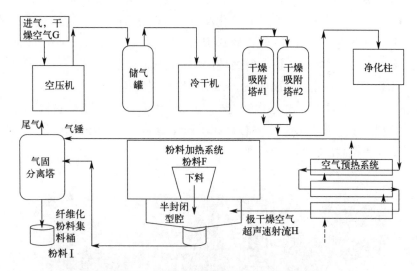

图 6-27　超级电容电极粉料纤维化工艺流程图

首先，将超容碳和导电剂混合，然后加入聚四氟乙烯粉体在混料机中进行均匀混合。此混合过程需在聚四氟乙烯呈现玻璃态的温度条件下（小于 5 ℃）进行，以确保混合的均匀性和粉料的稳定性。接着，对大气环境中的空气进行一系列处理：通过空压机进行压缩，再经过冷干、干燥吸附（达到 -40 ℃）、净化以及预热（45 ℃）等步骤，使空气达到所需的干燥和洁净程度。随后，处理后的空气通过喷管进入半封闭型腔，并被加速至超声速，形成极干燥空气的超声速射流（2 倍声速以上）。将预热后的粉料加入此半封闭型腔中，粉料在超声速射流的强烈摩擦和剪切作用下，其中的聚四氟乙烯分子链得到延展和打开。这些打开的分子链与粉料中的其他粉体形成物理粘连，而此过程中不发生任何化学反应，从而获得了纤维化粉料。最后，纤维化粉料随气流被吹入固气分离塔中。分离塔内部装有除尘滤芯，用于有效分离固体粉料和气体。气体部分直接排出，而滤芯上黏附的粉料则通过气锤的吹震作用被震落到下方的收料桶里。值得注意的是，气锤的气体来源于净化后的干燥压缩空气旁路，通过间歇式释放压缩空气来实现气锤的功能。

纤维化最核心的设备是配有若干个拉瓦尔喷管的螺旋形气流磨，气流磨内部采用陶瓷机芯，防止金属污染。

纤维化过程同样可通过采用高速混合机来实现，该过程依赖于桨叶高速旋转所产生的剪切力，以完成 PTFE 的拉丝作业。相较于传统方法，此纤维化方式对干燥空气的依赖程度显著降低，能够实现全封闭环境下的纤维化操作，环境友好，粉尘小。此外，由于该过程中粉料不会因密度差异而产生分离现象，因此该技术正逐步成为主流的技术方案。

（2）干法电极成膜和热复合工艺和设备

超级电容电极粉料的纤维化处理及其后续加工是一个精细且对环境要求严格的过程。为了确保粉料不吸潮、不起团，整个纤维化和压膜过程必须在空气湿度严格控制在 5%RH 以下的洁净厂房中进行。在压膜之前，粉料需先经过分散机进行充分分散，以确保其均匀性。随后，粉料需通过 1 ～ 2 mm 的筛网进行过筛处理，以彻底清除大颗粒杂质，确保后续压膜过程中辊缝不会堵塞，从而保证压膜的连续性和稳定性。

压膜环节采用超高精度卧式辊压机，整个生产流程至少需要两次压膜和一次热覆合[77]。因此，在生产时，至少需要配备三台辊压机以满足工艺需求，如图 6-28 所示。试验至少需要两台，一台负责反复压膜，一台负责热复合。

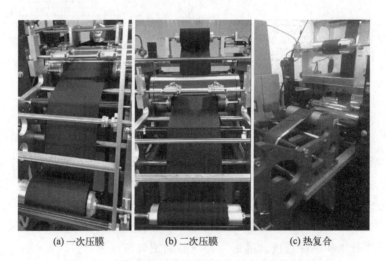

(a) 一次压膜　　　　　(b) 二次压膜　　　　　(c) 热复合

图 6-28　超级电容电极粉料的压膜与热复合工艺和设备

在一次压膜过程中，辊面温度需控制在 130 ～ 180 ℃的区间内，并根据生产速度调节辊温。一般来说，生产速度越高，辊面温度也需相应提高。纤维化粉料被置于卧式辊上方的料槽中，随相对转动的辊子带入辊缝。在辊缝中，粉料受到与辊面垂直方向的压力和平行方向的剪切力的作用，从而形成连续的自支撑膜。通过调节辊缝、对辊压力和两辊旋转速度（可以同速，也可以有差速），可以控制压膜的厚度，直至达到生产要求。一般来说，一次压膜的厚度控制在 100 ～ 150 μm 之间，随后进行收卷。

二次压膜的目的是进一步减薄自支撑膜，并提高其面密度的均匀程度。二次压膜与一次压膜的参数可以保持一致，也可以进行微调，以优化压膜效果。完成二次压膜后，同样进行收卷。

热复合环节是将自支撑膜与涂碳铝箔集流体热复合到一起。在此过程中，辊面温度需控制在 160 ℃左右，以使涂碳箔上的胶在过辊的瞬间化掉。为了提高生产效率和降低复合辊面温度，也可以在辊面上方预先加热集流体。在热复合过程中，正反两面自支撑膜将集流体夹在中间，共同通过卧式辊。需要注意的是，卧式辊的辊缝不能调节得过小，需以保证膜与集流体刚好复合到一起为基准。若辊缝过小，会导致极片起皱现象。完成热复合后，进行最终的收卷。

成膜和热复合工艺最核心的设备就是超高精度卧式热辊压机，在 130 ℃下，辊缝精度要至少达到 ±2 μm，轴承跳动精度要小于 2 μm，辊面硬度要达到 HRC66 以上。

6.4.3　电解液

在超级电容器中，储存的能量与施加电压的平方成正比，这一特性是由其储能原理所决定的。而电压的大小，则通常受到整个系统电化学稳定窗口的限制。对于一个固 - 液系统而言，这个电化学稳定窗口不仅受限于电解液的电化学稳定性，还受到电极劣化的影响。电解液作为超级电容器的重要组成部分，对电容器的性能有着至关重要的影响。它不仅可以改善电容器的等效串联电阻（ESR）和电容值，还在电容器的老化过程中起着关键作用，可能会产生气体。为了更深入地了解电解液对超级电容器性能的影响，我们需要认识到电解液是一个具有受限离子热力学特性的系统。在电极保持稳定的前提下，电解液往往成为限制超级电容器性能的最大因素。因此，选择和优化电解液对于提升超级电容器的整体性能至关重要。

电解液的关键参数包括导电性、电化学稳定性（即老化性能）、热稳定性。这些参数的选择和优化，将直接影响超级电容器的储能效率、使用寿命和安全性。因此，在研究和开发超级电容器时，我们需要对电解液进行深入的探讨和研究。

（1）电解液的电导率

在评估电解液的性能时，离子迁移率和电导率是两个至关重要的指标。值得注意的是，由于水系超容电解液的动态黏度相对较低，其电导率普遍高于非水系电解质和固体电解质。某种离子（i）的电导率（σ）与多个因素密切相关，包括离子迁移率（μ_i）、载流子浓度（n_i）、基本电荷（e）以及移动离子电荷的价态（z_i）。具体而言，这些因素之间的关系可以通过以下方程来描述：

$$\sigma = \sum_i n_i \mu_i z_i \mathrm{e} \tag{6-51}$$

需要强调的是，上述方程中的变量受到多种因素的影响，包括溶剂化效应、溶剂化离子的迁移行为以及电解质盐的晶格能。因此，在液体 / 凝胶电解质中，所有成分，如溶剂、添加剂和电解质盐，都会对电导率产生显著影响。这一认识对于深入理解和优化电解质的性能具有重要意义。

Makoto 等 [78] 系统地研究了四种常用超级电容电解液溶剂［PC、DMF、γ- 丁内酯（GBL）、乙腈（AN）］在不同电解质盐和室温下的离子电导率，总结在表 6-6 中。

表6-6　有机电解液（1 mol·L⁻¹电解质盐，25 ℃）的电导率[78]　　　　单位：mS·cm⁻¹

电解质	PC	GBL	DMF	AN
LiBF₄	3.4	7.5	22	18
Me₄NBF₄	2.7	2.9	7.0	10
Et₄NBF₄	13	18	26	56
Pr₄NBF₄	9.8	12	20	43
Bu₄NBF₄	7.4	9.4	14	32
LiPF₄	5.8	11	21	50
Me₄NPF₆	2.2	3.7	11	12
Et₄NPF₆	12	16	25	55
Pr₄NPF₆	6.4	11	19	42
Bu₄NPF₆	6.1	8.6	13	31
LiClO₄	5.6	11	20	32
Me₄NClO₄	2.9	3.9	7.8	7.7
Et₄NClO₄	11	16	24	50
Pr₄NClO₄	6.3	11	17	35
Bu₄NClO₄	6.0	8.6	12	27
LiCF₃SO₃	1.7	4.3	16	9.7
Me₄NCF₃SO₃	9.0	14	24	46
Et₄NC₃SO₃	11	15	21	42
Pr₄NCF₃SO₃	7.8	11	15	31
Bu₄NCF₃SO₃	5.7	7.4	11	23

由表 6-6 可知，1 mol·L⁻¹ 四乙基四氟硼酸铵（Et₄NBF₄）在 AN 溶剂中溶解形成的电导率是最高的，因此该电解液的配方是应用最广泛的超级电容电解液配方。

（2）电化学稳定性

电化学稳定性对于超级电容器（SCD）的安全性和循环寿命具有至关重要的影响。电解液氧化还原反应的上限和下限共同构成了电化学稳定窗口的重要表征。值得注意的是，电化学稳定性不仅受电解液成分的影响，还与其与电极的相容性密切相关。尽管在实际应用中，不同测试系统可能会导致测试结果的差异，但线性扫描伏安法（LSV）和循环伏安法（CV）依然是最常用且有效的测量技术。

为了更全面地了解电化学稳定性，对各种温度下电解质的电化学稳定性进行系统深入的研究显得尤为重要。在相关文献中，已经总结了某些重要电解液的特定分解电位，这些数据为我们提供了宝贵的参考。这些研究表明，溶剂系统、盐的类型以及工作电极的选择都会对电化学稳定窗口产生显著的影响。图 6-29 给出了不同溶剂电化学窗口[79]，由图中可知 AN 溶剂本身就要比水的电化学窗口更宽，因此 AN 是超级电容电解液中最常用的溶剂。在进行电化学稳定性的研究时，我们需要综合考虑这些因素，以期获得更准确、更全面的认识。

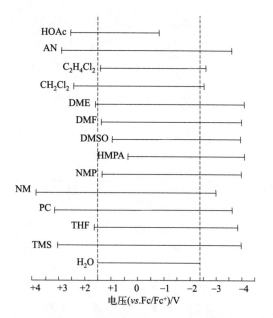

图 6-29　基于共同参比电极［二茂铁离子／二茂铁（Fc⁺/Fc）］在不同溶剂中的电化学窗口，通过在 $10 \mu A \cdot mm^{-2}$ 下对光滑铂电极进行伏安法测量获得

（3）热稳定性

热稳定性包括高温热稳定性和低温热稳定性。高温热稳定性是指在充放电过程中，部分电解质容易发生分解，这一现象与工作温度的升高及热量的释放紧密相关。而温度的升高，无疑给超级电容器带来了潜在的安全隐患。因此，深入探究超级电容器电解质的热稳定性显得尤为重要。该稳定性主要取决于两大方面：一是电解质与电极之间的相互作用关系；二是电解质自身的热稳定性。具体而言，电解质的热稳定性主要由其构成成分所决定，包括盐类、溶剂以及可能存在的添加剂等。为了准确评估这一稳定性，通常采用热重分析（TGA）和差示扫描量热法（DSC）等研究手段进行深入分析。

低温热稳定性是指电解液在低温环境下能够保持不凝固、不发生盐析现象，并且维持较高电导率的特性。一般而言，-40 ℃被视为典型的低温操作极限。为了改善电解液的低温特性，最关键的工作是设计具有低熔点的电解液配方。尽管低温会导致电解液黏度上升，但超容体系仍能保持较小的等效串联电阻（ESR）。学术界广泛研究采用混合溶剂的方法来改善超容电解液的低温性能。然而，这种改善往往以牺牲高温稳定性和循环性能为代价，因此，在选择时还需综合考虑应用场景等多方面因素。

近年来，离子液体因其独特的性能而备受科研工作者关注。它具有宽泛的工作温度范围（-80 ～ 60 ℃）、难挥发性、良好的热稳定性、不易燃性以及优异的电化学稳定性[80]。更重要的是，其电压窗口最高可达 4.5 V，这一数值远高于水系电解液和有机电解液。同时，离子液体的比电容量通常可达到 $150 ～ 300 F \cdot g^{-1}$，也高于常用的有机电解液。因此，基于离子电解液的超级电容器在能量密度方面远胜于基于有机系和水系电解液的超级电容器。然而，离子液体也存在一些缺点，如其黏度较大，阴阳离子间相互作用强，这导致电解液离子在传导过程中阻力较大，从而使得其倍率性能和循环性能相对较差。离子液体相对于 PC 基或 AN 基电解液的价格十分昂贵，但在高温高压电容器的细分领域也有潜在的市场应用。

6.4.4　隔膜

超级电容器的隔膜需满足一系列严格的要求，包括高纯度与电化学稳定性、高孔隙率、高热稳定性以及对电解液的化学惰性。在超级电容器中，隔膜作为一种非活性材料，其厚度在满足不发生碳粉短路和机械强度的前提下，需尽可能薄，同时成本也需控制在较低水平，其具体的指标如表 6-7 所示。

表 6-7　超级电容器的隔膜的指标要求 [81]

参数	指标
化学稳定性	长期稳定（＞ 10 年）
热稳定性	在 140℃下保持 1h 后收缩率＜ 1%
尺寸稳定性	铺设时无卷曲
厚度	＜ 50 μm
抗拉强度	$\geqslant 0.30$ kN · m^{-1}
孔径	＜ 1 μm
孔隙率	＞ 55%
透气性	＜ 800 cm^3 · min^{-1} · cm^{-2}
润湿性（吸液高度）	快速润湿（$\geqslant 26$ mm · 10 min^{-1}）
电化学稳定性	长期稳定（＞ 10 年）
成本	低（＜生产成本的 15%）

目前，超级电容器中最常用的两种商业隔膜是纤维素基隔膜（如 TF4535、NKK）和聚烯烃基隔膜（如 Celgard 3501）。纤维素基隔膜具有高孔隙率、良好的热稳定性和环保性能，但由于其孔隙较大，机械强度较低或自放电行为较高，耐电压性能较差，3 V 以上的高压下就会发生氧化变质，因此应用受限。相比之下，聚烯烃基隔膜具有较高的机械强度，但由于材料特性，在高温下会发生较大的收缩。因此，研发新型的隔膜体系也是超级电容行业的热点领域。

为了克服商业隔膜的局限性，科研人员积极研发了多种新型隔膜，这些研发工作主要围绕调整材料成分和优化制备策略展开。各类隔膜，包括生物质基隔膜、合成聚合物基隔膜以及无机复合隔膜等 [82]，如图 6-30 所示，均取得了显著的进展和突破。

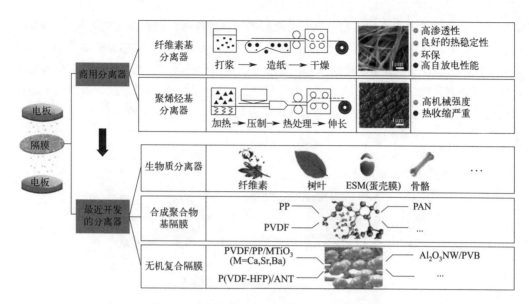

图 6-30 超级电容器商用隔膜和正在开发的隔膜

6.4.5 超级电容器单体和应用

超级电容器单体按照应用和结构可以分为小尺寸超级电容（容量在 0.1 ~ 30 F）和大尺寸超级电容（容量高于 300 F）。

（1）小尺寸超级电容

小尺寸超级电容，包括扣式超级电容（0.1 ~ 5 F）和小型卷绕式超级电容（5 ~ 30 F），作为一种重要的能量存储元件，其应用范围广泛，涵盖了日常生活的诸多方面。具体而言，它主要应用于三表领域（即电表、水表、煤气表），以及汽车电子、智能门禁系统、ETC（电子不停车收费系统）、电力设备、物联网产品、制动器的能量系统中。此外，它还用作内存板的备用电源、通信用的无线基站的电源、音频系统的能量支持，以及笔记本电脑的电源管理、移动电话、LED 灯的电源系统、玩具和其他便携式设备中，展现出了极高的应用价值和灵活性。小尺寸超级电容，国内的生产厂家包括锦州凯美、江海电容、火炬电子、中天科技、辽宁博艾格，国外的公司包括 Panasonic、NEC‐Tokin、Elna、Korship、伊顿、Smart Thinker、Nippon Chemicon 等，对于这一类超级电容而言，虽然对循环性能的要求并不特别高，但对能量密度的要求却相对较高。为了满足这些需求，通常采用碱活化工艺的高比表面积超级电容碳作为电极材料，并且电极需要做得较厚。在电极的制造过程中，还需要运用到干法电极技术，以确保电极的质量和性能。通过这些先进工艺和技术的应用，小尺寸超级电容得以在众多领域中发挥重要作用，为人们的日常生活带来便利和效益。

扣式超级电容的结构如图 6-31 所示，它的正负极壳由不锈钢制成，这种设计既能使它们作为集流体有效地收集和传输电流，又能起到容器的作用，保护内部的电极和电解液。在制造过程中，活性炭电极被分别粘贴在正极壳和负极壳上，以形成电容的活性部分。随后，正极、隔膜和负极在浸润电解液后，按照三明治结构叠放在一起。为了确保电容的密封性，还会加装密封圈，并通过压合工艺进行密封。扣式超级电容的产品一般为两个超容串联的结构，额定电压为 5.5 V，方便各种电子应用场合，如图 6-31 所示。

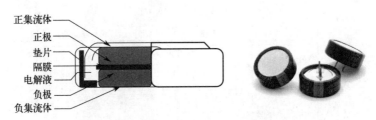

图 6-31　扣式超级电容的结构示意图和外观

　　扣式超级电容具有密封性较好、漏电流较小的优点。然而，需要注意的是，其正负电极之间通常采用垫片进行隔离，并通过卷绕铆接的方式连接。这种结构存在因极片生锈而造成短路的风险，因此在实际应用中需要对此进行充分的考虑和防范。

　　小型卷绕式超级电容（5～30 F），作为一种特殊的电容器结构，其制造工艺与普通铝电解电容有着相似之处，但又独具特色，如图 6-32 所示。具体来说，超级电容的制造过程是将正负极电极与隔膜以特定的方式卷绕成圆柱形的卷芯结构，这一步骤确保了电极与隔膜之间的紧密接触和有效分隔。随后，将卷绕好的卷芯与盖板进行连接，正负电极各出极耳与盖板上的牛角端子焊接，并整体装入铝壳内，以保护内部结构并提供稳定的机械支撑。

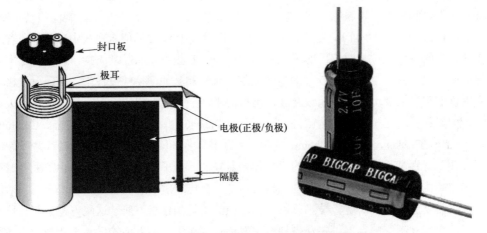

图 6-32　小型卷绕式出极耳超级电容的结构示意图和外观

在完成了卷芯与盖板的装配后，接下来的一步是浸渍灌注电解液，这是电容器正常工作的关键所在。电解液能够浸润电极表面，形成有效的电荷存储层，从而提高电容器的容量和性能。最后，为了确保电容器的密封性和稳定性，需要将铝壳和盖板进行严密的密封处理，防止电解液泄漏和外部环境对电容器内部结构的破坏。

值得一提的是，小型卷绕式超级电容由于其独特的卷绕结构，活性炭电极的面积相对较大，这一设计优势使得其容量通常比扣式超级电容要大。然而，也正是由于极板之间的距离较近，自放电现象在小型卷绕式超级电容中表现得更为活跃，这是在实际应用中需要特别关注和管理的一个方面。总体而言，小型卷绕式超级电容以其独特的结构和性能特点，在电气设备领域展现出了广泛的应用前景。

（2）大尺寸超级电容

大尺寸超级电容（超容），通常单体的电容量在 300 F 以上，最常见的如风机变桨用 350 F 超容和柴油机启动用 3000 F 超容，其市场前景更加广阔，如图 6-33 所示。

超级电容的市场规模，可达数千亿元
安全、温度范围宽、低内阻、寿命长，特别适应于高寒地区

图 6-33　大尺寸超级电容的应用市场前景

超级电容器在电动汽车及混合动力汽车中扮演着重要角色，主要应用于启动、加速时的峰值电源供应以及刹车时的能量回收储能。这一技术在国内外多家知名汽车制造商的混合动力巴士和小型乘用车中得到了规模化应用。随着混合动力汽车的快速发展，超级电容器在该领域的采购额预计将迅速扩大，年度增长率将超过 50%。此外，超级电容器还应用于城市轨道交通的制动能量回收和城市低地板轻轨的驱动电源。中国中车等轨道交通设备制造商正积极投入相关研发，已有多个城市的轻轨和地铁采用了这一技术。

新能源（如风能和太阳能）具有间歇性和不可控性，直接并网可能对电网运行造成严重影响。超级电容器因其长寿命、大电流充放电特性，能够适应新能源的大电流波动，起到缓冲和平滑输出电能的作用。它还可以用于"削峰填谷"，在电网用电"低谷"时储存电能，并在"高峰"期平稳释放。随着风力发电等新能源项目的快速发展，超级电容器有望在风电变桨系统、后备电源以及微电网储能系统中得到快速应用。全球储能市场的快速增长也将带来超级电容器在该领域的强劲需求。

超级电容器在军用产品市场也有广泛应用，如战车混合电传动系统和舰用电磁炮。采用混合电传动技术的重型战术卡车使用超级电容器存储电能，显著降低了燃油消耗率，并提供了额外的电力输出。在舰用电磁炮中，超级电容器则用于瞬间释放大量电能，产生强大的电磁推动力。随着军方对更轻便武器装备的需求的增加，超级电容器作为替代传统电池的产品，应用前景广阔。

超级电容器还在不间断电源系统（UPS）、建设工程电梯等应用中用作峰值电流辅助设备和再生电源的蓄电器。高能量密度、长寿命和低自放电特性使其在工程机械和工业机器人中作为辅助电源具有显著优势。多家超级电容器厂商的试验表明，经过数万次充/放电后，超级电容器的容量仍能保持在最初容量的90%以上，且高温特性优于传统双电层电容器。

根据恒州博智（QYResearch）《2024—2030全球与中国超级电容电池市场现状及未来发展趋势》调研报告，2023年，全球超级电容电池市场销售额达到了10.28亿美元，并预计在2030年增长至15.27亿美元，展现出6.03%的年复合增长率（CAGR），这一增长趋势将贯穿2024～2030年。在地域维度上，中国市场展现出了显著的动态变化，2023年以3.39亿美元的市场规模占据了全球33.01%的收入份额，并有望于2030年增至5.14亿美元，届时其全球收入份额占比将提升至33.68%。

在大尺寸超级电容器领域，美国、日本、俄罗斯、瑞士、韩国、法国的一些公司凭借多年的研发和技术积累，处于全球领先地位，如Maxwell Technologies、VINATech、LS Material、Nippon Chemi-Con和Samwha Electric等，占据了全球大部分市场份额。这些国家将超级电容器项目视为国家级的重点研究和开发项目，并制定了相应的发展计划。

相比之下，中国大尺寸超级电容器领域虽起步较晚，但已具备了一定的技术实力和产业化能力。目前，国内有50多个厂家从事大容量超级电容器的研发，然而能够批量生产并达到实用化水平的厂家仅有10多个。其中，宁波中车新能源科技有限公司、锦州凯美能源有限公司、上海奥威科技开发有限公司、南通江海电容器股份有限公司、北京合众汇能科技有限公司和北京集星联合电子科技有限公司等企业拥有较成熟的生产线，形成了系列化产品，年产能达到300万只以上。

大尺寸圆柱形超级电容器同样是将正负极电极与隔膜以特定的方式卷绕成圆柱形的卷芯结构，如图6-34所示，正负电极通过一端全留白的形式形成全极耳，卷芯两端通过整形的全极耳与正极或负极引流端子焊接形成一体结构，这种全极耳的结构将极耳与极片的点接触变成了面接触，极大地降低了超级电容的电流传输电阻，实现了大尺寸圆柱形超级电容器的超高倍率充放电，以3000 F超级电容为例，单体的比功率可以接近6000 W·kg^{-1}，最大峰值电流可以达到1900 A。

尽管超级电容作为功率型储能器件展现出独特的优势，但其亦存在两个固有的局限性。首先，超级电容的碳材料来源高度依赖于高品质的椰壳碳，这一原料的单一性导致了其价格持续处于高位；其次，超级电容的比能量相对较低，仅为6～10 W·h·kg^{-1}，与普通电池相比，后者的比能量可达到其10～30倍。这两个因素共同作用，使得超级电容的价格维持在较高水平，即50～100元·W^{-1}·h^{-1}，这一价格几乎是锂电池价格的百倍以上。

因此，超级电容的市场应用规模受到限制，最多仅能达到千亿级别，相较于锂电池的万亿市场而言，显然相形见绌。

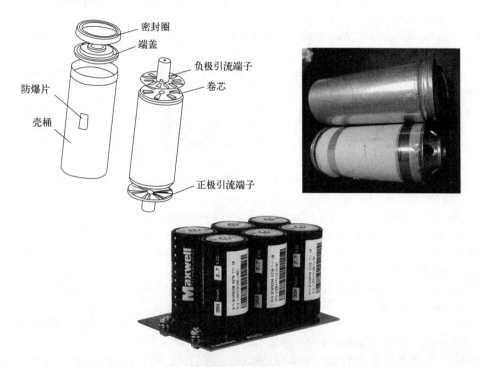

图 6-34　大尺寸圆柱形超级电容器全极耳结构件装配示意图和实物照片

鉴于此，超级电容器在降低成本与提高能量密度方面仍面临漫长的发展道路。实际上，随着锂电池技术的不断成熟，尤其是硬碳材料在负极上的成熟应用，市场上已经出现了超高功率密度的锂电池。这类电池的比能量可达 $100\ W\cdot h\cdot kg^{-1}$，且充放电的功率密度也能达到 $1000\sim3000\ W\cdot kg^{-1}$，已在一些燃油机混动领域得到了市场的验证。

然而，超级电容在循环寿命、安全性以及低温性能上的绝对优势仍是不容忽视的。因此，在一些特定的细分市场领域，超级电容仍将继续发展并进行改良，以期发挥其在这些方面的独特优势。

参考文献

[1] Conway B E. Similarities and Differences between Supercapacitors and Batteries for Storing Electrical Energy [M]// CONWAY B E. Electrochemical Supercapacitors : Scientific Fundamentals and Technological Applications. Boston, MA; Springer US，1999：11-31.

[2] Pandolfo T，Ruiz V，Sivakkumar S，et al. General Properties of Electrochemical Capacitors [M]. Supercapacitors，2013：69-109.

[3] Becker H I. Low voltage electrolytic capacitor : US2800616 [P/OL]. 1957.

[4] Rightmire R A. Electrical energy storage apparatus : US3288641 [P/OL]. 1966.

[5] Helmholtz H. Studien über electrische Grenzschichten [J]. 1879，243（7）：337-382.

[6] Chapman d L. A contribution to the theory of electrocapillarity [J]. The London，Edinburgh，and Dublin Philosophical

Magazine and Journal of Science,1913,25（148）：475-481.

[7] Stern O. ZUR THEORIE DER ELEKTROLYTISCHEN DOPPELSCHICHT [J]. 1924,30（21-22）：508-516.

[8] Park H W,Roh K C. Recent advances in and perspectives on pseudocapacitive materials for Supercapacitors–A review [J]. J Power Sources,2023,557：232558.

[9] Majumdar D,Maiyalagan T,Jiang Z. Recent Progress in Ruthenium Oxide-Based Composites for Supercapacitor Applications [J]. Chem Electro Chem,2019,6（17）：4343-4372.

[10] Zheng J P,Jow T R. A New Charge Storage Mechanism for Electrochemical Capacitors [J]. J Electrochem Soc,1995,142（1）：L6.

[11] Hu C C,Chen W C. Effects of substrates on the capacitive performance of $RuOx \cdot nH_2O$ and activated carbon–RuOx electrodes for supercapacitors [J]. Electrochim Acta,2004,49（21）：3469-3477.

[12] 崔光磊,周新红,智林杰,等. 纳米结构的炭钌复合物——一种提高超级电容器性能的电极材料 [J]. 2007,22（4）：302-306.

[13] 马仁志,魏秉庆,徐才录,等.基于碳纳米管的超级电容器 %J 中国科学E辑 %J SCIENCE IN CHINA（SERIES E）[J]. 2000,30（2）：112-116.

[14] Sugimoto W,Shibutani T,Murakami Y,et al. Charge Storage Capabilities of Rutile-Type RuO_2VO_2 Solid Solution for Electrochemical Supercapacitors [J]. Electrochem Solid-State Lett,2002,5（7）：A170.

[15] Baker C O,Huang X,Nelson W,et al. Polyaniline nanofibers：broadening applications for conducting polymers [J]. Chem Soc Rev,2017,46（5）：1510-1525.

[16] Huang F,Chen D. Towards the upper bound of electrochemical performance of ACNT@polyaniline arrays as supercapacitors [J]. Energy & Environ Sci,2012,5（2）：5833-5841.

[17] Wang Z,Zhu M,Pei Z,et al. Polymers for supercapacitors：Boosting the development of the flexible and wearable energy storage [J]. Materials Science and Engineering：R：Reports,2020,139：100520.

[18] Wang X,Xu M,Fu Y,et al. A Highly Conductive and Hierarchical PANI Micro/nanostructure and Its Supercapacitor Application [J]. Electrochim Acta,2016,222：701-708.

[19] Huang F,Lou F,Chen D. Exploring Aligned-Carbon-Nanotubes@Polyaniline Arrays on Household Al as Supercapacitors [J]. Chem Sus Chem,2012,5（5）：888-895.

[20] Chatterjee D P,Nandi A K. A review on the recent advances in hybrid supercapacitors [J]. J Mater Chem A,2021,9（29）：15880-15918.

[21] Jiang Y,Liu J. Definitions of Pseudocapacitive Materials：A Brief Review [J]. 2019,2（1）：30-37.

[22] Liu C,Wu J C,Zhou H,et al. Great Enhancement of Carbon Energy Storage through Narrow Pores and Hydrogen-Containing Functional Groups for Aqueous Zn-Ion Hybrid Supercapacitor [J]. Molecules,2019,24（14）：2589.

[23] Lou F,Zhou H,Huang F,et al. Facile synthesis of manganese oxide/aligned carbon nanotubes over aluminium foil as 3D binder free cathodes for lithium ion batteries [J]. J Mater Chem A,2013,1（11）：3757-3767.

[24] Zhou H,Wang X,Sheridan E,et al. Boosting the Energy Density of 3D Dual-Manganese Oxides-Based Li-Ion Supercabattery by Controlled Mass Ratio and Charge Injection [J]. Journal of The Electrochemical Society,2016,163（13）：A2618-A2622.

[25] Dong S,Li Z,Xing Z,et al. Novel Potassium-Ion Hybrid Capacitor Based on an Anode of $K_2Ti_6O_{13}$ Microscaffolds [J]. ACS Appl Mater Interfaces,2018,10（18）：15542-15547.

[26] Lim E,Jo C,Kim M S,et al. Hybrid Supercapacitors：High-Performance Sodium-Ion Hybrid Supercapacitor Based on Nb_2O_5@Carbon Core–Shell Nanoparticles and Reduced Graphene Oxide Nanocomposites（Adv. Funct. Mater. 21/2016）[J]. 2016,26（21）：3553.

[27] Zhang H,Cao D,Bai X,et al. High-Cycle-Performance Aqueous Magnesium Ions Battery Capacitor Based on a Mg-OMS-1/Graphene as Cathode and a Carbon Molecular Sieves as Anode [J]. ACS Sustainable Chemistry & Engineering,2019,7（6）：6113-6121.

[28] Dong L,Ma X,Li Y,et al. Extremely safe,high-rate and ultralong-life zinc-ion hybrid supercapacitors [J]. Energy

Storage Materials，2018，13：96-102.

[29] Wang H，Wang M，Tang Y. A novel zinc-ion hybrid supercapacitor for long-life and low-cost energy storage applications [J]. Energy Storage Materials，2018，13：1-7.

[30] Zhou H，Liu C，Wu J C，et al. Boosting the electrochemical performance through proton transfer for the Zn-ion hybrid supercapacitor with both ionic liquid and organic electrolytes [J]. J Mater Chem A，2019，7（16）：9708-9715.

[31] Lin J，Zhang X，Fan E，et al. Carbon neutrality strategies for sustainable batteries：from structure，recycling，and properties to applications [J]. Energy & Environ Sci，2023，16（3）：745-791.

[32] Wang H，Zhang Y，Ang H，et al. A High-Energy Lithium-Ion Capacitor by Integration of a 3D Interconnected Titanium Carbide Nanoparticle Chain Anode with a Pyridine-Derived Porous Nitrogen-Doped Carbon Cathode [J]. Advanced Functional Materials，2016，26（18）：3082-3093.

[33] Liu C，Yu Z，Neff D，et al. Graphene-Based Supercapacitor with an Ultrahigh Energy Density [J]. Nano Lett，2010，10（12）：4863-4868.

[34] Li Q，Guo X，Zhang Y，et al. Porous graphene paper for supercapacitor applications [J]. Journal of Materials Science & Technology，2017，33（8）：793-799.

[35] Gu H，Zhu Y E，Yang J，et al. Nanomaterials and Technologies for Lithium-Ion Hybrid Supercapacitors [J]. Chem Nano Mat，2016，2（7）：578-587.

[36] Zuo W，Li R，Zhou C，et al. Battery-Supercapacitor Hybrid Devices：Recent Progress and Future Prospects [J]. Advanced Science，2017，4（7）：1600539.

[37] Cao W J，Shih J，Zheng J P，et al. Development and characterization of Li-ion capacitor pouch cells [J]. Journal of Power Sources，2014，257：388-393.

[38] Ando N，Hato Y，Matsui K，et al. Lithium Ion Capacitor：US2009027831A1 [P/OL]. 2005.

[39] Sadoway D. Toward new technologies for the production of lithium [J]. JOM，1998，50（5）：24-26.

[40] Zhou H，Wang X，Chen D. Li-Metal-Free Prelithiation of Si-Based Negative Electrodes for Full Li-Ion Batteries [J]. Chem Sus Chem，2015，8（16）：2737-2744.

[41] Dubal D P，Ayyad O，Ruiz V，et al. Hybrid energy storage：the merging of battery and supercapacitor chemistries [J]. Chemical Society Reviews，2015，44（7）：1777-1790.

[42] Yi T F，Yang S Y，Xie Y. Recent advances of $Li_4Ti_5O_{12}$ as a promising next generation anode material for high power lithium-ion batteries [J]. Journal of Materials Chemistry A，2015，3（11）：5750-5777.

[43] Choi H S，Im J H，Kim T，et al. Advanced energy storage device：a hybrid BatCap system consisting of battery–supercapacitor hybrid electrodes based on $Li_4Ti_5O_{12}$-activated-carbon hybrid nanotubes [J]. Journal of Materials Chemistry，2012，22（33）：16986-16993.

[44] Choi H S，Kim T，Im J H，et al. Preparation and electrochemical performance of hypernetworked $Li_4Ti_5O_{12}$/carbon hybrid nanofiber sheets for a battery–supercapacitor hybrid system [J]. Nanotechnology，2011，22（40）：405402.

[45] Jiang C，Zhao J，Wu H，et al. $Li_4Ti_5O_{12}$/activated-carbon hybrid anodes prepared by in situ copolymerization and post-CO_2 activation for high power Li-ion capacitors [J]. Journal of Power Sources，2018，401：135-141.

[46] Böckenfeld N，Kühnel R S，Passerini S，et al. Composite $LiFePO_4$/AC high rate performance electrodes for Li-ion capacitors [J]. Journal of Power Sources，2011，196（8）：4136-4142.

[47] Wang B. The synergy effect on Li storage of $LiFePO_4$ with activated carbon modifications [J]. RSC advances，2013.

[48] Hu X，Huai Y，Lin Z，et al. A（$LiFePO_4$–AC）/ $Li_4Ti_5O_{12}$ hybrid battery capacitor [J]. Journal of The Electrochemical Society，2007，154（11）：A1026-A1030.

[49] Böckenfeld N，Placke T，Winter M，et al. The influence of activated carbon on the performance of lithium iron phosphate based electrodes [J]. Electrochimica Acta，2012，76：130-136.

[50] Choi H S，Park C R. Theoretical guidelines to designing high performance energy storage device based on hybridization of lithium-ion battery and supercapacitor [J]. Journal of Power Sources，2014，259：1-14.

[51] Li X，Kang F，Bai X，et al. A novel network composite cathode of $LiFePO_4$/multiwalled carbon nanotubes with high

rate capability for lithium ion batteries [J]. Electrochemistry Communications，2007，9（4）：663-666.

[52] Wu X L，Guo Y G，Su J，et al. Carbon-Nanotube-Decorated Nano-LiFePO$_4$ @C Cathode Material with Superior High-Rate and Low-Temperature Performances for Lithium-Ion Batteries [J]. Advanced Energy Materials，2013，3（9）：1155-1160.

[53] 夏恒恒，黄廷立，方文英，等. 基于活性炭/镍钴锰酸锂（AC/LiNi$_{0.5}$Co$_{0.2}$Mn$_{0.3}$O$_2$）复合正极的锂离子超级电容电池的构建及其电化学性能 [J]. 储能科学与技术，2018，7（6）：1233-1241.

[54] Zhou H，Liu M，Gao H，et al. Dense integration of solvent-free electrodes for Li-ion supercabattery with boosted low temperature performance [J]. Journal of Power Sources，2020，473：228553.

[55] Huang J，Sumpter B G，Meunier V. A Universal Model for Nanoporous Carbon Supercapacitors Applicable to Diverse Pore Regimes，Carbon Materials，and Electrolytes [J]. 2008，14（22）：6614-6626.

[56] Sing K S W. Reporting physisorption data for gas/solid systems with special reference to the determination of surface area and porosity（Recommendations 1984）[J]. Pure Appl Chem，1985，57（4）：603-619.

[57] Everett D H，Powl J C. Adsorption in slit-like and cylindrical micropores in the henry′s law region. A model for the microporosity of carbons [J]. Journal of the Chemical Society，Faraday Transactions 1：Physical Chemistry in Condensed Phases，1976，72（0）：619-636.

[58] Liang C，Hong K，Guiochon G A，et al. Synthesis of a Large-Scale Highly Ordered Porous Carbon Film by Self-Assembly of Block Copolymers [J]. 2004，43（43）：5785-5789.

[59] Wang X，Zhou H，Sheridan E，et al. Geometrically confined favourable ion packing for high gravimetric capacitance in carbon-ionic liquid supercapacitors [J]. Energy ＆ Environ Sci，2016，9（1）：232-239.

[60] Wang X，Li Y，Lou F，et al. Enhancing capacitance of supercapacitor with both organic electrolyte and ionic liquid electrolyte on a biomass-derived carbon [J]. RSC Advances，2017，7（38）：23859-23865.

[61] Ferrero G A，Fuertes A B，Sevilla M. N-doped porous carbon capsules with tunable porosity for high-performance supercapacitors [J]. Journal of Materials Chemistry A，2015，3（6）：2914-2923.

[62] Wang X，Zhou H，Lou F，et al. Boosted Supercapacitive Energy with High Rate Capability of a Carbon Framework with Hierarchical Pore Structure in an Ionic Liquid [J]. Chem Sus Chem，2016，9（21）：3093-3101.

[63] Chmiola J，Largeot C，Taberna P L，et al. Desolvation of Ions in Subnanometer Pores and Its Effect on Capacitance and Double-Layer Theory [J]. Angewandte Chemie International Edition，2008，47（18）：3392-3395.

[64] Prehal C，Koczwara C，Jäckel N，et al. Quantification of ion confinement and desolvation in nanoporous carbon supercapacitors with modelling and in situ X-ray scattering [J]. Nature Energy，2017，2（3）：16215.

[65] Taberna P L，Portet C，Simon P. Electrode surface treatment and electrochemical impedance spectroscopy study on carbon/carbon supercapacitors [J]. Applied Physics A，2006，82（4）：639-646.

[66] Chmiola J，Yushin G，Gogotsi Y，et al. Anomalous increase in carbon capacitance at pore sizes less than 1 nanometer [J]. Science，2006，313（5794）：1760-1763.

[67] Pean C，Daffos B，Rotenberg B，et al. Confinement，Desolvation，And Electrosorption Effects on the Diffusion of Ions in Nanoporous Carbon Electrodes [J]. J Am Chem Soc，2015，137（39）：12627-12632.

[68] Xu J，Yuan N，Razal J M，et al. Temperature-independent capacitance of carbon-based supercapacitor from −100 to 60℃ [J]. Energy Storage Materials，2019，22：323-329.

[69] Guo Z，Han X，Zhang C，et al. Activation of biomass-derived porous carbon for supercapacitors：A review [J]. Chin Chem Lett，2024，35（7）：109007.

[70] Heidarinejad Z，Dehghani M H，Heidari M，et al. Methods for preparation and activation of activated carbon：a review [J]. Environ Chem Lett，2020，18（2）：393-415.

[71] 刘超. 聚苯胺基活性炭孔道结构及表面官能团对超级电容器性能改善机制的研究 [D]. 镇江：江苏大学，2020.

[72] 刘超，李世林，高宏权，等. 水蒸气二氧化碳共活化制备聚苯胺基活性炭在离子液体超级电容器中的应用 [J]. 中国材料进展，2021，40（4）：6.

[73] Morimoto T，Hiratsuka K，Sanada Y，et al. Electric double layer capacitor：US 4725927 [P/OL]. 1988.

[74] Zhou H，Liu M，Li Y，et al. Carbon Nanosponge Cathode Materials and GraphiteProtected Etched Al Foil Anode for

Dual-Ion Hybrid Supercapacitor [J]. Journal of The Electrochemical Society，2018，165（13）：A3100-A3107.

[75] 江体乾 . 非牛顿流体力学进展及其在化工上的应用 [J]. 上海化工学院学报，1980（01）：135-143.

[76] 周海涛，万连露，韩家城，等 . 固态隔膜的制造设备及方法：CN116001332A [P/OL]. 2023.

[77] Zhou H，Gao H，Jianchun W U，et al. Pre-lithiated polyphenylene sulfide，polyphenylene sulfide-based solid electrolyte membrane，battery electrode sheet，quasi-solid-state lithium ion battery and method for manufacturing same：US11289737B2 [P/OL]. 2022.

[78] Ue M，Ida K，Mori S. Electrochemical Properties of Organic Liquid Electrolytes Based on Quaternary Onium Salts for Electrical Double‐Layer Capacitors [J]. Journal of The Electrochemical Society，1994，141（11）：2989.

[79] Izutsu K. Redox Reactions in Non-Aqueous Solvents [M]. Electrochemistry in Nonaqueous Solutions，Wiley‐VCH Verlag GmbH & Co KGaA，2002：85-106.

[80] Feng J，Wang Y，Xu Y，et al. Ion regulation of ionic liquid electrolytes for supercapacitors [J]. Energy & Environ Sci，2021，14（5）：2859-2882.

[81] T/ZZB 0316—2018 超级电容器隔膜纸 [S]. 浙江省质量协会，2018.

[82] Li J，Jia H，Ma S，et al. Separator Design for High-Performance Supercapacitors：Requirements，Challenges，Strategies，and Prospects [J]. ACS Energy Letters，2023，8（1）：56-78.

▶ 第 7 章

固体材料表征技术

▲▲▲▲▲▲▲

7.1 X 射线衍射分析

X 射线衍射（X-ray diffraction，XRD）作为一种测试材料晶体结构和物相的重要手段被广泛应用。X 射线又叫作伦琴射线，是一种电磁波，波长约为 0.01 ~ 10 nm 之间，能量范围大概是 100 eV ~ 100 keV。1912 年德国物理学家劳厄发现晶体和 X 射线的波长相近，是天然的光栅，两次实验后终于做出了 X 射线的衍射实验。X 射线衍射的发现，解决了物理、化学、生命、医学等方面的问题，对现代科学和技术起了极大的推动作用。

7.1.1 X 射线衍射分析简述

X 射线是原子内层电子在高速运动电子的轰击下跃迁而产生的光辐射，主要有连续 X 射线和特征 X 射线两种。晶体可被用作 X 射线的光栅，这些很大数目的原子或离子 / 分子所产生的相干散射将会发生光的干涉作用，从而影响散射的 X 射线的强度增强或减弱。由于大量原子散射波的叠加，互相干涉而产生最大强度的光束称为 X 射线的衍射线[1]。

（1）X 射线衍射基本原理

X 射线的产生是通过 X 射线管的阴、阳两极的巨大电位差，使阴极热电子快速移动，并在阳极靶面（通常为金属铜或钼）骤然停止其运动来实现的，此时电子的动能除大部分转变成热能外，可部分转变成 X 光能，以 X 射线光子的形式向外辐射。常规实验室的 X 射线是通过 X 射线管产生的。

所谓 X 射线管为一个由玻璃（或陶瓷）制造的圆柱形管子，管内抽成真空，管中气压小于 10^{-4} Pa 或 10^{-6} Torr。X 射线管的核心部件由阴极灯丝（钨丝）和阳极靶面组成，阴极和阳极之间加以负高压，一般为 40 ～ 50 kV。阴极灯丝由一细的钨丝绕成一长的螺旋圈制成，一般灯丝大小为 1 mm × 10 mm、$\phi = 0.2$ mm。它用来发射电子，高压可使钨丝（tungsten filament）周围的热电子向阳极加速移动，轰击在光滑的阳极金属靶面上。因大部分能量转变成热能，为了使靶材料受热不至于熔化损坏 X 射线管，必须用循环冷却水冷却靶材料，从 X 射线管流出的水温度不得超过 30 ℃，目前已出现风冷的 X 射线管。

从阳极靶面发射出来的 X 射线按其波长不同，可分为连续 X 射线（或称白色 X 射线）和特征 X 射线。连续 X 射线主要是由快速移动的电子撞击金属靶面突然停止其运动而产生的，由能量不确定的波长组成。每一个快速运动的电子，由于其骤然停止运动，它的动能一部分变为热能，一部分变为一个或几个 X 射线光子。由于电子的动能转变为 X 射线的能量有多有少，所以放出的 X 射线的频率有所不同，由于其能量（$\Delta E = h\nu$）是随机的、可变的，因此其 X 射线波长也无固定的值，这种 X 射线也被称为白色 X 射线。

进行 X 射线物相分析的理论基础是指纹（fingerprints）原理：世界上人的指纹是各不相同的，而且是独一无二的；反过来，根据指纹可以唯一地确认指纹的主人。与此类比可得：不同成分和结构的物质具有其自身的且唯一的 X 射线衍射图谱，反过来通过 X 射线衍射图谱可确定其唯一可能存在的物质。众所周知，世界上任何物质均具有不同的化学成分和晶体结构，如要确定其为不同的物质，则至少在晶体结构或化学成分上必须不同。如石墨和金刚石，其化学成分都为碳（C），但它们在晶体结构上不同，因此被确定为属于不同的矿物。如晶体结构相同，则化学成分必须不同才能确定为不同的物相，如镁橄榄石（Mg_2SiO_4）和铁橄榄石（Fe_2SiO_4）。

样品的择优取向对衍射强度的影响：如有薄膜样品平行于（001）面生长，或者具有层状结构的片状样品，对其进行 X 射线衍射，则 00l 衍射强度变强，其他衍射峰强度相对变弱。如 c 轴方向具有 2_1 螺旋轴，则 002、004、006、008 等衍射峰变强，而奇数的 001、003、005 等衍射峰消光。注意 00l 为衍射指数，书写时不加括号，其中 l 为整数，其奇、偶取值范围取决于它的消光（衍射）条件。

（2）衍射数据库简介

美国国际衍射中心（International Centre for Diffraction Data，ICDD）是目前专门负责收集和整理 X 射线衍射图谱的专业机构。其前身为粉末衍射标准联合委员会（Joint Committee for Powder Diffraction Standards，JCPDS），负责出版发行粉末衍射数据卡片——JCPDS 卡片，每年出版一组，1972 年以前称为 ASTM（American Society for Testing and Materials）卡片，截至 2014 年已收集了 799700 余个 PDF（powder diffraction file）数据卡片（其中有部分卡片重复）。包括全世界科学家历年发表的粉末数据及基于单晶衍射所计算的理论数据卡片，含金属、合金及无机非金属 354264 个，有机化合物 394966 个，矿物 41423 个。早期的数据卡片由六位数字构成，如 05-0592 为石英的数据卡片号，为了区分实验数据和基于单晶衍射数据所计算的理论图谱，在其前方增加了两位数字。以 00 字头表示 ICDD 数据，01 字头表示 FIZ 数据（德国无机晶体结构数据库数据），02 字头表示 CCDC 数据（英国剑桥数据库数据），04 字头表示 MPDS 数据，05 字头表示 ICDD 晶体结构数据。有机化合物与无机化合物（包括矿物、合金等）分开来排列，以利于鉴定使用。目前已采用计算机检索，如国内广泛使用的 JADE 程序包含了该数据库。

7.1.2　X 射线衍射结构精修

1967 年里特沃尔德（Rietveld）博士根据中子衍射图谱，提出峰形全谱拟合法修正晶体结构，即利用计算机程序逐点比较整个衍射图谱的实测竹牙强度（包括无衍射峰区间）和理论计算值，用最小二乘法反复精修衍射图谱中仪器峰形参数和原子结构参数，使计算峰形与观察峰形拟合，并使图形的加权剩余差万因子 R_{wp} 为最小。由于该方法所修正的参数都不是线性关系，为了使最小二乘法能够收敛，初始输入的结构原子参数必须基本正确。因此 Rietveld 方法只用于修正晶体结构参数，不能用于测定未知结构的粉末试样，需要与其他方法配合使用。由于中子衍射峰形简单，且基本符合高斯分布，因此在 20 世纪 70 年代初，里特沃尔德衍射峰形拟合法在中子粉末衍射修正晶体结构方面得到了广泛的应用。1979 年，R. A. Young 等将 Rietveld 方法应用于 X 射线衍射领域，并对属于 15 种空间群的近 30 种化合物的结构成功进行了修正。随着材料科学与物理学等相关学科发展，对粉末结构精修的迫切需求，使全谱峰形拟合修正晶体结构的方法广泛应用于 X 射线粉末衍射，其中包括同步 X 射线辐射源的应用，使其得到了很大的发展。

对于已知结构物相的结构精修，可以通过晶体结构数据库（英国剑桥数据库和德国无机晶体结构数据库）或前人文献获得初始模型，可作为晶体结构精修的起点，但对于未知结构的新化合物，其结构精修要复杂得多。一般需要专业从事 X 射线晶体学研究的专家才能解决，通常可通过同构法、模型法、从头计算法和理论计算法来解决。

精修开始之初就应选好下列参数：正确的空间群、精确的晶胞参数、原子坐标、占位度和各向同性位移参数。一般先将占位度设置为 100%，各向同性位移数设置为 $0.01 \sim 0.02$ Å^2 左右。对 U、V、W 也要设好初始值，如将 W 设为实测谱图的中部区域谱峰的（FWHM）^{2}，而 U、V 可取为零。使用 GSAS 软件精修得到晶格常数、键长、键角、离子占比等关键参数。根据关键参数的变化来分析不同样品晶体结构存在的差异。

明智的策略可以节省时间，少走弯路。不论是遇到新结构、新数据，或是相同材料的不同试样，还是不同的数据来源（中子、X 射线），都得制定适宜的精修策略。不同类型的精修参数，在 Rietveld 精修过程中所表现的特性也截然不同。过早地引入不稳定的非线性参数，有可能导致精修迅速失败。因此随着精修过程的进行，要有选择地让某些参数参加精修，从而形成一个"精修参数选择序列"。表 7-1 列出了一个精修参数选择序列。

表 7-1　精修参数选择序列

参数	线性	稳定性	修正序列
比例参数	是	是	1
样品偏移	否	是	1
线性背底参数	是	是	2
晶胞参数	否	是	2
多变量背底函数	一般不	一般	2 或 3
W	否	很差	3 或 5
原子位置（x, y, z）	否	很差	3 或 5
择优取向	否	一般	4 或不修正
占位度、原子位移参数（B）	否	可变	5
U、V 等	否	否	最后
各向异性原子位移参数	否	可变	最后
仪器零点	否	是	1、5 或不修正

　　与单晶结构精修相比，粉末 Rietveld 法结构精修受诸多因素的制约，同一晶体结构，单晶衍射法一般可以收集到几千个衍射点，而粉末衍射法一般只能得到几个衍射峰，同时它需要精修的参数反而比前者更多，因此，在粉末结构精修过程中常出现假性最小，精修过程也就是排除极小值的干扰而寻找最小值的过程，对于小值的干扰问题，只能设法避免而无法彻底解决。例如可以尝试对初始模型进行各种重要的修改，看是否都能达到相同的最小（极小）值。另外，引入各种匹配指标、采用不同类型的数据以及增加精修约束等，都对排除干扰有一定的帮助。初始模型与理论值的接近程度对精修结果至关重要，初始模型越接近理论值，精修的结果越好。目前粉末结构精修程序较多，较常见的程序有 DBWS、GSAS、FullProf[2]、Maud、Jade、PDXL2、ToPas、HighScore Plus 等。

　　如果已知样品中各个物相，并且知其"晶体结构"（空间群，原子位置，键长，键角等），那么可以计算出这些物相的衍射峰位和衍射强度。在此基础上赋予样品位移（SD）、背景线形状（BG）、温度影响（温度因子）以及择优取向（织构）等因素，这样计算出来的衍射谱以一定的峰形函数（峰宽、峰形和歪斜因子），如果是多相按一定的比例（质量分数，标度因子）进行叠加，得出该物相的理论谱图（计算谱）。

　　XRD 精修主要工作是计算"计算谱"和"实测谱"之间的"残差" R。精修过程就是反复比较实测谱图、计算谱图和差分谱图。从这些图形上能够很快发现比例因子、背底高低和形状以及晶胞参数、空间群和原子坐标等模型是否与实测图谱相一致。随着精修的不断深入，从图形直接发现问题就不容易了，这时要把图形局部放大，从而找出更多峰形方面的细节问题，如拖尾长度、不对称性各向异性峰形加宽和峰形模拟函数缺欠等情况。精修步骤如图 7-1 所示。

　　不同于常规的 XRD 表征，用于精修的 XRD 数据测试要求更为严格，在得到样品 raw 格式的测试数据后，用 PowderX 软件 [3] 进行格式转换，得到输入文件。将 X 射线衍射数据与物质晶体结构联系起来的基础是布拉格方程：

$$2d \sin\theta = n\lambda \tag{7-1}$$

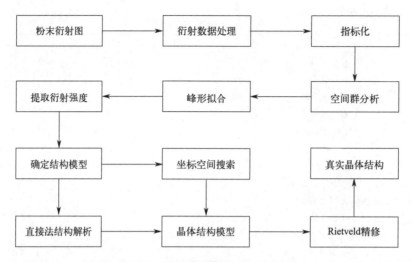

图 7-1　射线粉末衍射确定晶体结构的步骤

XRD 表征中 X 射线的波长 λ 已知，晶面间距 d 可根据晶面指数（hkl）计算得到，不同晶系计算公式不同，这个步骤也被称为指标化。对于 Rietveld 精修而言，就是利用程序逐点比较衍射强度的计算值和实测值，使用最小二乘法调节结构原子参数和峰形参数，使计算峰形和实测峰形符合，在该过程中，达到的最小化量值为 M：

$$M=\sum_{2\theta}W_{2\theta}(Y_{2\theta o}-Y_{2\theta c})^2 \qquad (7-2)$$

式中，$W_{2\theta}$ 为权重因子；$Y_{2\theta o}$ 为测试强度值；$Y_{2\theta c}$ 为计算强度值。M 达到最小值时，精修结束，通过全谱因子 R_p、加权全谱因子 R_{wp}、期望因子 R_{exp}、拟合度因子 χ^2 衡量精修质量。

图 7-2 是 Cu 掺杂前后 Nb_2O_5 的 Fullprof 精修结果[4]。

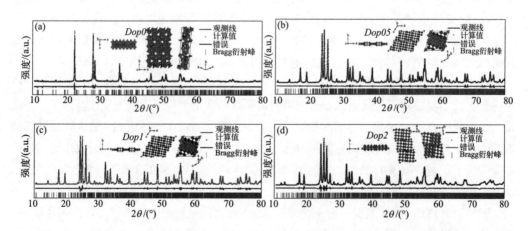

图 7-2　Nb_2O_5（a）和 Cu 掺杂 Nb_2O_5（b）～（d）材料 XRD 图谱的 Fullprof 精修结果

7.1.3 原位 X 射线衍射分析

近年来，原位 X 射线衍射分析技术（in-situ X-ray diffraction，in-situ XRD）被广泛应用于研究材料的晶体结构和相变等动态过程。它可以帮助研究在一个连续发生渐变的过程中物质的相变化，可以记录物质转变期间发生结构上的不同，提供了研究物质直观的纵向依据。对于很多情况下原位 X 射线衍射分析被应用于记录温度为渐变量的研究中，在这里，运用了德国布鲁克 D8 Advance 型号的 X 射线衍射仪并原位配套仪器，扫描角度范围 $10° \sim 90°$。通过对比不同配锂量样品在充放电过程晶体结构变化规律，探究合适的配锂对高镍三元材料的重要性及必要性；通过比较未包覆和包覆样品特征峰的偏移情况研究改性前后材料的可逆相变及结构的稳定性。

原位 X 射线衍射的基本原理是利用 X 射线与晶体结构相互作用的方式来获取信息。当入射 X 射线通过样品时，它会与晶体中的原子核和电子云发生相互作用，从而产生散射。根据布拉格定律，当 X 射线束与晶体的晶格平面达到一定的角度时，会出现衍射峰。通过测量这些衍射峰的位置和强度变化，可以得出关于晶体结构和材料性质的信息。原位 X 射线衍射通常需要高度专门化的实验设备。它包括 X 射线发生器、样品台、X 射线检测器和数据采集系统。样品通常处于高温、高压、不同气氛或电场等特殊条件下，以模拟材料在实际应用中的环境。这种实验装置的精密性和灵活性使其适用于各种科研领域。原位 X 射线衍射广泛应用于材料科学、化学、地球科学、能源研究和生命科学等众多领域。它可以用于相变研究，观察材料在不同温度、压力或气氛下的相变行为，例如晶体的生长、熔化、相变等；电化学研究，跟踪电池、燃料电池等电化学设备中电极材料的结构变化，研究材料在充放电过程中发生的氧化还原反应期间结构上的转变，以了解或改善电池性能；催化剂研究，研究催化剂在化学反应中的结构变化，帮助设计更高效的催化剂；生物材料研究，研究生物大分子（如蛋白质和 DNA）的结构和动态，有助于了解生命过程；地质学和地球科学，用于研究地球内部材料的结构和相变，例如矿物学和岩石学；数据分析，原位 X 射线衍射数据通常需要经过复杂的数据分析和模型拟合，这涉及从衍射峰的位置、强度和形状中提取出关于晶体结构和样品性质的信息。

常用的数据分析工具包括 Rietveld 法和 Pawley 法等。总之，原位 X 射线衍射是一项关键的实验技术，用于研究材料的晶体结构和相变等动态过程。它在科学研究和工程应用中发挥着重要作用，帮助科学家们更好地理解和控制材料的性质和行为。

7.1.4 扩展 X 射线吸收精细结构谱分析

X 射线吸收分析技术（XAS）用于测量随能量变化的 X 射线吸收系数，有多种检测模式。对于硬 XAS，通常采用透射法；对于软 XAS，由于 X 射线穿透深度有限，采用电子 / 荧光检测法，常用模式有总电子产率（TEY）及总荧光产量（TFY），其中 TEY 模式下操作的 XAS 具有极高表面敏感性，探测深度仅几纳米，而 TFY 模式探测深度为数百纳米，可提供整体信息。扩展 X 射线吸收精细结构谱（X-ray absorption near-edge structure，

XANES)，即 X 射线吸收近边结构，是一种用于研究材料的电子结构和原子环境的 X 射线吸收光谱技术。XANES 技术通过观察 X 射线在物质中被吸收的方式，提供了关于材料的电子态和局部原子环境的信息。

XANES 的基本原理是当 X 射线穿过样品时，其中一部分 X 射线会被样品中的原子吸收。这个吸收过程涉及材料的电子与入射 X 射线的相互作用。当入射 X 射线的能量接近某个特定元素的内层电子能级（通常是 K 或 L 能级）时，会发生明显的吸收增强，形成称为吸收边（absorption edge）的特征性峰。

进行 XANES 实验通常需要高度专门化的 X 射线光源，如同步辐射源。样品需要制备成薄膜或粉末，并置于 X 射线束路径中。检测器记录吸收 X 射线的强度随入射 X 射线能量的变化，生成 XANES 谱图。

XANES 谱图的吸收边区域包含了大量关于材料的结构信息。具体来说，XANES 提供了以下信息。

① 化学态信息。XANES 可以用于确定特定原子的化学态，例如，铁的氧化态或硫的化学键状态。这有助于确定材料的氧化还原性质。

② 局部原子环境。XANES 可以揭示出吸收原子周围的局部环境，包括协作、晶格结构、配位数和近邻原子种类。这对于理解材料的晶体结构和化学性质非常重要。

③ 电子结构。XANES 提供了与材料的电子态有关的信息，包括电子轨道、电子能级和电子分布等。

XANES 广泛应用于材料科学、化学、生物学、地球科学和环境科学等领域。一些典型的应用包括：用于了解催化剂的活性位点和反应机制；用于研究电池材料、光催化材料和燃料电池材料的电子结构；用于分析土壤、岩石和污染物中的元素和化学环境；用于研究生物大分子（如蛋白质和 DNA）的元素组成和电子结构。总之，XANES 是一种非常有用的实验技术，可用于研究材料的电子结构、化学状态和局部原子环境。它为科学家们提供了深入了解材料性质和行为的重要工具，在材料科学、催化剂研究、环境科学和生物学等多个领域都有广泛应用。

7.2　电子显微技术

科技的飞速发展使科学家早早聚焦于纳米世界，但表征纳米材料的形貌特征，人眼是远不能及的，因此必须得借助显微镜。显微镜根据产生图像的来源分为光学显微镜（optical microscope，OM）和电子显微镜（electron microscope，EM）两大类。OM 和 EM 的区别在于 OM 的光源使用可见光，而 EM 使用聚焦的加速电子束。由于电子波长比可见光更短，能量比可见光更高，因此 EM 具有更好的成像分辨率，更适于解析从纳米到微米尺度的原子特征[5]。EM 有两种主要类型：扫描电子显微镜（scanning electron microscopy，SEM）和透射电子显微镜（transmission electron microscopy，TEM）。历史上第一台 EM 是 1931 年由德国科学家 Knoll 和 Ruska 发明的，而 SEM 于 1938 年被冯·阿登纳首次推出。

7.2.1　扫描电子显微镜

扫描电子显微镜是利用细聚焦的高能电子束轰击样品表面，通过收集电子与样品相互作用产生的各种物理信号调制成像，实现对样品表面或断口形貌的观察和分析。SEM 已广泛应用于材料、冶金、矿物、生物学领域。在材料领域中，SEM 被广泛应用于各种材料的形态结构、界面状况、损伤机制及材料性能预测等方面的研究。在新能源领域中，SEM 的应用起到了至关重要的作用，是研究材料和电极的重要工具之一 [6]。

（1）扫描电子显微镜的构造

扫描电子显微镜的主要构成如图 7-3 所示，主要包括以下几个部分。

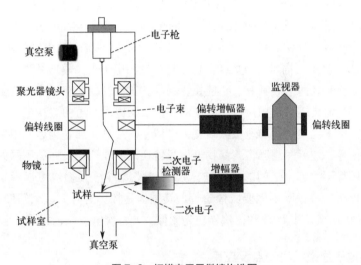

图 7-3　扫描电子显微镜构造图

① 电子光学系统。由电子枪、电磁透镜、扫描线圈和样品室等部件组成。由电子枪发射电子束，电磁透镜作聚光镜用，将电子束的束斑（虚光源）逐级聚焦缩小；扫描线圈使电子束偏转，在样品表面采用光栅扫描方式进行规则扫动；样品室除了用来放置样品，还可安置信号探测器，获得扫描电子束，作为产生物理信号的激发源。

② 信号探测放大系统。具有二次电子和背散射电子收集器、吸收电子显示器、X 射线检测器（波谱仪和能谱仪），其作用是接收二次电子、背散射电子等电子信号并放大成为调制信号。

③ 图像显示和记录系统。SEM 采用计算机进行图像显示和记录，荧光屏上每一点的亮度是根据样品上被激发出来的信号强度来调制的。

④ 真空系统。通常有机械泵、扩散泵，作用是保证电子光学系统正常工作，提供高真空度，防止样品污染，保持灯丝寿命，防止极间放电。

⑤ 电源系统。包括启动的各种电源，检测 - 放大系统电源，光电倍增管电源，真空系统和成像系统电源灯，还有稳压、稳流及相应的安全保护电路。

在扫描电子显微镜的基础上，发展了场发射扫描电子显微镜（field emission scanning electron microscope，FESEM），FESEM 与普通 SEM 的区别在于[6]：SEM 使用钨丝（W）或 LaB_6 作为电子枪，FESEM 使用肖特基电子枪；FESEM 的真空度和加速电压更高，产生的电子束更小，在高的放大倍率下会获得更加清晰且聚焦良好的颗粒 / 表面图像；肖特基发射枪工作温度高，约 1800 ℃，可使氧化锆熔化在钨表面形成覆盖层，并且氧化锆电子逃逸功函数小（2.7 ～ 2.8 eV），在相同的发射电场下发射电流比 W 或 LaB_6 要高得多，具备亮度高、稳定性好、束斑和色散较小等特点。

（2）扫描电子显微镜的成像原理

电子枪产生的电子束轰击样品时会产生各种物理信号，如二次电子（secondary electrons，SE）、背散射电子（back scattered electron，BSE）、吸收电子、透射电子、特征 X 射线、俄歇电子等。其中，背散射电子和二次电子是扫描电子显微镜的主要成像信号。SEM 的成像原理是光栅扫描，逐点成像。电子枪产生的电子束（最高可达 30 keV）经过电磁透镜聚焦，在样品表面形成具有一定能量、强度、斑点直径的电子束。扫描线圈控制电子束对样品进行光栅式逐点扫描，从样品中激出二次电子，再由二次电子收集器将各个方向发射的二次电子汇集后在加速极上转变为光信号，经过光导管到达光电倍增管，使光信号转变为电信号。最后探测器将这些物理信号转换成图像信息，样品不同的形貌表现出不同的衬度（图像不同部位之间的亮度差异），因此扫描电子显微镜可以观察到样品的表面形貌。扫描电镜的成像则不需要成像透镜，其图像是按一定时间、空间顺序逐点形成，把样品表面不同的特征，按顺序和比例转化为图像，如二次电子像、背散射电子像等[7]。

（3）扫描电子显微镜的特点及应用

扫描电子显微镜具有景深大、视野大、分辨率高、制样简单、对样品表面污染小、成像富有立体感、放大倍数范围宽并连续可调以及试样在样品室中自由度大等特点。另外，还具有综合分析获得形貌、结构、成分和晶体学信息等优点。SEM 装上波长色散 X 射线谱仪（wavelength dispersive x-ray spectrometry，WDX）或能量色散 X 射线谱仪（energy dispersive x-ray spectroscopy，EDX），具有电子探针的功能，也能检测样品发出的反射电子、X 射线、阴极荧光、透射电子、俄歇电子等。把扫描电镜扩大应用到各种显微和微区的分析方式，显示出了扫描电镜的多功能，使得 SEM 可以在观察形貌图像的同时，对样品任选微区进行分析，获得二次电子像、背散射像、元素的线分布和面分布等谱图，从而获得样品表面微细结构、断口形貌、微区元素分析与定量元素分析等信息。装上半导体试样座附件，通过电动势像放大器还可以直接观察晶体管或集成电路中的 pn 结和微观缺陷。图 7-4 是镁掺杂前后 $NH_4V_4O_{10}$ 样品的微观形貌[8]。掺杂前样品表现出花苞状的微观形貌，随着镁离子掺杂量的增大，逐渐从 3D 花瓣状形貌向条棒状改变。

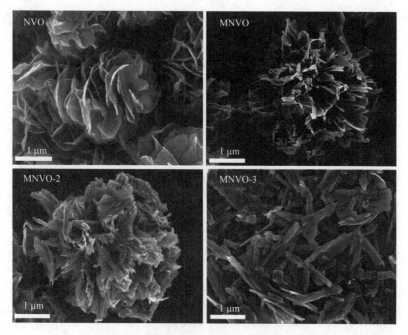

图 7-4　镁掺杂前后 $NH_4V_4O_{10}$ 样品的 SEM 图

7.2.2　透射电子显微镜

透射电子显微镜，简称透射电镜，是以波长极短的高能电子束作为照明源，用电磁透镜聚焦成像的一种高分辨率、高放大倍数的电子光学仪器。通常，透射电子显微镜的分辨率为 0.1 ~ 0.2 nm，放大倍数为几万至百万倍，既可以做形貌分析，还可以做物相分析和组织分析，还可用于观察超微结构，即小于 0.2 μm、光学显微镜下无法看清的结构（又称亚显微结构）。

（1）透射电子显微镜的构造

透射电子显微镜的主要构成如图 7-5 所示，主要包括电子光学系统、真空系统、循环冷却系统、供电控制系统等。电子光学系统通常称为镜筒，是透射电子显微镜的核心，它又可以分为照明系统、成像系统和观察记录系统。电镜中的电子光学系统主要包括电子枪、聚光镜、试样台、物镜、物镜光阑、选区光阑、中间镜、投影镜和观察记录系统等几部分，其成像的光路与光学显微镜基本相同。在电镜的电子光学系统中，一般将电子枪和聚光镜归为照明系统，将物镜、中间镜和投影镜归为成像系统，而观察记录系统则一般是荧光屏和照相机。现在的电镜往往还配有慢扫描 CCD 相机，主要用来记录高分辨像和一般的电子显微像[9]。

透射电子显微镜的成像原理与光学显微镜类似，不同点是光学显微镜用可见光作照明束，透射电子显微镜以电子为照明束；光学显微镜中聚焦成像用玻璃透镜，TEM 中为电磁透镜。TEM 电子波长极短，且与物质作用遵从布拉格方程（$\lambda = 2d\sin\theta$），产生衍射现象。

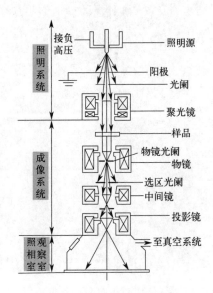

图 7-5　透射电子显微镜的构造

（2）透射电子显微镜的成像原理

透射电子显微镜的成像过程分为两步，首先平行电子束与样品中的原子碰撞而改变方向，成为各级衍射谱；然后各级衍射谱经干涉重新在像平面上会聚成诸像点。电子束穿透试样时发生散射、吸收、干涉和衍射，使得在相平面形成衬度，显示出图像[10, 11]。具体可分为以下三种情况。

① 吸收像。当电子射到质量、密度大的样品时，主要的成像作用是散射作用。样品上质量厚度大的地方对电子的散射角大，通过的电子较少，像的亮度较暗。早期的透射电子显微镜都是基于这种原理。

② 衍射像。电子束被样品衍射后，样品不同位置的衍射波振幅分布对应于样品中晶体各部分不同的衍射能力，当出现晶体缺陷时，缺陷部分的衍射能力与完整区域不同，从而使衍射波的振幅分布不均匀，反映出晶体缺陷的分布。

③ 相位像。当样品薄至 100 Å 以下时，电子可以穿过样品，波的振幅变化可以忽略，成像来自相位的变化。

由于电子易散射或被物体吸收，故穿透力低，样品的密度、厚度等都会影响到最后的成像质量，必须制备超薄切片，通常为 50～100 nm。透射电子显微镜应用的深度和广度一定程度上取决于样品制备的情况，能否充分发挥透射电镜的作用，样品制备是关键，应充分考虑样品特性并采用合适的制备方法。常用的制备方法有：粉碎分散法、超薄切片法、冷冻超薄切片法、冷冻蚀刻法、冷冻断裂法、电解减薄法、离子减薄法、会聚离子束法等。对于液体样品，通常是挂预处理过的铜网进行观察。

　　透射电子显微镜成像过程与扫描电子显微镜完全不同，如图 7-6 所示。SEM 主要通过电子束聚焦到一个点在样品上依次扫描，信号从样本发出并由检测器收集，收集信号与样本上光束的位置同步，信号强度用于调制相应图像像素，串联收集的信号被组合以形成 SEM 图像，电子能量一般为 1 ～ 30 keV。在 TEM 中电子束是入射到样品特定区域，透过样品的电子被透镜聚焦并由平行检测器收集形成 TEM 图像，电子能量远高于 SEM，通常为 80 ～ 300 keV，这使它们能够穿透材料[12]。对比 SEM 和 TEM，其主要区别为[5]：SEM 检测从样品表面发射的散射电子，TEM 检测透射电子；SEM 只能提供材料表面形态和成分的信息，TEM 能提供材料内部结构信息；SEM 加速电压为 10 ～ 40 kV，TEM 加速电压大于 100 kV；SEM 测试样品制备简单，TEM 测试需要厚度小于 100 nm 的样品；TEM 具有更高分辨率和放大倍数，但 SEM 景深更高，生成图像为 3D 模式。

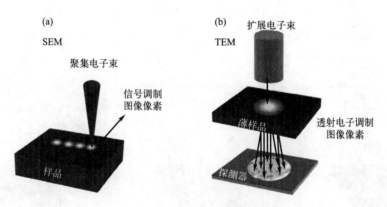

图 7-6　SEM 和 TEM 成像原理示意图

（3）透射电子显微镜的应用

　　透射电子显微镜在材料科学、生物学上应用较多。TEM 可以获得的谱图包括质厚衬度像、明场衍衬像、暗场衍衬像、晶格条纹像和分子像等，可以提供包括晶体形貌、分子量分布、微孔尺寸分布、多相结构和晶格与缺陷等多种信息。利用透射电子显微镜可以直接研究晶体缺陷及其产生过程，可以观察金属材料内部原子的集结方式和它们的真实边界，也可以观察在不同条件下边界移动的方式，还可以检查晶体在表面机械加工中引起的损伤和辐射损伤等。

7.2.3　聚焦离子束技术

　　聚焦离子束技术（focused ion beam，FIB）是利用透射电子显微镜将离子束聚焦成非常小尺寸的离子束轰击材料表面，实现材料的剥离、沉积、注入、切割和改性，让离子束按指定的图形扫描就可刻出所需的图案。随着纳米科技的发展，纳米尺度制造业发展迅速，而纳米加工就是纳米制造业的核心部分，纳米加工的代表性方法就是聚焦离子束。Levi-Setti、Orloff 和 Swanson 在 1975 年首次研制了基于气体场发射技术的聚焦离子束，1978 年 Seliger 等建造了第一台液体金属离子源的聚焦离子束。为了获得更高分辨率，把 FIB 同利用电子束的 SEM 技术相整合，可以建立起既包括离子束又包括电子束的双束系统——聚焦离子束扫描电子显微镜（focused ion beam-scanning electron microscopy，FIB-SEM），也称体积电子显微镜，被广泛应用于材料科学、半导体工业、微型机械、生命科学，尤其是生物医学等领域。

（1）聚焦离子束技术的工作原理

FIB 类似于扫描电镜。扫描电镜是将聚焦电子束扫描样品表面，而聚焦离子束是将聚焦离子束扫描样品表面。不同于扫描电镜的是，聚焦离子束可同时进行表面成像及表面的纳米加工，而扫描电镜只能进行表面成像。在双束系统中离子束有 3 种主要功能：成像、切割、沉积 / 增强刻蚀，如图 7-7 所示[13]。

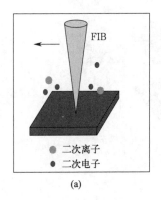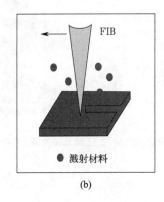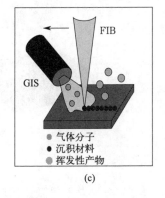

图 7-7　FIB 的 3 种工作方式
（a）成像；（b）切割；（c）沉积 / 增强刻蚀

聚焦离子束可以像电子束一样在样品表面微区进行逐行扫描，在此过程中会产生二次电子和二次离子，这两种信号均可用来成像。离子束的切割功能是通过离子束与表面原子之间的碰撞将样品表面原子溅射出来实现的，因为 Ga 离子可以通过透镜系统和光阑将离子束直径控制到纳米尺度，所以可以通过图形发生器来控制离子束的扫描轨迹来对样品进行精细的微纳加工，是最新的漂移抑制加工技术，电荷补偿的过程由双束系统自动实现，可以获得与设计方案完全一致的图形。

利用气体注入系统，将含有金属的有机前驱物加热成气态通过针管喷到样品表面，当离子或电子在该区域扫描时，将前驱物分解成易挥发成分和不易挥发成分，不易挥发成分的金属部分会残留在扫描区域，产生的挥发性气体随排气系统排出。这一过程称为离子束诱导沉积（IBID）或电子束诱导沉积（EBID），可以实现沉积或者增强刻蚀。

（2）聚焦离子束技术的应用

近年来，利用 FIB 高强度聚焦离子束作用于材料的表面，配合高倍数电子显微镜实时观察，用于观察材料粒子截面形貌及元素分析、制备 TEM 横截面切片样品和芯片电路修改、离子注入、切割和故障分析等方面。图 7-8 是 TaTi 共修饰单晶 $LiNi_{0.8}Co_{0.1}Mn_{0.1}O_2$ 循环 200 次后的 FIB 图 [14]。通过循环后单晶颗粒内部的 FIB 图来表征裂纹的产生，推断充放电过程中应力累积与颗粒完整度之间的内在关联。

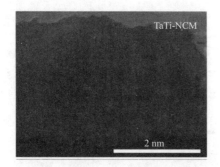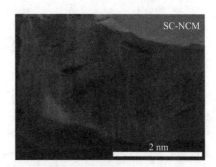

图 7-8　TaTi 共修饰单晶 $LiNi_{0.8}Co_{0.1}Mn_{0.1}O_2$ 200 次循环后的 FIB 图

7.2.4　扫描透射电子显微镜

扫描透射电子显微镜（scanning transmission electron microscopy，STEM）是目前应用广泛的电子显微表征手段之一，兼具扫描成像与透射分析的特点，其仪器结构可看作扫描电子显微镜与透射电子显微镜的综合。它与透射电子显微镜的主要差别在于添加了扫描附件，与扫描电子显微镜的不同在于电子信号探测器安置在样品下方。相比如传统的相位衬度成像技术（HRTEM），STEM 像可以提供具有更高空间分辨率，对化学成分敏感以及可以直接解释的图像。其中高角环形暗场像（HAADF）为非相干成像，图像衬度不会随着样品厚度和离焦量的改变而出现反转，图像中的亮点能反映真实的原子或原子列，且像的强度和原子序数的平方近似成正比。因此，具有球差校正的 STEM 能够实现在纳米和原子尺度上对材料微结构与精细化学组分的表征与分析，在冶金、材料、环境科学、生物科学等领域均具有巨大的应用潜力。

（1）扫描透射电子显微镜的工作原理

扫描透射电子显微镜的工作原理如图 7-9 所示。场发射电子枪激发的电子束经过复杂的聚光系统后被汇聚成为原子尺度的电子束斑，作为高度聚焦的电子探针，在扫描线圈的控制下对样品进行逐点光栅扫描。电子束斑与样品作用的同时，样品下方具有一定孔径的环形探测器同步接收散射电子，由入射电子穿透样品激发出来的电子信号依据散射角度进行收集、信号转换与成像。在这一过程中，施行逐点扫描，逐点成像，在连续扫描过样品的一个区域后即可得到最终的扫描透射结果。与透射电镜相比，由于 STEM 加速电压低，所以可显著减少电子束对样品的损伤，而且可大大提高图像的衬度，特别适合于有机高分子、生物等软材料样品的透射分析。除了通过环形探测器接收的散射信号成像，结合后置的电子损失谱仪及 X 射线能谱探测器，STEM 还可以获取电子能量损失谱（EELS）与微区元素分析（EDS）结果，获得样品的化学组成与电子结构信息。

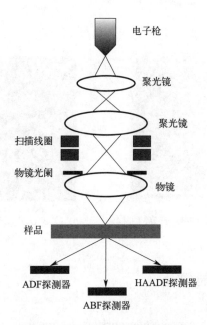

图 7-9　STEM 的结构及成像原理图

在扫描模式下，电子束斑聚焦在样品，通过扫描线圈控制聚焦电子束逐点扫描样品的一个区域。在扫描每一点的同时，样品下方的探测器同步接收被散射的电子。探测器接收到的对应于每个扫描位置的电子强度信号被转换成电流强度，显示在显示器上，因而样品上的每一点与像点一一对应。连续扫描样品中的某一个区域，就得到该区域的STEM 像。

电子与样品发生相互作用后，入射电子的方向和能量发生改变，会在样品下方不同的位置形成不同的信号。接收的信号主要是透射电子束，形成类似 TEM 的明场像（BF）；接收的信号主要是布拉格散射电子，得到的图像为环形暗场像（ADF）；接收的信号主要是高角度非相干散射电子，得到的图像称为高角环形暗场像（HAADF）。

（2）扫描透射电子显微镜的工作特点

① 成像质量高，受样品厚度与仪器干涉小。HAADF 图像的非相干性质使图像更易于对原子结构进行解释。

② 可达到原子分辨率。空间分辨率高，HAADF 图像分辨率＜ 0.2 nm，EELS 能谱能

量分辨率＜1 eV，可进行精细结构分析。

③ 结果分析简单、直观。非相干 HAADF 像显示强的原子序数衬度像，无须对试验结果进行大量仿真，辅助简单的计算机模拟可以直接与晶体结构模型建立联系，即能对原子在纳米尺度上精确定位。

④ 能够快速获取样品的综合信息，成像效率高。由于环形探测器收集信号分布在不同角度内，STEM 成像过程可一步获取同一位置的 ABF、ADF、HAADF 结果。

（3）扫描透射电子显微镜的应用

STEM 成像包含明场像（annular bright field，ABF）、暗场像（annular dark field，ADF）和备受关注的高角环形暗场像（high angle annular dark field，HAADF）。由于各种成像模式收集的散射信号接收角度不同，因此在实验过程中可一次获取同一位置的不同图像，反映材料的不同信息。

① HAADF-STEM 图像观察晶格结构与原子分布。基于球差校正电镜的高角环形暗场成像（HAADF）是表征单原子催化剂的必备手段。通过 HAADF 照片得到的单金属原子空间分布和分散数据可以有效地用于理解负载金属催化剂的结构和帮助优化合成工艺。

② STEM-EELS 分析化学成分。电子束穿过样品时，一部分入射电子与样品中的原子发生非弹性碰撞，引起样品表面电子电离、价带电子激发、振荡等，因而出现能量损失。通过收集这部分非弹性散射电子的信息，便可以得到电子能量损失谱（EELS），获取样品的化学成分、电子结构、化学成键等信息。

③ STEM-EDS 解析元素组成。在样品上配备 EDS 探头收集检测样品与电子束相互作用激发的特征 X 射线，可对样品进行 STEM-EDS 分析。根据 X 射线的强度和波长分布可得到样品的元素映射和半定量成分信息。

7.3 扫描微探针技术

电子显微技术的发展，将科学研究和材料表征推向前所未有的微小世界。随着探针技术的发展，扫描探针显微镜（scanning probe microscope，SPM）逐步被开发出来，进一步丰富了对材料原子尺寸和表面现象的研究。1982 年，Binning 与 Robher 等发明扫描隧道显微镜（scanning tunneling microscope，STM），此外还有近场光学显微镜（NSOM）、磁力显微镜（MFM）、化学力显微镜（CFM）、扫描式热电探针显微镜（SThM）、相位式探针显微镜（PDM）、静电力显微镜（EFM）、侧向摩擦力显微镜（LFM）、原子力显微镜（atomic force microscope，AFM）等。其中应用较多的主要有 STM 和 AFM。由于 STM 主要是利用电子穿隧的效应来得到原子影像，材料须具备导电性，在应用上有所限制，因而1986 年 Binning 等利用探针技术又发展出原子力显微镜。AFM 不但具有原子尺寸解析的能力，亦解决了 STM 在导体上的限制，应用上更为方便。

7.3.1 扫描隧道显微镜

扫描隧道显微镜（scanning tunneling microscope，STM）是 1986 年诺贝尔物理学奖获得者哥德·宾尼发明创造的。STM 是一种扫描探针显微术工具，是一种利用量子理论中的隧道效应探测物质表面结构的仪器，能够在大气、真空和液体环境下实时地观察单个原子在物质表面的排列状态以及与表面电子行为有关的物化性质，具有比同类原子力显微镜更高的分辨率。STM 不仅具有高达 0.1 nm 的横向分辨率，而且当针尖和样品之间的距离改变 1 Å 时，隧道电流将改变一个数量级，从而使得扫描隧道显微镜具有非常高的纵向分辨率（0.1 Å）。STM 通过把空间尺度转化为电流信号，从而获取样品表面的形貌图像。同时还可以利用 STM 对表面的原子进行移出和植入操作，有目的地使其排列组合。

（1）扫描隧道显微镜的原理

STM 的基本原理是利用量子力学中的隧穿效应，将原子线度的极细探针和样品看作两个电极，当样品与针尖的距离非常接近时（通常小于 1 nm），在外加电场的作用下，电子会穿过两个电极之间的势垒流向另一电极，这种现象即隧道效应。

当对样品或者针尖一端施加偏压 V 时，两者之间产生隧道效应而有电子逸出，形成隧道电流：

$$I \propto V\rho s\left(E_f\right) \mathrm{e}^{-2kd} \tag{7-3}$$

式中，I 为隧道电流；$\rho s\left(E_f\right)$ 为样品局域态密度；d 为样品与针尖间的距离；k 为常数，在真空隧道条件下，k 与有效局部功函数 φ，即费米能级与真空能级的能量差有关：

$$k = \frac{2\pi}{h}\sqrt{2m\varphi} \tag{7-4}$$

式中，h 为普朗克常数；m 为电子质量；φ 为有效局部功函数。

由式（7-3）可知，当间隙 d 每增加 0.1 nm 时，隧道电流将下降一个数量级，这说明隧道电流对样品表面的微观起伏非常敏感。

（2）扫描隧道显微镜的工作模式

STM 扫描样品时，针尖沿着面内垂直的方向做二维运动，有两种工作模式，分别是恒电流模式和恒高度模式。控制隧道电流 I 使其保持恒定，再控制针尖在样品表面扫描，即使针尖沿水平方向做二维运动。由于要控制隧道电流 I 不变，针尖与样品表面之间的相对局域高度也会保持不变，因而针尖就会随着样品表面的高低起伏而做相同的起伏运动，高度的信息也就由此反映出来，得到样品表面的三维立体信息。这种工作方式获取的图像信息全面，显微图像质量高，应用广泛。

恒高度模式是指在对样品进行扫描过程中保持针尖的绝对高度不变；于是针尖与样品表面的局域距离将发生变化，隧道电流 I 的大小也随着发生变化；通过计算机记录隧道电流的变化，并转换成图像信号显示出来，即得到了 STM 显微图像。这种工作方式仅适用于样品表面较平坦，且组成成分单一（如由同一种原子组成）的情形。从 STM 的工作原理可以看到，STM 工作的特点是利用针尖扫描样品表面，通过隧道电流获取显微图像，而不需要光源和透镜。这正是得名"扫描隧道显微镜"的原因。

7.3.2　原子力显微镜

1985 年，IBM 公司的 Binning 和 Stanford 大学的 Quate 研发出了原子力显微镜（atomic force microscope，AFM），弥补了 STM 的不足，是继扫描隧道显微镜之后发明的一种具有原子级高分辨率的新型仪器，其操作容易简便，可以在大气和液体环境下对各种材料和样品进行纳米区域的物理性质包括形貌进行探测，或者直接进行纳米操纵，是目前研究纳米科技和材料分析的重要工具之一，不仅可以用于导体的研究，也可用于非导体的研究。

（1）原子力显微镜的原理

AFM 的原理是简单的针尖与表面原子相互作用，利用一个对微弱力极敏感的、在其一端带有一微小针尖的微悬臂，来代替 STM 隧道针尖，通过探测针尖与样品间原子的相互作用力来实现表面成像。如图 7-10 所示，当针尖接近样品时，针尖受到力的作用使微悬臂发生偏转或振幅改变。微悬臂的这种变化经检测系统检测后转变成电信号传递给反馈系统和成像系统，通过精确测量微悬臂的微小变形，就实现了通过检测样品与探针之间的原子排斥力来反映样品表面形貌和其他表面结构。

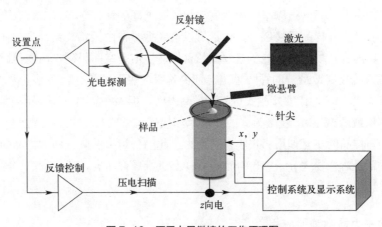

图 7-10　原子力显微镜的工作原理图

由于探针针尖的尖锐程度决定影像的分辨率，愈细的针尖相对可得到愈高的分辨率。碳纳米管（carbon nanotube）是由许多五碳环及六碳环所构成的空心圆柱体，因为碳纳米管具有优异的电性、弹性与韧度，很适合作为原子力显微镜的探针针尖，其末端的面积很小，直径 1 ~ 20 nm，长度为数十纳米。碳纳米管因为具有极佳弹性弯曲及韧性，可以减少在样品上的作用力，避免样品的成像损伤，使用寿命长，可适用于比较脆弱的有机物和生物样品。

（2）原子力显微镜的基本成像模式

原子力显微镜有三种基本成像模式，分别是接触式（contact mode）、非接触式（non-contact mode）、轻敲式（tapping mode）。利用传感器检测这些变化来获得表面形貌结构信息及表面粗糙度等信息。接触式及非接触式易受外界其他因素影响，如水分子的吸引，而造成刮伤材料表面及分辨率差所引起之影像失真问题，使用上会有限制，尤其在生物及高分子软性材料上。以下简单介绍三种基本形式的基本原理：

接触式是一个排斥性的模式，探针尖端和样品做柔软性的"实际接触"，当针尖轻轻扫过样品表面时，接触的力量引起悬臂弯曲，进而得到样品的表面图形。由于是接触式扫描，在接触样品时可能会使样品表面弯曲。经过多次扫描后，针尖或者样品有钝化现象。通常情况下，接触模式产生的图像具有稳定、分辨率高等特点。但是这种模式不适用于研究生物大分子、低弹性模量样品以及容易移动和变形的样品。

在非接触模式中，针尖在样品表面的上方振动，始终不与样品接触，探测器检测的是范德华作用力和静电力等对成像样品没有破坏的长程作用力。需要使用较坚硬的悬臂（防止与样品接触），所得到的信号更小，需要更灵敏的装置，这种模式虽然增加了显微镜的灵敏度，但当针尖和样品之间的距离较长时，分辨率要比接触模式和轻敲模式都低。由于为非接触状态，对于研究柔软或有弹性的样品较佳，而且针尖或者样品表面不会有钝化效应，不过会有误判现象。这种模式的操作相对较难，通常不适用于在液体中成像，在生物中的应用也很少。

轻敲式微悬臂在其共振频率附近做受迫振动，振荡的针尖轻轻地敲击表面，间断地和样品接触。当针尖与样品不接触时，微悬臂以最大振幅自由振荡。当针尖与样品表面接触时，尽管压电陶瓷片以同样的能量激发微悬臂振荡，但是空间阻碍作用使得微悬臂的振幅减小。反馈系统控制微悬臂的振幅恒定，针尖就跟随表面的起伏上下移动获得形貌信息。类似非接触式 AFM，但比非接触式更靠近样品表面。损害样品的可能性比接触式小（不用侧面力，摩擦或者拖拽）。轻敲模式的分辨率和接触模式一样好，而且由于接触时间非常短暂，针尖与样品的相互作用力很小，剪切力引起的分辨率的降低和对样品的破坏几乎消失，所以适用于对生物大分子、聚合物等软样品进行成像研究，适合检测一些与基底结合不牢固的样品。

（3）原子力显微镜的应用

AFM 可以提供真正的三维表面图，能够在大气、真空、超高真空、低温和高温、电化学环境、不同气氛以及溶液等各种环境下工作，其基底可以是云母、硅、高取向热解石墨、玻璃等，且不受样品导电性质的限制，不会对样品造成伤害，测量范围广泛，因此已获得比 STM 更为广泛的应用。其主要用于导体、半导体和绝缘体表面的高分辨成像，生物样品和有机膜的高分辨成像，表面化学反应研究，纳米加工与操纵，超高密度信息存储，分子间力和表面力研究，以及在线检测和质量控制，在粉体材料、成分分析、晶体生长、薄膜材料和生物医学等方面也有所应用。

通过检测探针与样品间的作用力可表征样品表面的三维形貌，这是 AFM 最基本的功能。AFM 在水平方向具有 0.1 ～ 0.2 nm 的高分辨率，在垂直方向的分辨率约为 0.01 nm。尽管 AFM 和扫描电子显微镜（SEM）的横向分辨率是相似的，但 AFM 和 SEM 两种技术的最基本的区别在于处理试样深度变化时有不同的表征。由于表面的高低起伏状态能够准确地以数值的形式获取，AFM 对表面整体图像进行分析可得到样品表面的粗糙度、颗粒度、平均梯度、孔结构和孔径分布等参数，也可对样品的形貌进行丰富的三维模拟显示，使图像更适合人的直观视觉。

7.4　光谱分析技术

7.4.1　红外光谱分析

红外光谱分析技术（IR）主要是应用于测定材料的结构和结合键，其在很多情况下可应用于材料构型分析与鉴定。该技术的主要特点是特征性，可利用测试结果与标准卡片进行检索对比，从而判定材料的特定构型。

（1）红外光谱分析的基本原理

红外光谱按波长范围可以分为近红外波段、中红外波段、远红外波段光谱，其中中红外波段主要属于分子的基频振动光谱，绝大部分无机物和有机物的基频吸收带都出现在中红外区，通常所说的红外光谱即中红外光谱。中红外光谱可以分为吸收光谱和发射光谱，吸收光谱法是主要的方法，主要取决于物质分子的组成和结构[15]。

红外光谱与分子振动密切相关，分子振动可用双原子振动和多原子振动解释。红外光能量与分子两能级差相等时，该频率的电磁波将被该分子吸收，从而引起分子对应能级的跃迁，宏观表现为透射光强度下降，这一条件决定吸收峰出现的位置。红外光与分子之间有耦合作用，为了满足这一条件，分子振动时其偶极矩必须发生变化，这一条件决定红外谱带的强度。振动时偶极矩变化越大，吸收谱带越强；振动时偶极矩变化越小，吸收谱带越弱。红外光谱图通常以波长或波数为横坐标，表示吸收峰位置，以透射率或吸光度为纵坐标，表示吸收强度。

按吸收峰的来源，可将波数 4000 ～ 400 cm^{-1} 的红外光谱大体上分为两个区域。

① 基团频率区。波数为 4000 ～ 1300 cm^{-1}，也称为官能团区或特征区，特征频率区中的吸收峰是由基团的伸缩振动产生，数目虽然不是很多，但其特征性很强，主要用于鉴定官能团。

② 指纹区。波数为 1300 ～ 400 cm^{-1}，指纹区峰多而复杂，没有明显的特征性，但当分子结构稍有不同时，该区的吸收会表现出细微的差异。指纹区对于区别结构类似的化合物很有帮助。

（2）FT-IR 的仪器构造

研究红外光谱主要用吸收光谱法，采用色散型光谱仪和非色散型光谱仪。色散型光谱仪以棱镜或光栅作为单色器，采用单通道或多通道测量，获取光源的光谱分布。非色散型光谱仪，也称傅里叶变换红外光谱仪（FT-IR），其核心部分是一台双光束干涉仪，常用迈克耳逊干涉仪。当仪器中的动镜移动时，经过干涉仪的两束相干光间的光程差就改变，探测器所测得的光强也随之变化，从而得到干涉图。

傅里叶变换红外光谱仪工作原理见图 7-11，主要由光源、干涉仪、计算机系统等组成，其核心部分是迈克耳逊干涉仪。红外光源经准直平行进入干涉仪；调制成一束干涉光通过样品；获得含有光谱信息的干涉信号到达探测器；将干涉信号转换为电信号，并绘制干涉图；干涉图再经过信号转换送入计算机，进行傅里叶变换，即可获得以波数为横坐标的红外光谱图。

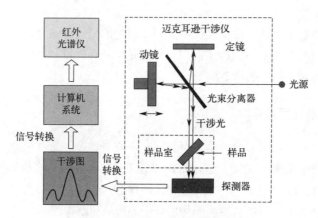

图 7-11　傅里叶变换红外光谱仪工作原理

傅里叶变换红外光谱仪优点：多通道测量，信噪比高；光通量高，灵敏度高；波数值精确度可达 0.01 cm^{-1}；增加动镜移动距离，可使分辨本领提高；工作波段可从可见区延伸到毫米区，可以实现远红外光谱的测定。

（3）红外光谱的应用

红外光谱分析是物质定性的重要方法之一，是提供官能团信息最方便快捷的方法，可以帮助确定部分乃至全部分子类型及结构。红外光谱定性分析具有特征性高、分析时间短、试样用量少、不需破坏试样、测定方便等优点。红外光谱定量分析的依据是朗伯-比尔定律。其定量方法主要包括直接计算法、工作曲线法、吸收度比法和内标法等，常用于异构体的分析。红外光谱定量分析与其他方法相比，还存在一些缺点，如要求所选用的吸收峰需有足够的强度，且不与其他峰相重叠，因此只能在特殊情况下使用。

7.4.2　拉曼光谱分析

拉曼（Raman）光谱可以提供样品内部分子组成和结构的信息，被广泛应用于催化剂的表征。拉曼光谱可以很容易地探测低波数区域（＜ $1000\ cm^{-1}$）的较低能量振动，因此它可以用来观察催化剂和反应物之间的直接相互作用，而且非常适合监测金属 - 碳键、氧物种等。

（1）拉曼光谱分析的基本原理

Raman 分析的基本原理是样品吸收光能后，具有极化率变化的分子振动，从而产生拉曼散射。Raman 谱图一般是散射光能量随拉曼位移的变化，拉曼峰的位置、强度和形状，可以提供功能团或化学键的特征振动频率。

（2）拉曼光谱仪的构造

如图 7-12 所示，拉曼光谱仪一般由光源、外光路、色散系统、信息处理与显示系统五部分组成[16]。

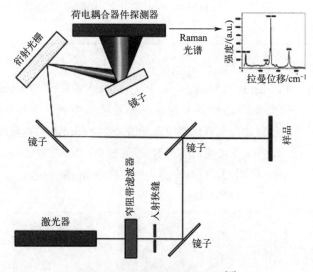

图 7-12　拉曼测试原理示意图 [16]

（3）Raman 的应用

以铜铌氧材料的拉曼活性解析为例。为清楚材料的拉曼活性，将三种结构 $T\text{-}Nb_2O_5$、$H\text{-}Nb_2O_5$ 和 $TiNb_{24}O_{62}$ 的结构文件导入 Bilbao Crystallographic Server 网站进行查询。

$T\text{-}Nb_2O_5$ 材料的拉曼活性模（Raman active modes，RAM）为：

$$RAM=14A_{1g}+14B_{1g}+14B_{2g}+14E_g \tag{7-5}$$

$H\text{-}Nb_2O_5$ 材料的拉曼活性模为：

$$RAM=95A_g+49B_g \qquad (7\text{-}6)$$

$TiNb_{24}O_{62}$ 材料的拉曼活性模为：

$$RAM=166A+167B \qquad (7\text{-}7)$$

如表 7-2 所示，Jehng 等[17]通过对比一系列铌基氧化物的 Raman 光谱图发现一般轻微变形的 $[NbO_6]$ 八面体的拉曼位移会出现在 $500 \sim 700 \ cm^{-1}$ 的区域，而高度畸变的 $[NbO_6]$ 八面体的拉曼位移蓝移到 $850 \sim 1000 \ cm^{-1}$ 区域。

表 7-2　铌基氧化物的拉曼分析[17]

结构	振动峰 /cm^{-1}	氧化物
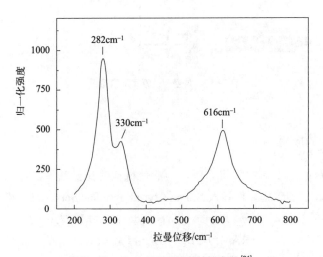	$790 \sim 830$	$YNbO_4$、$YbNbO_4$
	$500 \sim 700$	$NaNbO_3$、$KNbO_3$
	$850 \sim 1000$	$AlNbO_4$、$K_8Nb_6O_{19}$、$Nb(HC_2O_4)_5$

如图 7-13 所示，Reichardt、Chrzanowski 和 Goldstein 等[18-20]分析研究了 CuO 粉末及单晶的拉曼光谱，研究表明 CuO 的 9 种声子振动模式中只有 3 种具有拉曼活性，即 A_g+2B_g。Rashad 等[21]通过对比发现氧化铜拉曼光谱中 $282 \ cm^{-1}$ 处的拉曼峰归属于 A_g 振动，而 $330 \ cm^{-1}$ 和 $616 \ cm^{-1}$ 处的拉曼峰则归属于 B_g 下的振动。Xu 等[22]研究发现随着 CuO 晶粒尺寸的减小，拉曼峰的峰强增加，峰形变得尖锐，FWHM 值变小。

图 7-13　CuO 纳米颗粒的拉曼光谱[21]

在电催化反应中，拉曼光谱能够提供真实条件下电极表（界）面分子的微观结构和中间产物的信息。此外，拉曼光谱对极化率的改变很敏感，这使其特别适用于观测水介质中进行的电化学反应，因此将拉曼光谱与电化学方法结合为研究电化学反应过程和机理提供了有力手段。电化学原位拉曼光谱法的测量装置主要包括拉曼光谱仪和原位电化学拉曼池两个部分。以 LabRAM HR Evolution 显微共焦拉曼光谱仪为例，它配置了从紫外到红外的七种不同波长的激光和开放式显微镜自动平台。为减少反应过程中溶液和气体对仪器的腐蚀，原位电化学拉曼池需配备密封的光学窗口。在实验条件许可下，可以采用薄层溶液，同时选择合适波长的激光（532 nm 或 785nm），以减弱因荧光效应造成的信号干扰，可以得到高质量的拉曼光谱数据。

7.4.3　原子吸收光谱

原子吸收分光光度计（atomic absorption spectroscopy，AAS）又称原子吸收光谱仪，是 20 世纪中期开始发展的分析测量溶液中低浓度物质含量的方法。由于其灵敏度高、干扰少、分析方法简单快速，目前已经取代了许多一般的湿法化学分析，在地质和冶金分析中占有重要地位。原子吸收光谱仪根据物质基态原子蒸气对特征辐射吸收的作用灵敏可靠地测定金属微量或痕量元素浓度，按原子化器分为火焰原子化器和电热原子化器两种类型。空气 - 乙炔火焰原子吸收分光光度法，一般可检测到 ppm 级，精密度 1% 左右，操作简便，重现性好，有效光程大，对大多数元素有较高灵敏度。

（1）原子吸收光谱的基本原理

原子吸收光谱法是基于使用乙炔气体燃烧雾化被测元素的溶液，从光源辐射出的具有待测元素特征谱线的光，通过样品蒸气时被蒸气中待测元素基态原子所吸收，从而由辐射特征谱线光被减弱的程度来测定样品中待测元素含量的方法，即利用待测元素原子蒸气中基态原子对该元素的共振线的吸收来进行测定[23]。

但是，在原子化过程中，待测元素由分子解离成的原子，不可能全部是基态原子，其中必有一部分为激发态原子。在一定温度下，当处于热力学平衡时，激发态原子数与基态原子数之比服从麦克斯韦 - 玻尔兹曼（Maxwell-Boltzman）分布定律。在样品转化为原子蒸气后，只要火焰温度合适，多数元素中热激发中的激发态原子数远小于基态原子数（小于百分之一），故可认为基态原子数实际代表待测元素的原子总数。实际分析工作中要测定的是样品中待测元素的浓度，而此浓度是与待测元素吸收辐射的原子总数成正比的，在一定浓度范围和一定吸收光程的情况下，吸光度（A）与待测元素浓度（c）的关系可表示为

$$A=k' c \qquad (7\text{-}8)$$

式中，k' 为常数。设备中安装相对应的空心阴极灯，在密闭环境中通电后会发射特征谱线，这种光线在穿过样品蒸气时，会被待测元素的原子选择性吸收，通过测量吸收强度，利用朗伯 - 比耳的吸光定律，得出被测元素的浓度。

（2）原子吸收分光光度计

原子吸收分光光度计依次由光源、原子化器、单色器、检测器等 4 个主要部分组成，原子吸收分光光度计有单光束型和双光束型两类。单光束型分光光度计光源（空心阴极灯）由稳压电源供电，光源发出的待测元素的光影线经过火焰，其中振线部分被火焰中待测元素的原子蒸气吸收，透射光进入单色器分光后，再照射到检测器，产生直流电信号，经放大器放大后，就可以从读数器（或记录器）读出吸光值，这种仪器具有结构简单和检测极限高等优点。单光束型仪器的缺点是：如果光源电压不稳，则其发射的光强度不稳，从而使测定结果产生误差。双光束型仪器，光源发出经过调制的光被切光器分成两束光，一束测量光，一束参比光（不经过原子化器）。两束光交替地进入单色器，然后进行检测。由于两束光来自同一光源，可以通过参比光束的作用，克服光源不稳定造成的漂移的影响。

（3）原子吸收光谱的应用

原子吸收光谱法操作简单，精确性较高，这种简单的测量方式已经在多个行业和领域中进行了应用。但是原子吸收光谱法多用于测量浓度相对较低的微量元素，且无法测量波长超过 900 nm 的元素，易出现边缘能量不足的情况。另外，原子吸收光谱法还可以实现对元素的定量分析。当待测元素质量分数不高时，在吸收光程固定的情况下，样品的吸光度与待测元素的质量分数成正比，根据这一原理即可进行定量分析。定量分析常用的方法有标准曲线法、标准加入法和质量分数直读法。

7.4.4 核磁共振波谱技术

核磁共振波谱（nuclear magnetic resonance，NMR）与紫外吸收光谱、红外吸收光谱、质谱被人们称为"四谱"，是对各种有机和无机物的成分、结构进行定性分析的强有力的工具之一，亦可进行定量分析。其比较见表 7-3。

表 7-3 NMR 与紫外吸收光谱、红外吸收光谱比较

项目	NMR	红外	紫外
本质	分子吸收光谱	分子吸收光谱	分子吸收光谱
波长范围	$1 \sim 1000 \ \mu m$	$0.75 \sim 1000 \ pm$	$200 \sim 800 \ nm$
信号来源	原子核能级间的跃迁	分子振动能级之间的跃迁	分子的电子能级的跃迁

（1）核磁共振波谱的基本原理

在强外磁场中，某些元素的原子核和电子能量本身所具有的磁性，被分裂成两个或两个以上量子化的能级。吸收适当频率的电磁辐射，可在所产生的磁诱导能级之间发生跃迁。在磁场中，这种具有核磁矩的分子或原子核吸收从低能态向高能态跃迁的两个能级差的能量，会产生共振谱，表征吸收光能量随化学位移的变化，可用于测定分子中某些原子

的数目、类型和相对位置。

但是，并非元素周期表中所有元素都可以测出核磁共振谱。测 NMR 需要满足以下条件：首先，被测的原子核的自旋量子数要不为零；其次，自旋量子数最好为 1/2（自旋量子数大于 1 的原子核有电四极矩，峰很复杂）；最后，被测的元素（或其同位素）的自然丰度比较高（自然丰度低，灵敏度太低，可能测不出信号）。

连续波核磁共振谱仪由磁场、探头、射频发射单元、射频和磁场扫描单元、射频检测单元、数据处理仪器控制等部分组成。磁铁用来产生磁场，主要有三种：永久磁铁（60MHz）、电磁铁（100MHz）、超导磁铁（200MHz）。频率大的仪器，分辨率好，灵敏度高，图谱简单，易于分析。

（2）核磁共振波谱的分类

NMR 波谱按照测定对象可分为 ^{1}H NMR 谱（氢谱，测定对象为氢原子核）、^{13}C NMR 谱（碳谱）、氟谱、磷谱、氮谱等。有机化合物、高分子材料主要由碳氢组成，所以在材料结构与性能研究中，以 ^{1}H 谱和 ^{13}C 谱应用最为广泛。碳谱和氢谱可互相补充。氢谱不能测定不含氢的官能团，如羰基和氰基等；对于含碳较多的有机物，如甾体化合物，常因烷氢的化学环境相似而无法区别，这是氢谱的弱点；而碳谱弥补了氢谱的不足，它能给出各种含碳官能团的信息，几乎可分辨每一个碳核，能给出丰富的碳骨架信息。但是普通碳谱的峰高常不与碳数成正比是其缺点，而氢谱峰面积的积分高度与氢数成正比，因此二者可互为补充。NMR 波谱按工作方式可分为两种：连续波核磁共振谱仪（CW-NMR），其射频振荡器产生的射频波按频率大小有顺序地连续照射样品，可得到频率谱；脉冲傅里叶变换谱仪（PET-NMR），其射频振荡器产生的射频波以窄脉冲方式照射样品，得到的时间谱经过傅里叶变换得出频率谱。

（3）核磁共振波谱的应用

NMR 谱图可以提供峰的化学位移、强度、裂分数和偶合常数，提供核的数目、所处化学环境和几何构型的信息，除了运用在医学成像检查方面，在分析化学和有机分子的结构研究及材料表征中运用最多，主要包括有机化合物结构鉴定、NMR 成像技术、多组分材料分析等。

（4）固体核磁共振技术及其应用

固体核磁共振技术（solid state nuclear magnetic resonance，SSNMR）是以固态样品为研究对象的分析技术。固体核磁是一种无损、非侵入性并且有选择性的分析手段，可以探测固态样品内部的结构信息，还能对不同化学环境的物种进行定量，解决材料可能的动力学过程。固体核磁技术研究的是各种核周围不同的局域环境，即中短程相互作用，能够提供丰富细致的结构信息，既可做结晶度较高的固体物质的结构分析，也可用于结晶度较低的固体物质或非晶质的结构分析；能够反映出分子结构中键长、键角、氢键的形成、分子内及分子间的干扰作用等，与 X 射线衍射等研究固体长程相互作用整体结构的方法形成相互补充。

7.4.5 电子顺磁共振

电子顺磁共振（electron paramagnetic resonance，EPR）是固态物理中常用来辨识与定量自由基分子的表征方法。

（1）电子顺磁共振的基本原理

自由基通常指一个分子或分子的一部分，由于正常的化学键被破坏而产生了一个不配对的电子——自由基，物质就具有顺磁性。电子是一个带电体，并且具有自旋（S）现象，带电体旋转会产生磁场，即旋转的电子是一个小的磁偶极子。顺磁共振波谱仪就是基于样品表面 $S_{1/2}$ 粒子的电子（顺磁性）在静磁场下发生的磁共振现象，将样品放在合适的磁场下吸收电磁辐射，在磁场中通过一个临界的固定频率微波，测得自由基的数目。因自由基可以共振，它们交替地吸收并发射电磁能，当磁场发生微小变化时，都将改变微波的频率，以顺磁共振吸收谱线的峰形展示其强度（共振峰面积），据此可计算出自由基的浓度，常以 $10^{-18} \cdot g$ 样 $^{-1}$（每克样品中自由电子的数目）为单位表示。当仪器提供的电磁波（与外磁场方向垂直）满足下式时，低能级电子将跃迁到高能级，发生电子顺磁共振：

$$h\nu = g\beta H \tag{7-9}$$

式中，β 是玻尔磁子，9.27410×10^{-21} erg $\cdot$ G^{-1}；H 是磁场强度，G ；h 是普朗克常数，6.2662×10^{-27} erg$\cdot$s^{-1}；ν 是微波频率；g 是波谱分裂因子，简称 g 因子或 g 值，无量纲。其中，g 因子能够反映顺磁性分子中电子自旋运动和轨道运动之间相互作用，是反映自旋角动量和轨道角动量贡献大小的重要参数，有助于了解信号来源和磁性粒子的性质。g 因子测量的精度取决于微波频率和磁场的稳定度、均匀性，以及 H 和 ν 的精度。对于自由电子而言，它只具有自旋角动量而无轨道角动量角，因此其 g 因子的值 $g_e = 2.0023$。对于大部分自由基，其 g 值都十分接近 g_e。

在顺磁物质的分子中，未成对电子不仅与外磁场有相互作用，而且还与附近的磁性核之间有磁相互作用，这种未成对电子自旋和核自旋的相互作用称为超精细耦合或超精细相互作用。超精细相互作用使原来单一的 EPR 谱线分裂成多重谱线，这些谱线称为超精细线或超精细结构。通过分析谱线数目、谱线间距以及相对强度，可以判断与电子相互作用的磁性核的自旋种类、数量以及相互作用的强弱，有助于确定自由基等顺磁性物质的分子结构。受激跃迁产生的吸收信号经电子学系统处理可得到 EPR 吸收谱线，一般为高斯或洛伦兹线型。EPR 波谱仪记录的吸收信号一般是一次微分线型，或称一次微分谱线。

（2）电子顺磁共振波谱仪的主要构造

EPR 仪器的主要结构包括微波系统、磁铁系统和信号处理系统三大部分。其中，微波系统主要由微波桥和谐振腔等构成；微波桥的主要作用是产生、控制和检测微波辐射；谐振腔是 EPR 波谱仪的核心，可以使微波能量集中于腔内，因此样品通常置于谐振腔的中心。磁铁系统是磁场源，要求磁场均一、稳定，因此需配备稳压、稳流装置；当需要较高强度的磁场时，一般采用超导磁体作为磁场源。信号处理系统主要是调制、放大和转换信号，得到 EPR 谱。

　　用于 EPR 检测的样品可以是气体、液体或固体。气体样品由于自旋浓度较低，一般需要封在管内，或用连续流动的方式通过谐振腔中心，或者用逆磁性的载体吸附样品进行测定。液体样品需要控制溶液浓度，且要求较小的介电常数。固体样品可用逆磁性材料稀释后进行测定。常测样品为液体或固体样品。

（3）电子顺磁共振技术的应用

　　EPR 灵敏度高，可直接检测不破坏样品。电子顺磁共振可以对未成对电子定域位置进行分析，在物理学、化学、生物学、医学、生命科学、材料学、地矿学和年代学等领域有广泛的应用。EPR 也存在一些缺点，如自由基寿命很短、浓度太低、波谱解析困难等，但是人们也引入了连续流动法、快速冷冻法、自旋捕获技术、自旋标记技术、自旋探针技术和高速计算机来不断进行改进。

　　如图 7-14 所示，Zhang 等[24]利用 EPR 技术表征了氧化钨晶体结构中的氧空位，谱图在 g 值 2.002 处独特地表现出对称的 EPR 信号，表明电子在氧空位处俘获，结合其他表征结果，绘制出具有大量氧空位的 WO_3 晶体示意图。因此，可以发现由 EPR 技术确认材料中氧空位的存在十分直接有效。

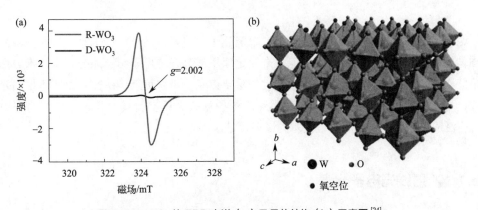

图 7-14　WO_3 的 EPR 光谱（a）及晶体结构（b）示意图[24]

　　Son 等[25]利用 EPR 技术表征 β-Ga_2O_3 材料，如图 7-15 所示。研究发现：EPR 光谱能显示八面体中心 Ga（Ⅱ）位点 Fe^{3+} 及 Cr^{3+} 的较弱信号；EPR 光谱中显示 Ga（Ⅰ）位点 Fe^{3+} 的信号；EPR 光谱中 Fe^{3+} 信号明显减弱。因此，除氧空位表征外，EPR 对于晶体内部缺陷的研究也有独到之处。EPR 光谱可以在一定程度上反映离子在基体结构中的配位结构变化，这对实验研究材料晶体结构中的阳离子的配位信息是极具启发的。

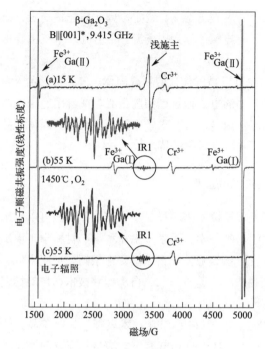

图 7-15　β-Ga_2O_3 材料的 EPR 光谱[25]

7.5　能谱分析技术

电子能谱是通过分析各种冲击粒子（单能光子、电子、离子、原子等）与原子、分子或固体间碰撞后所发出的电子的能量来测定原子或分子中电子结合能的分析技术。由于电子能谱中包含着样品有关表面电子结构的重要信息，用它可直接研究表面及体相的元素组成、电子组态和分子结构，是一种用途广泛的现代分析实验技术和表面分析的有力工具，广泛应用于科学研究和工程技术的诸多领域中。

7.5.1　X 射线光电子能谱

X 射线光电子能谱技术（X-ray photoelectron spectroscopy，XPS）是一种具有准确性、灵敏度高，应用面广及可半定量分析的先进技术。它通过观测化学位移及测量原子电子能量为所研究固体材料表面提供分子结构、元素含量和原子价态等方面的信息，可分析除 H 和 He 以外的所有元素[26]。

（1）X 射线光电子能谱分析的基本原理

如图 7-16 所示，用软 X 射线（能量一般小于 6 keV）照射样品时会发射出光电子，这是 X 射线的能量完全转移到核心能级 1s 电子的结果[27]。用 X 射线去辐射样品，使原子或分子的内层电子或价电子受激发射出来。被光子激发出来的电子称为光电子。X 射线的能量 $h\nu$ 等于电子结合能 E_b（与所附着的原子 / 轨道的结合紧密程度有关）加上光电子能量 E_k，再加上原子反冲能 E_r（数量级较小可忽略），由能量守恒定律可知：

$$h\nu=E_k+E_b+E_r \tag{7-10}$$

$$E_b=h\nu-E_k \tag{7-11}$$

其中 $h\nu$ 已知，E_k 可通过电子能量分析器测得，进而求得 E_b。不同原子中同一层的电子结合能 E_b 不同，因此可通过 E_b 对样品进行 XPS 分析。电子结合能是一种材料特有属性，与用于喷射它的 X 射线源无关，因此当用不同的 X 射线源进行实验时，光电子结合能不会改变。当然 X 射线照射样品时，除光电子的逸出外，核心电子的损失会导致空穴的存在，使其通过用轨道电子填充来进行弛豫，这个过程会伴着两种可能的信号，即 X 射线荧光（单独用作 XRF 分析）和俄歇电子（在 XPS 中用于定性分析）。

测量光电子的能量，以光电子的动能为横坐标，相对强度（脉冲 /s）为纵坐标可作出光电子能谱图，从而获得试样有关信息。待测物受 X 光照射后内部电子吸收光能而脱离待测物表面（光电子），透过对光电子能量的分析可了解待测物组成。X 射线在材料表面产生的信号见图 7-16。

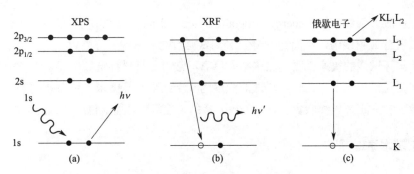

图 7-16　X 射线在材料表面产生的信号 [27]

（a）光电子；（b）X 射线荧光；（c）俄歇电子

（2）X 射线光电子能谱的应用

XPS 可以通过测定电子结合能来实现对表面元素的定性分析，包括价态。X 射线光电子能谱因对化学分析最有用，因此被称为化学分析用电子能谱（electron spectroscopy for chemical analysis），主要在以下方面得到广泛应用。

① 元素的定性分析。每种元素都会产生一套具有特征结合能的特征 XPS 谱峰，可以直接鉴别被分析材料表面存在的每种元素。XPS 测试能够根据能谱图中出现的特征谱线的位置（及其化学位移）鉴定除 H、He 以外的所有元素及这些元素的化学态。元素定性的主要依据是组成元素的光电子线和俄歇线的特征能量值。根据全谱结合能判断所含元素；根据精细谱结合能判断元素化学态。元素化学态分析是 XPS 的最主要的应用之一。元素化学态分析的情况比较复杂，涉及的信息比较多，有时尚需要对谱图做拟合处理。化学态的分析主要依赖谱线能

量的精确测定，对绝缘样品应进行精确的静电荷电校正。化学位移信息对于官能团、分子化学环境和氧化态分析是非常有力的工具，XPS 常被用来做氧化态的测定和价态分析，以及研究成键形式和分子结构。XPS 光电子谱线的位移还可用来区别分子中非等效位置的原子。

②元素的定量分析。根据能谱图中光电子谱线强度（光电子峰的面积）反映原子的含量或相对浓度。以能谱中各峰强度的比率为基础，把所观测到的信号强度转变成元素的含量，即将谱峰积分面积转变成相应元素的含量。定量分析多采用元素灵敏度因子法，该方法利用特定元素谱线强度作参考标准，测得其他元素相对谱线强度，求得各元素的相对含量。

③固体表面分析。包括表面的化学组成或元素组成、原子价态、表面能态分布、表面电子的电子云分布和能级结构等，如根据价带谱分析固体材料电子结构信息，根据结合能偏移分析样品表面电子结构变化。用离子枪打击材料的表面，可以不断地打击出新的下表面，通过连续测试，循序渐进就可以实现深度分析，得到沿表层到深层元素的浓度分布。

④化合物的结构。可以对内层电子结合能的化学位移精确测量，提供化学键和电荷分布方面的信息，通过标定结合能辨别异构体。

7.5.2　能量色散谱仪

能量色散 X 射线谱仪（energy dispersive spectxrmleter，EDS）简称能谱仪，作用在于可同时记录所有 X 射线谱，从而计算测量 X 射线强度与能量的本征函数关系。由于表征手段简单，不损坏试样的快速微区，测试结果可靠，常用于材料特定部位元素含量的表征和分析。其作为无损检测方式之一，测试的深度为几十纳米到几微米。更重要的是，根据分析材料被激发的特征 X 射线能量，可以分析元素的定性问题。能谱也成了目前电镜的标配。

（1）基本原理

EDS 之所以特别，是因为不同元素所释放出的 X 射线能量是不相同的，就比如人的指纹，具有唯一性。利用特征 X 射线能量不同而进行的元素分析称为能量色散法。试样被激发出的特征 X 射线，通过窗直接照射到 Si（Li）半导体探测器上，使 Si 原子电离并产生大量电子 - 空穴对，其数量与 X 射线能量成正比，即 $N = E / \varepsilon$。其中，ε 为产生一个电子 - 空穴对的能量（3.8 eV）。例如：Fe Kα 能量为 6.403 keV，可产生 1685 个电子空穴对。

通过对 Si（Li）探测器加偏压（一般为 -500 ～ -1000 V），可分离收集电子 - 空穴对，通过前置放大器将其转换成电流脉冲，再由主放大器转换成电压脉冲，然后送到多道脉冲高度分析器。输出的脉冲高度由 N 决定，形成 EDS 图谱的横坐标——能量。根据不同强度范围记录的特征 X 射线的数目即可确定不同元素 X 射线的强度，形成 EDS 图谱的纵坐标——强度。

（2）测试要求

能谱仪可分析的元素受窗口材料类型的影响，传统铍窗口由于吸收超轻元素的 X 射线，只能分析钠（Na）以后的元素，有机膜超薄窗口可分析 Be ～ U 之间的所有元素。能谱仪对样品表面没有特殊要求，需干燥固体及载物台可以摆放，无磁性、放射性和腐蚀性。若试样导电性很差，可进行喷金或者喷碳处理。

7.5.3　俄歇电子能谱仪

俄歇电子能谱（auger electron spectroscopy，AES）是用具有一定能量的电子束（或 X 射线）激发样品俄歇效应，通过检测俄歇电子的能量和强度，从而获得有关表面层化学成分和结构信息的方法。

（1）俄歇电子能谱的基本原理

俄歇电子的激发方式虽然有多种，但通常主要采用一次电子激发，因为电子便于产生高束流，容易聚焦和偏转。俄歇电子的能量和入射电子的能量无关，只依赖于原子的能级结构和俄歇电子发射前它所处的能级位置。

俄歇电子能谱基本原理：入射电子束和物质作用，可以激发出原子的内层电子。外层电子向内层跃迁过程中所释放的能量，可能以 X 光的形式放出，即产生特征 X 射线，也可能使核外另一电子激发成为自由电子，这种自由电子就是俄歇电子。对于一个原子来说，激发态原子在释放能量时只能进行一种发射：特征 X 射线或俄歇电子。原子序数大的元素，特征 X 射线的发射概率较大，原子序数小的元素，俄歇电子发射概率较大，当原子序数为 33 时，两种发射概率大致相等 [23]。因此，俄歇电子能谱适用于轻元素的分析。

（2）俄歇电子能谱仪

俄歇电子能谱仪包括电子枪、能量分析器、二次电子探测器、分析室、溅射离子枪和信号处理与记录等几个主要部分 [23]。样品和电子枪装于 $10^{-7} \sim 10^{-9}$ Pa 的超高真空分析室中。俄歇电子能谱仪中的激发源一般都用电子束，由电子枪产生的电子束容易实现聚焦和偏转，并获得所需的强度。电子能量分析器是电子能谱仪的中心部分，由于用电子束照射固体时，将产生大量的二次电子和非弹性背散射电子，它们在俄歇电子能谱能量范围内构成很高的背景强度，所以俄歇电子的信噪比极低，检测相当困难，需要某些特殊的能量分析器和数据处理方法（如俄歇电子能谱的微分等）来加以解决。电子能量分析器的种类很多，主要有阻挡场分析器及圆筒镜分析器两种，目前的俄歇电子能谱仪大多采用圆筒镜分析器作为俄歇电子检测装置。由于配备有二次电子和吸收电子检测器及能谱探头，这种仪器兼有扫描电镜和电子探针的功能。

（3）俄歇电子能谱的应用

俄歇电子能谱能够实现定性分析和定量分析，是材料科学研究和材料分析的有力工具，它具有如下特点：①作为固体表面分析法，其信息深度取决于俄歇电子逸出深度（电子平均自由程）。对于能量为 50 ~ 2 keV 范围的俄歇电子，逸出深度为 0.4 ~ 2 nm，深度分辨率约为 1 mm，横向分辨率取于入射束斑大小。②可分析除 H、He 以外的各种元素。③对于轻元素 C、O、N、S 等有较高的分析灵敏度。④可进行成分的深度剖析或薄膜及界面分析。因此，在材料科学研究中，俄歇电子能谱的应用有材料表面偏析、表面杂质分布、晶界元素分析；金属、半导体、复合材料等界面研究；膜生长机理研究；表面力学性质研究和表面化学性质研究等。

7.6 质谱技术

7.6.1 电感耦合等离子体

电感耦合等离子体技术（inductively coupled plasma，ICP）是 20 世纪 80 年代发展起来的一种新的多元素检测技术，可同时分析目前已知的所有元素。ICP 技术以其良好的灵敏度、常压引入和解离完全且分析产物主要为单电荷离子等优点得到了迅速发展。

电感耦合等离子体质谱法（ICP-MS）结合了电感耦合等离子体（ICP）的高温电离特性与四极杆质量分析器（MS）快速灵敏扫描的优点，不仅具有多元素同时检测的能力，而且准确度高、检出限低（$< 0.001 \sim 10 \ \mu g \cdot L^{-1}$），适合痕量和超痕量元素检测，且具有动态线性范围宽、谱线简单、干扰少等优点，在环境分析、核工业、地质、材料科学和半导体中起了重要作用。此外，ICP-MS 可进行同位素示踪剂、稀释度和比例的检测。

（1）电感耦合等离子体质谱的基本原理

ICP-MS 以电感耦合等离子体为离子源，以质谱仪作为检测手段。在 ICP-MS 检测中，被检测样品通常以水溶液的形式引入，通过进样系统提升至雾化传输系统，在载气氩气的作用下形成高度分散的气溶胶液滴，接着进入由射频能量激发的电感耦合等离子体中。利用氩等离子体产生的高温使试样完全分解形成激发态的原子和离子，由于激发态的原子和离子不稳定，外层电子会从激发态向低的能级跃迁，因此发射出特征谱线。在等离子体中心通道的高温区，样品依次经过去溶剂、汽化、原子化和电离等一系列过程，然后经过采样锥和截取锥形成的差分真空，带电子束进入真空系统。各种离子按照质荷比（m/z）分离并被检测器计数，最终得到分析元素的浓度。利用检测器检测特定波长的强度，光的强度与待测元素浓度成正比[28]。

（2）电感耦合等离子体质谱的仪器简介

ICP-MS 在常规实验条件下，最常用于分析液体样品。通过进样系统提升样品至雾化器和雾室组成的雾化传输系统，形成高分散的气溶胶液滴，然后进入电感耦合等离子体炬，经去溶剂、汽化、原子化、电离、扩散等一系列物理过程形成离子束流，再被真空接口提取至质谱系统检测形成电信号。

ICP-MS 仪器由进样系统、雾化传输系统、ICP 离子源、质谱接口、碰撞反应池、质量分析器、离子检测系统、真空系统及控制系统组成，如图 7-17 所示。液体进样通常由蠕动泵或注射泵引入，固体样品一般采用激光烧蚀、电热蒸发等方法直接形成气溶胶颗粒。雾化传输系统一般由气动雾化器和雾室组成，将合适粒径的液滴传输到电感耦合等离子体源中。悬浮液的雾化传输过程也可使用单分散液滴生成装置。ICP 源工作气通常为氩气或氦气，按照功能不同，分为冷却气、辅助气、雾化气或载气三路。射频线圈通过的高频电流在炬管轴向上产生高强度的环形磁场。气体分子不断被电离，在磁场的作用下，ICP 内部形成明显的环状涡流，涡流轴心区域压力较周围较低，使得雾化气携带气溶胶样品容易进入 ICP，完成液滴去溶剂、汽化、电离等一系列过程。等离子体中心通道温度与 ICP 射频功率、雾化气流量、样品溶剂量有关，进而影响最佳电离区域 [110]。

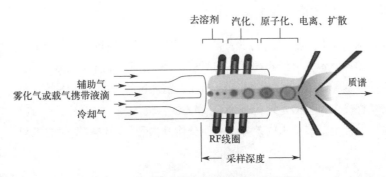

图 7-17　电感耦合等离子体电离源工作示意图

等离子体气流裹挟电离形成待测离子在压力梯度的作用下，进入真空接口。真空接口部分一般由多级锥形结构组成，既完成常压到低、高真空环境的过渡，又实现了对目标离子的提取。ICP 形成的离子束流中混有大量的气体原子、分子及光子，需通过光学挡板或离子偏转的形式将中性粒子去除。由于 ICP 复杂的电离环境，工作气体、周围空气、样品基体组分、样品中其他元素也被电离或发生反应，形成多原子离子、双电荷离子、同质异位素离子，对目标离子测量产生质谱干扰，碰撞反应池是目前去除质谱干扰最普遍的技术。

（3）电感耦合等离子体质谱技术的应用

ICP-MS 作为目前最通用的无机元素分析技术，已被用于地质、环境、核工业、高纯材料、石油、冶金、食品、生物和医药等多个领域的痕量和超痕量元素分析。

7.6.2　微分电化学质谱

微分电化学质谱（differential electrochemical mass spectrometry，DEMS）是一种结合质谱和电化学技术的现代化测试手段。目前该测试手段已在锂离子电池领域发挥了很大的作用，可以原位检测电极表面生成的挥发性产物。

（1）微分电化学质谱的工作原理

DEMS 主要由质谱仪、涡轮分子泵和电解池组成。电极表面生成的挥发性物质，会聚集到电解池的出口，透过聚四氟乙烯薄膜和多孔金属垫片进入质谱的真空腔中。经过离子源对挥发性产物进行电离，电离产物经过适当的电场加速后进入四极杆（质量分析器）按不同的质荷比（m/e）进行分离、通过对不同 m/e 的离子流进行检测、放大、记录和数据处理得到产物的质谱图，从而实现对电化学反应过程中气体产物产量和种类的在线检测和分析[29]。

DEMS 检测需要保证较高的真空度，以防止检测离子在真空腔中的累积损失，实现更好的在线检测，检测需在恒温下进行，实验温度影响较大。

（2）微分电化学质谱的应用

DEMS 技术在电化学、材料科学及催化领域得到了广泛的应用，如通过检测在电化学充放电过程中的产气量来分析不同样品的氧析出情况。图 7-18 是 $La_2Li_{0.5}Al_{0.5}O_4$ 包覆和 Al^{3+} 掺杂双重改性前后单晶 $LiNi_{0.8}Co_{0.1}Mn_{0.1}O_2$ 在 Li^+ 脱嵌过程中的 DEMS 测试结果[30]。可以看出，改性前从样品中可以清楚地检测到 O_2 和 CO_2，而改性后样品中产生的气体量则明显减小。通过对比改性前后氧析出的差异，从而分析晶内裂纹和结构变化的机理。

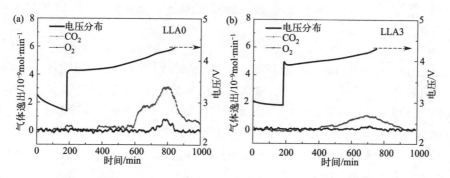

图 7-18　$La_2Li_{0.5}Al_{0.5}O_4$ 包覆和 Al^{3+} 掺杂双重改性前（a）后（b）单晶 $LiNi_{0.8}Co_{0.1}Mn_{0.1}O_2$ 的首圈循环中获得的 DEMS 数据图

7.7　热分析技术

热分析技术是在温度程序控制下研究材料的各种物理转变和化学变化，这些变化往往伴随着热力学性质（如焓变、比热容、热导率等）的改变，因此可以通过测定其热力学性质的改变，来解析其变化过程，是一种十分重要的研究材料热稳定性和组分的分析测试方法。常用的热分析方法有热重分析法（thermogravimetric analysis，TG）、差热分析法（differential thermal analysis，DTA）和示差扫描量热法（differential scanning calorimeter，

DSC）。

7.7.1　热重分析

热重分析技术是在控温环境中，研究样品质量随温度或时间的变化规律。TG 主要的特点是定量性，可以通过这一技术准确地测量物质的质量随加热温度与时间变化而出现的浮动。因此，其广泛应用于涉及质量变化的所有物理过程，如水分、挥发物和残渣测定，吸附，吸收和解吸，气化速度和气化热，升华速度和升华热，成分属性分析等，以及不同气氛中材料的热稳定性、热分解和降解等化学变化过程。

TG 的基本原理是在程序温度控制下测量试样的质量或质量分数随温度或时间变化的曲线。样品质量分数对温度 T 或时间 t 作图得到热重曲线（TG 曲线），TG 曲线对温度或时间的一阶导数 $\mathrm{d}w/\mathrm{d}T$ 或 $\mathrm{d}w/\mathrm{d}t$ 称微分热重曲线（DTG 曲线）。因为升温过程多为线性过程，因此 T 与 t 一般只差一个常数。

在 TG 或 TGA 曲线中，一般情况下，曲线陡降处为样品失重区，平台区为样品的热稳定区。图 7-19 中，B 点 T_i 处的累积质量变化达到热天平检测下限，称为反应起始温度；C 点 T_f 处已检测不出质量的变化，称为反应终了温度；T_i 或 T_f 亦可用外推法确定，分别为 G 点或 H 点，亦可取失重达到某一预定值（5%、10% 等）时的温度作为 T_i。T_p 表示最大失重速率温度，对应 DTG 曲线的峰顶温度。峰的面积与试样的质量变化成正比。

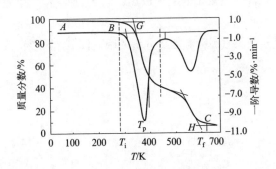

图 7-19　某物质的 TG 曲线

TG 测试结果的影响因素主要包括升温速度、样品的粒度和用量、气氛、试样皿、温度的标定等。升温速度越快，温度滞后越大，T_i 及 T_f 越高，反应温度区间也越宽。样品的粒度不宜太大，装填的紧密程度适中为好。同批试验样品，每一样品的粒度和装填紧密程度要一致。常用气氛有空气、N_2、O_2 等，气氛不同反应机理不同，可能会影响 TG 曲线形状。此外，装载样品的器皿材质多种多样，有陶瓷、石英、金属、玻璃、氧化铝等，器皿应对样品在整个升温过程中都是惰性的，以免相互反应影响测试结果。

7.7.2　差热分析

差热分析是一种重要的热分析方法。该法广泛应用于测定物质在热反应时的特征温度及吸收或放出的热量，包括物质相变、分解、化合、凝固、脱水、蒸发等物理或化学反应。

（1）差热分析的基本原理

差热分析法是指在程序控温下，测量物质和参比物的温度差与温度或者时间的关系的一种测试技术。物质在受热或冷却过程中，当达到某一温度时，往往会发生熔化、凝固、晶型转变、分解、化合、吸附、脱附等物理或化学变化，并伴随焓的改变，因而产生热效应，其表现为样品与参比物之间有温度差。在程序控制温度下，测量参比物和样品温差（ΔT）随温度（T）的变化。记录样品与参比物之间两者温度差与温度或者时间之间的关系曲线就可作出差热曲线（DTA 曲线）。

DTA 与 TG 的区别在于测量值从质量变为温差。之所选择测试温差，是因为升温过程中发生的很多物理化学变化（比如熔化、相变、结晶等）并不产生质量的变化，而是表现为热量的释放或吸收，从而导致样品与参比物之间产生温差。DTA 能够发现样品的熔点、晶型转变温度、玻璃化转变温度等信息。

DTA 曲线如图 7-20 所示。图中的纵坐标为温差（ΔT），横坐标为温度或者时间（T/t）。对于 DTA 曲线的分析主要有峰的数目、高度、位置、对称性以及峰的面积。每个峰都对应一种化学或物理变化，峰的个数表示物质发生物理化学变化的次数。峰的大小和方向代表热效应的大小和正负，一般规定向上为放热、向下为吸热。峰的位置表示物质发生变化的转化温度（如相变温度、玻璃化转变温度、分解温度等）。理论上讲，可通过峰面积的测量对物质进行定量分析，但因影响差热分析的因素较多，难以准确定量。

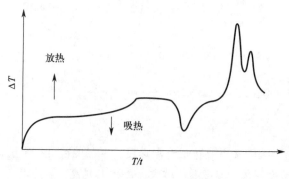

图 7-20　典型的 DTA 曲线

（2）差热分析装置的构造

差热分析装置一般由加热系统、温度控制系统、信号放大系统、差热系统、记录系统、气氛控制系统和压力控制系统等组成（图 7-21）。加热系统提供测试所需的温度条件，根据炉温可分为低温炉（< 250 ℃）、普通炉、超高温炉（可达 2400 ℃）；按结构形式可分为微型、小型，立式和卧式。系统中的加热元件及炉芯材料根据测试范围的不同而进行选择。温度控制系统用于控制测试时的加热条件，如升温速率、温度测试范围等。它一般由定值装置、调节放大器、可控硅调节器（PID-SCR）、脉冲移相器等组成，大多为电脑控制，以提高控温精度。通过直流放大器把差热电偶产生的微弱温差电动势放大、增幅、输出，使仪器能够更准确地记录测试信号。差热系统是整个装置的核心部分，由样品室、试样坩埚、热电偶等组成。其中，热电偶是关键性元件，既是测温工具，又是传输信号工具，可根据试验要求具体选择。记录系统早期采用双笔记录仪进行自动记录，目前已能使用微机进行自动控制和记录，并可对测试结果进行分析，为试验研究提供了很大方便。该系统能够为试验研究提供气氛条件和压力条件，增大了测试范围，目前已经在一些高端仪器中采用。

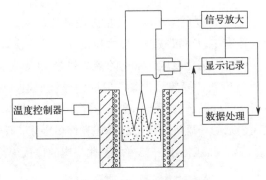

图 7-21　DTA 装置构造示意图

（3）差热分析的应用

　　大多物质的差热分析曲线具有特征性，因此可以用于样品鉴别。凡是在加热（或冷却）过程中，因物理 - 化学变化而产生吸热或者放热效应的物质，均可以用差热分析法加以鉴定。对于含水化合物，在加热过程中失水时，发生吸热作用，在差热曲线上形成吸热峰，吸附水、结晶水或者结构水的吸热峰分别位于不同的位置。一些化学物质，如碳酸盐、硫酸盐及硫化物等，在加热过程中由于 CO_2、SO_2 等气体的放出而产生吸热效应，在差热曲线上表现为吸热谷。不同类物质放出气体的温度不同，差热曲线的形态也不同，利用这种特征就可以对不同类物质进行区分鉴定。含有变价元素，在高温下发生氧化，由低价元素变为高价元素而放出热量，在差热曲线上表现为放热峰。变价元素不同，以及在晶格结构中的情况不同，则因氧化而产生放热效应的温度也不同，如 Fe^{2+} 在 340 ~ 450℃变成 Fe^{3+}。有些非晶态物质在加热过程中伴随重结晶的现象发生，放出热量，在差热曲线上形成放热峰。此外，如果物质在加热过程中晶格结构被破坏，变为非晶态物质后发生晶格重构，则也形成放热峰。

　　影响差热分析的主要因素有很多。气氛和压力可以影响样品化学反应和物理变化的平衡温度、峰形。因此，必须根据样品的性质选择适当的气氛和压力，有的样品易氧化，可以通入 N_2、Ne 等惰性气体。升温速率不仅影响峰温的位置，而且影响峰面积的大小，一般来说，在较快的升温速率下峰面积变大，峰变尖锐。但是快的升温速率使试样分解偏离平衡条件的程度也大，因而易使基线漂移。更主要的是可能导致相邻两个峰重叠，分辨力下降。较慢的升温速率，基线漂移小，使体系接近平衡条件，得到宽而浅的峰，也能使相邻两峰更好地分离，因而分辨力高。但测定时间长，需要仪器的灵敏度高。一般情况下选择 $10 \sim 15\ ℃ \cdot min^{-1}$ 为宜。试样用量大，易使相邻两峰重叠，降低了分辨力。一般尽可能减少用量，最多大至毫克。样品的颗粒度在 $100 \sim 200$ 目左右，颗粒小可以改善导热条件，但太细可能会破坏样品的结晶度。对易分解产生气体的样品，颗粒应大一些。参比物的颗粒、装填情况及紧密程度应与试样一致，以减少基线的漂移。要获得平稳的基线，参比物的选择很重要。要求参比物在加热或冷却过程中不发生任何变化，在整个升温过程中参比物的比热容、热导率、粒度尽可能与试样一致或相近。常用三氧化二铝（$α\text{-}Al_2O_3$）或煅烧过的氧化镁或石英砂作参比物。如分析试样为金属，也可以用金属镍粉作参比物。如果试样与参比物的热性质相差很远，则可用稀释试样的方法解决，主要是减少反应剧烈程度；如果试样加热过程中有气体产生，可以减少气体大量出现，以免使试样冲出。选择的稀释剂不能与试样有任何化学反应或催化反应，常用的稀释剂有 SiC、Al_2O_3 等。在相同的实验条件下，同一试样如走纸速度快，峰的面积大，但峰的形状平坦，误差小；走纸速度慢，峰面积小。因此，要根据不同样品选择适当的走纸速度。现在比较先进的差热分析仪多采用电脑记录，可大大提高记录的精确性。除上述外还有许多因素，诸如样品管的材料、大小和形状，热电偶的材质，以及热电偶插在试样和参比物中的位置等都是应该考虑的因素。

7.7.3　示差扫描量热分析

示差扫描量热分析可用于测量包括高分子材料在内的固体、液体材料的熔点、沸点、玻璃化转变温度、热容、结晶温度、结晶度、纯度、反应温度、反应热等，提供转变温度及各种热效应的信息。

（1）示差扫描量热分析基本原理

DSC 是当样品与参比物处于同一控温环境中时，测量记录维持温差为零时，输入到样品和参比物的热流量差或功率差随温度或时间的变化关系。DSC 是在 DTA 的基础上发展起来的，但二者测试原理有所不同。DTA 是向样品与参比物提供同样的热量，测量 $\Delta T\text{-}T$ 关系；DSC 是在控制温度变化情况下，保持 $\Delta T=0$，测定 $\Delta H\text{-}T$ 的关系。二者最大的差别是 DTA 定量分析受到限制，只能定性或半定量分析，而 DSC 可定量分析。

DSC 曲线（图 7-22）一般是热量或其变化率随环境温度或时间的变化曲线。纵坐标是试样与参比物的供热速率差 dH/dt（dQ/dt），单位为毫瓦（mW），横坐标为温度或时间。DSC 谱图必须标明吸热（endothermic）与放热（exothermic）效应的方向。样品质量不变、无反应时，纵坐标为热容 C_p；发生反应时，曲线出峰；峰包含的面积 = 反应焓 + 热容变化焓，其中热容变化焓常被忽略。

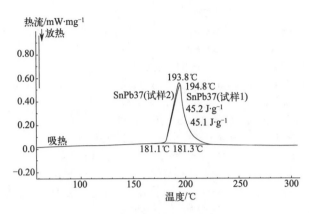

图 7-22　DSC 曲线示意图

（2）示差扫描量热分析的应用

DSC 被广泛应用于测定玻璃化转变与热焓松弛、熔融与结晶、结晶动力学等方面。DSC 在使用时常需要同时进行温度和热量校准，要求校准物质高纯度（≥ 99.999%）、特性数据已知、不吸湿、对光稳定、不分解、无毒、与器皿或气氛不反应、非易燃易爆。校准前应彻底清洗器皿，确保校准物质无吸附层和氧化层，准确称重。国际热分析与量热学协会所建议的标准物质有环戊烷、水、铟、苯甲酸、锡、铝等。常见标准物质的信息如表 7-4 所示。

表 7-4　标准物质的熔点和熔融焓

标准物质	$T_m/℃$	$H_f/J \cdot g^{-1}$
汞	−38.8344	11.469
镓	29.7646	79.88
铟	156.5985	28.62
锡	231.298	7.170
铋	271.40	53.83
铅	327.462	23.00
锌	419.527	108.6
铝	660.323	398.1

参考文献

[1] 常铁军，刘喜军. 材料近代分析测试方法 [M]. 哈尔滨：哈尔滨工业大学出版社 .

[2] Frontera C，Rodríguez-Carvajal J. FullProf .As a new tool for flipping ratio analysis[J]. Physica B：Condensed

Matter，2003，335（1-4）：219.

[3] Dong C. PowderX：Windows-95-based program for powder X-ray diffraction data processing[J]. Journal of Applied Crystallography，1999，32（4）：835.

[4] 李美庆. 铜铌氧化物的可控合成及储锂性能研究 [D]. 镇江：江苏大学，2022.

[5] Akhtar K，Khan S A，Khan S B，et al. In Handbook of materials characterization[J] .Springer，2018.

[6] 董建新. 材料分析方法 [M]. 北京：高等教育出版社，2014.

[7] 杜希文，原续波. 材料分析方法 [M]. 天津：天津大学出版社，2006.

[8] Wang X，Wang Y，Naveed A，et al. Magnesium Ion Doping and Micro‐Structural Engineering Assist $NH_4V_4O_{10}$ as a High‐Performance Aqueous Zinc Ion Battery Cathode[J]. Advanced Functional Materials，2023，DOI:10.1002/adfm.202306205 10.1002/adfm.202306205：2306205.

[9] 谷亦杰，宫声凯. 材料分析检测技术 [M]. 长沙：中南大学出版社，2022.

[10] 管学茂，王庆良，王庆平，等. 现代材料分析测试技术 [M]. 北京：中国矿业大学出版社，2018.

[11] 李晓娜. 材料微结构分析原理与方法 [M]. 大连：大连理工大学出版社，2020.

[12] Inkson B J. In Materials characterization using nondestructive evaluation（NDE）methods[J]. Elsevier，2016.

[13] 韩伟，肖思群. 聚焦离子束（FIB）及其应用 [J]. 中国材料进展，2013，32（12）：716.

[14] 文泽萍. 高镍三元单晶正极材料表面修饰及性能调控研究 [D]. 镇江：江苏大学，2024.

[15] 周玉. 材料分析方法 [M]. 4 版. 北京：机械工业出版社.

[16] Biswas A，Wang T，Biris A S. Single metal nanoparticle spectroscopy：optical characterization of individual nanosystems for biomedical applications[J]. Nanoscale，2010，2（9）：1560.

[17] Jehng J M，Wachs I E. Structural chemistry and Raman spectra of niobium oxides[J]. Chemistry of Materials，1991，3（1）：100.

[18] Reichardt W，Gompf F，Ain M，et al. Lattice dynamics of cupric oxide[J]. Zeitschrift für Physik B Condensed Matter，1990，81（1）：19.

[19] Chrzanowski J，Irwin J C. Raman scattering from cupric oxide[J]. Solid state communications，1989，70（1）：11.

[20] Goldstein H F，Kim D S，Peter Y Y，et al. Raman study of CuO single crystals[J]. Physical Review B，1990，41（10）：7192.

[21] Rashad M，Rüsing M，Berth G，et al. CuO and Co_3O_4 nanoparticles：synthesis，characterizations，and Raman spectroscopy[J]. Journal of Nanomaterials，2013：5.

[22] Donoso J P，Magon C J，Lima J F，et al. Electron paramagnetic resonance study of copperethylenediamine complex ion intercalated in bentonite[J]. The Journal of Physical Chemistry C，2013，117（45）：24042.

[23] 左演生，陈文哲，梁伟. 材料现代分析方法 [M]. 北京：北京工业大学出版社，2018.

[24] Zhang N，Li X，Ye H，et al. Oxide defect engineering enables to couple solar energy into oxygen activation[J]. Journal of the American Chemical Society，2016，138（28）：8928.

[25] Son N T，Ho Q D，Goto K，et al. Electron paramagnetic resonance and theoretical study of gallium vacancy in β -Ga_2O_3[J]. Applied Physics Letters，2020，117（3）：32090.

[26] 朱和国，尤泽升，刘吉梓，等. 材料科学研究与测试方法 [M]. 长沙：东南大学出版社，2023.

[27] Stevie F A，Donley C L. Introduction to x-ray photoelectron spectroscopy[J]. Journal of Vacuum Science & Technology A：Vacuum，Surfaces，and Films，2020，38（6）：63200.

[28] 孙传强. 电感耦合等离子体质谱多物理模型解析及单颗粒分析研究 [D]. 天津：天津大学，2018.

[29] 杨勇. 固态电化学 [M]. 北京：化学工业出版社，2020.

[30] 曾天谊. 高镍单晶三元正极材料（$LiNi_{0.8}Co_{0.1}Mn_{0.1}O_2$）制备及表面修饰研究 [D]. 镇江：江苏大学，2022.